Lutz Führer

Allgemeine Topologie mit Anwendungen

Vieweg

Verlagsredaktion: *Alfred Schubert*

CIP-Kurztitelaufnahme der Deutschen Bibliothek

Führer, Lutz

Allgemeine Topologie mit Anwendungen. – 1. Aufl. – Braunschweig: Vieweg, 1977.

ISBN-13: 978-3-528-03059-9 e-ISBN-13: 978-3-322-84064-6
DOI: 10.1007/978-3-322-84064-6

1977

Softcover reprint of the hardcover 1st edition 1977

Satz: Vieweg, Braunschweig
Druck: fotokop, Darmstadt
Buchbinderische Verarbeitung: Junghans, Darmstadt

Wenn mir aber jemand sagt, wir könnten uns den Raum gar nicht anders als stetig denken, so möchte ich das bezweifeln und darauf aufmerksam machen, eine wie weit vorgeschrittene, feine wissenschaftliche Bildung erforderlich ist, um nur das Wesen der Stetigkeit deutlich zu erkennen und um zu begreifen, daß außer den rationalen Größenverhältnissen auch irrationale, außer den algebraischen auch transzendente denkbar sind. Um so schöner erscheint es mir, daß der Mensch ohne jede Vorstellung von meßbaren Größen, und zwar durch ein endliches System einfacher Denkschritte sich zur Schöpfung des reinen, stetigen Zahlenreiches aufschwingen kann; und erst mit diesem Hilfsmittel wird es ihm nach meiner Ansicht möglich, die Vorstellung vom stetigen Raume zu einer deutlichen auszubilden.

Richard Dedekind, Was sind und was sollen die Zahlen, 1887 [1])

Vorwort

Neben algebraischen und geordneten sind toplogische Strukturen nach *Bourbaki* Eckpfeiler der Mathematik. Dieses Buch versteht Topologie insofern als grundlegend, als viele mathematische Theorien ohne ihre Hilfestellung nicht mehr auskommen. Es entstand aus Vorlesungen, die ich 1971 und 1973 an der Technischen Universität Berlin gehalten habe. In Gesprächen mit Herrn Dr. *B. Behrens,* der viele der Übungsaufgaben ausgesucht hat, wuchs damals der Plan zu einer Einführung in die Allgemeine oder Mengentheoretische Topologie, die den folgenden Gesichtspunkten Rechnung trägt:

Einerseits wird der Charakter einer Grundstruktur schon daran deutlich, daß man auf jeder Menge leicht Topologien konstruieren kann und daß die reine Theorie mit geringen Hilfsmitteln aus der naiven Mengenlehre auskommt – andererseits sollte dem weitverbreiteten Irrtum vorgebeugt werden, man könne den Inhaltsreichtum dieser Disziplin allein aus dem Studium der reinen Theorie erfassen. Die Leistungsfähigkeit der Topologie tritt erst bei der Anwendung in der Analysis, Geometrie oder Algebra zu Tage; weil dem so ist, hat sich Topologie auch erst relativ spät aus diesen Gebieten entwickelt. Daraus ergeben sich zwei Bedingungen an eine sinnvolle Einführung in die Theorie. Zum einen sollte die Eleganz der reinen Lehre gelegentlich den Anwendungen in anderen Zweigen der Mathematik geopfert werden, zum zweiten sollte – trotz gebotener Eile – versucht werden, wenigstens ein paar Problemsituationen zu simulieren, die den historischen Gang der Dinge ahnen lassen und den Bedarf der Mathematik für die jeweils entwickelten Werkzeuge erläutern. Toplogie soll hier also zugleich in abstrakter Allgemeinheit und in ihren historischen und mathematischen Bezügen eingeführt werden – inwieweit dies gelungen ist, mag der Leser entscheiden.

Lutz Führer

Wilhelmshaven, Januar 1977

[1]) Verlag Friedr. Vieweg & Sohn, Braunschweig

Inhaltsverzeichnis

Einleitung

Bevor wir ein erstes (und letztes) Mal versuchen, die Aufgaben der Topologie zu formulieren, sollen einige Bemerkungen verdeutlichen, um was es geht, wenn von einer Grundstruktur die Rede ist.

Wenn sich der Student eines Tages entschließt, ernsthaft Topologie zu lernen, ist er ihr längst bei verschiedenen Gelegenheiten in seiner Ausbildung begegnet. Er beschäftigt sich dann mit der „Grundstruktur" Topologie in einer Situation, in der das mathematische Problembewußtsein erheblich gereift ist und als Motivationshilfe herangezogen werden kann. Nun gibt es – und besonders die künftigen Lehramtskandidaten sollten dies bedenken – seit einigen Jahren im Zuge der „Neuen Mathematik" Bestrebungen, Topologie als eine Grundstruktur mathematischer Vorerfahrungen anzusehen. In Lehrbüchern für ABC-Schützen findet man ganze Abschnitte über Begriffe wie Inneres, Rand, offen, zusammenhängend, Kurve oder Graph, die didaktische Literatur zur Primarstufe ist voll von Ratschlägen, wie man naive Vorstellungen vom Verbiegen, Strecken und Stauchen für den Unterricht nutzbar machen kann, und in jedem Buch zur Unterhaltungsmathematik findet man Eulers Brückenproblem und das Möbiusband. Natürlich werden wir die Frage, ob es sich bei der Topologie in einem – die Bourbakischen Vorstellungen weit übersteigenden – Sinne um eine psychologische Grundstruktur räumlicher Wahrnehmung handelt, schließlich den Entwicklungspsychologen überlassen müssen. Für den Mathematiker ist jedoch interessant, daß viele Fragestellungen der Topologie unmittelbar aus alltäglichen oder elementarmathematischen Überlegungen erwachsen und daß die Delikatesse der Antworten dem interessierten Laien doch nur schwer verständlich zu machen ist. Um nur ein Beispiel zu nennen: So harmlos der Jordansche Kurvensatz erscheint, so merkwürdig und gekünstelt muten den Nichtmathematiker Beweise an. Allein die Forderung nach einem Beweis ist schwerer einzusehen als der Satz selbst!

Es ist eine auffällige Eigentümlichkeit der Topologie, daß sie, von scheinbar harmlosen Fragen ausgehend, methodisch recht aufwendige Techniken entwickelt, um dann schließlich doch „nur" Harmlosigkeit zu bestätigen oder spitzfindig zu widerlegen. Dies kann nicht das zentrale Anliegen der Topologie sein, und man muß tiefer in die Mathematik eindringen, will man Topologie als grundlegend anerkennen. Um was es eigentlich geht, kann man wohl am besten erkennen, wenn man sich vor Augen hält, wie Topologie historisch gewachsen ist.

Es gibt zwei Wurzeln der Topologie und demgemäß auch zwei Sorten Topologie. Die eine beschäftigt sich vor allem mit der Struktur stetig geformter Objekte „im Großen", verwendet vorzugsweise endliche, algebraische oder „differenzierbare" Techniken und sieht ihr Hauptanliegen in der Klassifikation ihrer Objekte „modulo topologischer Äquivalenz", d. h. bis auf stetige Verformungen. Die andere untersucht die Struktur solcher Objekte vor allem von ihrer Beschaffenheit in der Nähe eines beliebigen Punktes her, ihre Methoden sind an den lokalen Techniken der Analysis orientiert, und ihr wichtigster Beitrag zur Mathematik liegt in der Ausdehnung von Stetigkeitsargumenten auf sehr allgemeine Situationen. Beide Sorten Topologie, die „Algebraische" und die „Allgemeine", suchen vor allem nach „topologischen Invarianten", das sind Aussagen, die sich bei stetigen Deformationen oder Abbildungen nicht ändern. Wir wollen kurz skizzieren, warum die Mathematik sich dafür interessierte.

Als *L. Euler* 1736 seine Überlegungen zum berühmten Königsberger Brückenproblem anstellte, war ihm bewußt, daß er sich auf einem noch völlig unberührten Feld der Geometrie bewegte. Diese neue geometrische Disziplin glaubte er in einem Brief von *Leibniz* an *Huygens* aus dem Jahre 1679 angedeutet, und er forderte nun ausdrücklich jene „Analysis situs", eine Geometrie der reinen Lagebeziehungen, die von allen Maß- und Größenverhältnissen abstrahieren sollte. Tatsächlich kam es ja beim Brückenproblem nur auf die relative Lage der Brücken an, nicht auf die geometrische Gestalt der Wege über den Pregel (vgl. Abschnitt 14).

Aber es wurde still um diese Analysis situs. *Euler* selbst fand zwar sechzehn Jahre später mit dem Polyedersatz das erste große Resultat dieser Disziplin, er erkannte diesen Bezug jedoch nicht und ordnete den Satz in die Stereometrie ein. 1759 berührte er das Thema wieder bei den Überlegungen zum Rösselsprung, und wieder entging ihm die Beziehung zu seiner alten Idee. *Vandermonde* griff sie dann 1771 in den „Remarques sur les problemes de situation" auf, doch von einem bemerkenswerten Fortschritt konnte man kaum sprechen.

Erst zu Beginn des 19. Jahrhunderts kamen die Dinge in Gang, und hier sind vor allem drei Namen zu nennen: *Gauß, Bolzano* und *Cauchy. Gauß* beschäftigte sich wiederholt mit unserem Problemkreis, und es ist schwer abzuschätzen, wieviel ihm die Topologie wirklich verdankt. Zunächst bewies er 1799 in seiner Dissertation den Fundamentalsatz der Algebra. Dabei benutzte er die anschaulich einsichtige Zwischenwerteigenschaft der Polynome. *Bolzano* lieferte dann 1817 einen strengen Beweis des Zwischenwertsatzes nach, wobei er sich auf das – damals anscheinend geläufige – ϵ-δ-Kriterium der Stetigkeit reeller Funktionen stützte. Damit war zum ersten Mal eine Eigenschaft nachgewiesen, die allen stetigen Funktionen zukommt, nicht nur den differenzierbaren. *Cauchy* griff diesen Ansatz dann um 1820 in seinen Pariser Vorlesungen auf, um einen gründlichen Aufbau der Analysis zu erreichen. Seither tragen die ϵ-δ-Kriterien für Konvergenz und Stetigkeit seinen Namen, obwohl es noch lange dauern sollte bis man das Wesen dieser Begriffsbildungen durchschaute.

Inzwischen sollte sich erst noch die „Stetigkeitsgeometrie" *Eulers* weiterentwickeln. Und wieder war es *Gauß,* der die entscheidenden Impulse gab. In seiner Flächentheorie hatte er isometrische Deformationen behandelt und den modernen Mannigfaltigkeitsbegriff vorbereitet, und in seiner Arbeit über das Verschlingungsintegral zweier Kurven kam er 1833 ausdrücklich auf den Problemkreis der „Geometria situs" zu sprechen. Er griff nicht nur Eulers Forderung nach neuen Untersuchungen wieder auf, vor allem veranlaßte er seine Schüler *J. B. Listing, A. F. Möbius* und *B. Riemann* zu intensiven Studien auf diesem Gebiet. Als *Listing* dann 1847 seine Untersuchungen über Streckenkomplexe herausgab, nannte er sie „Vorstudien zur Topologie" und schuf damit den Namen, der sich zu Beginn des 20. Jahrhunderts durchsetzen sollte. (Einerseits hatte sich allmählich herausgestellt, daß man *Leibniz'* Brief überinterpretiert hatte, andererseits war der Name „Geometria situs" zunehmend für die synthetische projektive Geometrie *Steiners* reklamiert worden.) *Listings* Arbeiten in der Eulerschen Tradition sollten dann später mit

Kirchhoff, Cayley, Tait, Jordan und *de Polignac* in die Disziplinen der Graphen- bzw. Knotentheorie einmünden, die sich methodisch weitgehend verselbständigt haben. Wichtiger für die Entwicklung der modernen Topologie waren Arbeiten von *Möbius* und vor allem *Riemann. Möbius* schuf mit dem Begriff der „Elementarverwandschaft" den Vorläufer des topologischen Isomorphismus, er leistete die Klassifikation der geschlossenen orientierbaren Flächen, wies auf die Möglichkeit nichtorientierbarer Flächen (Möbiusband) hin und schlug entsprechende Untersuchungen für höhere Dimensionen vor, die sich dann allerdings als sehr viel schwieriger gezeigt haben. *Riemann* stieß bei seinen funktionentheoretischen Forschungen auf Probleme, die in mancher Weise analog zu den Zwischenwertproblemen *Bolzanos* sind. Es handelt sich um die Abhängigkeit gewisser Kurvenintegrale von der Gestalt des zu Grunde liegenden Gebietes. *Riemann* bewältigte diese Probleme mit Zerschneidungstechniken, die wohl als Vorläufer der späteren Algebraischen Topologie zu sehen sind. Er erkannte die Bedeutung eines „mehrfachen Zusammenhanges" und beschäftigte sich bald mit „mehrdimensionalen" Problemen. Schon in seinen Habilitationsvortrag „Über die Hypothesen, welche der Geometrie zu Grunde liegen" (1856) entwickelte er den entscheidenden Begriff der n-dimensionalen Mannigfaltigkeit, später konnte er noch die wichtigsten Ideen anklingen lassen, die dann nach seinem Tode sein Freund *E. Betti* (1871) ausführte und die in den Arbeiten von *Henri Poincaré* (ab 1895) zur Grundlage der modernen Algebraischen Topologie werden sollten.

Riemanns funktionentheoretische Arbeiten wirkten noch in anderer Hinsicht als Keimzelle der modernen Toplogie. In dem Maße wie immer tiefere Untersuchungen über analytisch gewonnene Funktionen angestellt wurden, erschien eine Klärung der Grundlagen der Analysis dringender. Als *K. Weierstraß* um 1870 in seinen Berliner Vorlesungen die Analysis mit der noch heute maßgebenden Strenge aufbaute und durch sein berühmtes Beispiel einer stetigen und zugleich nirgends differenzierbaren Funktion zeigte, wieweit die Cauchy-Stetigkeit tatsächlich von der Anschauung entfernt ist, schien die Zeit endlich zu einer durchgreifenden Analyse stetiger Phänomene reif. Es stellte sich heraus, daß nicht einmal die „Stetigkeit der Zahlengeraden" analytisch erfaßt war. *Weierstraß'* Versuch einer analytischen Formulierung dieser Eigenschaft war unhandlich und setzte sich nicht durch. Erst *Georg Cantor,* der bei *Weierstraß* und *Kronecker* in Berlin studiert hatte, löste 1872 den Knoten, indem er Cauchys Kriterium umkehrte: Das ϵ-δ-Kriterium reicht zur Existenz eines Grenzwertes hin, und das ist die „Stetigkeit der Zahlengeraden". *Cantor* stellte diese Überlegung anläßlich einer Untersuchung über trigonometrische Reihen an, erkannte aber sofort die tiefe Bedeutung dahinter. Er überredete den älteren Freund *R. Dedekind,* dessen schon früher gefundene Formulierung mit Hilfe von Schnittmengen rationaler Zahlen zu veröffentlichen. Gleichzeitig waren *J. Meray* bzw. *P. Tannery* in Paris auf die Cantorsche bzw. Dedekindsche Formulierung gestoßen, so daß man wohl sagen kann: 1872 – fünfzig Jahre nach *Cauchy* – hat man erstmals die Stetigkeit der Zahlengeraden oder – wie wir heute sagen – die Vollständigkeit von $\mathbb{R}$ voll verstanden (vgl. Abschnitte 8 und 10).

Es gab nur wenige, die *Cantors* Enthusiasmus teilten. Die Grundlagen der Analysis hatten sich als leistungsfähig erwiesen, und es gab kaum Anlaß, die Feinstruktur der Zahlengeraden weiter zu erforschen. *Cantors* immer hartnäckigeren Analysen wurden zunächst belächelt und dann sogar mit religiösen Argumenten befehdet. Wir können hier auf den für *Cantor* tragischen Streit mit *Kronecker* nicht eingehen und wollen nur andeuten, wie widerstrebend die Geburt der Allgemeinen Topologie in *Cantors* „Lehre von den Punktmannigfaligkeiten" (= Mengenlehre) aufgenommen wurde. Es war keineswegs klar, daß man solcher „Grundlagen" bedurfte, und man hatte Großes ohne sie geleistet. Cantors Beweis der Gleichmächtigkeit von $\mathbb{R}$ und $\mathbb{R}^n$ wurde als pathologisch abgetan. Die seit *Weierstraß* revidierten Vorstellungen von Stetigkeit schienen nicht ernstlich in Gefahr, und es schien nur ein Frage der Zeit, bis die *Jordanschen* Bemühungen um den Kurvenbegriff zu den erwarteten Resultaten führen mußten...

Erst um 1890 folgten Entdeckungen, die *Cantors* Vorarbeit vom Makel der Esoterik befreien sollten. Hatte er nur gezeigt, daß die Dimension nicht unter Bijektionen invariant ist, so bewiesen nun *Peano* und *Hilbert,* daß dies auch bei stetiger Abbildung nicht der Fall sein muß: Es gibt stetige Surjektionen eines Intervalls auf Quadrate, Würfel usw. (vgl. Abschnitt 13) Grund genug, die naiven Vorstellungen von der Stetigkeit erneut zu revidieren! Jetzt endlich kam die Analyse der stetigen Funktionen in Gang. Außer dem Zwischenwertsatz und *Weierstraß'* Satz vom Maximum hatte man tatsächlich wenige wirklich stichhaltige Aussagen über stetige Funktionen in der Hand. Schon der „einfache" stetige Kurvenbegriff erwies sich nun als zweifelhaft. *Jordan* erkannte, wie dringend man eines Beweises bedurfte, daß jede stetige Injektion von S^1 in $\mathbb{R}^2$ die Ebene in genau zwei Gebiete zerlegt, deren Rand die „Jordankurve" darstellt. Aber selbst dieses spezielle Problem konnte man nicht vollständig lösen. (Den ersten vollständigen Beweis gab wohl *O. Veblen* 1905!) Zugleich wurde die Analyse stetiger Phänomene in viel allgemeinerem Rahmen dringlich: *Arzelà, Ascoli, Hadamard, Volterra* und schließlich *Hilbert* erzielten mit der Auffassung vom „Funktionenraum" und vom „Funktional" wichtige Durchbrüche in der Variationsrechnung. Und gerade diese aufkeimende Funktionalanalysis bewirkte endlich *Cantors* allgemeine Anerkennung.

Die Funktionalanalysis legte eine durchgreifende Analyse von Konvergenz und Stetigkeit nahe, und es war kein Zufall, als 1906 unabhängig voneinander *Fréderik Riesz* und *Maurice Fréchet,* der übrigens als junger Mathematiker *Cantors* Arbeiten ins Französische übersetzt hatte, solche Analysen für abstrakte Konvergenzräume vorlegten. Gleichzeitig begann man, *Cantors* Untersuchungen zu den Zahlenmannigfaltigkeiten (= Punktmengen im $\mathbb{R}^n$) fortzuführen. Vor allem *A. Schoenflies* gewann viele erstaunliche Resultate über stetige Punktmengen in der Ebene, indem er die Cantorsche Theorie ausbaute.

Um 1910 ist dann schon eine vielfältige mengentheoretische „Analysis situs" in ihren Anfängen entwickelt, als der Holländer *L. E. J. Brouwer* in einer genialen Synthese dieser neuen Methoden mit der Stetigkeitsgeometrie sowohl die Punktmengenlehre im $\mathbb{R}^n$ als auch die von *Poincaré* ausgehende kombinatorische Topologie neu befruchtet. Er löst das Dimensionsproblem für topologische Abbildungen, beweist mehrdimensionale Analoga zum Zwischenwertsatz und zum Jordanschen Kurvensatz und schenkt der kombinatorischen Topologie das entscheidende Werkzeug der simplizialen Approximationstechnik. Endlich ist die Topologie zu einer fruchtbaren eigenständigen mathematischen Disziplin geworden, die stürmische Entwicklung im 20. Jahrhundert nimmt mit *Brouwer* ihren Anfang (vgl. Abschnitt 14).

Dehn/Heegaard, J. W. Alexander, S. Lefschetz und *H. Hopf* entwickeln nun bald die Algebraische Topologie zu ihrer ersten Blüte, während *Felix Hausdorff* im ersten Lehrbuch der Mengenlehre, den „Grundzügen der Mengenlehre" von 1914, der Allgemeinen Topologie ihren noch heute gültigen Rahmen gibt. *Hausdorff* verleiht der Richtung von *Cantor/Fréchet/Riesz* ein so allgemeines und modernes Gepräge, daß die Allgemeine Topologie nun rasch in viele Gebiete der Mathematik eindringt. Ihre Sprache wie ihre Methoden finden sich heute in der Analysis und Geometrie ebenso wie in der Algebra und Zahlentheorie, und diese weite Verbreitung macht die Allgemeine Topologie, mehr noch als die Stetigkeitsgeometrie oder Algebraische Topologie, zu einer mathematischen Grundlagendisziplin.

Grundlage ist die Topologie für die Mathematik also insofern, als sie einen sehr allgemeinen Apparat geschaffen hat, der vielseitig verwendbar ist. Diesen Apparat stellt die „Allgemeine Topologie" zur Verfügung, indem sie zunächst von allen Eigenschaften eines Raumes abstrahiert, die nicht seine Konvergenzstruktur betreffen. So lassen sich schon wesentliche Fragen des dort herrschenden Stetigkeitsbegriffs klären. Dann erst wird untersucht, welche weiteren Eigenschaften den gegebenen Raum mehr oder weniger vertrauten Objekten ähneln lassen. Dabei spielen die topologischen Invarianten eine wichtige Rolle zur Identifizierung. Schließlich kann man versuchen, solche Invarianten in Spezialfällen mit algebraischen, analytischen oder mengentheoretischen Hilfsmitteln zu untersuchen, und sehen, ob sich die gewonnenen Erkenntnisse bei stetiger oder topologischer Abbildung übertragen. In diesem Fall hat man dann Eigenschaften eines möglicherweise schwer zugänglichen Raumes an einem einfacheren, aber äquivalenten Modell gefunden. Was ein „einfaches" Modell ist, hängt natürlich einerseits von den verfügbaren mathematischen Techniken ab, andererseits wohl auch von einer gewissen Anschaulichkeit.

Wir haben gesehen, daß die Allgemeine Topologie aus dem Widerstreit zwischen vertrauter Anschauung und zweifelndem Verallgemeinerungsstreben entstand. *So hat Topologie, mag sie sich auch noch so abstrakt gebärden, immer mit Anschauung oder Intuition zu tun – und zugleich auch mit der Unzulänglichkeit mathematischer Beschreibung anschaulich stetiger Phänomene.*

Kapitel I: Räume und Abbildungen

1. Konvergenz

In der Einleitung wurde geschildert, wie die historische Entwicklung zur Untersuchung von Konvergenzstrukturen sehr allgemeiner Art geführt hat. Zugleich wurde schon darauf hingewiesen, daß die weitgestreuten Anwendungen der Allgemeinen Topologie zum guten Teil auf ihrem abstrakten Ansatz beruhen. Wir wollen unsere Einführung in die Topologie daher mit einer solchen abstrakten Untersuchung des Konvergenzbegriffs beginnen, wobei wir uns etwa dem von *Hausdorff* in seinen „Grundzügen der Mengenlehre" (1914) vorgeschlagenen Verfahren anschließen, allerdings mit moderneren Begriffsbildungen.

Im $\mathbb{R}^n$ ist der Konvergenzbegriff ziemlich unproblematisch, man hat ihn in der Analysis ausführlich studiert, und wir können uns in der folgenden Zusammenfassung auf das Formale beschränken: Mit $B_\epsilon(x) := \{y / \sum_1^n (y_i - x_i)^2 \leqslant \epsilon^2\}$ sei die Kugel vom Radius ϵ um x im $\mathbb{R}^n$ bezeichnet. Eine Folge in einer Menge M fassen wir oft als eine Abbildung $f: \mathbb{N} \to M$ auf, dies ist gegenüber der üblichen Auffassung $(f(n))_{n \in \mathbb{N}}$ nur eine Änderung der Bezeichnung. Mit E_m^f bezeichnen wir das „Endstück" $\{f(r)/r \geqslant m\}$. Eine Folge f im $\mathbb{R}^n$ konvergiert dann gegen ein $x \in \mathbb{R}^n$, wenn in jeder Kugel um x ein Endstück der Folge liegt. (Wie klein man auch die Kugel um x wählt, sie fängt stets ein Endstück von f ein.) Dabei dienen die Kugeln um x als Maß für die Konvergenz, ihre Existenz beruht natürlich auf der Vorgabe eines „natürlichen Abstandsbegriffes" $d(x,y) := |x - y|$ mit $|x - y|^2 := \Sigma (x_i - y_i)^2$.

Will man diese Konvergenzdefinition verallgemeinern, so wird man zunächst davon ausgehen, daß auf einer Menge M eine Abstandsfunktion d vorgegeben ist, und dann analog definieren. Man gelangt so zu einer besonders wichtigen Klasse von Räumen, die schon *Fréchet* [1]) untersucht hat:

1.1. **Definition:** Ist die Menge M mit einer Funktion $d: M \times M \to \mathbb{R}$ versehen, die für je drei Punkte $x, y, z \in M$ stets $d(x, x) = 0$ und $d(x, y) \leqslant d(x, z) + d(y, z)$ liefert, so heißt d eine **Pseudometrik** auf M und (M, d) ein **pseudometrischer Raum**. d(x, y) heißt auch Abstand zwischen x und y. Eine Pseudometrik, die für $x \neq y$ stets $d(x, y) \neq 0$ liefert, heißt **Metrik (metrischer Raum)**.

Wegen der „Dreiecksungleichung" $d(x, y) \leqslant d(x, z) + d(y, z)$ hat man stets noch folgende Eigenschaften einer Pseudometrik zur Verfügung:

Nichtnegativität: $d(x, x) = 0 \leqslant d(x, z) + d(x, z) = 2\, d(x, z)$.

Symmetrie: $d(x, y) \leqslant d(x, x) + d(y, x) = d(y, x) \leqslant d(y, y) + d(x, y) = d(x, y)$, also $d(x, y) = d(y, x)$.

---

1) Rend. Palermo, 22 (1906)

Die „**Kugeln**" werden im pseudometrischen Raum wie im $\mathbb{R}^n$ durch $B_\epsilon(x) := \{y / d(y,x) \leq \epsilon\}$ und die **Konvergenz einer Folge** f gegen ein x durch ($f \underset{d}{\to} x :\Longleftrightarrow$ für jedes $\epsilon \in \mathbb{R}_+$ enthält $B_\epsilon(x)$ ein Endstück von f) definiert.

Beispiele: (Im folgenden sei M eine nichtleere Menge.)

a) $(\mathbb{R}^n, d)$ mit $d(x, y) := \sqrt{\Sigma (x_i - y_i)^2}$ ist ein metrischer Raum. Diese Metrik heißt euklidische oder Standard-Metrik des $\mathbb{R}^n$. **Wegen der großen Symmetrieeigenschaften der Kugeln, denkt man sich den $\mathbb{R}^n$, falls nichts anderes gesagt wird, stets mit dieser Metrik versehen.**

b) $(\mathbb{R}^n, d)$, wobei hier $d(x, y) := \max |x_i - y_i|$ gesetzt sei, ist ebenfalls metrischer Raum. Die Kugeln sind hier achsenparallele Würfel. Der Konvergenzbegriff ist derselbe wie in a), d.h. Folgenkonvergenz im Sinne der klassischen Analysis.

c) $(\mathbb{R}^n, d)$, wobei hier $d(x, y) := \Sigma |x_i - y_i|$, ist wieder metrischer Raum mit denselben konvergenten Folgen wie die obigen Beispiele. Kugeln sind hier für n = 3 Oktaeder.

d) (M, d), wobei $d(x, y) = \delta_{x, y}$, d.h. gleich 1 für $x \neq y$ und sonst gleich 0. Es handelt sich wieder um einen metrischen Raum. Die ϵ-Kugeln sind für $\epsilon \geq 1$ gleich dem ganzen Raum M und sonst einelementig. Nur stationäre Folgen, d.h. Folgen mit einem einelementigen Endstück, konvergieren.

e) Mit Abb (M, $\mathbb{R}$) bezeichnen wir im folgenden immer die Algebra ($\mathbb{R}$-Vektorraum mit punktweise definierter Multiplikation) der reellwertigen Funktionen auf M. Eine besonders wichtige Metrik auf M wird durch

$$d(f, g) := \min (1, \sup_{x \in M} |f(x) - g(x)|)$$

gegeben, wobei die min-Bildung nur sicherstellen soll, daß keine unendlichen Werte vorkommen. Für $\epsilon \geq 1$ liegen in jeder ϵ-Kugel alle Funktionen, für $\epsilon < 1$ enthält eine ϵ-Kugel die Funktionen, die in einem Schlauch der Höhe 2ϵ um den „Mittelpunkt" verlaufen. Eine Folge von Funktionen konvergiert im Sinne dieser Metrik, wenn sie gleichmäßig konvergiert, man nennt d daher auch die Metrik der **(global-)gleichmäßigen Konvergenz.**

f) Um ein wichtiges Beispiel, in dem nur eine Pseudometrik auftritt, zu geben, wollen wir den Raum L(0, 1), der auf dem Intervall [0, 1] Lebesgue-integrierbaren Funktionen nennen. Er wird üblicherweise mit der Pseudometrik $d(f, g) := \int_0^1 |f(t) - g(t)| dt$ versehen. Zwei Funktionen haben den Abstand null, wenn sie sich λ-fast-überall gleichen. Die Kugeln sind kaum noch vorstellbar.

Metrische Räume haben eine Reihe besonderer Struktureigenschaften, die wir später noch in allgemeinerem Rahmen ableiten werden. Obwohl es sich dabei um die wichtigste Klasse von Räumen handelt, die wir betrachten werden, gibt es doch eine Reihe von Situationen (z.B. in der Gruppentheorie, Funktionalanalysis und Theorie der Näherungsverfahren), in denen noch allgemeinere Konvergenzstrukturen betrachtet werden müssen. Um dies zu verstehen, wollen wir auf eine Eigenschaft pseudometrischer Räume hinweisen, die aus der Dreiecksungleichung unmittelbar folgt: Ist eine Kugel $B_\epsilon(x)$ gegeben, so umfaßt sie mit jedem $y \in B_{\frac{\epsilon}{2}}(x)$ auch noch die ganze Kugel $B_{\frac{\epsilon}{2}}(y)$, denn für $z \in B_{\frac{\epsilon}{2}}(y)$ ist $d(z, x) \leq d(z, y) + d(x, y) \leq \epsilon$. Diese scheinbar harmlose Tatsache zieht die Gültigkeit eines sogenannten *Diagonalfolgenprinzips* nach sich, das für gewisse approximative Konstruktionen der Analysis sehr nützlich ist. Es besagt: Ist f eine gegen x aus (M, d) konvergente Folge und wird jedes f(n) wiederum durch eine Folge φ_n approximiert, d.h. $\varphi_n \underset{d}{\to} f(n)$, so gibt es zu jedem Index n ein m_n, so daß die Diagonalfolge $h: \mathbb{N} \to M, h(n) := \varphi_n(m_n)$ auch gegen x konvergiert. (Es ist also gewissermaßen möglich, x gleich direkt zu approximieren.)

Beweis zum Diagonalfolgenprinzip: Sind f und die φ_n wie oben gegeben, so können wir die m_n in der folgenden Weise konstruieren: Man setze $m_1 := 1, m_2 := 2, \dots, m_{n_0-1} := n_0 - 1$, wobei n_0 so groß gewählt ist, daß das Endstück $E^f_{n_0}$ von f ganz in $B_1(x)$ liegt. Nun wähle man $n_1 > n_0$, so daß $E^f_{n_1}$ sogar in $B_{\frac{1}{2}}(x)$ liegt. Für $n = n_0, n_0 + 1, \dots, n_1 - 1$ wähle man ein m_n so, daß $\varphi_n(m_n) \in B_2(x)$ ist. Das ist möglich, weil $B_2(x)$ die Kugeln $B_1(f(n))$ und damit Endstücke von φ_n umfassen. Wählt man nun $n_2 > n_1$ mit $E^f_{n_2} \subset B_{\frac{1}{4}}(x)$, so kann man $m_{n_1}, m_{n_1+1}, \dots, m_{n_2-1}$ analog so bestimmen, daß $\varphi_n(m_n) \in B_1(x)$ ist. Fährt man so fort und gibt schließlich ein $\epsilon \in R_+$ vor, so sind nach Konstruktion alle $\varphi_n(m_n)$ mit $n \geqslant n_k$ und $\frac{1}{2^{k-1}} \leqslant \epsilon$ in $B_{\frac{1}{2^{k-1}}}(x)$, also auch in $B_\epsilon(x)$. Jedes $B_\epsilon(x)$ umfaßt also ein Endstück von h, d.h. h konvergiert gegen x.

Soll in einem Raum ein Konvergenzbegriff mit Hilfe der Theorie pseudometrischer Räume studiert werden, so muß der gegebene Konvergenzbegriff offenbar unserem Diagonalfolgenprinzip genügen. Nun ist aus der Analysis ein Problemkreis bekannt, in dem die Dinge nicht so einfach liegen. Man betrachtet dort im Raum Abb(IR, IR) Funktionenfolgen, die punktweise konvergieren, z.B. die Folge $f: \mathbb{N} \to \text{Abb}(\mathbb{R}, \mathbb{R})$ mit $f(n) := |\text{id}_{\mathbb{R}}|^{\frac{1}{n}}$ $(f(n)(t) = |t|^{\frac{1}{n}})$, sie konvergiert punktweise gegen die Funktion g mit $g(0) = 0$ und $g(t) = 1$ für $t \neq 0$. Obwohl bei allen Folgegliedern Stetigkeit (im Sinne der Analysis) vorliegt, braucht die Grenzfunktion – wie das Beispiel zeigt – keineswegs stetig zu sein (vgl. auch die Beispiele in Abschnitt 3). *R. Baire* ist um 1905 in einer Reihe bedeutender Arbeiten[1] der Frage nachgegangen, welche Grenzfunktionen sich mit konvergenten Folgen stetiger Funktionen erzeugen lassen. Für uns ist im Moment interessant, daß es keine Pseudometrik auf Abb(IR, IR) mit der Eigenschaft gibt, daß eine Folge von Funktionen genau dann konvergiert, wenn sie punktweise konvergiert.

Um dies einzusehen, denken wir uns die rationalen Zahlen in der Form $r_1, r_2, \dots$ abgezählt (z.B. Cantors Diagonalverfahren) und setzen für f(n) die Funktion, die an den Stellen $r_1, \dots, r_n$ gleich 1 und sonst 0 ist. Jedes f(n) werde nun in der folgenden Weise approximiert: Es sei $\delta_n := \frac{1}{3} \min_{\substack{i \neq j \\ 1 \leqslant i, j \leqslant n}} |r_i - r_j|$

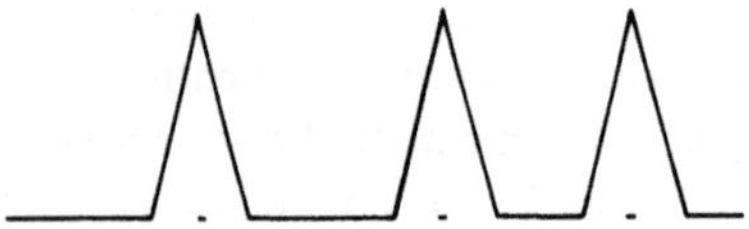

Die Funktion $\varphi_n(m)$ sei nun für alle die t gleich null, die mehr als $\frac{\delta_n}{m}$ von $r_1, \dots, r_n$ entfernt sind. Sie sei an den Stellen $r_1, \dots, r_n$ gleich 1 und auf den Intervallen $\left[r_i - \frac{\delta_n}{m}, r_i\right]$ bzw. $\left[r_i, r_i + \frac{\delta_n}{m}\right]$ $(i = 1, \dots, n)$ linear. Diese Funktionen sind dann bis auf r (mit wachsendem m immer schmaler werdende) Spitzen identisch null, konvergieren also mit wachsendem m punktweise gegen f(n). Die Folge f konvergiert wiederum punktweise gegen die **Dirichlet-Funktion** g, für die g(t) gleich 1, falls t rational, und g(t) gleich 0, falls t irrational, ist. Es gibt jedoch keine gegen g konvergente Diagonalfolge, wie man sich zunächst plausibel mache, wir werden es dann in 8.15(a) beweisen.

---

[1] Lecons sur les fonctions discontinues, Paris 1905; Acta Math. 30 (1906) und 32 (1909)

Eine Konvergenztheorie, die auch solch allgemeinere Fälle noch erfaßt, haben unabhängig voneinander *F. Hausdorff* und *R. E. Root* [1]) entwickelt, indem sie den Gedanken einer *Konvergenzmessung durch sich verengende Teilmengensysteme* (an Stelle der Kugeln) herausstellten. Wir wollen hier gleich den Filterbegriff benutzen, obwohl er erst viel später von *H. Cartan* entwickelt wurde [2]):

1.2. **Definition:** Ist X eine Menge und $\mathcal{F} \subset \mathcal{P}(X)$ ein Teil der Potenzmenge, so heißt $\mathcal{F}$ **Filterbasis** auf X, wenn $\emptyset \notin \mathcal{F} \neq \emptyset$ ist und es zu $F', F'' \in \mathcal{F}$ stets auch $F \in \mathcal{F}$ mit $F' \cap F'' \supset F$ gibt. Eine Filterbasis auf X, die mit jedem ihrer Elemente zugleich nach alle Obermengen davon enthält, heißt **Filter** auf X. Mit $\mathbb{F}(X)$ bezeichnen wir die Menge der Filter auf X.

Bemerkungen und Beispiele:

Jede Filterbasis $\mathcal{F}$ erzeugt in $[\mathcal{F}]_X := \{G \subset X \,/\, \text{es ex. } F \in \mathcal{F} \text{ mit } G \supset F\}$ genau einen Filter auf X. Zugleich können jedoch verschiedene Filterbasen denselben Filter erzeugen, wie wir gleich sehen werden.

Der Leser möge die folgenden Beispiele aufmerksam nachprüfen:

a) Punktfilter: Für $x \in X$ ist $\mathcal{F} := \{F \subset X \,/\, x \in F\}$ ein Filter auf X.

b) Hauptfilter: Für $\emptyset \neq A \subset X$ ist $\mathcal{F} := \{F \subset X \,/\, A \subset F\}$ ein Filter auf X.

c) Umgebungsfilter (bzgl. einer Pseudometrik): Sind d eine Pseudometrik auf X und $x \in X$, so sind $\mathcal{B} := \{B_\epsilon(x) \,/\, \epsilon \in \mathbb{R}_+\}$ und $\mathcal{B}' := \{B_{\frac{1}{n}}(x) \,/\, n \in \mathbb{N}\}$ Basen desselben Filters $\mathcal{U}_d(x)$, er heißt **Umgebungsfilter** von x (bzgl. d). Im allgemeinen handelt es sich nicht um einen Hauptfilter (vgl. die Beispiele zu 1.1).

d) In den obigen Beispielen treten nur ‚zentrierte" Filter auf, d.h. solche mit $\bigcap_{F \in \mathcal{F}} F \neq \emptyset$. Es gibt aber auch „diffuse" Filter, wo das nicht der Fall ist: Hat X abzählbar-unendlich bzw. überabzählbar viele Elemente, so sind $\mathcal{F} := \{F \subset X \,/\, X \setminus F \text{ endlich}\}$ bzw. im zweiten Fall auch $\mathcal{F} := \{F \subset X \,/\, X \setminus F \text{ abzählbar}\}$ solche Filter auf X.

e) Die in den Beispielen 1.1a), b) und c) definierten Umgebungsfilter eines Punktes $x \in \mathbb{R}^n$ sind gleich. Die Umgebungsfilter von 1.1d) sind Punktfilter.

f) $\mathbb{F}(\emptyset) = \emptyset$.

g) Ist $f\colon \mathbb{N} \to X$ eine Folge in X, so gibt die Menge der Endstücke von f eine Filterbasis auf X. Der davon erzeugte Filter $\mathcal{E}_f$ heißt **Endstück-** oder **Fréchetfilter** von f. Ist d eine Pseudometrik auf X, so konvergiert f gegen ein $x \in X$ genau dann, wenn $\mathcal{U}_d(x) \subset \mathcal{E}_f$ ist.

Filter sind also „sich verengende Mengensysteme", man kann sie daher gut zur Konvergenzmessung heranziehen. Wenn man ein solches System zur Konvergenzmessung vorgibt, ist es allerdings nützlich, ein *verallgemeinertes Diagonalfolgenprinzip* zu fordern, wie es unten in (U 2) ausgesprochen wird. Wir werden es später noch eingehender beleuchten (4.3c').

---

[1]) Am. J. Math., 36 (1914)

[2]) Compt. Rend. 205 (1937)

1.3. **Definition:** $(X, \mathcal{U})$ heißt **Umgebungsraum**, wenn $\mathcal{U}$ jedem Punkt $x \in X$ einen Filter $\mathcal{U}(x)$, den **Umgebungsfilter** von x, zuordnet, wobei für die **„Umgebungen“** $U \in \mathcal{U}(x)$ die folgenden Bedingungen erfüllt sind:

(U1) $x \in U$.

(U2) Die Menge $\mathring{U}$ der Punkte, für die U Umgebung ist, bildet wieder eine Umgebung von x, d.h. $\mathring{U} \in \mathcal{U}(x)$.

Eine Folge f in einem Umgebungsraum $(X, \mathcal{U})$ heißt **konvergent (gegen x)**, wenn es ein $x \in X$ mit $\mathcal{E}_f \supset \mathcal{U}(x)$ gibt. Man schreibt dann auch $f \underset{\mathcal{U}}{\to} x$. Ein Filter $\mathcal{F}$ **konvergiert (gegen x)**, wenn $\mathcal{F} \supset \mathcal{U}(x)$.

Man schreibt dann $\mathcal{F} \underset{\mathcal{U}}{\to} x$.

Bemerkungen und Beispiele:

Die Definition der Konvergenz für Filter fällt hier etwas „vom Himmel“, wir werden sie weiter unten noch motivieren. Eine Folge konvergiert nach obiger Definition offenbar genau dann, wenn jede Umgebung des „Grenzwertes“ ein Endstück der Folge enthält. (Nichts anderes drückt obige Definition aus!) Die Bedingung (U 2) läßt sich häufig dadurch nachweisen, daß man zeigt: U umfaßt eine Umgebung V von x, wobei U jeden der Punkte von V umgibt. (Als Obermenge von V ist dann natürlich auch $\mathring{U}$ Umgebung von x!)

a) Jeder pseudometrische Raum wird durch die in 1.2c) vorweggenommene Definition zum Umgebungsraum. (U 2) wurde in der eben umschriebenen Weise am Anfang der Diskussion zum Diagonalfolgenprinzip gezeigt. Die eben gegebene Definition der konvergenten Folge deckt sich mit der früher gegebenen.

b) Speziell im $\mathbb{R}^n$ bezeichnet man – wenn nicht ausdrücklich etwas anderes gesagt wird – als Umgebungen von x stets die Obermengen von (euklidischen) Kugeln um x.

c) Auf jeder Menge werden durch $\mathcal{U}: x \mapsto \{F \subset X \,/\, x \in F\}$ bzw. $\mathcal{U}': x \mapsto \{X\}$ zwei Strukturen als Umgebungsraum definiert. $(X, \mathcal{U})$ heißt **diskreter** Umgebungsraum, jede x enthaltende Menge ist Umgebung von x, und es konvergieren nur Punktfilter und stationäre Folgen. In 1.1d) wurde eine Metrik angegeben, die diese Umgebungsstruktur liefert. $(X, \mathcal{U}')$ heißt **indiskreter** Umgebungsraum, ganz X ist die einzige Umgebung, sie umgibt zugleich jeden Punkt von x („niemand ist in seiner Umgebung von den anderen getrennt“: indiskreter Raum), alle Folgen und Filter konvergieren gegen jeden Punkt von X. In einem mehr als einelementigen metrischen Raum ist so etwas unmöglich, denn zwei verschiedene Punkte werden von disjunkten Kugeln umgeben. $(X, \mathcal{U}')$ wird jedoch durch die Pseudometrik $d(x, y) :\equiv 0$ erzeugt.

d) Ist X eine überabzählbare Menge, so wird durch $\mathcal{U}: x \mapsto \{F \subset X \,/\, x \notin X \setminus F \text{ abzählbar}\}$ eine interessante Konvergenzstruktur gegeben. Ist eine Folge f in X nicht stationär, so kann sie gegen kein x konvergieren, denn $X \setminus \{f(n) \,/\, n \in \mathbb{N}, f(n) \neq x\}$ wäre eine Umgebung von x, in der kein Endstück von f läge. Hier sind also nur die – in jedem Umgebungsraum konvergenten – stationären Folgen konvergent, und der Grenzwert ist dann stets eindeutig bestimmt. Ganz anders liegen die Dinge hier mit der Filterkonvergenz. Außer den Punktfiltern gibt es noch andere konvergente Filter. Der „Komplement-abzählbar-Filter“ von Beispiel 1.2d) konvergiert sogar gegen jeden Punkt von X. Man überlege sich, daß es keine Pseudometrik geben kann, die diese Umgebungsstruktur erzeugt (erst recht keine Metrik). (Da die Pseudometrik nicht verschwinden dürfte, gäbe es zwei Punkte mit disjunkten Kugeln, der zuletzt genannte Filter könnte nicht gegen beide Punkte konvergieren.)

e) Das Intervall $[-1, 1]$ wird durch den natürlichen Abstand metrisiert. Es sei $f: [-\infty, \infty] \to [-1, 1]$ durch $f(t) := t/(1 + |t|)$ bijektiv definiert, dann wird $[-\infty, \infty]$ durch die Metrik $d(s,t) := |f(s) - f(t)|$ zum Umgebungsraum.

f) Auf $\mathbb{R}^n$ und insbesondere $\mathbb{R}$ ist die in b) gegebene „natürliche“ Umgebungsstruktur mit Abstand die wichtigste. Dennoch ist es für viele theoretische Überlegungen von Interesse, auch anders gebaute Strukturen in Betracht zu ziehen. Wir geben jetzt für $\mathbb{R}$ einige Beispiele, die uns später noch nützlich sein werden:

Die in c) und d) angegebenen Konstruktionen sind auch hier anwendbar. Überdies geben

$$\mathcal{B}(t) := \{[t, t+\epsilon[\,/\,\epsilon \in \mathbb{R}_+\}, \qquad \mathcal{B}'(t) := \{[t, +\infty[\}, \qquad \mathcal{B}''(t) := \{F \subset \mathbb{R}\,/\,x \notin \mathbb{R}\setminus F \text{ endlich}\}$$

bzw.

$$\mathcal{B}'''(t) := \begin{cases} \{\mathbb{R}\}, & \text{falls } t = 0 \\ \{\{t\}\}, & \text{falls } t \neq 0 \end{cases}$$

jeweils Basen von Umgebungsfiltern $\mathcal{U}(t)$, $\mathcal{U}'(t)$, $\mathcal{U}''(t)$ und $\mathcal{U}'''(t)$.

g) Neben der von 1.1e) stammenden (global-)gleichmäßigen Umgebungsstruktur auf $\text{Abb}(\mathbb{R}, \mathbb{R})$ ist nun natürlich besonders eine solche (notwendig nicht von einer Pseudometrik herrührende) Umgebungsstruktur interessant, die die **punktweise Konvergenz von Funktionenfolgen** realisiert. Nehmen wir einen Augenblick an, wir hätten eine solche Umgebungsstruktur $\mathcal{U}$ schon gefunden, dann müßte eine gegen f_0 konvergente Funktionenfolge $(f_n)_{n \in \mathbb{N}}$ an jeder Stelle $t_0 \in \mathbb{R}$ mit je einem Endstück in jedem $U \in \mathcal{U}(f_0)$ liegen. Für die Stelle t_0 läßt sich dies realisieren, wenn man Umgebungen $U_{t_0,\epsilon} \in \mathcal{U}(f_0)$ von der Form

$$U_{t_0,\epsilon} := \{g / |f_0(t_0) - g(t_0)| < \epsilon\}$$

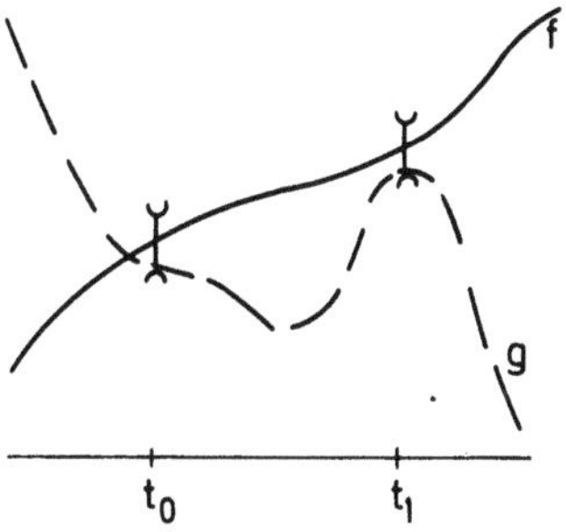

vorschreibt. Wir wollen also verlangen, daß $\mathcal{U}(f_0)$ mindestens alle Umgebungen der Form $U_{t,\epsilon}$ von f_0 enthält. Leider ist dieses System von speziellen Umgebungen noch nicht einmal eine Filterbasis, denn $U_{t,\epsilon} \cap U_{t',\epsilon'}$ braucht keine Menge dieser Gestalt zu enthalten. Es ist daher nötig, $\mathcal{U}(f_0)$ noch durch Mengen der Form

$$U_{E,\epsilon}(f_0) := \{g / \text{für jedes } t \in E \text{ ist } |g(t) - f_0(t)| < \epsilon\}$$

mit $\mathbb{R} \supset E$ endlich zu ergänzen. Tatsächlich ist nun

$$\mathcal{B}(f_0) := \{U_{E,\epsilon}(f_0) / E \text{ endlich} \subset \mathbb{R}, \epsilon \in \mathbb{R}_+\}$$

eine Filterbasis. Definiert man jetzt das – ja noch immer unbekannte – $\mathcal{U}$ durch die von den $\mathcal{B}(f)$ erzeugten Filter, so wird $(\text{Abb}(\mathbb{R}, \mathbb{R}), \mathcal{U})$ zu einem Umgebungsraum, in dem eine Folge genau dann konvergiert, wenn sie es punktweise tut (Übung!). Man überlege sich, daß keines der $\mathcal{U}(f)$ von einer abzählbaren Filterbasis erzeugbar ist. (Wäre das der Fall, so hätte man auch eine abzählbare Basis der Form

$$\mathcal{B}' = \{U_{E_i,\epsilon_i}(f) / i \in \mathbb{N}\}.$$

Da $\bigcup_{\mathbb{N}} E_i$ abzählbar ist, wäre für ein $t \in \mathbb{R}\setminus \bigcup E_i$ das $U_{t,1}$ nicht Obermenge eines der U_{E_i,ϵ_i}.)

Diese Feststellung schließt erneut eine definierende Pseudometrik aus!

h)* Wir haben schon bei der Erörterung des im Beispiel g) gestörten Diagonalfolgenprinzips gesehen, wie sich in diesem Umgebungsraum manche Elemente zwar durch iterierte, nicht aber durch einfache Folgen erreichen lassen. Ähnliche Situationen haben 1922 zunächst zur Betrachtung **verallgemeinerter Folgen** geführt. Nach ihren Erfindern [1]) nennt man sie auch **Moore-Smith-Folgen** oder **Netze,** sie werden wie folgt definiert: Statt $\mathbb{N}$ geht man hier nur von einer „gerichteten Menge" J aus, d.h. einer (partiell) geordneten Menge, in der zu je zwei Elementen eine obere Schranke existiert. Eine verallgemeinerte Folge ist nun eine Abbildung f von einer gerichteten Menge J in einen Umgebungsraum $(X, \mathcal{U})$. Eine solche Folge f konvergiert gegen ein x, wenn es zu jedem $U \in \mathcal{U}(x)$ ein Endstück $\{f(j)/j \geqslant j_0\} \subset U$ gibt. Trotz dieser einfachen Definition sind die verallgemeinerten Folgen nicht ganz einfach zu handhaben, so macht z.B. schon der Begriff einer Teilfolge Mühe. Es ist daher für viele theoretische Überlegungen bequemer, zunächst von den entsprechenden **Endstückfiltern** (sie werden von der Filterbasis der Endstücke erzeugt) $\mathcal{E}_f$ auszugehen und diese dann mit den Umgebungsfiltern $\mathcal{U}(x)$ wie in der Definition 1.3 zu vergleichen. (Netze findet man z.B. in *J. Wloka/ K. Floret* und *P. J. Kelley*, Literaturverzeichnis [4c], [3].)

Wir wollen hier nur zwei Beispiele geben, um zu zeigen, wie verallgemeinerte Folgen bzw. Filter aus natürlichen Fragestellungen entstehen:

h_1) J ist hier die Menge der Partitionen des Intervalls $[0,1]$. Eine Partition $(0, a_1, \dots, a_m, 1)$ ist $\leqslant$ der Partition $(0, b_1, \dots, b_n, 1)$, wenn $\{a_i/i = 1, \dots, m\} \subset \{b_i/i = 1, \dots, n\}$ ist. Wegen der Möglichkeit gemeinsamer „Verfeinerungen" ist J gerichtet. Ist nun $\varphi \in \mathrm{Abb}([0,1], \mathbb{R})$ beschränkt gegeben, so betrachtet man die verallgemeinerte Folge $f_\varphi: J \to \mathbb{R}$ (natürliche Umgebungsstruktur) mit

$$f_\varphi(0, a_1, \dots, a_m, 1) := \sum_{i=1}^{m+1} \varphi\left(\frac{a_{i-1} + a_i}{2}\right) \cdot (a_i - a_{i-1}),$$

wobei $a_0 := 0$, $a_{m+1} := 1$ sind. Gibt es ein $\alpha \in \mathbb{R}$ mit $f_\varphi \to \alpha$, so nennt man φ Riemann-integrierbar

und $\alpha =: \int_0^1 \varphi(x)\,dx$ das entsprechende Integral [1])

h_2) Wir greifen das Gegenbeispiel zum Diagonalfolgenprinzip auf. Mit Hilfe entsprechender „Streckenzüge" φ_E und der gerichteten Menge

$$J := \{E/E \text{ endlich} \subset \mathbb{R}\}, \quad E \leqslant E' \iff E \subset E',$$

kann man jede reelle Funktion im Sinne von Beispiel g) durch eine verallgemeinerte Folge stetiger Funktionen approximieren (vgl. 4.3f)).

Die Beispiele deuten an, daß verallgemeinerte Folgen oder (bequemer) Filter geeigneter zur Konvergenzuntersuchung in allgemeinen Umgebungsräumen sind als Folgen.

Wir schließen jetzt diesen Abschnitt mit ein paar Hinweisen für den Leser. Erfahrungsgemäß erschreckt der ungewohnte Filterbegriff am Anfang ein wenig. Es wäre jedoch falsch, ihm zunächst aus dem Wege zu gehen. Wie die Beispiele zu 1.3 zeigen, treten konkrete Umgebungsräume (und auch topologische Räume) ursprünglich meist als Objekte auf, von denen man einige spezielle Umgebungen kennt und deren volle Umgebungsstruktur dann erst definiert oder gefunden werden muß. Wir haben uns bemüht, einen solchen Vorgang im Beispiel 1.3g) zu verdeutlichen und raten dem Leser, sich an Hand der Beispiele mehr-

---

[1]) Am. J. Math. 44

[1]) Vgl. etwa *T. M. Apostol:* Mathematical Analysis, Reading (Mass.), 1965, Chap. 9–3

fach klar zu machen, welche Beweisschritte beim Aufbau einer Konvergenz- oder Umgebungsstruktur, von Filterbasen um die Elemente des Raumes herkommend, durchlaufen werden müssen. Alle angegebenen Beispiele sind wesentlich für die weitere Theorie, man sollte sie sehr sorgfältig überprüfen! Als Verständnistest können dann die folgenden Aufgaben dienen:

Aufgaben:

1. Man zeige, daß für eine Umgebung der Form $B_\epsilon(x)$ in einem pseudometrischen Raum $B^V_\epsilon(x) = \{y/d(x,y) < \epsilon\}$ Umgebung jedes seiner Punkte ist. (Man nennt $B^V_\epsilon(x)$ die offene Kugel vom Radius ϵ um x.) (Vgl. Def. 1.3 und 4.3e)!)
2. Man verifiziere die Aussagen in den Beispielen 1.3d) und f) und gebe Beispiele konvergenter Folgen an.
3. In jedem Umgebungsraum sind alle stationären Folgen und Punktfilter konvergent. Ist der Grenzpunkt stets eindeutig bestimmt?
4. Könnten Sie jede der Aussagen von 1.3g) bzw. 1.3(h_2) beschwören?
5. Im Raum Abb($\mathbb{R}$, $\mathbb{R}$) mit der punktweisen Umgebungsstruktur von 1.3g) betrachte man folgenden Unterraum: $\bigoplus_{\mathbb{R}} \mathbb{R} := \{f/f$ ist nur an endlich vielen Stellen von 0 verschiedener Werte fähig$\}$. Man zeige, daß es keine Folge von Elementen aus $\oplus\mathbb{R}$ gibt, die gegen c_1 mit $c_1(t) \equiv 1$ konvergiert, wohl aber einen Filter (verallgemeinerte Folge).
6. Es sei $\mathbb{R}$ wie in 1.3d) mit einer Konvergenzstruktur versehen, und es sei t eine irrationale Zahl. Gibt es eine Folge rationaler Zahlen, die gegen t im Sinne dieser Konvergenzstruktur konvergiert?
7. Geben Sie zwei Umgebungsräume an, in denen dieselben Folgen konvergieren.

2. Offene Mengen

Wir wollen die in Abschnitt 1 gewonnenen Umgebungsräume jetzt von einem mehr globalen Standpunkt beleuchten, d. h. wir interessieren uns nicht mehr vordringlich für die Gestalt der Räume in der Umgebung ihrer Punkte (= lokale Betrachtung), sondern für Merkmale des Raumes als Ganzes. Das verallgemeinerte Diagonalprinzip (U 2) in der Definition 1.3 erlaubt dabei eine – vom strukturellen Standpunkt aus – ganz erstaunliche Vereinfachung. Seit diese Vereinfachung von *H. Tietze* [1]) und *P. Alexandroff* [2]) entdeckt wurde, hat sie sich als die zentrale Definition der Theorie durchgesetzt. Wir haben diese Definition 2.4 nicht an den Anfang gesetzt, weil sie historisch und auch in den Anwendungen erst zum Tragen kommt, nachdem die lokale Konstruktionsarbeit geleistet wurde. (Die prinzipiellen Konstruktionstechniken der Abschnitte 5 und 6 gehen immer schon von gegebenen Umgebungs- bzw. topologischen Räumen aus.)

---

1) Math. Ann. **88** (1923)

2) Math. Ann. **94** (1925)

2.1 *Die entscheidende Idee steckt in der Frage, wie die Teilmengen eines Umgebungsraumes aussehen, die Umgebung jedes ihrer Punkte sind.* Solche Teilmengen nennt man (in dem betreffenden Umgebungsraum) **offen.**

2.2 *Lemma:* Ist U eine Umgebung in einem Umgebungsraum, so ist $\mathring{U}$ offen. (Man täusche sich nicht: In (U 2) wird nicht gesagt, daß auch $\mathring{U}$ jeden seiner Punkte umgibt!)

Beweis: (Die Beweisidee ist am Vorgehen im Spezialfall pseudometrischer Räume orientiert: Ist U Umgebung von y, so enthält U in diesem Fall eine Kugel $B_\epsilon(y)$, und die Kugel $B_{\frac{\epsilon}{2}}(y)$ liegt sogar in $\mathring{U}$, d. h. y wird auch von $\mathring{U}$ umgeben.) Es seien nun (X, U) ein Umgebungsraum, $x \in X$, $U \in U(x)$ und $y \in \mathring{U}$. Wir wollen zeigen, daß $\mathring{U} \in U(y)$ ist. Wir wissen, daß $U \in U(y)$ ist. Nach (U 2) ist damit jedoch auch $\mathring{U} \in U(y)$.

2.3 *Lemma:* Ist (X, U) ein Umgebungsraum und bezeichnet T das System seiner offenen Teilmengen so sind $\emptyset, X \in T$ sowie endliche Durchschnitte und beliebige Vereinigungen von Elementen aus T wieder offen.

Beweis: Daß $\emptyset$ offen ist, folgt – etwas spitzfindig – aus der Definition der offenen Menge. Daß X offen ist, ergibt sich aus der Filtereigenschaft und (U 1). Die Aussage über endliche Durchschnitte folgt aus der Eigenschaft der Filter, mit je zwei Elementen auch deren Durchschnitt zu enthalten. Die Aussage über beliebige Vereinigung folgt aus der Eigenschaft der Filter, mit jedem Element auch dessen sämtliche Obermengen zu enthalten.

2.4 **Definition:** Eine **Topologie** T auf einer Menge X ist ein Teil der Potenzmenge $P(X)$ mit folgenden Eigenschaften:

(Top 1) $\emptyset \in T$ und $X \in T$.

(Top 2) Mit $O_1, \ldots, O_n \in T$ ist auch $\bigcap_1^n O_i \in T$.

(Top 3) Mit $O \subset T$ ist auch $\cup O \in T$.

Ein **topologischer Raum** ist eine Menge, die mit einer Topologie versehen ist. Die **Topologie eines Umgebungsraumes** wird durch das System seiner offenen Menge gegeben.

2.5 **Satz:** **Jede Topologie stammt von genau einem Umgebungsraum.** Dabei sind die Elemente von T gerade die offenen Mengen dieses Umgebungsraumes.

Beweis: Es sei T eine Topologie. Auf dem zu Grunde liegenden Raum $X = \bigcup T$ definieren wir Umgebungsfilter $U(x) := \{U \subset X / \text{ es gibt } O \in T \text{ mit } x \in O \subset U\}$. $U(x)$ ist ein Filter: $\emptyset \notin U(x)$, denn jedes Element enthält mindestens x. $U(x) \neq \emptyset$, denn es ist $X \in U(x)$. Sind $U', U'' \in U(x)$, so gibt es $O', O'' \in T$ mit $x \in O' \subset U'$, $x \in O'' \subset U''$, und mit $x \in O' \cap O'' \in T$ ist auch $U' \cap U'' \in U(x)$. Schließlich ist $U(x)$ nach Definition gegen Obermengenbildung abgeschlossen. $U(x)$ erfüllt trivialerweise (U 1). Wir zeigen

(U 2): Ist $U \in \mathcal{U}(x)$, so gibt es $O \in \mathcal{T}$ mit $x \in O \subset U$. Für $y \in O$ ist dann auch $U \in \mathcal{U}(y)$. Also ist $O \subset \overset{\circ}{U}$ und folglich $\overset{\circ}{U} \in \mathcal{U}(x)$. Damit ist gezeigt, daß $(X, \mathcal{U})$ ein Umgebungsraum ist. Ist nun $A \subset (X, \mathcal{U})$ offen, so gibt es zu jedem $x \in A$ ein $O_x \in \mathcal{T}$ mit $x \in O_x \subset A$, denn A ist Umgebung jedes seiner Punkte. Wegen (Top 3) ist daher $\bigcup_{x \in A} O_x = A \in \mathcal{T}$.
Ist umgekehrt ein $O \in \mathcal{T}$, so ist es natürlich Umgebung jedes seiner Punkte, d.h. offen in $(X, \mathcal{U})$. Schließlich wird $\mathcal{T}$ von keinem anderen Umgebungsraum $(X, \mathcal{U}')$ definiert, denn nach 2.2 bilden die $O \in \mathcal{T}$ mit $x \in O$ zugleich eine Filterbasis von $\mathcal{U}(x)$ und $\mathcal{U}'(x)$, diese beiden Filter sind also stets gleich.

2.6 **Verabredung:** In einem topologischen Raum $(X, \mathcal{T})$ werden die Begriffe **offen**, **konvergent** und **Umgebung** auf den zugehörigen Umgebungsraum bezogen. Statt $O \in \mathcal{T}$ schreibt man auch – wenn $\mathcal{T}$ klar ist – $O \underset{\circ}{\subset} X$.

Die offenen Mengen eines topologischen Raumes sind also einfach die Elemente der Topologie dieses Raumes, sie sind zugleich Umgebung jedes ihrer Punkte. Eine Teilmenge U *eines topologischen Raumes umgibt* x *genau dann, wenn zwischen* x *und* U *noch ein Element von* $\mathcal{T}$ *liegt.*

Beispiele:

a) Die für die Anwendung wichtigsten Beispiele kömmen wie in Abschnitt 1 geschildert zustande. Daher mache man sich die Beispiele zu 1.3 noch einmal im neuen Zusammenhang klar: In der **natürlichen Topologie** des $\mathbb{R}^n$ und allgemeiner in jedem metrischen Raum sind die Mengen offen, d.h. $\in \mathcal{T}$, die mit jedem ihrer Punkte noch eine genügend kleine Kugel mit positivem Radius um diesen Punkt enthalten.

b) Durch die Beispiele in 1.3c) werden **diskrete** bzw. **indiskrete** topologische Räume definiert. Im ersten Fall ist jede Teilmenge des Raumes offen, d.h. $\mathcal{T} = \mathcal{P}(X)$, und im zweiten Fall sind es nur $\emptyset$ und X.

c) Für unendliches X wird durch 1.3d) die *Komplement-abzählbar-Topologie* definiert. In ihr sind außer $\emptyset$ nur die Mengen mit (höchstens) abzählbarem Komplement offen. Analog kann man eine *Komplement-endlich-Topologie* definieren.

d) Ein weiteres für die Theorie wichtiges Gegenbeispiel in vielen Situationen ist eine nichttriviale (weder diskrete noch indiskrete) Topologie auf einer zweielementigen Menge, etwa $X = \{0, 1\}$. Man nennt das Beispiel mit $\mathcal{T} := \{\emptyset, X, \{0\}\}$ den *Sierpinski-Raum*.

Es ist ein wenig mühsam, Topologien für einen konkreten Raum vollständig durch Aufzählung der offenen Mengen anzugeben. Daher verschafft man sich, wie beim Übergang von Filterbasen zu Filtern, Hilfskonstruktionen:

2.7 *Lemma:* Es seien X eine Menge und $\mathcal{S} \subset \mathcal{P}(X)$ ein Teil der Potenzmenge. Man nennt $\mathcal{S}$ **Basis** einer Topologie $\mathcal{T}$, wenn $\mathcal{T}$ genau aus den durch beliebige Vereinigungen von Element von $\mathcal{S}$ entstehenden Mengen besteht. Man nennt $\mathcal{S}$ **Subbasis** einer Topologie $\mathcal{T}$, wenn die endlichen Durchschnitte von Elementen aus $\mathcal{S}$ einen Basis für $\mathcal{T}$ geben. Jedes Teilmengensystem $\mathcal{S}$ ist Subbasis einer Topologie auf X, es ist genau dann schon Basis einer Topologie auf X, wenn $\bigcup \mathcal{S} = X$ ist und wenn es zu $O', O'' \in \mathcal{S}$ und $x \in O' \cap O''$ stets ein $O \in \mathcal{S}$ mit $x \in O \subset O' \cap O''$ gibt.

Beweis: Ist S irgendein Teilmengensystem, so sei $B(S)$ das System aller endlichen Durchschnitte von Elementen aus S. Wegen $\bigcap_{A \in \emptyset} A = X$ ist $X \in B(S)$. Sind $O', O'' \in B(S)$ und $x \in O' \cap O''$, so ist auch $O' \cap O'' \in B(S)$. Wir brauchen daher nur noch die letzte Behauptung nachzuweisen, die die Eigenschaft der Basis für ein Mengensystem mit den im Lemma genannten Voraussetzungen behauptet. Wir setzen jetzt also voraus, daß schon $\bigcup S = X$ gilt und zu $O', O'' \in S$, $x \in O' \cap O''$ stets $O \in S$ mit $x \in O \subset O' \cap O''$ existiert. Sei dann T das System der Vereinigung von Elementen aus S. Wegen $\bigcup S = X$ und $\bigcup_{A \in \emptyset} A = \emptyset$ sind $X, \emptyset \in T$. Trivialerweise (Assoziativität der $\bigcup$) sind beliebige Vereinigungen von Elementen aus T wieder in T. Wegen der Durchschnittsbedingung und den Distributivgesetzen der Mengenlehre ist T auch gegen endliche Durschnitte abgeschlossen.

2.8 *Korollar:* Es seien (X, U) ein Umgebungsraum (z. B. pseudometrischer Raum) und für jedes $x \in X$ $B(x)$ eine Basis von $U(x)$ aus offenen Umgebungen, dann ist $S := \bigcup_{x \in X} B(x)$ eine Basis der zu U gehörigen Topologie.

(Man wende diesen Satz auf das Beispiel 1.3g) an!)

Das Lemma 2.7 deutet schon an, welch vielfältige Möglichkeiten von Topologien auf irgendeiner gegebenen Menge bestehen. Natürlich sind in der Praxis nicht alle diese Möglichkeiten wichtig, und es wird die Hauptaufgabe der Abschnitte in Kapitel II sein, die praktisch wichtigen Räume durch zusätzliche Eigenschaften zu charakterisieren. Da wir als Hauptanliegen der Allgemeinen Topologie das Studium stetiger Phänomene bezeichnet haben, ist jedoch gerade die Konstruktion „pathologischer Beispiele" häufig der beste Schutz gegen voreilige Trugschlüsse. Darum ist es durchaus sinnvoll, sich zunächst eine Vorstellung von künstlich und unanschaulich konstruierten Topologien zu verschaffen. Dazu dienen u. a. die Beispiele 2.6b), c) und d).

Aufgaben:

1. Jede offene Menge im $\mathbb{R}^n$ (natürlicne Topologie) ist Vereinigung abzählbar vieler Kugeln. Gilt das in jedem metrischen Raum? (Hinweis: Beispiele 1.1d) oder e)!)
2. Man charakterisiere die offenen Mengen in den Fällen von 1.3f).
3. Ist F ein Filter auf X, so ist $F \cup \{\emptyset\}$ eine Topologie auf X.
4. Sind zwei Topologien T, S auf X gegeben, so nennt man T **feiner** als S (und S **gröber** als T), wenn $T \supset S$ ist. Auf $\mathrm{Abb}(\mathbb{R}, \mathbb{R})$ wurden durch 1.1e) bzw. 1.3g) die **Topologien der (global-) gleichmäßigen** bzw. **punktweisen Konvergenz** definiert. Welche ist feiner?
5. Gibt es in einer feineren Topologie mehr oder weniger konvergente Folgen (bzw. Filter) als in der gröberen?
6. Sind in einem pseudometrischen Raum die offenen Kugeln offen? (Vgl. Aufgabe 1, Abschnitt 1)
7. Man zeige: $S := \{]-\infty, t[,]t, +\infty[/ t \in \mathbb{R}\}$ ist Subbasis, aber keine Basis der natürlichen Topologie von $\mathbb{R}$
8. Für $n \in \mathbb{N}$ seien $U_n := \{m/m \geq n\}$ und $T := \{\emptyset, U_n/n \in \mathbb{N}\}$. Man zeige, daß in $(\mathbb{N}, T)$ die konstante Folge $c_9(n) := 9$ gegen jedes $m \leq 9$ konvergiert.

3. Stetigkeit

Stetigkeit (von Abbildungen) bedeutet Konvergenzerhaltung.

Es hat lange gebraucht, bis man eine analytische Formulierung für die „anschauliche" Stetigkeit von reellen Funktionen gefunden hatte. Wir haben in der Einleitung davon berichtet. Im Zuge der Cantorschen Untersuchungen über Punktmengen im $\mathbb{R}^n$, die ja die Wurzel der Allgemeinen Topologie darstellen, hat man auch eine gewisse Anschauung von dieser analytischen Beschreibungsform gefunden: Zur Idee eines stetigen Phänomens gehört es, daß nichts zerrissen wird, was zuvor „unendlich-nahe" war. Da es bekanntlich nicht gelang, das „unendlich-Nahe" in den übersichtlichen Kalkül der Analysis einzupassen[1]), ging man dazu über, es nicht als etwas *Seiendes* aufzufassen, sondern als etwas *Werdendes*. In unserer modernen Sprache, können wir das weniger mystisch ausdrücken: Eine konvergente (verallgemeinerte) Folge nähert sich immer mehr ihrem Grenzwert, sie kommt ihm beliebig nahe. Werden nun die Punkte der Folge und der Grenzpunkt stetig abgebildet, so soll sich daran nichts ändern; es soll nichts getrennt werden, was vorher beliebig nahe war. Konvergiert also $(x_n)_{n\in\mathbb{N}}$ gegen x und ist f stetig, so soll $(f(x_n))_{n\in\mathbb{N}}$ gegen f(x) konvergieren. Es liegt nahe zu versuchen, die Stetigkeit einer Funktion durch diese Eigenschaft analytisch zu charakterisieren und dann nach der Erhaltung weiterer Zusammenhangseigenschaften zu fragen. Es stellt sich heraus, daß die Präzisierung anschaulicher Zusammenhangseigenschaften recht problematisch ist, und wir werden diese Untersuchung erst in Abschnitt 10 durchführen. Hier wollen wir diese Konvergenzerhaltung zunächst ausführlicher studieren. In unserem allgemeinen Rahmen wird es nach den Überlegungen von Abschnitt 1 sinnvoll sein, außer der Konvergenzerhaltung von Folgen auch die von Filtern zu fordern. Wir werden dann auch sehen, inwiefern die zweite Forderung den Stetigkeitsbegriff einengt.

3.1. **Definition:** Seien X, Y zwei topologische Räume und f: X → Y eine Abbildung. f heißt **folgenstetig** bzw. **stetig in** x ∈ X, wenn f gegen x konvergente Folgen bzw. Filter stets auf gegen f(x) konvergente Folgen bzw. Filter abbildet. f heißt **folgenstetig** bzw. **stetig**, wenn f es in jedem Punkt von X ist. f heißt **topologisch** oder **Homöomorphismus**, wenn f stetig, bijektiv und f^{-1} stetig sind.

Eine **topologische Invariante** ist eine Aussage, deren Wahrheitsgehalt sich von jedem topologischen Raum auf alle ihm homöomorphen Räume überträgt, wobei **homöomorphe Räume** dadurch definiert sind, daß es zwischen ihnen und dem Ausgangsraum je einen Homöomorphismus gibt.

Bemerkungen:

Ist $\mathcal{F}$ ein Filter auf X, so ist $\{f(F)/F \in \mathcal{F}\}$ im allgemeinen nur eine Filterbasis auf Y. Als Bild unter f (geschrieben $f(\mathcal{F})$) wird daher der erzeugte Filter verstanden.

---

[1]) Im Rahmen der modernen Nonstandard Analysis wird das wieder versucht.

Mit topologischen Invarianten werden wir uns hauptsächlich in Kapitel II befassen. Hier wollen wir versuchen, den Stetigkeitsbegriff genauer zu begreifen. Bevor wir ihn an Beispielen erörtern, ist es ratsam, ihn noch durch handlichere Kriterien zu charakterisieren und die Beziehung zum aus der Analysis bekannten Stetigkeitsbegriff herzustellen.

3.2. **Satz:** X und Y seien topologische Räume, $f: X \to Y$ eine Abbildung und x ein Punkt aus X. Dann sind die folgenden Aussagen gleichbedeutend:

(a) f ist in x stetig.

(b) $f(\mathcal{U}_X(x)) \underset{Y}{\to} f(x)$. (Es reicht also, diesen einen Filter zu testen!)

(c) Zu jeder Umgebung V aus einer Filterbasis von $\mathcal{U}_Y(f(x))$ gibt es ein $U \in \mathcal{U}_X(x)$ mit $f(U) \subset V$. (Verallgemeinertes **Cauchy-Kriterium,** (vgl. 3.5 a))

Beweis:

(a) ⇒ (b), denn $\mathcal{U}_X(x)$ konvergiert natürlich gegen x.

(b) ⇒ (c), denn Konvergenz gegen f(x) besagt $f(\mathcal{U}_X(x)) \supset \mathcal{U}_Y(f(x))$, und damit umfaßt $f(\mathcal{U}(x))$ natürlich auch die genannte Filterbasis. Ist ein V aus ihr gegeben, so liegt es also in $f(\mathcal{U}(x))$, d.h. es gibt ein $U \in \mathcal{U}(x)$ mit $f(U) \subset V$.

(c) ⇒ (a): Ist $\mathcal{F}$ ein gegen x konvergenter Filter, so besagt dies, daß $\mathcal{F} \supset \mathcal{U}(x)$ und folglich $f(\mathcal{F}) \supset f(\mathcal{U}(x))$ ist. Gibt man sich nun ein $W \in \mathcal{U}_Y(f(x))$ vor, so umfaßt es ein V aus der genannten Filterbasis und damit nach (c) auch noch ein $f(U) \in f(\mathcal{U}(x))$. Da nun f(U) in $f(\mathcal{F})$ liegt, tut es auch die Obermenge W, d.h. es ist $\mathcal{U}_Y(f(x)) \subset f(\mathcal{F})$ und folglich $f(\mathcal{F}) \underset{Y}{\to} f(x)$. Dies gilt für jeden solchen Filter $\mathcal{F}$, d.h. f ist in x stetig.

3.3 *Korollar:* Mit den obigen Bezeichnungen sind gleichbedeutend:

(a) f ist stetig.

(b) Für jede offene Menge O′ aus einer Subbasis der Topologie von Y ist $f^{-1}(O')$ offen in X.

(c) $O' \underset{\circ}{\subset} Y \Rightarrow f^{-1}(O') \underset{\circ}{\subset} X$. (vgl. auch 4.6)

Beweis:

(a) ⇒ (b): Ist $x' \in f^{-1}(O')$, so ist O′ Umgebung von f(x′), denn O′ ist offen in Y. Nach 3.2c) gibt es $U \in \mathcal{U}(x')$ mit $f(U) \subset O'$. Demnach ist $U \subset f^{-1}f(U) \subset f^{-1}(O')$ und folglich $f^{-1}(O')$ Umgebung jedes seiner Punkte, d.h. offen in X.

(b) ⇒ (c): Ist $O' \underset{\circ}{\subset} Y$, so ist O′ Vereinigung von endlichen Durchschnitten aus der in (b) genannten Subbasis. Da unter f^{-1} Vereinigungen bzw. endl. Durchschnitte in die entsprechenden Vereinigungen bzw. Durchschnitte übergehen und diese nicht aus dem Bereich der offenen Mengen herausführen, gilt (c) nach Voraussetzung von (b).

(c) ⇒ (a): Wir weisen (a) mit Hilfe von 3.2c) nach: Sind $x \in X$ und V eine offene Umgebung von f(x), so ist $f^{-1}(V)$ offen in X wegen (c). Da die offenen Umgebungen eine Basis von $\mathcal{U}(f(x))$ bilden (2.2) und $f^{-1}(V) \in \mathcal{U}(x)$ ist, folgt mit $f(f^{-1}(V)) = V$ die Stetigkeit von f in x und damit in jedem beliebigen Punkt von X.

Wie wir in Abschnitt 1 bemerkt haben, ist die Leistungsfähigkeit der Folgen dadurch begrenzt, daß es nur abzählbar viele Folgeglieder gibt. Solche Umgebungsräume, deren Umgebungsfilter eine (höchstens) abzählbare Basis zulassen, lassen sich daher ausreichend mit Folgen untersuchen.

3.4 **Definition:** Ein topologischer Raum genügt dem **1. Abzählbarkeitsaxiom,** wenn jeder seiner Umgebungsfilter eine abzählbare Filterbasis besitzt.

3.5. **Satz:** Ist $f: X \to Y$ eine folgenstetige Abbildung zwischen topologischen Räumen und genügt X dem 1. Abzählbarkeitsaxiom, so ist f stetig. Analoges gilt, wie der Beweis zeigen wird, auch für die Stetigkeit in einem Punkt, dessen Umgebungsfilter eine abzählbare Basis hat.

Beweis: Wir nehmen an, f sei in x folgenstetig und unstetig, obwohl $\mathcal{U}(x)$ eine Basis der Form $\{U_i / i \in \mathbb{N}\}$ hat. Wir verschaffen uns durch die Definition $U'_j := \bigcap_{i=1}^{j} U_i$ eine monoton kleiner werdende Basis von $\mathcal{U}(x)$. Da f in x nicht stetig sein soll, muß es nach 3.2c) ein $V_0 \in \mathcal{U}_Y(f(x))$ geben, in das keines der U'_j abgebildet wird. Es gibt also je ein $x_j \in U'_j$ mit $f(x_j) \notin V_0$. Die dadurch definierte Folge $(x_j)_{j \in \mathbb{N}}$ konvergiert zwar wegen der Monotonie der U'_j gegen x, ihre Bildfolge meidet jedoch V_0 und kann daher nicht gegen $f(x) \in V_0$ konvergieren. Das widerspricht der Folgenstetigkeit von f in x.

Beispiele:

a) In einem pseudometrischen oder metrischen Raum hat jeder Umgebungsfilter $\mathcal{U}_X(x)$ eine abzählbare Basis der Form $\{B_{1/n}(x)/n \in \mathbb{N}\}$. Hier ist also der Satz 3.5 anwendbar, d. h. jede von X ausgehende folgenstetige Abbildung ist auch stetig.

Ist außer X auch Y ein pseudometrischer Raum, so ist $f: X \to Y$ genau dann in x stetig, wenn es zu jedem $\epsilon \in \mathbb{R}_+$ ein $\delta \in \mathbb{R}_+$ gibt, so daß aus $d(x, x') \leq \delta$ stets $d(f(x), f(x')) \leq \epsilon$ folgt. Diese Aussage ist die Übersetzung von 3.2(c), wenn man als Filterbasis die ϵ-Kugeln um x wählt. Es handelt sich also in 3.2(c) um die Verallgemeinerung des klassischen **ϵ-δ-Kriteriums von Bolzano-Chauchy** (vgl. Einleitung).

b) Das elegante Stetigkeitskriterium 3.3(b) bzw. (c) ist für theoretische Überlegungen das meistgebrauchte. Für praktische Fälle ist es nur zu brauchen, wenn man die offenen Mengen des betreffenden Raumes gut kennt, man wird sich deshalb meist des Kriteriums 3.2(c) bedienen, wenn man es mit konkreten Räumen zu tun hat. Diese beiden Kriterien sind die meistbenutzten.

c) Nach 3.3(c) ist die identische Selbstabbildung id_X eines topologischen Raumes X immer stetig, erst recht folgenstetig. Man beachte jedoch, daß im Definitionsbereich und Wertevorrat dieselben Topologien vorliegen. Ist das nicht der Fall, so braucht $id_X: (X, \mathcal{T}) \to (X, \mathcal{T}')$ nicht stetig zu sein. (In diesem Falle muß man natürlich die Topologien besonders kennzeichnen.) In der Sprache von Abschnitt 2, Aufg. 4 ist hier id_X genau dann stetig, wenn $\mathcal{T}$ feiner als $\mathcal{T}'$ ist. In der genannten Aufgabe findet man auch ein erstes Beispiel dafür, daß die Identität nicht in beiden Richtungen stetig ist, denn die Topologie der (global-)gleichmäßigen Konvergenz ist auf $Abb(\mathbb{R}, \mathbb{R})$ echt feiner als die der punktweisen Konvergenz. ($\{g/f.a.t \in \mathbb{R} \text{ ist } |f(t) - g(t)| \leq \frac{\epsilon}{2}\} = B_{\frac{\epsilon}{2}}(f)$ ist z. B. in $U_{t_0,\epsilon}(f) = \{g/|f(t_0) - g(t_0)| < \epsilon\}$ enthalten, aber kein $U_{E,\epsilon}$ ist ganz in einer solchen Kugel enthalten.)

Weitere Beispiele dazu findet man an Hand von 1.3(f), so ist z. B. die Komplement-abzählbar-Topologie $\mathcal{A}$ nicht mit der natürlichen Topologie $\mathcal{I}$ auf $\mathbb{R}$ vergleichbar ($\mathbb{R} \setminus \mathbb{Q} \in \mathcal{A} \setminus \mathcal{I}$ bzw. $]0,1[\in \mathcal{I} \setminus \mathcal{A}$), also ist $id_{\mathbb{R}}: (\mathbb{R}, \mathcal{A}) \to (\mathbb{R}, \mathcal{I})$ in keiner Richtung stetig, aber in der gegebenen Richtung folgenstetig. (Vgl. 1.3(d)) $\mathcal{A}$ kann demzufolge hier auch nicht dem 1. Abzählbarkeitsaxiom genügen, also auch nicht durch eine Pseudometrik erzeugt werden.

Merke: Die identische Selbstabbildung eines topologischen Raumes ist immer stetig, man muß aber aufpassen!

d) Jede stetige Abbildung ist folgenstetig, denn eine Folge konvergiert genau dann gegen x, wenn es ihr Endstückfilter tut.

e) Man kann auf der zweielementigen Menge $\{0, 1\}$ zwei Topologien angeben, so daß die Identität in keiner Richtung stetig ist. Wird sie dabei in einer Richtung folgenstetig?

f) Jede konstante Abbildung ist stetig.

g) Wir betrachten auf $\mathbb{R}$ die natürliche Topologie und definieren $f, g, h: \mathbb{R} \to \mathbb{R}$ durch

$$f(t) := \begin{cases} 0, \text{ falls } t \text{ irrational} \\ 1, \text{ falls } t \text{ rational} \end{cases}, \quad g(t) := \begin{cases} t, \text{ falls } t \text{ rational} \\ 0, \text{ falls } t \text{ irrational} \end{cases}, \quad h(t) := \begin{cases} 1/q, \text{ falls } t = p/q \text{ gekürzt mit } q > 0 \\ 0, \text{ sonst} \end{cases}$$

dann ist f in keinem Punkt stetig, g nur im Punkte 0 stetig und h genau an den rationalen Stellen unstetig. Letzteres sieht man ein, wenn man die Äquivalenz von Stetigkeit und Folgenstetigkeit auf $\mathbb{R}$ beachtet und bedenkt, daß rationale Zahlen bei der Approximation einer irrationalen Zahl immer größere Nenner brauchen (Dezimalbrüche!).

h) Für viele Untersuchungen ist die folgende Funktion ein lehrreiches Gegenbeispiel (*H. Lebesgue*).

Dazu erinnere man sich, daß jedes $t \in]0, 1[$ in genau einer Weise als Dezimalbruch $t = \sum_1^\infty \frac{t_i}{10^i}$ darstellbar ist, wobei unendlich viele $t_i < 9$ seien müssen, denn z. B. $0{,}0\overline{99} = 0{,}1$. Sind unter den Ziffern $t_1, t_3, t_5, \ldots, t_{2i+1}, \ldots$ unendlich viele $\neq 1$, so setzt man $f(t) = 0$. Ist dies nicht der Fall, so gibt es ein kleinstes n, so daß für alle $i \geqslant n$ stets $t_{2i+1} = 1$ ist, und man darf definieren

$$f(t) := \sum_{i=n+1}^{\infty} \frac{t_{2i}}{10^i} = 0, t_{2n+2} t_{2n+4} t_{2n+6} \ldots$$ Damit ist f auf $]0, 1[$ vollständig definiert.

Gibt man nun $0 < r < s < 1$ beliebig vor, so ist $f(]r, s[) =]0, 1[$. Ist nämlich $u \in]0, 1[$, so wähle man i_0 so groß, daß $r_{i_0} < 9$ und

$$r' := 0, r_1 r_2 \ldots r_{i_0 - 1} (r_{i_0} + 1)\, 000\overline{0} \ldots < s$$

ist. Nun wähle man ein ungerades $j > i_0 + 1$ mit $s' := r' + \frac{1}{10^j} < s$, dann sind

$$r' = 0, r_1, r_2, \ldots (r_{i_0} + 1)\, 000 \ldots \quad \text{bzw.} \quad s' = 0, r_1 r_2 \ldots (r_{i_0} + 1)\, 000 \ldots 01000 \ldots$$

(die 1 an der j. Stelle). Man setze nun

$$t := 0, r_1 r_2 \ldots (r_{i_0} + 1)\, 00000 \ldots 0001 u_1 1 u_2 1 u_3 1 \ldots$$

(die erste 1 an der Stelle $j + 2$ (ungerade)), dann sind fast alle ungeraden Stellen gleich 1, $r < r' < t < s' < s$ und $f(t) = u$. Folglich ist $f(]r, s[) =]0, 1[$. Sei $\varphi:]0, 1[\to \mathbb{R}$ eine Bijektion, dann setzte man für $t \in \mathbb{R}$

$$g(t) := \begin{cases} 0, \text{ falls } t \text{ ganze Zahl} \\ \varphi \circ f(t - k), \text{ falls } (t - k) \in]0, 1[\text{ mit } k \in \mathbb{Z}, \end{cases}$$

und es wird $g: \mathbb{R} \to \mathbb{R}$ *eine Surjektion, deren Einschränkung auf jedes mehr als einelementige Intervall ebenfalls noch eine Surjektion bleibt.* Natürlich kann eine solche Abbildung nicht stetig sein, aber sie deutet drastisch an, wie schwierig es ist, Stetigkeit vom anschaulichen Zusammenhang her zu begreifen.[1])

i) Häufig als Gegenbeispiel wird auch die folgende Funktion gewählt: $f: \mathbb{R} \to \mathbb{R}, f: t \mapsto \sin(1/t)$ für $t \neq 0$ und $f(0) := 0$. Sie ist nur im Punkt 0 unstetig. Dagegen ist $g(t) := t \cdot \sin(1/t)$ überall stetig.

---

[1]) Zitiert nach *C. Caratheodory:* Reelle Funktionen, Leipzig, 1939

j) In der Integralrechnung spielen Stetigkeitsargumente eine große Rolle. Man kann z.B. zeigen, daß eine beschränkte Funktion $f:[0,1] \to \mathbb{R}$ genau dann Riemann-integrierbar ist, wenn ihre Unstetigkeitsstellen eine Menge vom Lebesgue-Maß null bilden (vgl. 1.3(h_1) und die dortige Literaturstelle).

Weitere Beispiele sind die berühmten Konvergenzsätze für Integrale, z.B. $\int_0^1 : L_{ggl}(0,1) \to \mathbb{R}$ ist stetig, wobei $L_{ggl}(0,1)$ der mit der Metrik der (global-)gleichmäßigen Konvergenz versehene Raum der integrierbaren Funktion ist. Wegen weiterer Beispiele verweisen wir auf die einschlägige Literatur,[1])

k) Man betrachte die beiden Funktionen $f:(\mathbb{R}, \mathcal{T}) \to (\mathbb{R}, \mathcal{T})$ bzw. $g:(\mathbb{R}^2, \mathcal{S}) \to (\mathbb{R}, \mathcal{R})$ mit $f(t) := -t$ bzw. $g(x,y) := x + y$.

Bezeichnen $\mathcal{R}, \mathcal{S}, \mathcal{T}$ die natürliche Topologie, so macht man sich mit 3.2(c) klar, daß f und g stetig sind. f ist dann sogar topologisch (s. 5.9(a)).

Nun seien $\mathcal{R}, \mathcal{T}$ die Komplement-abzählbar-Topologie und $\mathcal{S}$ die von der Basis $\mathcal{B} := \{O_1 \times O_2 \,/\, \mathbb{R} \setminus O_i \text{ abzählbar}\}$ erzeugte Topologie, dann ist zwar f topologisch, aber g nicht stetig. ($g^{-1}(\mathbb{R} \setminus \{0\}) = \mathbb{R}^2 \setminus \{(t, -t)/t \in \mathbb{R}\}$ ist nicht offen in $(\mathbb{R}^2, \mathcal{S})$.)

Schließlich seien $\mathcal{R}, \mathcal{T}$ die von $\{[a, b[\,/\, a, b \in \mathbb{R}\}$ erzeugten Topologien, und $\mathcal{S}$ werden von $\{[a, b[\times [a', b'[\,/\, a, a', b, b' \in \mathbb{R}\}$ erzeugt. Dann ist f nicht stetig, wohl aber g. ($f^{-1}([0,1[) =]-1, 0] \notin \mathcal{T}$.) Ist $h: (\mathbb{R}, \mathcal{T}) \to (\mathbb{R}, \mathcal{T})$ jetzt eine monoton-wachsende Funktion, die im klassischen Sinne rechtsseitig stetig ist, d.h. $t_i \downarrow t_0 \Rightarrow h(t_i) \downarrow h(t_0)$, so ist h – trotz möglicher Sprünge – stetig. (Ist $[a', b'[$ gegeben, so setze man $a := \inf\{t \,/\, h(t) \geq a'\}$, $b := \sup\{t \,/\, h(t) < b'\}$. Dann ist $h^{-1}([a', b'[)$ gleich $\emptyset$, $[a, b[$ oder $]a, b[$, also offen in $\mathcal{T}$. Wäre nämlich auch $h(b) < b'$, also $b' - h(b) = \epsilon > 0$, so wähle man eine Folge $(t_i) \to b$ monoton fallend, und es gäbe dann $t_{i_0} > b$ mit $h(t_{i_0}) < b'$, was der Wahl von b widerspräche.

l) Es sei $\mathrm{Abb}(\mathbb{R}, \mathbb{R})$ mit der Topologie der punktweisen Konvergenz versehen, dann sind die Abbildungen

$f: \mathbb{R} \to \mathrm{Abb}(\mathbb{R}, \mathbb{R})$, $t_0 \mapsto c_{t_0}$ mit $c_{t_0}(t) :\equiv t_0$ bzw.

$g: \mathrm{Abb}(\mathbb{R}, \mathbb{R}) \to \mathbb{R}$, $\varphi \mapsto \varphi(t_0)$ stetig. Man zeige dies als Übung und gebe eine unstetige Funktion auf bzw. in $\mathrm{Abb}(\mathbb{R}, \mathbb{R})$ an.

m) Es seien D ein diskreter Raum, I ein indiskreter Raum, $(X, \mathcal{A})$ ein Raum mit der Komplement-abzählbar-Topologie, dann gelten:

Jede Abbildung von D in einen topologischen Raum ist stetig.
Jede Abbildung von einem topologischen Raum in I ist stetig.
Jede Abbildung von $(X, \mathcal{A})$ in einen topologlischen Raum ist folgenstetig.

Unter den Abbildungen von $(\mathbb{R}, \mathcal{A}) \to (\mathbb{R}, \text{natl. Top.})$ sind genau die konstanten stetig.

n) Es sei (M, d) ein pseudometrischer Raum und $\emptyset \neq A \subset M$. Die Abstandsfunktion $d_A : (M, d) \to \mathbb{R}$, $d_A(x) := \inf_{a \in A} d(x, a)$ ist stetig. (Wegen $d(x,y) \leq d(x,x') + d(x',y) \leq d(x,x') + d(x',y') + d(y',y)$ hat man stets $|d(x,y) - d(x',y')| \leq d(x,x') + d(y,y')$. Für $x, x' \in M$ folgt daraus $|d_A(x) - d_A(x')| \leq d(x,x')$, denn zu jedem $\epsilon \in \mathbb{R}_+$ gibt es ein $a_\epsilon \in A$ mit $d(x', a_\epsilon) \leq d_A(x') + \epsilon$ und folglich $d(x, a_\epsilon) \leq d(x,x') + d_A(x') + \epsilon$, d.h. $d_A(x) \leq d(x,x') + d_A(x') + \epsilon$ für beliebig kleines $\epsilon \in \mathbb{R}_+$. Ist nun $x \in M$ und $\epsilon \in \mathbb{R}_+$ gegeben, so ist $d_A(B_\epsilon(x)) \subset B_\epsilon(d_A(x))$. Folglich ist d_A stetig in jedem x.)

o) Sind X, Y, Z topologische Räume und $f: X \to Y$ stetig in x, $g: Y \to Z$ stetig in f(x), dann ist $g \circ f$ stetig in x. (Zu $W \in \mathcal{U}_Z(g \circ f(x))$ wähle man $V \in \mathcal{U}_Y(f(x))$ mit $g(V) \subset W$, und zu V wähle man $U \in \mathcal{U}_X(x)$ mit $f(U) \subset V$, dann ist $g \circ f(U) \subset W$. Folglich ist $g \circ f$ in x stetig.)

Kompositionen stetiger Abbildungen sind also stetig.

---

[1]) *Hewitt-Stromberg:* Real and Abstract Analysis, Berlin, 1965

p) Setzt man im Beispiel (n) $(M, d) := \mathbb{R}^n$ (euklidische Metrik d) bzw. $(M, d) := (\mathbb{R}^n, d')$ mit $d'(x, y) := \max |x_i - y_i|$ und $A := \{0\}$, so ist durch $|\cdot| := d_A$ bzw. $\|\cdot\| := d'_A$ eine stetige Funktion nach $\mathbb{R}$ erklärt. Die Funktion $\frac{1}{(\cdot)} : \mathbb{R} \to \mathbb{R}$, $t \mapsto 1/t$ ist nur im Nullpunkt unstetig. Setzt man für $\epsilon \in \mathbb{R}_+$, $t_0 \in \mathbb{R} \setminus \{0\} \delta := \frac{1}{2} \min(|t_0|, \epsilon |t_0|^2)$, so ist $\frac{1}{(\cdot)} (B^0_\delta(t_0)) \subset B_\epsilon\left(\frac{1}{t_0}\right)$, denn $|t - t_0| \leqslant$ $\leqslant \delta \Rightarrow \left|\frac{1}{t} - \frac{1}{t_0}\right| = \left|\frac{t_0 - t}{tt_0}\right| \leqslant \frac{\delta}{|t_0|^2 - \delta |t_0|} \leqslant \frac{2\delta}{|t_0|^2} \leqslant \epsilon$. Nach Beispiel (o) sind also die Funktionen $f, g: \mathbb{R}^n \to \mathbb{R}$, $f(0) = g(0) = 0$, $f(x) := 1/|x|$ bzw. $g(x) := 1/\|x\|$ für $x \neq 0$ nur im Punkt 0 unstetig. (Beide Metriken geben dieselbe Topologie auf $\mathbb{R}^n$, nämlich die natürliche!)

Weitere wichtige Beispiele konstruiert man oft mit Hilfe des folgenden grundlegenden Satzes:

3.6. Satz: Es sei X ein topologischer Raum. Der Raum $\text{Abb}(X, \mathbb{R})$ der reellen Funktionen auf X sei mit der Topologie der (global-)gleichmäßigen Konvergenz versehen. Dann ist dieser Raum nach 1.1(e) mit einer Metrik erzeugbar, wir bezeichnen diesen metrischen Raum mit $\text{Abb}_{\text{ggl}}(X, \mathbb{R})$. Es gilt nun:

Ist $(f_n)_{n \in \mathbb{N}}$ eine gegen f in $\text{Abb}_{\text{ggl}}(X, \mathbb{R})$ konvergente Folge stetiger Funktionen, so ist auch f stetig.

Beweis: Seien $x \in X$ und $\epsilon \in \mathbb{R}_+$, $\epsilon < 1$. Wir wollen zeigen, daß es ein $U \in \mathcal{U}(x)$ mit $f(U) \subset B_\epsilon(f(x))$ gibt. Es sei $N \in \mathbb{N}$ so groß, daß $d(f_N, f) \leqslant \frac{\epsilon}{3}$ ist, d.h. $|f_N(y) - f(y)| \leqslant \frac{\epsilon}{3}$ für alle $y \in X$. Dies ist möglich, weil die Folge (f_n) gleichmäßig gegen f konvergiert. Da f_N stetig ist, gibt es $U \in \mathcal{U}_X(x)$, so daß für $y \in U$ stets $|f_N(y) - f_N(x)| \leqslant \frac{\epsilon}{3}$ ist. Für alle $y \in U$ gilt dann auch $|f(y) - f(x)| \leqslant |f(y) - f_N(y)| + |f_N(y) - f_N(x)| + |f_N(x) - f(x)| \leqslant \epsilon$, d.h. $f(U) \subset B_\epsilon(f(x))$.

Wir verzichten hier auf ausführliche Beispiele. Viele sind aus der Analysis geläufig (z.B. kann man die sin-, cos- und exp-Funktionen mit Hilfe der gleichmäßig konvergenten (Abschnitte von) entsprechenden Funktionenreihen konstruieren). Außerdem werden wir in diesem Buch noch oft Gelegenheit haben, den Satz anzuwenden.

Aufgaben:

1. Die überabzählbare Menge X sei mit der Komplement-abzählbar-Topologie versehen. Man gebe dann alle Homöomorphismen von X auf sich an.
2. Es seien X ein topologischer Raum, $f: \mathbb{N} \to X$ eine Folge in X und $\overline{\mathbb{N}} := \mathbb{N} \cup \{\infty\}$ mit der von $\mathcal{B} := \{\{n\}\}, A \,/\, n \in \mathbb{N}, A \subset \overline{\mathbb{N}}, \overline{\mathbb{N}} \setminus A$ endlich$\}$ erzeugten Topologie versehen. Man zeige, daß f genau dann in X konvergiert, wenn es eine stetige Abbildung $F: \overline{\mathbb{N}} \to X$ gibt, für die das folgende Diagramm kommutiert:

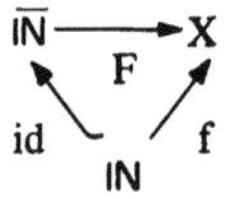

3. Sei $\mathcal{T}$ eine der in 1.3(f) angegebenen Topologien auf $\mathbb{R}$. Welche der folgenden Funktionen von $(\mathbb{R}, \mathcal{T})$ in sich sind dann stetig?

   $f(t) := 0$ für $t \leqslant 0$, $f(t) := 1$ für $t > 0$, $g(0) := 0$, $g(t) := t/|t|$ für $t \neq 0$,
   $h(t) := t^3$, $k(t) := 1/|t|$ für $t \neq 0$, $k(0) := 17$, $l(t)$ monoton wachsend.
4. Man verifiziere die in den Beispielen zu 3.5 angegebenen Aussagen!

4. Besondere Punkte und Mengen in topologischen Räumen

Cantors Untersuchungen der Punktmengen im $\mathbb{R}^n$ um 1880 waren eine der Quellen für die Allgemeine Topologie, wie wir in der Einleitung gesehen haben. Zwei der leistungsfähigsten Begriffe in *Cantors* Analysen waren die Begriffe Häufungspunkt bzw. abgeschlossene Menge. (Der zweite Begriff hat schließlich um 1920 zum Begriff der offenen Menge geführt, die das duale Objekt zur abgeschlossenen Menge ist.) Sie haben ihre Bedeutung zur feineren Analyse von Teilmengen topologischer Räume behalten, und wir müssen uns daher ein wenig mit ihnen befassen. Fast alle der folgenden Begriffe gehen auf *Cantor* zurück, der sie im Spezialfall des $\mathbb{R}^n$ einführte.

4.1 **Definition:** Es seien X ein topologischer Raum, $A \subset X$ und $x \in X$. x heißt **innerer Punkt** von A, wenn A ihn umgibt, d.h. wenn es $O \underset{\circ}{\subset} X$ mit $x \in O \subset A$ gibt. x heißt **Berührpunkt** von A, wenn jede Umgebung von x A schneidet. Die Menge A^o der inneren Punkte von A heißt **Inneres** oder **offener Kern** von A. Die Menge $\overline{A}$ der Berührpunkte von A heißt **Abschluß** oder **abgeschlossene Hülle** von A. A heißt **abgeschlossen** in X, wenn $A = \overline{A}$ ist; man schreibt dann auch $A \,\overline{\subset}\, X$.

Man beachte, daß bei allen Begriffen die Lage von x bzw. A im topologischen Raum X klar sein muß. In Zweifelsfällen muß man z. B. durch $\overline{A}^X$ o.ä. andeuten, in welchem topologischen Oberraum von A man den Abschluß bildet!

4.2 **Satz:** Seien X ein topologischer Raum und $A \subset X$, dann gelten:

(a) A^o ist die größte offene Teilmenge von A.

(a′) $\overline{A}$ ist die kleinste abgeschlossene Obermenge von A.

(b) A ist genau dann offen, wenn $X \setminus A$ abgeschlossen ist.

(b′) A ist genau dann abgeschlossen, wenn $X \setminus A$ offen ist.

Beweis:

(a): Ist $O \underset{\circ}{\subset} X$, $O \subset A$, so ist A Umgebung jedes der Punkte von O, also umfaßt A^o alle offenen Teilmengen von A. Andererseits ist A^o selbst offen: Zu $a \in A^o$ gibt es $O_a \underset{\circ}{\subset} X$ mit $a \in O_a \subset A$, dann ist $A^o = \bigcup_{A^o} O_a \underset{\circ}{\subset} X$.

(a′): Ist $C \,\overline{\subset}\, X$ mit $A \subset C$, so trifft jede Umgebung eines Elementes von $\overline{A}$ mit A auch C, d.h. $\overline{A} \subset \overline{C} = C$. Andererseits ist $\overline{A}$ selbst abgeschlossen: Gibt man nämlich ein $a \in \overline{\overline{A}}$ vor, so trifft jedes $U \underset{\circ}{\in} \mathcal{U}_x(a)$ das $\overline{A}$, d.h. es gibt $x_U \in \overset{\circ}{U} \cap \overline{A}$. Da $\overset{\circ}{U} \in \mathcal{U}(x_U)$ ist, gilt auch $U \cap A \neq \emptyset$. Damit ist $\overline{\overline{A}} \subset \overline{A}$. Natürlich gilt auch die Inklusion $\overline{A} \subset \overline{\overline{A}}$. Wir haben das Axiom 1.3(U 2) massiv benutzt.

(b): Ist A offen, so hat jedes $a \in A$ eine Umgebung, die $X \setminus A$ nicht trifft. Es ist also $\overline{X \setminus A} \subset X \setminus A \subset \overline{X \setminus A}$, d.h. $X \setminus A \mathrel{\bar{\subset}} X$.

Ist umgekehrt $X \setminus A$ abgeschlossen, so ist nach dem ersten Teil von (b′) $X \setminus (X \setminus A) = A$ offen.

(b′): Ist $A \mathrel{\bar{\subset}} X$, d.h. $A = \bar{A}$, so hat jedes $x \in X \setminus A$ eine Umgebung in $X \setminus A$, diese Menge ist also als Umgebung jedes ihrer Punkte offen.

Ist umgekehrt $X \setminus A$ offen, so ist nach dem ersten Teil von (b) $X \setminus (X \setminus A) = A$ abgeschlossen.

4.3 *Korollare:* Seien X topologischer Raum, $A, B \subset X$ und $x \in X$, dann gelten:

(a) $X^o = X$

(b) $A^o \subset A$.

(c) $A^{oo} = A^o$.

(d) $(A \cap B)^o = A^o \cap B^o$.

(e) $(A \cup B)^o \supset A^o \cup B^o$.

(f) $X \setminus A^o$ ist abgeschlossen.

(g) $\emptyset, X$ sind offen.

(h) Vereinigung offener Mengen sind wieder offen.

(i) Endl. Durchschnitte offener Mengen sind offen.

(j) $x \in A^o \iff \bigvee_{O \underset{\circ}{\subset} X} x \in O \subset A$
$\iff x \notin (X \setminus A)^-$.

(a′) $\bar{\emptyset} = \emptyset$.

(b′) $\bar{A} \supset A$.

(c′) $\bar{\bar{A}} = \bar{A}$.

(d′) $(A \cup B)^- = \bar{A} \cup \bar{B}$.

(e′) $(A \cap B)^- \subset \bar{A} \cap \bar{B}$. (Achtung!)

(f′) $X \setminus \bar{A}$ ist offen.

(g′) $X, \emptyset$ sind abgeschlossen.

(h′) Durchschnitte abgeschlossener Mengen sind wieder abgeschlossen.

(i′) Endl. Vereinigungen abgeschlossener Mengen sind abgeschlossen.

(j′) $x \in \bar{A} \iff \bigwedge_{O \underset{\circ}{\subset} X} (x \in O \Rightarrow O \cap A \neq \emptyset)$
$\iff x \notin (X \setminus A)^o$.

Beweise:

(a), (b), (c), (e) folgen sofort aus 4.2(a). (f) folgt aus 4.2(b). (g), (h), (i) sind nach Abschnitt 2 gültig. (j) zeigt man analog zum Beweis von 4.2. Bleibt (d) zu zeigen: $A^o \cap B^o$ ist offen und in $A \cap B$ enthalten, nach 4.2(a) ist also $A^o \cap B^o \subset (A \cap B)^o$. Ist andererseits $x \in (A \cap B)^o$, so ist $A \cap B$ Umgebung von x, erst recht ist $x \in A^o$ und $x \in B^o$.

(a′), (b′), (c′) folgen aus 4.2(a′). (f′) folgt aus 4.2(b′), daraus und mit (g), (h), (i) folgen (g′), (h′), (i′). (j′) zeigt man analog zum Beweis von 4.2. Bleibt (d′) zu zeigen: Wegen 4.2(a′) und (i′) ist $\bar{A} \cup \bar{B} \supset (A \cup B)^-$. Ist $x \in \bar{A} \cup \bar{B}$, so schneidet jede Umgebung von x das A oder jede das B, erst recht schneidet jede das $A \cup B$, also ist $x \in (A \cup B)^-$.

Bemerkungen und Beispiele:

a) Wie man aus 2.2. sieht, ist die Bezeichnung A^o mit der von 1.3(U 2) konsistent. Das dort ausgesprochene Diagonalverfahren entscheidet über 4.3(c′), die sogenannte Idempotenz des Hüllenoperators $\overline{(.)}$. *Kuratowski*[1]) hat einen topologischen Raum durch die Vorgabe eines Hüllenoperators $H: \boldsymbol{P}(X) \to \boldsymbol{P}(X)$, der sinngemäß 4.3(a′)–(d′) erfüllt, charakterisiert. Die abgeschlossenen Mengen sind dann die Fixpunkte von H, die offenen Mengen deren Komplemente. Ebenso kann man die Topologien natürlich auch durch 4.3(a)–(d) oder 4.3(g′)–(i′) definieren und entsprechende Festsetzungen treffen.

---

1) Fund. Math., 3 (1922)

b)* Wegen *Cantors* Untersuchung der abgeschlossenen Mengen mittels konvergenter Folgen lag es natürlich zunächst nahe, Stetigkeitsfragen in allgemeinen Räumen von der Folgenkonvergenz her zu studieren. Tatsächlich war das *Fréchets* und *Riesz'* Idee 1906. *Fréchet* ging davon aus, daß in einer Menge gewisse eindeutig „konvergente" Folgen ausgezeichnet sind, wobei konstante Folgen gegen den betreffenden Punkt konvergieren sollen und mit einer konvergent Folge auch stets ihre Teilfolgen gegen den betreffenden Grenzpunkt konvergieren (Rend. Palermo, 1906). Fügt man in einem solchen Raum X jeder Menge A die Grenzpunkte der in ihr liegenden konvergenten Folgen hinzu, so erhält man einen „Hüllenoperator", der, wie in den Betrachtungen zum Diagonalfolgenprinzip in Abschnitt 1 gezeigt, nicht idempotent zu sein braucht, also nicht notwendig von einer Topologie herrührt. Fügt man die Bedingung hinzu, daß jede nicht gegen x konvergente Folge in X eine Teilfolge umfaßt, die überhaupt keine gegen x konvergente Teilfolge mehr enthält, so erfüllt der Hüllenoperator 4.3(a'), (b'), (d'), und für (c') reicht dann das Diagonalfolgenprinzip von Abschnitt 1 hin. *Riesz* ging von Festlegungen über Häufungspunkte von Folgen aus und gab ein im wesentlichen den T_1-Räumen mit 1. Abzählbarkeitsaxiom äquivalentes System von Forderungen an.[1])

Da die erwähnten Strukturen von *Fréchet* bzw. *Riesz* noch von (abzählbaren) Folgen Gebrauch machen, hat *Fréchet* später noch allgemeiner Räume studiert.[2]).Bei seinen V-Räumen forderte er nur noch, daß jedem Punkt ein beliebiges Teilmengensystem als Umgebungssystem zugeordnet wird. Da bei gewissen Näherungsverfahren zur Lösung von Differentialgleichungen und in der Maßtheorie nicht-idempotente Hüllenoperatoren bzw. Grenzpunktzuordnungen auftreten, interessiert man sich neuerdings wieder für solche abstrakteren Räume (z. B. Arbeiten von *H. R. Fischer* und *Grimeisen* aus den letzten Jahren).

c) Wir geben jetzt Beispiele zu den Begriffen in topologischen Räumen: Seien $a < b$ reelle Zahlen. In $\mathbb{R}$ (natl. Top.) sind dann $[a, b]^\circ =]a, b]^\circ = [a, b[^\circ =]a, b[^\circ =]a, b[$, $[a, b]^- =]a, b]^- = [a, b[^- =]a, b[^- = [a, b]$ und für $c > b$ $(]a, b] \cup [b, c])^\circ =]a, c[\underset{\neq}{\supset} (]a, b]^\circ \cup [b, c]^\circ) =]a, c[\setminus \{b\}$.

Am letzten Beispiel kann man sehen, daß in 4.3(e) (und (e')) nicht das Gleichheitszeichen steht. (Man verifiziert die Aussage am besten mit 4.2(a), (b').)

d) In einem diskreten Raum sind alle Teilmengen zugleich offen und abgeschlossen. In $\mathbb{R}$ haben nur die Teilmengen $\emptyset$ und $\mathbb{R}$ diese Eigenschaft (vgl. Abschnitt 10).

e) *Sind* f, g *stetige Funktionen von einem topologischen Raum* X *nach* $\mathbb{R}$, *so sind die Mengen* $A := \{x \in X / f(x) \leq g(x)\}$, $B := \{x \in X / f(x) \geq g(x)\}$ und $I_{f,g} := \{x \in X / f(x) = g(x)\}$ abgeschlossen. (*Beweis:* Wegen $I_{f,g} = A \cap B$ zeigen wir die Behauptung nur für A. Ist $y \in \bar{A}$, so schneidet jede Umgebung von y das A. Wäre $f(y) > g(y)$, d. h. $y \notin A$, so gäbe es $U, V \in \mathcal{U}(y)$ mit $f(U) \cap g(V) = \emptyset$, denn für $f(y) - g(y) = 3\epsilon$ sind $f^{-1}(B_\epsilon(f(y))$ bzw. $g^{-1}(B_\epsilon(g(y)))$ solche Umgebungen. Die Umgebung $U \cap V$ könnte dann A nicht treffen. Es muß also doch $y \in A$ und A abgeschlossen sein.)

f) Im Raum $\mathrm{Abb}_{pw}(\mathbb{R}, \mathbb{R})$ (Top. der punktw. Konvergenz) ist jedes Element f Berührpunkt der Menge $C(\mathbb{R}, \mathbb{R})$ der stetigen Funktionen: Ist nämlich $U \in \mathcal{U}_{pw}(f)$, so umfaßt U ein $U_{E,\epsilon}(f)$ mit $E = \{t_1, \ldots, t_n\} \subset \mathbb{R}$ (vgl. 1.3(g)) und $t_i < t_{i+1}$. Wir setzen

$$g(t) := \begin{cases} f(t_1) & \text{für} \quad t \leq t_1 \\ f(t_n) & \text{für} \quad t \geq t_n \\ \left(1 - \frac{t - t_i}{t_{i+1} - t_i}\right) f(t_i) + \frac{t - t_i}{t_{i+1} - t_i} f(t_{i+1}) & \text{für} \quad t \in [t_i, t_{i+1}] \end{cases}$$

Bild s. S. 26

dann ist g stetig. (Auf $[t_i, t_{i+1}]$ ist g linear und auf den „Enden" konstant, und g ist offenbar folgenstetig.) Es ist $g \in C(\mathbb{R}, \mathbb{R}) \cap U_{E,\epsilon}(f) \subset C(\mathbb{R}, \mathbb{R}) \cap U \neq \emptyset$. Da sich dies für beliebiges

---

1) Math. naturw. Ber. aus Ungarn **24** (1906); vgl. *Tietze/Vietoris*, Enzyklopädie der math. Wiss., III AB 13 (1929), dort wird auch über die Beziehungen zwischen den Definitionen berichtet.

2) Bull. Sci. Math. **42** (1918); Les Espaces abstraits, Paris, 1928

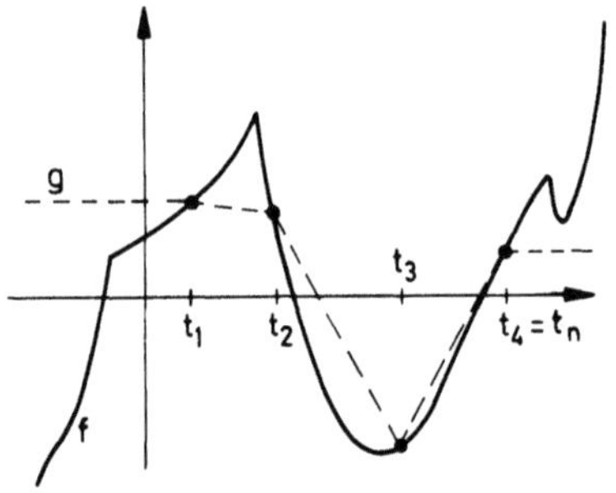

$U \in \mathcal{U}_{pw}(f)$ zeigt, ist $f \in \overline{C(\mathbb{R}, \mathbb{R})}^{pw}$ und $\overline{C(\mathbb{R}, \mathbb{R})} = \mathrm{Abb}(\mathbb{R}, \mathbb{R})$. Analog zeigt man, daß $\overline{\bigoplus_{\mathbb{R}} \mathbb{R}}^{pw} = \mathrm{Abb}(\mathbb{R}, \mathbb{R})$ ist (vgl. 1.3(h_2) und Abschnitt 1, Aufg. 5!).

g) *In einem Raum X, der dem 1. Abzählbarkeitsaxiom genügt, gilt:* $x \in \bar{A}$ *genau dann, wenn es eine Folge* $f: \mathbb{N} \to A$ *gibt, die in X gegen x konvergiert.* (*Beweis:* Man wähle eine monoton fallende Basis $\{U_i / i \in \mathbb{N}\}$ von $\mathcal{U}(x)$ (vgl. Beweis von 3.5). Ist nun $x \in \bar{A}$, so schneidet jedes U_i das A und man setze für f(i) irgendein $x_i \in U_i \cap A$, dann konvergiert f gegen x. Ist umgekehrt f gegen x in X konvergent, so schneidet jedes U_i und damit jede Umgebung A, und damit ist $x \in \bar{A}$.)

Der Raum $\mathrm{Abb}_{ggl}(\mathbb{R}, \mathbb{R})$ genügt als metrischer Raum dem 1. Abzählbarkeitsaxiom. Wegen 3.6 ist $C(\mathbb{R}, \mathbb{R})$ in ihm abgeschlossen.

h) Ist f eine Folge in einem topologischen Raum X, so ist $\overline{f(\mathbb{N})} = \{x \in X \,/\, \text{es gibt } \varphi: \mathbb{N} \to \mathbb{N} \text{ mit } f \circ \varphi \xrightarrow[X]{} x\}$. Außer den f(i) enthält diese Menge die Grenzpunkte von f und allen Teilfolgen (φ monoton) von f. Ist f selbst konvergent, so ist $\overline{f(\mathbb{N})} = f(\mathbb{N}) \cup \{x / f \to x\}$, denn alle Teilfolgen konvergieren gegen denselben oder dieselben Grenzpunkte (e).

i) Wir betrachten f aus Beispiel 3.5(i). In $\mathbb{R}^2$ ist der Graph von f ohne inneren Punkt, und es gilt nach (g): $\overline{\mathrm{Graph}(f)} = \mathrm{Graph}(f) \cup \{(0, t) / t \in [-1, 1]\}$.

j) Wir betrachten g aus 3.5(h). Es ist $\mathrm{Graph}(g)^o = \emptyset$ und $\overline{\mathrm{Graph}(g)} = \mathbb{R}^2$ in $\mathbb{R}^2$, denn g bildet jedes offene Intervall von $\mathbb{R}$ auf ganz $\mathbb{R}$ ab.

k) Für jede konvexe Teilmenge C des $\mathbb{R}^n$ ist $x \in \bar{C}$ genau dann, wenn es eine Gerade $G \subset \mathbb{R}^n$ gibt, so daß das Intervall $G \cap C$ x enthält oder als Endpunkt hat. (Übung)

l) In einem (pseudo-)metrischen Raum (M, d) ist das Innere der Kugel $B_\epsilon(x)$ nicht immer identisch mit der „offenen Kugel $\overset{\vee}{B}_\epsilon(x) := \{y / d(x, y) < \epsilon\}$". Beispiel: Diskrete Metrik mit $\epsilon = 1$. In Räumen, in denen die Metrik von einer „Norm" kommt (Funktionalanalysis) und den uns interessierenden Situationen ($\mathbb{R}^n$, $\mathrm{Abb}_{ggl}(\mathbb{R}, \mathbb{R})$ mit $\epsilon \neq 1$) ist dies jedoch der Fall, wie man sich leicht überlegen kann. (Translationsinvariante Metriken auf reellen oder komplexen Vektorräumen, die auf jeder Geraden durch 0 die natürliche Metrik liefern, tun es.)

4.4 Definition: Seien X ein topologischer Raum, $A, B \subset X$ und $x \in X$. x heißt **isolierter Punkt** von A, wenn es eine Umgebung von x gibt, die A nur in x trifft. x heißt **Häufungspunkt** von A, wenn x Berührpunkt, aber nicht isolierter Punkt von A ist. x heißt **Randpunkt** von A, wenn jede Umgebung sowohl A als auch $X \setminus A$ trifft. Die Menge ∂A der Randpunkte von A heißt **Rand** von A.

A heißt **dicht** in B, wenn $\bar{A} \supset B$ ist. A heißt **nirgends dicht**, wenn A in keiner nichtleeren offenen Teilmenge von X dicht ist. A heißt **perfekt**, wenn die Menge Hp(A) der Häufungspunkte von A gleich A ist. A heißt **diskret**, wenn A gleich der Menge Is(A) der isolierten Punkte von A ist.

Bemerkungen und Beispiele:

Man gehe die Beispiele zu 4.3 nochmals durch.

a) Eine Abbildung $f: X \to Y$ ist in jedem isolierten Punkt von X stetig.

b) $\bar{A}$ entsteht aus A durch Hinzufügen der Häufungspunkte und ist disjunkte Vereinigung der isolierten mit den Häufungspunkten von A.

c) x ist genau dann Berührpunkt von A, wenn es einen Filter $\mathcal{F} \in \mathbb{F}(A)$ gibt, der in X einen gegen x konvergenten Filter erzeugt. (Man betrachte $\mathcal{U}(x) \cap A$ und vergleiche mit 4.3(g)!)

d) Es ist $\partial A = \bar{A} \cap (X \setminus A)^-$, also abgeschlossen in X. Außerdem ist $\partial A = \bar{A} \setminus A^o$, wie man sich leicht überlegt. Eine Teilmenge A von X ist also genau dann randlos, wenn sie zugleich offen und abgeschlossen ist. Der Rand einer abgeschlossenen Menge in X ist stets nirgends dicht. (In $\mathbb{R}$ ist aber z. B. $\partial\mathbb{Q} = \bar{\mathbb{Q}} \setminus \mathbb{Q}^o = \mathbb{R} \setminus \emptyset = \mathbb{R}$, und der Graph der Lebesgue-Funktion 4.3(j) ist dicht in $\mathbb{R}^2$, hat aber keine inneren Punkte!)

e) Eine abgeschlossene Menge ist genau dann nirgends dicht, wenn ihr Komplement dicht ist. ($X \setminus A$ ist dicht genau, wenn jede Umgebung jedes Punktes von X diese Menge schneidet, d. h. genau wenn außer $\emptyset$ keine offene Menge ganz in A liegt, d. h. $A^o = \emptyset$.)

f) In einem diskreten Raum hat keine Teilmenge eine Häufungspunkt, jede Teilmenge ist dort randlos, und nur $\emptyset$ ist nirgends dicht.

g) Im $\mathbb{R}^n$ mit der euklidischen Metrik ist $\partial B^n = \partial B_1(0) = S^{n-1} := \{x / |x| = 1\}$ perfekt und nirgends dicht. $(n > 1)$

h) Häufungspunkte einer Teilmenge sind nicht immer Limespunkte von Folgen aus der Menge. (1.3(d) und Abschnitt 1, Aufg. 5)

Wir schließen diesen Abschnitt ab, indem wir die Begriffe auf das Studium stetiger Funktionen anwenden. Zuvor geben wir noch eine nützliche Eigenschaft abgeschlossener Mengen an:

4.5 Definition *und Lemma:* Es seien X ein topologischer Raum und $\mathcal{A} \subset \mathcal{P}(X)$ ein Teilmengensystem. Es heißt **lokalendlich**, wenn jedes $x \in X$ eine Umgebung U hat, die nur (höchstens) endlich viele der Elemente von $\mathcal{A}$ trifft.
Es gilt:

Ist $\mathcal{A}$ ein lokalendliches System abgeschlossener Mengen von X, so ist auch $\bigcup \mathcal{A}$ abgeschlossen.

Beweis: Nach 4.3(j') reicht es, das Komplement $X \setminus \bigcup \mathcal{A}$ als offen nachzuweisen. Sind $x \in X \setminus \bigcup \mathcal{A}$, $U \in \mathcal{U}(x)$, wobei U nur die Elemente $A_1, \ldots, A_n$ von $\mathcal{A}$ schneidet, so ist $V := U \cap \bigcap_{i=1}^{n} (X \setminus A_i) \subset U$ eine Umgebung, die kein Element von $\mathcal{A}$ trifft, also in $X \setminus \bigcup \mathcal{A}$ liegt. Damit besteht $X \setminus \bigcup \mathcal{A}$ nur aus inneren Punkten.

Wir werden dieses Kriterium in Abschnitt 6 zu einem wichtigen Stetigkeitstest für stückweise definierte Funktionen ausbauen. Zunächst begnügen wir uns mit der folgenden Ergänzung zu 3.3:

4.6 Satz: Ist f eine Abbildung zwischen den topologischen Räumen X bzw. Y, so sind gleichbedeutend:

(a) f ist stetig.

(b) $B \mathrel{\bar{\subset}} Y \Rightarrow f^{-1}(B) \mathrel{\bar{\subset}} X$.

(c) f erhält Berührpunkte, d. h. $A \subset X \Rightarrow f(\bar{A}) \subset \overline{f(A)}$.

Beweis:

(a) ⇒ (b) folgt aus 4.2 (b), (b').

(b) ⇒ (c) folgt mit 4.2(a'), denn $f^{-1}(\overline{f(A)})$ ist nach (b) abgeschlossen in X und umfaßt A, also auch $\overline{A}$.

(c) ⇒ (a): Wir nehmen an, f sei in x nicht stetig, es gäbe also $V \in \mathcal{U}_Y(f(x))$, in das kein $U \in \mathcal{U}_X(x)$ abgebildet wird. Wir setzen $A := \bigcup_{U \in \mathcal{U}(x)} f^{-1}(f(U) \setminus V)$. Wegen $V \not\supset f(U)$ ist A nicht leer. Wegen $f(x) \in V$ ist $x \notin A$. Es ist aber $x \in \overline{A}$, denn jede Umgebung U schneidet A. Wegen (c) müßte $f(x) \in f(\overline{A}) \in \overline{\bigcup_U f(U) \setminus V}$ sein, d.h. jede Umgebung von f(x) – insbesondere V – müßte eines der $f(U) \setminus V$ schneiden, was natürlich nicht geht. Es kann also kein solches x geben, f muß stetig sein.

Die Unstetigkeit, deren eine Abbildung fähig ist, unterliegt gewissen Einschränkungen. Wir wollen hier zwei der wichtigsten Sätze dazu zeigen.[1]

4.7 **Satz:** Seien X ein topologischer Raum, Y ein pseudometrischer Raum, $f: X \to Y$ eine Abbildung und Unst(f) die Menge der Punkte von X, in denen f unstetig ist. Dann läßt sich Unst(f) als abzählbare Vereinigung abgeschlossener Mengen schreiben.

Beweis: Sei d die Pseudometrik von Y. Für $M \subset Y$ sei $d(M) := \sup_{y, y' \in M} d(y, y')$, wobei auch der Wert ∞ zugelassen sei. Für $x \in X$ bezeichnet $V_f(x) := \inf\{d(f(U))/U \in \mathcal{U}_X(x)\}$ die „Schwankung von f in x". Offenbar ist f genau dann in x stetig, wenn $V_f(x) = 0$ ist. Setzt man nun $V_n := \{x/V_f(x) \geqslant \frac{1}{n}\}$, so ist offenbar $\text{Unst}(f) = \bigcup_{n \in \mathbb{N}} V_n$. Jedes V_n ist auch abgeschlossen in X, denn für $x \in \overline{V_n}$ schneidet jedes $\mathring{U} \in \mathcal{U}(x)$ das V_n und folglich $d(f(\mathring{U})) \geqslant \frac{1}{n}$, so daß auch $x \in V_n$ gelten muß.

Mit F_σ- (bzw. G_δ-) **Mengen** hat sich zuerst W. H. Young ausführlich befaßt.[2]

F_σ-Mengen sind solche, die als abzählbare Vereinigung abgeschlossener Mengen dargestellt werden können, G_δ-Mengen entsprechend die, die als abzählbare Durchschnitte offener Mengen darstellbar sind. Unter den Voraussetzungen von 4.7 gilt also der **Satz von W. H. Young:** *Die Stetigkeitspunkte von* f *bilden ein* G_δ.[3] Ist speziell X metrisch und $Y = \mathbb{R}$, so kann man eine interessante Umkehrung zeigen (vgl. Aumann): Ist $A \subset Hp(X)$ ein F_σ, so gibt es ein $f: X \to \mathbb{R}$ mit Unst(f) = A. (Natürlich muß f auf Is(X) stetig sein.) Die Konstruktion von f beruht auf der Möglichkeit, in metrischen Räumen Mengen, die nur aus Häufungspunkten bestehen, so zu zerlegen, daß die beiden Teile noch in der Menge dicht bleiben.

4.8 **Satz** *von R. Baire:* Seien X ein topologischer Raum, Y ein pseudometrischer Raum, C(X, Y) die Menge der stetigen Funktionen aus Abb(X, Y). Auf Abb(X, Y) sei die Topologie der punktweisen Konvergenz analog zu 1.3(g) definiert.

---

1) Für weitere Ergebnisse dieser Art verweisen wir auf *G. Aumann:* Reelle Funktionen, Berlin, 1954.

2) Vgl. *W. H. Young/G. C. Young:* The theory of sets of points, Cambridge, 1906

3) Wien, Ber. **112** (1903)

Es gilt dann:
Konvergiert eine Folge $(f_n)_{n\in\mathbb{N}}$ aus $C(X, Y)$ gegen ein $f \in \mathrm{Abb}(X, Y)$, so ist Unst(f) als abzählbare Vereinigung nirgends dichter Mengen darstellbar.

Beweis: (a) f ist in x genau dann stetig, wenn es zu jedem $\epsilon \in \mathbb{R}_+$ ein $n_\epsilon \in \mathbb{N}$ und ein $U_\epsilon \in \mathcal{U}(x)$ mit $f_{n_\epsilon}(x') \subset B_\epsilon(f(x'))$ für alle $x' \in U_\epsilon$ gibt, d. h. $d(f_{n_\epsilon}(x'), f(x')) \leq \epsilon$ für alle $x' \in U_\epsilon$.

Um dies zu zeigen, gehen wir wie in 3.6 vor: f ist in x genau dann stetig, wenn es zu ϵ stets n_ϵ, U gibt, so daß für jedes $x' \in U$ die Ungleichungen $d(f(x'), f(x)) \leq \frac{\epsilon}{3}$ und zugleich $d(f(x), f_{n_\epsilon}(x)) \leq \frac{\epsilon}{3}$ (pw. Konvergenz der f_n) bzw. $d(f_{n_\epsilon}(x'), f_{n_\epsilon}(x)) \leq \frac{\epsilon}{3}$ (Stetigkeit von f_{n_ϵ}) bestehen. Unter den Voraussetzungen des Satzes ist das äquivalent mit: Zu ϵ gibt es stets n_ϵ, U_ϵ mit $d(f(x'), f_{n_\epsilon}(x')) \leq \epsilon$ für alle $x' \in U_\epsilon$. Das wurde behauptet.

Die Aussage (a) bedeutet: f ist genau dann in x stetig, wenn es beliebig gut auf einer Umgebung von x gleichmäßig von einem f_n approximiert wird.

(b) Nun kann man die Menge der Unstetigkeitsstellen von f durch

$$\mathrm{Unst}(f) = X \setminus \left\{ x \,/ \bigwedge_{\epsilon\in\mathbb{R}_+} \bigvee_{n_\epsilon, U_\epsilon} \bigwedge_{x'\in U_\epsilon} d(f_{n_\epsilon}(x'), f(x')) \leq \epsilon \right\}$$

beschreiben. Setzt man

$$C_{m,\epsilon} := \left\{ x \,/ \bigvee_{U_\epsilon} \bigwedge_{x'\in U_\epsilon,\, n\geq m} d(f_m(x'), f_n(x')) \leq \epsilon \right\},$$

so ist für jedes $\epsilon \in \mathbb{R}_+$ $C_{m,\epsilon} = \overset{\circ}{\widetilde{C}}_{m,\epsilon}$ und (wegen der pw. Konvergenz der f_i)

$$(\widetilde{C}_{m,\epsilon})_{m\in\mathbb{N}} := \left(\left\{ x \,/ \bigwedge_{n\geq m} d(f_m(x), f_n(x)) \leq \epsilon \right\} \right)_{m\in\mathbb{N}}$$

eine monoton gegen X wachsende Folge abgeschlossener Mengen (vgl. 4.3(e)). Daher gilt:

$$\mathrm{Unst}(f) = X \setminus \bigcap_{k\in\mathbb{N}} \left\{ x \,/ \bigvee_{n_{1/k}, U_{1/k}} \bigwedge_{x'\in U_{1/k}} d(f_{n_{1/k}}(x'), f(x')) \leq 1/k \right\}$$

$$\subset X \setminus \bigcap_k \left(\bigcup_{m\in\mathbb{N}} C_{m,1/k} \right) = \bigcup_k \left(X \setminus \bigcup_{m\in\mathbb{N}} C_{m,1/k} \right) = \bigcup_k \left(\bigcup_{l\in\mathbb{N}} \widetilde{C}_{l,1/k} \setminus \bigcup_{m\in\mathbb{N}} C_{m,1/k} \right)$$

$$\subset \bigcup_k \bigcup_l (\widetilde{C}_{l,1/k} \setminus C_{l,1/k})$$

(, denn $C_{l,1/k} \subset \widetilde{C}_{l,1/k}$!)

$$= \bigcup_k \bigcup_l (\widetilde{C}_{l,1/k} \setminus \overset{\circ}{\widetilde{C}}_{l,1/k}) = \bigcup_{k,l} \partial\widetilde{C}_{l,1/k}$$

d. h. Unst(f) ist enthalten in einer abzählbaren Vereinigung von Rändern abgeschlossener Mengen, also nirgends dichter Mengen (vgl. 4.4(d)). Setzt man $N_{l,k} := \mathrm{Unst}(f) \cap \partial\widetilde{C}_{l,1/k}$, so sind alle $N_{l,k}$ als Teile nirgends dichter Mengen selbst nirgends dicht, und es wird $\mathrm{Unst}(f) = \bigcup_{k,l\in\mathbb{N}} N_{l,k}$, was behauptet wurde.

Die Bedeutung dieser beiden Sätze wird natürlich erst klar, wenn man einen Eindruck von den F_σ- bzw. „mageren" Mengen in einem topologischen Raum X hat. (A heißt **mager** oder **von 1. Kategorie**, wenn A abzählbare Vereinigung nirgends dichter Mengen von X ist.) Es ist keineswegs trivial, etwa in IR nicht-magere Mangen (= Mengen **von 2. Kategorie**) nachzuweisen (vgl. 8.15(a)). Ist X ein Raum mit der Komplement-abzählbar-Topologie, so sind genau X und die abzählbaren Mengen abgeschlossen, d. h. außer X sind nur die abzählbaren Mengen F_σ. Eine Funktion von X in einen pseudometrischen Raum hat also nur abzählbar viele Unstetigkeiten oder ist überall unstetig. In IR ist jede einelementige Menge abgeschlossen, daher ist $\mathbb{Q}$ dort eine magere F_σ-Menge. In 3.5(g) haben wir eine Funktion $h: \mathbb{R} \to \mathbb{R}$ mit $\mathrm{Unst}(h) = \mathbb{Q}$ angegeben, daß es wegen **4.7** keine solche Funktion mit $\mathrm{Unst}(h) = \mathbb{R} \setminus \mathbb{Q}$ geben kann, werden wir in 8.15 sehen.

Aufgaben

1. In jedem pseudometrischen Raum sind offene Mengen F_σ. *Hinweis:*

$$A \overline{\subset} (M, d) \Rightarrow A = \{x \in M \,/\, d_A(x) = 0\} = \bigcap_{n \in \mathbb{N}} \{x \,/\, d_A(x) < 1/n\};$$

   (vgl. 3.5(n).)
2. Man versehe IN mit der Topologie $\{\emptyset, E_n \,/\, n \in \mathbb{N}\}$, $E_n := \{m \,/\, m \geqslant n\}$ und gebe alle Berühr- und Häufungspunkte von $\{7; 19\}$ an.
3. Man gebe die Berühr- und Häufungspunkte der Einheitsintervalle in $(\mathbb{R}, \mathcal{I})$ an, wobei $\mathcal{I}$ von den Intervallen $[a, b[$ erzeugt wird.
4. Kann der Rand einer Menge innere Punkte haben?
5. Sei A ein Teil des topologischen Raumes X, man widerlege, daß A genau dann offen oder abgeschlossen ist, wenn der Rand nirgends dicht ist.
6. Man gebe ein Beispiel mit $A^{0-} \neq A^{-0}$.
7. Man zeige 4.3(h)–(k), 4.4(h).
8. In einem pseudometrischen Raum (M, d) sei eine Teilmenge A gegeben. Man zeige, daß $\overline{A} = \{x \in M \,/\, d_A(x) = 0\}$ gilt und eine G_δ-Menge ist. (vgl. 3.5(n) und 9.23(b).)
9. Gibt es ein stetiges $f: \mathbb{R} \to \mathbb{R}$ mit $f(\mathbb{Q}) \subset \mathbb{R} \setminus \mathbb{Q}$, $f(\mathbb{R} \setminus \mathbb{Q}) \subset \mathbb{Q}$?
10. Diskrete Teilmengen eines Raumes brauchen nicht abgeschlossen zu sein. Man gebe ein Beispiel einer solchen Teilmenge in IR.

5. Initiale Konstruktionen

Für viele Untersuchungen ist es nützlich, die beiden sehr allgemeinen Konstruktionsprinzipien zur Verfügung zu haben, die wir in diesem Abschnitt und in Abschnitt 6 behandeln wollen. Topologische Unterräume sind natürlich ganz einfach zu konstruieren – man schränke die offenen Mengen des Oberraums auf die Teilmenge ein –, und man hat sie schon in den ersten Arbeiten zur Allgemeinen Topologie behandelt. Nicht ganz so einfach liegt der Fall bei Produkten von Mengen. Zunächst hat *H. Tietze*[1]) die von *E. Steinitz*[2]) für den Fall endlich vieler Faktoren gegebene Definition auf beliebig viele

---

1) Math. Ann. **88** (1923)

2) Sitz'ber. Berliner Math. Ges. 7 (1907)

Faktoren übertragen, indem er Produkte offener Mengen als offen erklärte (vgl. Aufg. 4)). Erst *A. Tychonoff*[1]) gab die heute gebräuchliche Formulierung, die gegenüber Tietzes Ansatz erhebliche strukturelle Vorzüge hat (vor allem: Das Produkt kompakter Räume ist kompakt; vgl. Abschnitt 11). Heute ist eine allgemeinere Konstruktion üblich, die auch Alexandroffs Konstruktion projektiver (= inverser) Limites erfaßt[2]): Es handelt sich um Bourbakis initiale Konstruktionen, die sich aus einem einfachen Optimalitätsprinzip ableiten.

5.1 **Satz:** Es seien X eine Menge, J eine beliebige Indexmenge, $X_j (j \in J)$ topologische Räume und $f_j : X \to X_j (j \in J)$ Abbildungen.

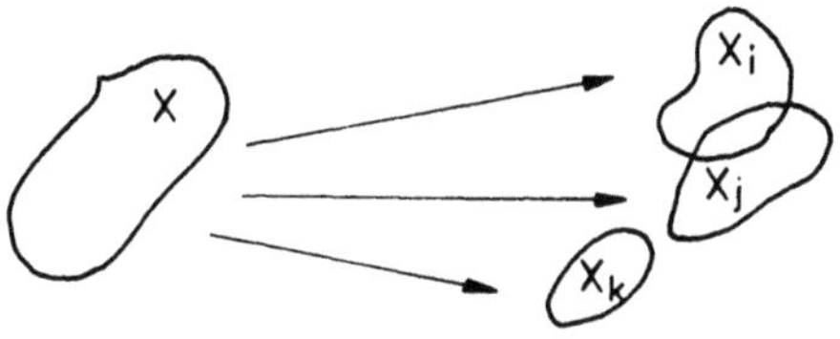

Unter allen Topologien $\mathcal{X}$ auf X, für die alle f_j stetig sind, gibt es genau eine gröbste (= kleinste, vgl. Abschnitt 2, Aufg. 4). Sie wird von der Subbasis $\mathcal{S} := \{f_j^{-1}(O_j) \,/\, j \in J, O_j \underset{\circ}{\subseteq} X_j\}$ erzeugt.

Beweis: Jede der Topologien $\mathcal{X}$, für die alle f_j stetig sind, muß natürlich $\mathcal{S}$ umfassen (vgl. 3.3(c)), also auch die von $\mathcal{S}$ erzeugte Topologie $\mathcal{X}_0$. Für diese Topologie sind alle f_j stetig.

5.2 *Definition:* Die im Beweis eben konstruierte Topologie $\mathcal{X}_0 = \mathcal{X}_0(\mathcal{S})$ heißt **initiale Topologie** (auf X bzgl. der X_j, f_j und J).

Die folgenden Spezialfälle haben eigene Namen:

(a) X ist Teilmenge des topologischen Raumes Y und $f : X \hookrightarrow Y$ die Inklusion, dann heißt X mit der initialen Topologie bzgl. f **topologischer Unterraum** von Y.

(b) X ist als Menge gleich $\underset{j \in J}{\times} X_j$ und $f_j = pr_j$ sind die Projektionen, dann heißt X mit der initialen Topologie bzgl. der pr_j **topologisches Produkt** der X_j, es wird mit $\prod_{j \in J} X_j$ bezeichnet.

5.3 *Bemerkungen:*

a) Offene Mengen im topologischen Unterraum X von Y sind genau die Mengen der Form $X \cap O$, wobei $O \underset{\circ}{\subseteq} Y$ ist. (vgl. $\mathcal{S}$ in 5.1) Entsprechend haben die abgeschlossenen Mengen in X die Form $X \cap A$ mit $A \overline{\subset} Y$.

---

1) Math. Ann. **102** (1930)

2) Ann. Math. **30** (1929)

b) Nach 5.1 ergibt sich für die Produkttopologie von $\prod_{j\in J} X_j$ die einfache Basis $\mathcal{B} = \{ \times_{j\in J} O_j \,/\, O_j \underset{\circ}{\subseteq} X_j$ und fast alle $O_j = X_j\}$. Ist J endlich, so bestehen die Basiselemente aus den Produkten offener Mengen. *Im unendlichen Fall dürfen jedoch nur endlich viele Faktoren kleiner als* X_j *sein!*

5.4 *Beispiele:*

a) Das wichtigste Beispiel eines topologischen Produkts ist $\mathbb{R}^n$. Wegen 5.3(b) und weil die Metrik von 1.1(b) die **natürliche Topologie** liefert, trägt $\mathbb{R}^n = \prod_1^n \mathbb{R}$ die Produkttopologie.

Natürlich ist nicht jede offene Menge in einem Produktraum selbst Produkt offener Mengen der Faktoren: Z. B. sind die euklidischen offenen Kugeln im $\mathbb{R}^n$ nicht von dieser Art.

b) Die **Topologie der punktweisen Konvergenz** auf Abb(A, $\mathbb{R}$) bzw. Abb(A, M) ist dieselbe Topologie, die man erhält, wenn man Abb(A, M) = $\prod_{a\in A} M$ setzt und dabei f mit $(f(a))_{a\in A}$ identifiziert. (M sei pseudometrischer Raum; vgl. 1.3(g) und 4.8) Analog kann man auch Abb(X, Y) mit der Topologie der punktweisen Konvergenz versehen, wenn Y nur ein topologischer Raum ist, man setzt dann $\mathrm{Abb}_{pw}(X, Y) := \prod_{x\in X} Y$ und identifiziert f mit $(f(x))_{x\in X}$.

c) Seien (M, d) ein pseudometrischer Raum und $A \subset M$, dann ist $d|_{A\times A}$ eine Pseudometrik auf A, die die Unterraumtopologie liefert (vgl. Bemerkung 5.3(a)). Wie $\mathbb{R}^n$ denkt man sich auch Teilmengen davon, falls nichts anderes dazu gesagt ist, mit der initialen Topologie bzgl. der natürlichen Topologie versehen, d. h. als Unterräume von $\mathbb{R}^n$. So ist z. B.]0, 1] mit der Topologie versehen, die von den $]0, 1] \cap [t-\epsilon, t+\epsilon[$ mit $t \in \mathbb{R}$, $\epsilon \in \mathbb{R}_+$ kommt. (Hier ist z. B.]1/2, 1] offen!)

d) Mit $S^{n-1} := \{x \in \mathbb{R}^n / |x| = 1\}$ wird die euklidische Sphäre (mit der Topologie als Unterraum von $\mathbb{R}^n$) bezeichnet, $\varphi: [0, 2\pi[\to S^1, t \to \binom{\cos t}{\sin t}$ ist eine stetige Bijektion, die nicht topologisch ist! Ein zu S^{n-1} homöomorpher topologischer Raum heißt **topologische n-1-Sphäre**. Es sind dies neben $\mathbb{R}^n$ die wichtigsten Räume für die Topologie (vgl. Kap. III).

e) Es seien X eine Menge, B(X, $\mathbb{R}$) der Raum der beschränkten reellen Funktionen auf X und $d_{sup}: B \times B \to \mathbb{R}$ die folgende Metrik:

$$d_{sup}(f, g) := \sup_{x\in X} |f(x) - g(x)|$$

Diese Metrik induziert auf B(X, $\mathbb{R}$) die Unterraumtopologie bzgl. $\mathrm{Abb}_{ggl}(X, \mathbb{R})$ (vgl. 1.1(e) und 3.6), denn für $0 < \epsilon < 1$ gilt $B(X, \mathbb{R}) \cap B^d_\epsilon(f) = B^{d_{sup}}_\epsilon(f)$, wobei $f \in B(X, \mathbb{R})$ und d die Metrik von 1.1(e) sind.

Übrigens ist B(X, $\mathbb{R}$) in $\mathrm{Abb}_{ggl}(X, \mathbb{R})$ abgeschlossen: Ist nämlich $(f_n)_{n\in\mathbb{N}}$ eine Folge aus B(X, $\mathbb{R}$), die gegen ein $f \in \mathrm{Abb}(X, \mathbb{R})$ (global-)gleichmäßig konvergiert (vgl. 4.3(g)), so gibt es ein $n_0 \in \mathbb{N}$ mit $d(f_{n_0}, f) \leq 1/2$. Daher ist für $d_{sup}(f_{n_0}, 0) = \alpha$ für alle $x \in X$

$$|f(x)| \leq |f(x) - f_{n_0}(x)| + |f_{n_0}(x)| \leq 1/2 + \alpha, \quad \text{d, h.} \quad f \in B(X, \mathbb{R}).$$

f) $\mathbb{N}$ und $\mathbb{Z}$ mit der diskreten Topologie sind topolgosiche Unterräume von $\mathbb{R}$. Als Unterraum von $\mathbb{R}$ trägt $\mathbb{Q}$ keine diskrete Topologie!

g) Ist (M, d) ein pseudometrischer Raum, so trägt M die initiale Topologie bzgl. der Funktionen $d_{\{m_0\}}: M \to \mathbb{R}$ $(m_0 \in M)$: Nach 3.5(n) sind alle diese Funktionen stetig. Man muß also nur noch zeigen, daß die metrische Topologie die kleinste mit dieser Eigenschaft ist. Sie hat die Basis $\mathcal{B} := \{B^V_\epsilon(x) / x \in M, \epsilon \in \mathbb{R}_+\}$. Ist nun $\mathcal{T}$ eine Topologie auf M, für die alle $d_{\{m_0\}}$ stetig sind, so reicht zu zeigen, daß $\mathcal{B} \subset \mathcal{T}$ ist. Dazu wähle man ein $B^V_\epsilon(x)$ und betrachte $d^{-1}_{\{x\}}(]-\epsilon, \epsilon[)$. Da $d_{\{x\}}$ stetig bzgl. $\mathcal{T}$ ist, gehört die betrachtete Menge zu $\mathcal{T}$, sie stimmt aber mit $B^V_\epsilon(x)$ überein.

h) Zu jedem pseudometrischen Raum (M, d) gibt es eine Abbildung $f: M \to B(M, \mathbb{R})$, so daß M die initiale Topologie bzgl. f trägt. Ist M metrisch, so kann f sogar als Isometrie (und damit Homöomorphismus auf einen Unterraum) gewählt werden:

Für $m_0 \in M$ ist jede der Funktionen f_m mit

$$f_m(x) := d_{\{m_0\}}(x) - d_{\{m\}}(x) = d(m_0, x) - d(m, x) \quad (m \in M)$$

auf M beschränkt, denn

$$|f_m(x)| = |d(m_0, x) - d(m, x)| \leq d(m_0, m).$$

Für $m, m' \in M$ ist

$$d_{sup}(f_m, f_{m'}) = \sup_{x \in M} |d(m_0, x) - d(m, x) - d(m_0, x) + d(m', x)| = \sup_{x \in M} |d(m', x) - d(m, x)| \leq$$
$$\leq d(m, m'),$$

hier gilt sogar die Gleichheit, denn für x = m wird das sup angenommen. Es gilt also $d_{sup}(f_m, f_{m'}) = d(m, m')$. Damit ist klar, daß $f: M \to B(m, \mathbb{R})$, $m \mapsto f_m$ im Fall einer Metrik d eine Isometrie ist. Im Fall einer Pseudometrik gilt nur $f(B^d_\epsilon(m)) = f(M) \cap B^{d_{sup}}_\epsilon(f_m)$ und $f^{-1}(B^{d_{sup}}_\epsilon(f_m)) = B^d_\epsilon(m)$, was für die Behauptung ausreicht (f erhält Abstände, ist aber nicht notwendig injektiv).[1])

Wir werden dies Beispiel in Abschnitt 8 noch brauchen können. Jetzt wenden wir uns dem wichtigsten Satz über initiale Topologien zu:

5.5 *Theorem:* Trägt X die initiale Topologie bzgl. der $f_j: X \to X_j$ und ist $g: W \to X$ eine Abbildung auf dem topologischen Raum W, so gilt:
g ist genau dann stetig, wenn es alle $f_j \circ g$ sind.

Beweis: Ist g stetig, so sind es die Kompositionen $f_j \circ g$. Sind nur die $f_j \circ g$ stetig, so gilt mit der Bezeichnung von 5.1:

Ist $O \in S$, d.h. $O = f_i^{-1}(O_i)$, so ist $g^{-1}(O) = g^{-1} f_i^{-1}(O_i) = (f_i \circ g)^{-1}(O_i)$ wegen der Stetigkeit von $f_i \circ g$ offen in W. Nach 3.3(b) ist dann g stetig.

Korollar 1: Gegeben sei das folgende Diagramm von topologischen Räumen und Abbildungen bzw. Inklusionen (topologische Unterräume):

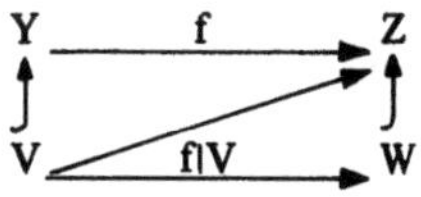

Ist dann f stetig, so sind auch $f: Y \to f(Y)$ (Unterraum), $f|V: V \to Z$ und $f|V: V \to W$ stetig.

Korollar 2: Sind die X_j topologische Unterräume der Y_j, so ist auch ΠX_j topologischer Unterraum des ΠY_j.

5.6 **Satz:** Trägt X die initiale Topologie bzgl. $f_j: X \to X_j (j \in J)$, so ist ein Filter F auf X genau dann gegen x konvergent, wenn die $f_j(F)$ in X_j gegen die $f_j(x)$ konvergieren.

---

1) *K. Kuratowski,* Fund. Math. **25** (1935)

Beweis:

$$\mathcal{F} \to x \iff \mathcal{F} \supset \mathcal{U}(x) \iff \bigwedge_{j \in J,\, O_j \subset_{\circ} X_j} (x \in f_j^{-1}(O_j) \Rightarrow f_j^{-1}(O_j) \in \mathcal{F})$$

$$\iff \bigwedge_{j \in J,\, O_j \in \mathcal{U}_{X_j}(f_j(x)) \text{ offen}} O_j \in f_j(\mathcal{F})$$

$$\iff \bigwedge_{j \in J} f_j(\mathcal{F}) \supset \mathcal{U}_{X_j}(f_j(x)) \iff \bigwedge_{j \in J} f_j(\mathcal{F}) \underset{X_j}{\to} f_j(x).$$

Beispiele:

a) Eine Folge von Vektoren $x^{(n)}$ in $\mathbb{R}^m$ konvergiert genau dann gegen x, wenn die m Komponentenfolgen gegen die betreffenden Komponenten von x konvergieren. Eine Abbildung in den $\mathbb{R}^m$ ist genau dann stetig, wenn es ihre Komponenten sind.

b) Eine Folge $(f_n)_{n \in \mathbb{N}}$ in $\mathrm{Abb}_{pw}(X, Y)$ konvergiert genau dann, wenn sie punktweise konvergiert. Ein Filter $\mathcal{F}$ konvergiert genau dann gegen ein f, wenn die Filter

$$\mathcal{F}(x) := \{F(x)/F \in \mathcal{F}\} := \{\{g(x)/g \in F\} / F \in \mathcal{F}\}$$

gegen f(x) für alle $x \in X$ konvergieren.

c) Ist X topologischer Unterraum von Y, so konvergiert ein Filter $\mathcal{F} \in \mathbb{F}(X)$ genau dann gegen ein $x \in X$, wenn $[\mathcal{F}]_Y$ (der in Y erzeugte Filter) gegen x konvergiert (in Y). Man beachte jedoch, $[\mathcal{F}]$ kann konvergieren, ohne daß $\mathcal{F}$ in X konvergieren müßte! Für $A \subset X$ ist $\bar{A}^X = \bar{A}^Y \cap X$. Ist X abgeschlossen in Y (bzw. offen), so sind die abgeschlossenen (bzw. offenen) Teilmengen von X genau die abgeschlossenen (offenen) Teilmengen von Y, die in X liegen.

d) Ist $X = \Pi X_j$, dann sind die Projektionen $pr_j : X \to X_j$ surjektiv, stetig und offen (d. h. sie erhalten offene Mengen): Ist nämlich $O \subset_{\circ} X$, so hat O nach Bemerkung 5.3(b) die Form $O = \bigcup_l O_l$ mit $O_l = \underset{j}{\times} O_{lj}$, wobei für festes l fast alle $O_{lj} = X_j$ sind. Dann ist $pr_j(O) = \bigcup_l O_{lj}$ offen in X_j für beliebiges j.

e) Wir greifen jetzt noch einmal Beispiel 3.5p) auf, um einen Satz der „mathematischen Folklore" (so nennt man bekannte Sätze, auf deren strengen Beweis man aus Bequemlichkeit gern verzichtet) zu zeigen, nämlich, daß die Würfeloberfläche im $\mathbb{R}^n$ eine top. (n – 1)-Sphäre ist: Wir betrachten $\varphi, \psi : \mathbb{R}^n \setminus \{0\} \to \mathbb{R}^n$ mit $\varphi(x) := \frac{x}{|x|}$ bzw. $\psi(x) := \frac{x}{\|x\|}$ (Bezeichnungen wie in 3.5p)). Um die Stetigkeit dieser Funktionen zu erkennen, schreiben wir sie als Komposition von Abbildungen, deren Stetigkeit bequemer zu zeigen ist:

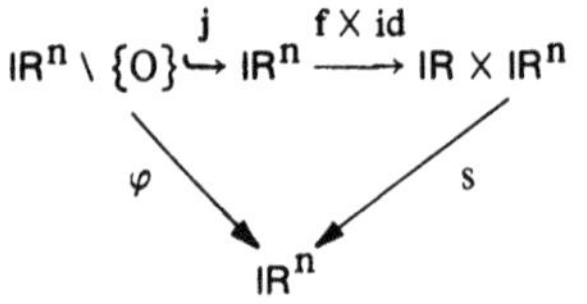

(Analog für ψ mit g statt f.)

Wir schreiben also $\varphi = s \circ (f \times id) \circ j$ bzw. $\psi = s \circ (g \times id) \circ j$, wobei j die Inklusion, $f \times id : x \to \left(\frac{1}{|x|}, x\right)$ $g \times id : x \mapsto \left(\frac{1}{\|x\|}, x\right)$ und $s : (t, x) \to t \cdot x$ bezeichnen. Daß j stetig ist, gilt nach Definition von $\mathbb{R}^n \setminus \{0\}$ als topologischer Unterraum von $\mathbb{R}^n$. fxid bzw. gxid sind in allen Punkten außer 0 stetig, wie man analog zu 5.5 aus 5.6 entnimmt, wobei man die teilweise Stetigkeit von f, g nach 3.5p) zur Verfügung hat. Daß s stetig ist, werden wir in 5.11 zeigen, man kann es hier auch direkt zur Übung beweisen. Als Komposition stetiger Abbildungen sind nun φ, ψ stetig. Nach 5.5, Korollar 1 sind dann auch die folgenden Abbildungen stetig:

$$\rho : Q \to S^{n-1}, \quad \rho := \varphi|Q \quad \text{mit} \quad Q := \{x \,/\, \|x\| = 1\} = \{x \,/\, \max|x_i| = 1\}$$

bzw.

$$\sigma : S^{n-1} \to Q, \quad \sigma := \psi|S^{n-1}.$$

Außerdem ist ρ bijektiv mit $\rho^{-1} = \sigma$, wie man sofort daran erkennt, daß $\varphi(x)$ und $\psi(x)$ die einzigen Punkte auf dem Strahl $\{t \cdot x \,/\, t \in \mathbb{R}_+\}$ sind, die von ρ bzw. σ erreicht werden. ρ und σ sind also Homöomorphismen, d. h. Q (= Oberfläche des Einheitswürfels) ist eine topologische (n – 1)-Sphäre. Als Korollar erhält man:

$B_1^d(0)$, die euklidische Einheitskugel, ist homöomorph zum Einheitswürfel $B_1^d(0)$. Alle Vollkugeln und Würfel im $\mathbb{R}^n$ sind homöomorph.

f) Der eben gebrachte Beweis läßt sich verallgemeinern:

Ist $K \subset \mathbb{R}^n$ *beschränkt, abgeschlossen, konvex und mit inneren Punkten („kompakter konvexer Körper"), so ist* K *homöomorph zu abgeschlossenen euklidischen Einheitskugel in* $\mathbb{R}^n$.

Der obige Beweis überträgt sich folgendermaßen: Zunächst nimmt man $0 \in \mathring{K}$ an. Dann setzt man $|||x||| := \inf\{\alpha \in \mathbb{R}_+ \,/\, x \in \alpha \cdot K\}$ und $d''(x, y) := |||x - y|||$ für $x, y \in \mathbb{R}^n$ und zeigt, daß d'' eine Metrik für die natürliche Topologie ist, die K als „Einheitskugel" um 0 hat.[1]) Die Metrik ist überdies positiv-homogen ($|||\alpha x||| = |\alpha| \cdot |||x|||$) und translationsinvariant ($d''(x + z, y + z) = d''(x, x)$), so daß $\mathring{K} \ni O$ keine echte Einschränkung ausmacht. Nun kann man wie in 3.5p) bzw. 5.7e) argumentieren.

Bemerkung: Die in 5.7e) benutzte Zerlegungstechnik ist für die Topologie fundamental. Wir werden sie noch mehrfach anwenden, und man mache sich das Beispiel daher gründlich klar.

Zunächst geben wir noch zwei wichtige Ergebnisse über topologische Produkte:

5.8 **Satz:** Ein Produkt $X = \prod_j X_j$ erfüllt genau dann das 1. Abzählbarkeitsaxiom, wenn es alle Faktoren tun und höchstens abzählbar viele Faktoren mehr als zwei offene Mengen (indiskreter Raum) haben:

Beweis: Zunächst erfülle X das 1. Abzählbarkeitsaxiom. Da die Projektionen pr_j stetig, surjektiv und offen sind (5.7d)), erfüllen dann alle X_j das 1. Abzählbarkeitsaxiom. Wir müssen nun noch zeigen, daß höchstens abzählbar viele X_j mehr als zwei offene Mengen haben. Ist nun $x = (x_j)_{j \in J}$ ein Element von X, so hat der Umgebungsfilter $\mathcal{U}_X(x)$ eine abzählbare Basis $\mathcal{B}$, und für jedes $B \in \mathcal{B}$ ist $E_B := \{j \in J \,/\, pr_j(B) \neq X_j\}$ nach Bemerkung 5.3(b) endlich. Folglich ist $\bigcup_{B \in \mathcal{B}} E_B =: J'_x$ höchstens abzählbar. Hätten nun überzählbar viele X_j mehr als zwei offene Mengen, so darf man von x annehmen, daß überzählbar viele der Komponenten x_j in einer von X_j verschiedenen offenen Menge O_j liegen. Für $j_0 \in J \setminus J'_x$ mit $x_{j_0} \in O_{j_0} \neq X_{j_0}$ gäbe es dann aber kein $B \in \mathcal{B}$ mit $\prod_{j \in J} O'_j \supset B$, wenn man $O'_j := X_j$ für $j \neq j_0$ und $O'_{j_0} := O_{j_0}$ setzt.

Ist nun umgekehrt eine Menge von Faktoren $X_j (j \in J)$ gegeben, die das 1.Abzählbarkeitsaxiom erfüllen und nur für abzählbar viele $j \in J' \subset J$ mehr als zwei offene Mengen

1) Vgl. dazu: *F. A. Valentine:* Konvexe Mengen, BI, 1968.

haben, so darf man zunächst einmal J als abzählbar annehmen, denn jedes Element $\mathsf{X}O_j$ (fast alle $O_j = X_j$) der Basis S der Produkttopologie hat nur an den betreffenden abzählbar vielen Stellen $j \in J$ andere Möglichkeiten als $O_j = X_j$ bzw. $O_j = \emptyset$ (und damit $\mathsf{X}O_j = \emptyset$). (Für $j \in J \setminus J'$ ist also entweder $\mathsf{X}O_j = \emptyset$ oder $O_j = X_j$.) Man darf also $J = J' = \mathbb{N}$ annehmen. Ist nun $x = (x_j)_{j \in \mathbb{N}}$ gegeben, so hat $U x_j(x_j)$ eine Basis $B_j = \{U_j^n \,/\, n \in \mathbb{N}, x_j \in U_j^n \underset{\circ}{\subseteq} X_j\}$ aus offenen Umgebungen. Setzt man $B := \{\underset{j \in J}{\mathsf{X}} U_j^{n_j} / U_j^{n_j} \in B_j$, fast alle $U_j^{n_j} = X_j\}$, so hat man eine Basis von $U(x)$ aus abzählbar vielen Umgebungen gefunden.

5.9 *Korollar:* Ein pseudometrischer Raum (M, d) heißt trivial, wenn $d \equiv 0$ ist. Es gilt: Die Topologie eines Produkts pseudometrisierbarer Räume ist genau dann pseudometrisierbar, wenn höchstens abzählbar viele Faktoren von einer nichttrivialen Pseudometrik topologisiert werden. Ein abzählbares Produkt metrischer Räume ist metrisierbar.

Beweis: Sind mehr als abzählbar viele Faktoren nichttrivial pseudometrisiert, so erfüllt das Produkt nach 5.8 nicht das 1. Abzählbarkeitsaxiom – im Gegensatz zu jedem pseudometrisierbaren Raum. Seien nun umgekehrt (M_i, d_i) für $i \in \mathbb{N}$ pseudometrische Räume und sei $X := \prod_{i \in \mathbb{N}} M_i$ das topologische Produkt. Für $x = (x_i)_{i \in \mathbb{N}}$, $y = (y_i)_{i \in \mathbb{N}} \in X$ setzen wir

$$\sum_{i \in \mathbb{N}} \frac{1}{2^i} \min(1, d_i(x_i, y_i))$$

und behaupten, daß d eine Pseudometrik ist, die die Produkttopologie gibt. Natürlich ist $d(x, x) = 0$. Außerdem ist für $x, y, z \in X$

$$d(x, z) + d(y, z) = \sum_i \frac{1}{2^i} (\min(1, d_i(x_i, z_i)) + \min(1, d_i(y_i, z_i))) \geqslant$$

$$\geqslant \sum_i \frac{1}{2^i} \min(1, d_i(x_i, y_i)) = d(x, y),$$

demnach ist d eine Pseudometrik (und eine Metrik, falls alle d_i Metriken sind). Sei nun T die Produkttopologie auf X. Wir zeigen, daß $\mathrm{id}: (X, T) \to (X, d)$ ein Homöomorphismus ist. Für $x \in X$ ist id bei x stetig, denn für $\epsilon \in \mathbb{R}_+$ wähle man $i_0 \in \mathbb{N}$ so groß, daß $\sum_{i}^{\infty} \frac{1}{2^i} \leqslant \frac{\epsilon}{2}$ und setze für $i < i_0$

$$O_i := \left\{ y_i \in M_i \,/\, d_i(y_i, x_i) < \frac{\epsilon}{z} \right\}$$

bzw. für $i \geqslant i_0$

$$O_i := M_i,$$

dann ist $\underset{i \in \mathbb{N}}{X} O_i$ $\mathcal{T}$-Umgebung von x innerhalb $B_\epsilon^d(x)$, d.h. id ist in x stetig. Nun ist aber auch id^{-1} stetig in x, denn ist $x \in \underset{i \in \mathbb{N}}{X} O_i$ (fast alle $O_i = M_i$), so gibt es ein $\epsilon \in \mathbb{R}_+$ mit $B_{\epsilon \cdot 2^i}^{d_i}(x_i) \subset O_i$ für alle i. Daher ist dann auch $B_\epsilon^d(x) \subset \underset{i \in \mathbb{N}}{X} O_i$, d.h. id^{-1} in x stetig.

Topologische Gruppen und Vektorräume:

Für die Anwendung der Allgemeinen Topologie sind nur solche Topologien interessant, die sich mit anderen vorgegebenen Strukturen auf der betreffenden Grundmenge vertragen. Welche Verträglichkeitsbedingungen im Einzelfall zu stellen sind, ergibt sich aus der Natur des jeweiligen Problems. Wir wollen hier die beiden wichtigsten Fälle behandeln, in denen eine algebraische Struktur vorgefunden wird:

5.10 Definition:

(a) Ein Tripel $(G, \circ, \mathcal{G})$ oder kurz G, wenn $\circ$ und $\mathcal{G}$ klar sind, heißt **topologische Gruppe**, wenn $(G, \circ)$ eine Gruppe, $(G, \mathcal{G})$ topologischer Raum und $(\cdot)^{-1}: G \to G, g \mapsto g^{-1}$ bzw. $\circ: G \pi G \to G$, $(g, g') \mapsto g \circ g'$ stetig sind. ($G \pi G$: topologisches Produkt)

(b) Man versieht $\mathbb{R}$ bzw. $\mathbb{C}$ mit der natürlichen Betrags-Topologie und setzt $\mathbb{K}$ gleich $\mathbb{R}$ oder $\mathbb{C}$..Ein Quintupel $(E, +, s, \mathbb{K}, \mathcal{E})$ oder kurz E, wenn $+, s, \mathcal{E}$ klar sind, heißt **topologischer $\mathbb{K}$-Vektorraum**, wenn $(E, +, s)$ ein $\mathbb{K}$-Vektorraum, $(E, \mathcal{E})$ topologischer Raum und $+: E \pi E$ (topologisches Produkt) $\to E$ bzw. $s: \mathbb{K} \pi E \to E$ stetig sind. (Dabei bezeichnet s die $\mathbb{K}$-Multiplikation.)

(c) Die Begriffe „**topologische Untergruppe**" bzw. „**topologischer Untervektorraum**" („topologisch-linearer Unterraum") sind auf offensichtliche Weise erklärt (vgl. Korollar 1 zu 5.5!).

Bemerkung: E ist genau dann topologischer Vektorraum, wenn die additive Gruppe eine topologische Gruppe ist und die Skalarmultiplikation stetig.

5.11 *Beispiele:*

a) $(\mathbb{R}, +)$ und $(\mathbb{R} \setminus \{0\}, \cdot)$ sind (kommutative) topologische Gruppen:

+ ist stetig in (s, t): Für gegebenes $\epsilon \in \mathbb{R}_+$ und $\delta := \epsilon/2$ ist

$|+(s, t) - +(s', t')| = |s - s' + t - t'| \leq |s - s'| + |t - t'| < \epsilon$, sobald $|s - s'| < \delta$ und $|t - t'| < \delta$, d.h.

$$+(B_\delta^o(s) \times B_\delta^o(t)) \subset B_\epsilon^o(s + t).$$

$(\cdot)$ ist stetig in (s, t): Für gegebenes $\epsilon \in \mathbb{R}_+$ setze man $\delta := \min\left(1, \frac{\epsilon}{3|t| + |s| + 1}\right)$, dann ist für $|s - s'|, |t - t'| < \delta$ stets

$$|\cdot(s, t) - \cdot(s', t')| = |st - s't'| = |(s - s')(t + t') - st' + s't|$$

$$= |(s - s')(t + t') + (s' - s)t + s(t - t')| < \delta \cdot |t + t'| + \delta \cdot |t| + \delta \cdot |s| \leq$$

$$\leq \delta \cdot (2|t| + \delta + |t| + |s|) \leq \delta(3|t| + |s| + 1) \leq \epsilon,$$

so daß

$$(\cdot)(B_\delta^o(s) \times B_\delta^o(t)) \subset B_\epsilon^o(st).$$

Wir haben sogar gezeigt, daß $(\cdot): \mathbb{R} \pi \mathbb{R} \to \mathbb{R}$ stetig ist, d. h. $\mathbb{R}$ ist selbst ein topologischer $\mathbb{R}$-Vektorraum.

b) Daß bei topologischen Gruppen $\circ$ und $(\cdot)^{-1}$ als stetig gefordert werden, sind unabhängige Forderungen, wie man an den Beispielen 3.5(k) erkennt.

c) Sind G_i $(i \in J)$ topologische Gruppen (bzw. $\mathbb{K}$-Vektorräume), G eine Gruppe (ein $\mathbb{K}$-Vektorraum) und $f_i: G \to G_i$ homomorph (bzw. linear), so ist G mit der initialen Topologie bzgl. der f_i eine topologische Gruppe (bzw. topologischer $\mathbb{K}$-Vektorraum):

Wir zeigen das am bequemsten mit der Zerlegungstechnik:

Alle Diagramme sind kommutativ. Nach 5.5 müssen für alle $i \in J$ die $f_i \circ (\circ)$ bzw. $f_i \circ (\cdot)^{-1}$ bzw. $f_i \circ s$ als stetig nachgewiesen werden. Ebenfalls nach 5.5 sind es die $f_i \times f_i$: $(g, g') \mapsto (f_i(g), f_i(g'))$ bzw. $\mathrm{id} \times f_i$: $(t, g) \mapsto (t, f_i(g))$. Wegen der Kommutativität der Diagramme (f_i homomorph!) sind nach Voraussetzung die $(\circ) \circ (f_i \times f_i) = f_i \circ (\circ)$ bzw. $(\cdot)^{-1} \circ f_i = f_i \circ (\cdot)^{-1}$ bzw. $s \circ (\mathrm{id} \times f_i) = f_i \circ s$ stetig, d. h. nach 5.5 sind $\circ$, $(\cdot)^{-1}$ bzw. s stetig.

d) Wegen (c) und 5.4(b) ist $\mathrm{Abb}_{pw}(X, E)$ (Top. der pw.Kvgz.) ein topologischer $\mathbb{K}$-Vektorraum, wenn E es ist. Es gibt also nicht-metrisierbare top. Gruppen und $\mathbb{K}$-Vektorräume.

e) Jede Gruppe wird mit der diskreten und mit der indiskreten Topologie zur topologischen Gruppe. Da die Topologie von $\mathbb{K}$ nicht diskret ist, wird ein (mindestens 1-dimensionaler) $\mathbb{K}$-Vektorraum mit der diskreten Topologie nicht zum topologischen Vektorraum (s ist bei (0, 0) unstetig!), wohl aber mit der indiskreten Topologie.

f) Ein interessanteres Beispiel ergibt sich in $\mathrm{Abb}_{ggl}(M, \mathbb{K})$ (vgl. 5.4(e)). Das ist genau dann ein topologischer $\mathbb{K}$-Vektorraum, wenn die Menge M endlich ist: Für endliches M ist $\mathrm{Abb}_{ggl}(M, \mathbb{K})$ durch eine lineare Abbildung homöomorph zu $\mathbb{K}^n$, also nach Beispiel (c) topologischer $\mathbb{K}$-Vektorraum. Für unendliches M gibt es eine unendliche Teilmenge $\{x_i \mid i \in \mathbb{N}\}$ von M. Setzt man nun $f: M \to \mathbb{K}$ durch $f(x_i) := i$, $f(x) := 0$ für $x \neq x_i$ (alle i) fest und gibt $\epsilon \in \mathbb{R}_+$, $\epsilon < 1$ vor, so ist $s: \mathbb{K} \pi \mathrm{Abb}_{ggl}(M, \mathbb{K}) \to \mathrm{Abb}_{ggl}(M, \mathbb{K})$ im Punkt (0, f) unstetig, denn es gibt kein $\delta \in \mathbb{R}_+$ mit $s(B_\delta(0) \times B_\delta(f)) \subset B_\epsilon(0 \cdot f) = B_\epsilon(0)$. (Für $0 < \beta < \delta$ ist nämlich $s(\beta, f) = \beta \cdot f$ unbeschränkt!)

Dies ist der Grund für die Analysis, diesen Raum nicht zu benutzen und sich lieber des Raumes $B(M, \mathbb{K})$ mit der einfacheren Metrik $d_{sup}(f, g) := \sup_{m \in M} |f(m) - g(m)|$ zu bedienen. Es gilt nämlich:

$B(M, \mathbb{K})$ *ist der größte lineare Unterraum von* $\mathrm{Abb}(M, \mathbb{K})$, *der als topologischer Unterraum ein topologischer* $\mathbb{K}$-*Vektorraum wird.* (Wie oben sieht man, daß ein solcher Unterraum keine unbeschränkte Funktion enthalten darf. Andererseits ist $(B(M, \mathbb{K}), d_{sup})$ ein topologischer $\mathbb{K}$-Vektorraum, wie man analog zu Beispiel (a) zeigt.)

g) [Da man Satz 3.6 auch auf Räumen unbeschränkter stetiger Funktionen, z. B. $C(X, \mathbb{R})$ haben möchte, versieht man diese Räume nicht mit der global-gleichmäßigen Topologie, für die sie keine topologischen Vektorräume sind, sondern mit der sogenannten „lokal-gleichmäßigen Topologie". Dies hat Erfolg, wenn X lokalkompakt ist, vgl. 11.27.]

h) Der Raum $M(m, n; \mathbb{R})$ der reellen $(m - n)$-Matrizen ist als $\mathbb{R}$-Vektorraum zu $\mathbb{R}^{mn}$ kanonisch isomorph, er wird mit der natürlichen Topologie ein top. $\mathbb{R}$-Vektorraum, und die Matrizenmultiplikation ist auf $M(n, n) \pi M(n, n)$ stetig. Daher wird $GL(n; \mathbb{R})$, der Unterraum der invertierbaren Matrizen, zur topologischen Gruppe, ebenso $O(n; \mathbb{R})$, die Untergruppe der orthogonalen Matrizen (vgl. Beispiel (c)).

Mit der Zerlegungstechnik zeige man, daß $\det: M(n, n) \to \mathbb{R}$ stetig ist. (Man verwende die Darstellung als Summe von – mit geeigneten Vorzeichen versehenen – Produkten der Komponenten:

$$\det((a_{ij})) = \sum_{\alpha \in \mathrm{Perm}(1, \ldots, n)} \mathrm{sign}(\alpha)\, a_{1\alpha(1)} \cdots a_{n\alpha(n)}.)$$

Daher bilden die invertierbaren Matrizen $GL(n; \mathbb{R}) := \det^{-1}(\mathbb{R} \setminus \{0\})$ eine offene Teilmenge von $M(n, n)$. (In der Umgebung einer invertierbaren Matrix liegen nur invertierbare Matrizen.)

i)* Jeder Vektorraum wird mit der initialen Topologie bzgl. seiner linearen Funktionale zum topologischen Vektorraum. Diese Topologie ist genau dann metrisierbar (bzw. erfüllt das 1. Abzählbarkeitsaxiom), wenn der Ausgangsraum endlich-dimensional ist.

Aufgaben

1. Man zeige, daß det: $M(n, n) \to \mathbb{R}$ stetig ist (vgl. 5.9(h)).
2. Man zeige: $C(\mathbb{R}, \mathbb{R})$ mit der initialen Topologie bzgl.

$$j_n: C(\mathbb{R}, \mathbb{R}) \to \text{Abb}_{\text{ggl}}([-n, n], \mathbb{R}), \quad j_n: f \mapsto f|_{[-n, n]} \quad (n \in \mathbb{N})$$

ist ein topologischer $\mathbb{R}$-Vektorraum. (Man benutze, daß $f|_{[-n, n]}$ stets Maxium und Minimum annimmt. Vgl. 5.9(g).)
3. Man zeige: $S^1 \pi S^1$ ist homöomorph zum topologischen Unterraum

$$\left\{ (3 + \cos t) \begin{pmatrix} \cos s \\ \sin s \\ 0 \end{pmatrix} + \begin{pmatrix} 0 \\ 0 \\ \sin t \end{pmatrix} \middle/ s, t \in \mathbb{R} \right\} \text{ des } \mathbb{R}^3.$$

(Dieser Unterraum ist die Oberfläche des Volltorus, dessen Seele der Kreis vom Radius 3 in der x-y-Ebene um 0 und dessen Durchmesser gleich 8 ist.) Man nennt daher $S^1 \pi S^1$ den **Torus**.
4. Man versehe den Raum $X = \text{Abb}(\mathbb{N}, \mathbb{R})$ mit der **Tietze-Topologie** $\mathcal{T}$:

$$O \in \mathcal{T} :\Longleftrightarrow \text{ für alle n ist } pr_n(O) = O(n) \underset{\circ}{\subset} \mathbb{R}.$$

Man zeige nun, daß alle Projektionen stetig sind und daß es ein unstetiges $f: \mathbb{R} \to (X, \mathcal{T})$ gibt, für alle $pr_n \circ f$ stetig sind.
5. Sei E ein mindestens eindimensionaler Vektorraum, man zeige, daß es zwei verschiedene Vektorraumtopologien auf E gibt.
6. Man zeige, die initiale Topologie auf $\mathbb{R}$ bzgl. der monotonen $f: \mathbb{R} \to \mathbb{R}$ ist diskret.
7. $\mathbb{R}$ sei mit der Komplement-abzählbar-Topologie versehen, dann gibt es auf $\mathbb{R} \pi \mathbb{R}$ außer $\emptyset$ keine abzählbare abgeschlossene Menge.
8. Ist das Produkt diskreter Räume diskret?
9. Man gebe auf $\mathbb{R}$ die initiale Topologie bzgl. $|\ |: \mathbb{R} \to \mathbb{R}, t \to |t|$ an. (Dies ist nicht die natürliche Topologie!)

6. Finale Konstruktionen

Wir betrachten nun die zur initialen duale Situation.

6.1 *Satz:* Es seien X eine Menge, J eine beliebige Indexmenge, X_j ($j \in J$) top. Räume und $g_j : X_j \to X$ ($j \in J$) Abbildungen.

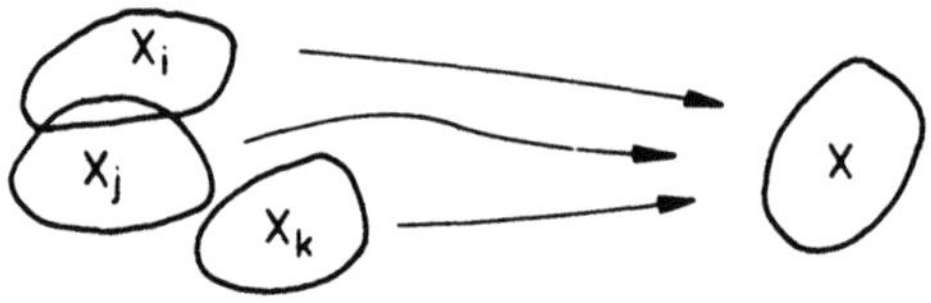

Unter allen Topologien $\mathcal{X}$ auf X, für die alle g_j stetig sind, gibt es genau eine größte (= feinste, vgl. Abschnitt 2, Aufgabe 4). Sie wird durch

$$\mathcal{X}_{\text{fin}} := \{O \subset X \,/\, g_j^{-1}(O) \underset{\circ}{\subset} X_j \text{ für alle } j \in J\}$$

gegeben.

Beweis: Jede der Topologien $\mathcal{X}$, für die alle g_j stetig sind, ist nach 3.3(c) in $\mathcal{X}_{\text{fin}}$ enthalten. Wir müssen nur noch zeigen, daß $\mathcal{X}_{\text{fin}}$ selbst so eine Topologie auf X ist. Daß $\mathcal{X}_{\text{fin}}$ eine Topologie auf X ist, ist klar, weil alle g_j^{-1} mit Durchschnitts- und Vereinigungsbildungen vertauschen. Daß alle g_j stetig sind, geht nach 3.3(c) aus der Definition von $\mathcal{X}_{\text{fin}}$ hervor.

6.2 **Definition:** Die in 6.1 gegebene Topologie $\mathcal{X}_{\text{fin}}$ heißt die **finale Topologie** auf X (bzgl. der g_j und der X_j).

Die folgenden Spezialfälle haben eigene Namen:

(a) Sind X_0 ein topologischer Raum, $A \subset X_0$ und $f : A \to M$ eine Abbildung in eine Menge, so erzeugt f die folgende Äquivalenzrelation auf X_0: x äquivalent y: $\iff$ $x = y$ oder $f(x) = f(y)$ oder (falls $M \subset X_0$) $x = f(y)$ oder $y = f(x)$. Die Menge der zugehörigen Äquivalenzklassen X_0/f wird mit der finalen Topologie bzgl. $\nu_f : X_0 \to X_0/f$, $x \mapsto \{y/y \text{ äquiv. } x\}$ versehen und heißt **Quotient von X_0 nach** f.

(b) Ist X_0 topologischer Raum und R eine Äquivalenzrelation auf X_0, so bildet man analog den (topologischen) **Quotienten** X_0/R.

(c) Ist X_0 topologischer Raum, $A \subset X_0$, so hat X_0/A als Elemente A und die Elemente von $X_0 \setminus A$ und als Topologie die finale bzgl. $x \mapsto x$ für $x \in X_0 \setminus A$ bzw. $x \mapsto A$ für $x \in A$. Man sagt, X_0/A sei durch **Identifizieren der Punkte von A** entstanden.

(d) Sind $X_j (j \in J)$ topologische Räume, so bezeichnet $\coprod_{j \in J} X_j$ die **topologische Summe** oder das **Coprodukt** der X_j. Dabei wird $\coprod X_j$ wie folgt konstruiert: Zunächst nimmt man an, die X_j seien paarweise disjunkt. (Notfalls ersetze man X_j durch $X_j \pi \{j\}$, ein trivialerweise homöomorpher Raum!) Als Menge ist dann $\coprod_{j \in J} X_j := \bigcup_{j \in J} X_j$, und die Topologie wird als die finale bzgl. der „natürlichen Inklusionen" $I_j : X_j \hookrightarrow \coprod_{k \in J} X_k, x \mapsto x$ definiert.

6.3 *Bemerkungen:*

a) In topologischen Quotienten sind Teilmengen O' genau dann offen, wenn $\nu^{-1}(O')$ offen im Ausgangsraum ist.

b) In einer topologischen Summe $\coprod X_j$ ist eine Teilmenge O' genau dann offen, wenn $O' \cap X_j = I_j^{-1}(O')$ für alle j offen in X_j ist. Analog ist $O' \overline{\subset} \coprod X_j$ genau dann, wenn für alle J gilt $O' \cap X_j \overline{\subset} X_j$.

6.4 *Beispiele:*

a) Seien X ein topologischer Raum, $\{O_j / j \in J\}$ eine offene Überdeckung von X, d. h. jedes $O_j \underset{\circ}{\subset} X$ und $X \subset \bigcup_j O_j$. Dann trägt X schon die finale Topologie bzgl. der Inklusionen $I_j : O_j \hookrightarrow X$, wobei die O_j als topologische Unterräume von X aufzufassen sind. Sind die O_j zusätzlich paarweise disjunkt, so ist $X = \coprod_{j \in J} O_j$. Ein Beispiel dazu: $X := \bigcup_{n \in \mathbb{N}}]n-1, n[$ als Unterraum von $\mathbb{R}$, $O_n :=]n-1, n[$ als Unterraum von X, dann ist $X = \coprod_{n \in \mathbb{N}} O_n = \mathbb{R}_+ \setminus \mathbb{Z}$

b) Man betrachte in $\mathbb{R}^n$ die topologischen Unterräume

$$\mathop{\mathsf{X}}_{i=1}^{n} R_{ij} =: \mathbb{R}_j \left(R_{ij} = \begin{cases} \{0\} \text{ für } i \neq j \\ \mathbb{R} \text{ für } i = j \end{cases} \right).$$

Dann trägt $\mathbb{R}^n$ nicht die finale Topologie bzgl. der natürlichen Inklusionen, denn z. B. $\bigcup_{j=1}^{n} \mathbb{R}_j$ ist offen in der finalen Topologie!

c) Es ist $[0, 2\pi]/\{0, 2\pi\}$ homöomorph zur S^1 (vgl. 5.4(d) und 6.6). Beides sind also topologische 1-Sphären, d. h. topologische Kreise. Analog ist auch $\mathbb{R}/\mathbb{Z}$ bzw. $\mathbb{R}^2/\mathbb{Z} \times \mathbb{Z}$ ein topologischer Kreis bzw. Torus. (Man wählt zunächst

$$\varphi : \mathbb{R} \to S^1, \; t \mapsto \begin{pmatrix} \cos 2\pi t \\ \sin 2\pi t \end{pmatrix} \quad \text{bzw.} \quad \psi : \mathbb{R}^2 \to S^1 \pi S^1, \; (s, t) \mapsto (\varphi(s), \varphi(t)),$$

zeigt dann, daß diese Abbildungen stetig sind und daß $\mathbb{R}/\mathbb{Z} = \mathbb{R}/\varphi$ bzw. $\mathbb{R}^2/\mathbb{Z} \times \mathbb{Z} = \mathbb{R}^2/\psi$ sind. Dann schließt man mit 6.6, daß man stetige Bijektionen auf den Kreis bzw. den Torus erhält. Schließlich bedient man sich am bequemsten der Aussage 11.6 oder zeigt (etwas mühsamer), daß die inversen Abbildungen ebenfalls stetig sind.) (Torus: vgl. Abschnitt 5, Aufg. 3)

d) Es seien $X := [0, 2\pi] \times [-1, 1]$ (natürliche Topologie) ein Rechteck aus $\mathbb{R}^2$ und

$$f: X \to \mathbb{R}^3 \quad \text{durch} \quad f\binom{x}{y} := \begin{pmatrix} \left(3 + y \sin\frac{x}{2}\right)\cos x \\ \left(3 + y \sin\frac{x}{2}\right)\sin x \\ y \cos\frac{x}{2} \end{pmatrix}$$

definiert.

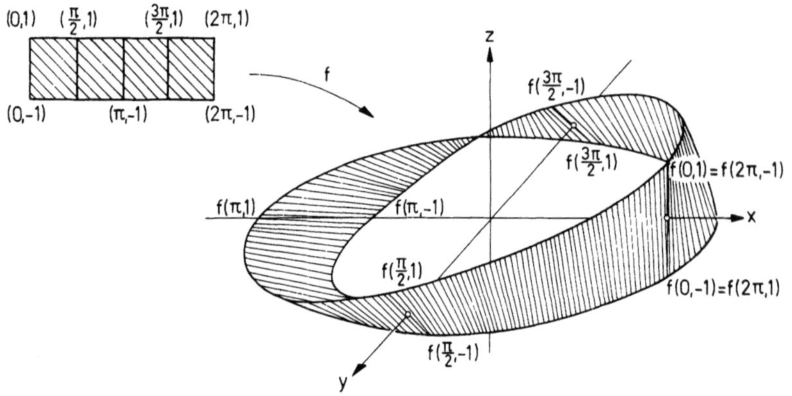

Für festes y durchläuft $f\binom{x}{y}$ eine Kurve in der Nähe des Kreises

$$\left\{ 3\begin{pmatrix}\cos x\\ \sin x\\ 0\end{pmatrix} \Big/ 0 \leqslant x \leqslant 2\pi \right\}$$

im $\mathbb{R}^3$, d. h. des Kreises mit Radius 3 um 0 in der x-y-Ebene. Für festes x durchläuft $f\binom{x}{y}$ eine Strecke σ_x der Länge 2 mit Mittelpunkt $3\begin{pmatrix}\cos x\\ \sin x\\ 0\end{pmatrix}$. Durchläuft x das Intervall $[0, 2\pi]$, so wird σ_0 um 180° gedreht und wieder in sich überführt. Für festes y macht $f\binom{x}{y}$, auf σ_x festbleibend, diese Drehung um den genannten Kteis mit. f heftet also an den genannten Kreis symmetrisch Intervalle $[-1, +1]$ so an, daß sich bei einem Umlauf um den Kreis eine räumlich stetige Drehung von σ_0 über σ_x wieder in das gespiegelte σ_0 ergibt. Die Mengen $f^{-1}\left(\left\{\begin{pmatrix}r\\ s\\ t\end{pmatrix}\right\}\right)$ haben demgemäß die Form: $\{\binom{x}{y}\}$ einelementig falls $\begin{pmatrix}r\\ s\\ t\end{pmatrix} = f\binom{x}{y}$ mit $0 < x < 2\pi$ bzw. $\{\binom{x}{y}, \binom{2\pi}{-y}\}$ falls $\begin{pmatrix}r\\ s\\ t\end{pmatrix} = f\binom{x}{y}$ mit $x = 0$.

In X/f hat man also den topologischen Raum, der durch „Verkleben" zweier gegenüberliegender Rechteckseiten über Kreuz entsteht. Man nennt X/f das **Möbiusband**, denn f(X) hat diese Form und mit 6.6 bzw. 11.6 kann man zeigen, daß X/f mit f(X) homöomorph ist.

e) Der Topologe verzichtet natürlich auf die Angabe so eines f, gibt nur die erzeugte Äquivalenzrelation an und sagt alles Wesentliche durch die Zeichnung:

Möbiusband := $[0, 1]^2/R$,

wobei R durch die Identifikation von a mit $-a$ entsteht:

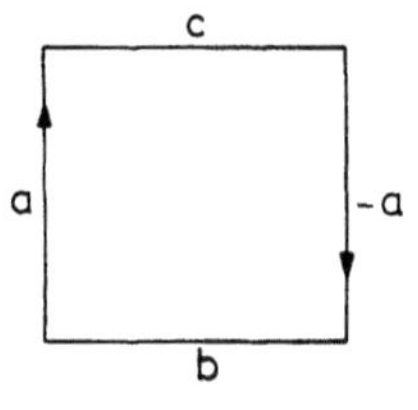

Die Identifikation, die hier durch die Zeichnung angegeben ist, sieht nun so aus: Man betrachte $A \subset [0,1]^2$ mit $A := \{0\} \times [0,1]$ und $f: A \to [0,1]^2$, $f(0,t) := (1, 1-t)$, dann ist das Möbiusband $= [0,1]^2/f$. (Man überlege sich, daß die Konstruktion von Beispiel (d) ein zum hier konstruierten homöomorphes Möbiusband liefert, wobei man das Theorem 6.6 benutze!)

6.5 *Theorem:* Trägt X die finale Topologie bzgl. der $g_j: X_j \to X$ und ist $g: X \to Y$ eine Abbildung in einen topologischen Raum, so gilt: g ist genau dann stetig, wenn es alle $g \circ g_j$ sind.

Beweis: Da alle g_j stetig sind, ist $g \circ g_j$ stetig, sobald g stetig ist. Ist nun jedes $g \circ g_j$ stetig und $O' \underset{\circ}{\subseteq} Y$, so müssen wir zeigen, daß $g^{-1}(O') \underset{\circ}{\subseteq} X$ gilt. Nun ist für $j \in J$ $g_j^{-1}(g^{-1}(O')) = (g \circ g_j)^{-1}(O') \underset{\circ}{\subseteq} X_j$ und daher nach 6.1 $g^{-1}(O') \underset{\circ}{\subseteq} X$.

Korollar: Ist X ein topologischer Raum und sind $M_j (j \in J)$ Teilmengen, die X überdecken, d.h. $X \subset \bigcup M_j$, so ist ein $f: X \to Y$ stetig, wenn eine der folgenden Bedingungen gilt:

(a) Alle M_j sind offen in X und alle $f|M_j: M_j \to Y$ stetig.

(b) Alle M_j sind abgeschlossen, alle $f|M_j: M_j \to Y$ stetig und $\{M_j / j \in J\}$ ist lokalendlich, d.h. jedes $x \in X$ hat eine Umgebung, die nur endlich viele der M_j trifft.

Beweis: Wir brauchen nach 6.5 nur zu zeigen, daß X in den Fällen (a), (b) die finale Toplogie bzgl. der Inklusionen $I_j: M_j \hookrightarrow X$ trägt. Für den Fall (a) ist das nach 5.7(c) klar. Für den Fall (b) argumentieren wir so: Ist $A \bar{\subset} X$, so sind wegen der Stetigkeit der I_j (M_j ist topologischer Unterraum!) natürlich alle $I_j^{-1}(A) = A \cap M_j \bar{\subset} M_j$. Nach Konstruktion ist dann A abgeschlossen in der finalen Topologie auf X. Ist A in dieser Topologie abgeschlossen, so müssen nach Konstruktion dieser Topologie alle $A \cap M_j$ abgeschlossen in M_j sein. Nach 5.7(c) sind die $A \cap M_j$ auch abgeschlossen in X, denn die M_j sind es. Die $A \cap M_j$ bilden also ein lokalendliches System abgeschlossener Mengen in X. Nach 4.5 ist dann auch $A = \bigcup_j A \cap M_j$ abgeschlossen in X. Wir haben also gezeigt, daß X und $(X, \mathcal{X}_{\text{fin}})$ dieselben abgeschlossenen Mengen haben, d.h. X trägt schon die finale Topologie.

Dieses Korollar wird immer dann herangezogen, wenn man eine Abbildung stückweise konstruiert hat und ihre Stetigkeit bequem nachweisen möchte!

(Vgl. z.B. die in 4.3(f) als Beispiel konstruierte Funktion g.)

Es handelt sich vor allem bei Korollar (b) um ein häufig stillschweigend gebrauchtes Kriterium, man sollte sich bei stückweisen Konstruktionen immer zuerst daran erinnern!

6.6 *Theorem:* Jede Abbildung $f: X \to Y$ zwischen topologischen Räumen induziert genau eine Abbildung $\overline{f}: X/f \to Y$ mit $\overline{f} \circ \nu_f = f$. $\overline{f}$ ist injektiv.

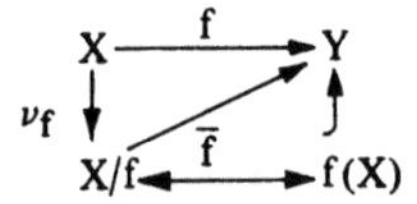

Ist f stetig, so ist es auch $\overline{f}$.
Ist f **offen**, d.h. f erhält offene Mengen, so ist $\overline{f}$ offen.
Ist f **abgeschlossen**, d.h. f erhält abgeschlossene Mengen, so ist $\overline{f}$ abgeschlossen.[1]
Ist f stetig, surjektiv und offen oder abgeschlossen, so ist $\overline{f}$ homöomorph.

Beweis: Die Elemente von X/f sind die Mengen der Form $f^{-1}(\{y\})$ $(y \in Y)$. Wegen $\overline{f} \circ \nu_f = f$ muß man notwendig $\overline{f}(f^{-1}(\{y\})) := y$ definieren. Damit ist $\overline{f}$ wegen $f^{-1}(Y) = X$ schon auf ganz $X/f = \nu_f(X)$ definiert, und es gilt $\overline{f} \circ \nu_f(x) = \overline{f}(f^{-1}(\{f(x)\})) = f(x)$ für alle $x \in X$. Natürlich ist $\overline{f}$ injektiv. Ist f stetig, so ist $\overline{f}$ ebenfalls stetig:

$$O'' \underset{\circ}{\subsetneq} Y \Rightarrow f^{-1}(O'') = (\overline{f} \circ \nu_f)^{-1}(O'') = \nu_f^{-1}(\overline{f}^{-1}(O'')) \underset{\circ}{\subsetneq} X \Rightarrow \overline{f}^{-1}(O'') \underset{\circ}{\subsetneq} X/f.$$

Ist f offen, so ist $\overline{f}$ ebenfalls offen:

$$O' \underset{\circ}{\subsetneq} X/f \Rightarrow \nu_f^{-1}(O') \underset{\circ}{\subsetneq} X \Rightarrow f(\nu_f^{-1}(O')) = \overline{f}(O') \underset{\circ}{\subsetneq} Y.$$

Ist f abgeschlossen, so ist es auch $\overline{f}$:

$$A' \,\overline{\subset}\, X/f \Rightarrow \nu_f^{-1}(A') \,\overline{\subset}\, X \Rightarrow f(\nu_f^{-1}(A')) = \overline{f}(A') \,\overline{\subset}\, Y.$$

Ist f surjektiv, so ist $\overline{f}$ bijektiv. Ist $\overline{f}$ überdies offen oder abgeschlossen, so ist $\overline{f}^{-1}$ nach 3.3(c) oder 4.6(b) stetig.

6.7 *Weitere Beispiele:*

a) Es gibt eine stetige Bijektion $\overline{\varphi}: B^2/S^1 \to S^2$, wobei $B^2 := \{x \in \mathbb{R}^2 / |x| \leq 1\}$ die Kreisscheibe ist: Sie $x_N := \begin{pmatrix} 0 \\ 0 \\ 1 \end{pmatrix}$ der Nordpol von S^2. Durch

$$f: S^2 \setminus \{x_N\} \to \mathbb{R}^2, \; x \mapsto \left(1 - \frac{1}{1 - x_3}\right) x_N + \frac{1}{1 - x_3} x$$

wird eine homöomorphe Abbildung gegeben.
Die Inverse lautet:

$$y \mapsto \left(1 - \frac{2}{|y|^2 + 1}\right) x_N + \frac{2}{|y|^2 + 1} y.$$

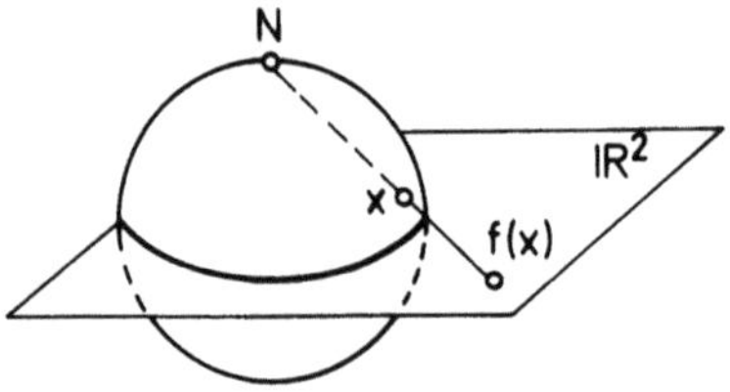

1) Dies ist in vielen wichtigen Fällen dadurch gegeben, daß f stetig, X quasikompakt (vgl. 11.6) und Y ein T_2-Raum ist (vgl. Abschnitt 9). In der Funktionalanalysis bezeichnet man als abgeschlossene Abbildungen diejenigen mit abgeschlossenem Graphen, man benutze den Begriff daher mit Vorsicht (vgl. Abschnitt 9, Aufg. 10).

Man nennt f die **stereographische Projektion.** Für $x \in \mathring{B}^2$, d. h. $|x| < 1$, setze man nun $\varphi(x) := f^{-1}\left(\frac{x}{1-|x|}\right)$, dann wird φ dort stetig mit $\varphi(\mathring{B}^2) = S^2 \setminus \{x_N\}$. (Der Strecke $\{t \cdot x / t \in]-1, 1[\}$ wird ein Meridian $\setminus \{x_N\}$ zugeordnet.) Überdies ist φ dort injektiv. Nun setze man $\varphi(S^1) := \{x_N\}$, dann ist $\varphi: B^2 \to S^2$ stetig, surjektiv und $B^2/\varphi = B^2/S^1$. Die Behauptung folgt nun aus 6.6. (S^2 entsteht aus der Kreisscheibe, wenn man ihren Rand S^1 zu einem Punkt zusammenklebt.)

b) Auf S^n erkläre man die folgende Äquivalenzrelation: $(x, y) \in R :\Longleftrightarrow x = \pm y$. Dann heißt $S^n/R =: \mathbb{P}^n$ der n-dimensionale **(reelle) projektive Raum.**

c) $L(0, 1)$ sei wie in 1.1(f) pseudometrisiert. Man definiert dort die folgende Äquivalenzrelation: $(x, y) \in R :\Longleftrightarrow d(x, y) = 0$. Dann induziert d mit $\bar{d}$ eine Metrik auf $L(0, 1)/R$. Gelegentlich nennt man auch den so metrisierten Quotientenraum den Raum der Lebesgue-integrierbaren reellen Funktionen über $[0, 1]$.

d) Im allgemeinen braucht eine Quotientenabbildung ν nicht offen zu sein. (Beispiel: Man betrachte $f: [0, 2\pi] \to S^1$, $t \mapsto \binom{\cos t}{\sin t}$, dann ist $]1, 2\pi]$ offen in $[0, 2\pi]$, aber $\nu_f^{-1}(\nu_f(]1, 2\pi])) =]1, 2\pi] \cup \{0\}$ nicht.) Ist jedoch H Untergruppe einer topologischen Gruppe G, so ist der Raum G/H aller Links- (oder Rechts-) Nebenklassen $x \circ H$ $(x \in G)$ so topologisiert, daß ν_H offen ist: Ist $O \subset G$, so ist $\nu^{-1}(\nu(O)) = \bigcup_{x \in O} x \circ H = O \circ H = \bigcup_{h \in H} O \circ h \overset{\circ}{\subset} G$, denn die Abbildungen $T_h: G \to \overset{\circ}{G}$, $x \mapsto x \circ h$ sind homöomorph und folglich alle $O \circ h \overset{\circ}{\subset} G$. Damit ist $\nu(O)$ offen in G/H. (Daß die T_h homöomorph sind, ergibt sich aus der Definition 5.8 und der Zerlegung $T_h = (\circ) \circ (j_h)$, wobei $j_h: G \to G \pi G$, $g \to (g, h)$ stetig ist. $T_h^{-1} = T_{h^{-1}}$.)

e) Für die Konstruktion eines **Zylinders** setze man $X := [0, 2\pi] \pi [-1, 1]$, $A := \{0\} \times [-1, 1]$ und $f: A \to X$, $(0, t) \mapsto (2\pi, t)$, dann ist X/f homöomorph zu $S^1 \pi [-1, 1]$. Für die Konstruktion der S^n kann man so verfahren: Man setzt $X := B^n = \{x \in \mathbb{R}^n / |x| \leqslant 1\}$, $A := S^{n-1} \subset X$, $M := \{m_0\}$ mit $m_0 \notin \mathring{B}^n$ (warum?) und $f: A \to M$, $a \mapsto m_0$, dann ist X/f homöomorph zur S^n (vgl. 6.7(a)). Für die Konstruktion von $\mathbb{P}^n$ (vgl. 6.7(b)) kann man so vorgehen: Sei $X := \{x \in S^n / x_{n+1} \geqslant 0\}$ die obere Hemisphäre, $A := S^{n-1} x \{0\} \subset S^n$ der Äquator, $M := A$ und $f: A \to M$, $a \mapsto -a$, dann ist S^n/f homöomorph zu $\mathbb{P}^n$.

Finale Konstruktionen bei top. Gruppen und Vektorräumen

6.8 *Bemerkungen:*

a) Bei finalen Konstruktionen mit topologischen Gruppen (bzw. Vektorräumen) und Homomorphismen (bzw. lin. Abbn.) erhält man nicht notwendig wieder topologische Gruppen (bzw. Vektorräume): Wir greifen Beispiel 6.4(b) auf. Die finale Topologie auf $\mathbb{R}^n$ bzgl. der Inklusionen $j_i: \mathbb{R}_i \hookrightarrow \mathbb{R}^n$ macht $(\mathbb{R}^n, +)$ nicht einmal zur topologischen Gruppe, wenn $n > 1$ ist. Setzt man nämlich

$$e_1 := \begin{pmatrix} -1 \\ 0 \\ \vdots \\ 0 \end{pmatrix}, \quad e_2 := \begin{pmatrix} 1 \\ 1 \\ 0 \\ \vdots \\ 0 \end{pmatrix} \text{ und } V := \bigcup_{1}^{n} \mathbb{R}_i \in \mathcal{U}(e_1 + e_2),$$

so ist $V = \{x \in \mathbb{R}^n / \text{ höchstens ein } x_i \neq 0\}$, und es gibt keine offenen Umgebungen U_i von e_i mit $U_1 + U_2 \subset V$. (Für solche U_i gäbe es notwendig $\epsilon \in \mathbb{R}_+$ mit

$$\begin{pmatrix} -1+\epsilon \\ 0 \\ \vdots \\ 0 \end{pmatrix} \in U_1 \quad \text{und} \quad \begin{pmatrix} 1 \\ 1+\epsilon \\ 0 \\ \vdots \\ 0 \end{pmatrix} \in U_2,$$

also $U_1 + U_2 \not\subset V$.)

b) Man könnte vermuten, daß (a) nur trägt, weil die Bilder der j_i den $\mathbb{R}^n$ nicht überdecken. Folgendes Gegenbeispiel ist weniger trivial: Wir gehen aus von den Räumen $\mathrm{Abb}_E(\mathbb{R}, \mathbb{R})$ der reellen Funktionen mit der folgenden Topologie: E sei endliche Teilmenge von $\mathbb{R}$, $\mathcal{U}_E(f) := \{U_{F,\epsilon}(g)/\epsilon \in \mathbb{R}_+$, F endl. $\subset \mathbb{R} \setminus E\}$ (vgl. 1.3(g)), dann ist jedes $\mathrm{Abb}_E(\mathbb{R}, \mathbb{R}) := (\mathrm{Abb}(\mathbb{R}, \mathbb{R}), \mathcal{U}_E)$ ein topologischer $\mathbb{R}$-Vektorraum. Sei nun $\mathcal{X}_{fin}$ die finale Topologie auf $\mathrm{Abb}(\mathbb{R}, \mathbb{R})$ bzgl. der natürlichen Inklusionen $j_E : \mathrm{Abb}_E(\mathbb{R}, \mathbb{R}) \to \mathrm{Abb}(\mathbb{R}, \mathbb{R})$. Wir wollen zeigen, daß die Addition bzgl. dieser Topologie nicht stetig in (0, 0) ist. Dazu geben wir $V := \{f / \text{ es gibt ein } t_f \in \mathbb{R} \text{ mit } |f(t_f)| < 1\} \in \mathcal{X}_{fin} \cap \mathcal{U}_{\mathcal{X}_{fin}}(0 + 0)$ vor. (V ist in jedem $\mathrm{Abb}_E(\mathbb{R}, \mathbb{R})$ Umgebung jedes seiner Punkte: Ist $f \in V$, so gibt es $t_f \in \mathbb{R}$ mit $\delta := |f(t_f)| < 1$. Setze nun $t_0 := t_f$, falls $t_f \notin E$, und $t_0 \in \mathbb{R} \setminus E$ sonst. Dann ist $U_{t_0, 1-\delta}(f) \subset V$, also $V \in \mathcal{U}_E(f)$.) Wäre nun + bzgl. $\mathcal{X}_{fin}$ stetig, so müßte es ein offenes $U \in \mathcal{U}_{\mathcal{X}_{fin}}(0)$ mit $U + U \subset V$ geben. Dieses U müßte dann zugleich auch offene Nullumgebung in $\mathrm{Abb}_\emptyset(\mathbb{R}, \mathbb{R})$ sein, es gäbe also E endl. $\subset \mathbb{R}$ und $\epsilon \in]0, 1[$ mit $U_{E,\epsilon}(0) \subset U$. Andererseits müßte U auch offene Nullumgebung in $\mathrm{Abb}_E(\mathbb{R}, \mathbb{R})$ sein, und es gäbe folglich F endl. $\subset \mathbb{R} \setminus E$ und $\delta \in]0, 1[$ mit $U_{F,\delta}(0) \subset V$. Nun setze man $g(E) := \{0\}$, $g(\mathbb{R} \setminus E) := \{100\}$, $h(F) := \{0\}$, $h(\mathbb{R} \setminus F) := \{100\}$, dann ist $(g, f) \in U \times U$, aber $U + U \ni g + f \notin V$. Es ist also $(\mathrm{Abb}(\mathbb{R}, \mathbb{R}), \mathcal{X}_{fin})$ nicht einmal eine topologische Gruppe.

c) In der Algebra bzw. Funktionalanalysis entgeht man den Schwierigkeiten mit den finalen Konstruktionen dadurch, daß man nicht die feinste Topologie sondern die feinste Gruppen- bzw. Vektorraumtopologie wählt, für die alle gegebenen Abbildungen stetig sind. Diese Topologien existieren, sind allerdings topologisch schwerer zu untersuchen, und vor allem gilt das wichtige Stetigkeitskriterium 6.5 dann nur noch für homomorphe bzw. lineare Abbildungen. In der Funktionalanalysis geht man meist noch einen Schritt weiter und wählt die feinste „lokalkonvexe" Vektorraumtopologie, weil man dann wenigstens genügend viele stetige Funktionale zur Verfügung hat, um den Raum zu untersuchen.[1])

Ein wesentliches positives Ergebnis ist allerdings zu verzeichnen:

6.9 Satz: Ist G eine topologische Gruppe (bzw. ein top. $\mathbb{K}$-Vektorraum) und $H \subset G$ ein Normalteiler (bzw. ein lin. Unterraum), dann ist G/H mit der Quotiententopologie wieder eine top. Gruppe (bzw. ein top. $\mathbb{K}$-Vektorr.).

Beweis: Ist H ein Normalteiler, so wird bekanntlich auf $G/H := \{g \circ H / g \in G\}$ durch $(g \circ H) \circ (g' \circ H) := (g \circ g') \circ H$ wieder eine Gruppenstruktur erklärt. Wir wollen zeigen, daß diese Multiplikation (bzw. beim Vektorraum Addition) und $(\cdot)^{-1} : (g \circ H) \mapsto (g^{-1} \circ H)$ (bzw. beim Vektorraum $s : (\alpha, g + H) \mapsto \alpha g + H$) stetig sind.

---

1) Über die Beziehungen der verschiedenen Finalkonstruktionen vgl. z.B. *A. Wilansky:* Topics in Functional Analysis, Berlin, 1967. Es gibt dabei aber noch eine Reihe offener Fragen.

Nach 6.7(d) ist die Quotientenabbildung $\nu : G \to G/H$ ein offener und stetiger Homomorphismus (lineare Abbildung). Sind nun $x \circ H, y \circ H \in G/H$ und $\mathring{V} \in \mathcal{U}(x \circ y \circ H)$ gegeben, so gibt es $\mathring{U} \in \mathcal{U}_G(x), \mathring{U}' \in \mathcal{U}_G(y)$ mit $\mathring{U} \circ \mathring{U}' \subset \nu^{-1}(\mathring{V})$, d. h. $\nu(\mathring{U} \circ \mathring{U}') = \nu(\mathring{U}) \circ \nu(\mathring{U}') \subset \mathring{V}$. Da ν offen ist, ist $\nu(\mathring{U}) \times \nu(\mathring{U}') \in \mathcal{U}_{G/H \pi G/H}(x \circ H, y \circ H)$ mit $\circ(\nu(\mathring{U}) \times \nu \mathring{U}')) \subset \mathring{V}$. Damit ist $\circ$ stetig. Analog zeigt man die Stetigkeit von $(\cdot)^{-1}$ bzw. s.

Aufgaben:

1. Man gebe ein Beispiel für ein Teilmengensystem S eines topologischen Raumes X, das zwar überdeckt, wo aber X nicht die finale Topologie bzgl. der Inklusionen hat.
2. Man gebe zu 6.6 ein Beispiel einer surjektiven stetigen Abbildung $f : X \to Y$, für die $\overline{f}$ kein Homöomorphismus ist.
3. Ist $f : X \to Y$ surjektiv, stetig und offen, so trägt Y schon die finale Topologie bzgl. f. Man zeige, daß je zwei dieser Bedingungen nicht hinreichen.
4. Man zeige für das Beispiel 6.8(b): Die feinste Vektorraumtopologie auf $\mathrm{Abb}(\mathbb{R}, \mathbb{R})$, für die alle j_E stetig sind, ist indiskret.
5. Man beweise die in 6.4(c), (e) enthaltenen Aussagen.
6. Man beweise die in 6.7(e) enthaltenen Aussagen.

Weitere wichtige finale Konstruktionen (Verklebungen) werden in 15.15 bis 15.19 behandelt.

7. Gleichmäßige Strukturen

Zur Einführung lese man erst die Einleitung von Abschnitt 8!

Am Anfang unserer Diskussion haben wir schon darauf hingewiesen, daß pseudometrische Räume weit mehr Struktur tragen als für topologische Untersuchungen von Interesse ist. Auch topologische Gruppen und Vektorräume haben mehr Struktur, die diesmal aus der Verträglichkeit von algebraischer und topologischer Struktur herrührt:

7.1 **Satz:** Ist G eine topologische Gruppe und ist $g \in G$, so ist die **Linkstranslation** $T_g : G \to G, x \mapsto g \circ x$ ein Homöomorphismus. (Da topologische Vektorräume mit ihrer additiven Struktur topologische Gruppen sind, ist dann auch $T_g : x \mapsto g + x$ ein Homöomorphismus.)

Beweis: Es ist $T_g = (\circ) \circ j_g$, wobei $j_g : G \hookrightarrow G \pi G, x \mapsto (g, x)$ die Inklusion ist. Offenbar ist j_g stetig, und da die Gruppenmultiplikation $(\circ)$ stetig ist, ist es auch T_g. Dies gilt für beliebiges g, also auch für jedes g^{-1}. Nun ist aber $T_g \circ T_{g^{-1}} = T_{g^{-1}} \circ T_g = \mathrm{id}_G$, d. h. T_g ist Homöomorphismus.

Korollar: Ist G eine topologische Gruppe und ist $g \in G$, so ist $\mathcal{U}(g) = T_g(\mathcal{U}(e))$.

Die Umgebungen in einer topologischen Gruppe entstehen also durch Translation der Einheits-Umgebungen. *A. Weil*[1]) hat nun als Erster erkannt, daß sich die von *O. Schreier*[2]) eingeführten topologischen Gruppen in gewisser Hinsicht an die pseudometrischen Räume anschließen: Die Umgebungsfilter verschiedener Punkte sind gleichmäßig konstruiert. Aus diesem Grunde wird es auch in topologischen Gruppen möglich, einen *verallgemeinerten Entfernungsbegriff* zwischen je zwei Punkten zu definieren:

7.2 **Definition:** Ist X ein pseudometrischer Raum bzw. eine topologische Gruppe, so heißen $x, y \in X$ im ersten Fall **von der Ordnung** ϵ **benachbart,** wenn $d(x, y) \leqslant \epsilon$, und im zweiten Fall **von der Ordnung** $U \in \mathcal{U}(e)$ **benachbart,** wenn $x^{-1} \circ y \in U$ ist, d.h. $y \in x \circ U = T_x(U)$.

In beiden Fällen werden gewisse Relationen auf X definiert, deren Eigenschaften Weil besonders untersucht hat. Wir wollen uns mit diesen Untersuchungen hier nur soweit befassen, wie chrakteristische Techniken der Topologie berührt werden bzw. grundlegende Begriffe für Vollständigkeitsfragen (Abschnitt 8) zu schaffen sind. Zuvor erinnern wir noch an gewisse Sprechweisen für den Umgang mit Relationen:

Relationen R, S, T auf X sind Teilmengen von $X \times X$. Mit R^{-1} bezeichnet man die **inverse Relation** $\{(y, x) / (x, y) \in R\}$, mit $\Delta_X := \{(x, x) / x \in X\}$ die Gleichheitsrelation und mit $R \circ S := \{(x, z) / \text{es ex. } y \in X \text{ mit } (x, y) \in R, (y, z) \in S\}$ die **Verknüpfung,** die der Verknüpfung der (Graphen von) Abbildungen entspricht. Eine Relation R heißt **reflexiv,** wenn $\Delta_X \subset R$, sie heißt **symmetrisch,** wenn $R = R^{-1}$, und sie heißt **transitiv,** wenn $R \circ R \subset R$ gilt. Eine zugleich reflexive, symmetrische und transitive Relation heißt **Äquivalenzrelation.** Ist R eine Relation auf X, so ist $R_s := R \cap R^{-1}$ symmetrisch. Ist R reflexiv, so auch R_s.

7.3 **Definition** (*Weil*): Eine **Uniformität** oder ein **Nachbarschaftsfilter** auf der Menge X ist ein Filter $\mathcal{N} \in \mathrm{IF}(X \times X)$ von Relationen auf X, der den folgenden Bedingungen genügt:

(N 1) Jedes $N \in \mathcal{N}$ ist reflexiv.

(N 2) Mit N ist auch $N^{-1} \in \mathcal{N}$ (d.h. $\mathcal{N}$ hat Basis aus symmetrischen N_s).

(N 3) Zu jedem $N \in \mathcal{N}$ gibt es $N' \in \mathcal{N}$ mit $N' \circ N' \subset N$.

Ist ein Raum X mit einer Uniformität $\mathcal{N}$ versehen, so heißt X bzw. (in Zweifelsfällen) $(X, \mathcal{N})$ **uniformer Raum.** Die Elemente N von $\mathcal{N}$ heißen **Nachbarschaften,** und für $(x, y) \in N$ sagt man, x sei zu y **von der Ordnung** N **benachbart.**

Formal besagt die Bedingung (N 3), daß es in $N \in \mathcal{N}$ stets ein $N'' \in \mathcal{N}$ von der Form $N'' = N' \circ N'$ gibt, denn wegen (N 1) ist $N' \subset N' \circ N'$, also $N'' \in \mathcal{N}$. Zusammen mit (N 2) ergibt sich: $\mathcal{N}$ hat eine Basis aus reflexiven, symmetr. N der Form $N = N' \circ N'$. Inhaltlich ist (N 3) eine Verallgemeinerung der Dreiecksungleichung der pseudometrischen Räume: In (M, d) definiert man $\mathcal{N}_d$ nach 7.2 durch

---

1) Actual. Sci. Ind., **551** (1937)

2) Abh. Math. Sem. Hamburg, **4** (1925)

folgende Filterbasis auf $M \times M$: $\mathcal{B}_d := \{N^d_\epsilon \,/\, \epsilon \in \mathbb{R}_+\}$ mit $N^d_\epsilon := \{(x, y) \in M \times M \,/\, d(x, y) \leqslant \epsilon\}$. Wegen $N^d_{\frac{\epsilon}{2}} \circ N^d_{\frac{\epsilon}{2}} \subset N^d_\epsilon$ erfüllt $\mathcal{N}_d$ das Axiom (N 3). (Ist $(x, z) \in N^d_{\frac{\epsilon}{2}} \circ N^d_{\frac{\epsilon}{2}}$, so gibt es also y mit $d(x, y) \leqslant \frac{\epsilon}{2}$ und $d(y, z) \leqslant \frac{\epsilon}{2}$, daher ist $d(x, z) \leqslant d(x, y) + d(y, z) \leqslant \epsilon$, d. h. $(x, z) \in N^d_\epsilon$.) Die restlichen Axiome von 7.3 sind für $\mathcal{N}_d$ trivialerweise erfüllt, daher nennt man $\mathcal{N}_d$ die **Uniformität des pseudometrischen Raumes** (M, d). Bevor wir die Uniformität einer top. Gruppe angeben und weitere Beispiele analysieren, stellen wir noch die Beziehung zur Topologie her:

7.4 **Satz und Definition**: Auf jedem uniformen Raum $(X, \mathcal{N})$ wird durch $\mathcal{U}_\mathcal{N}(x) := \{U_N(x) \,/\, N \in \mathcal{N}\}$ mit $U_N(x) := \{y \,/\, (x, y) \in N\}$ eine Umgebungsstruktur und damit eine Topologie $\mathcal{T}_\mathcal{N}$ gegeben. Sie heißt die **Topologie des uniformen Raumes.**

Ist $\mathcal{N} = \mathcal{N}_d$ die Uniformität eines pseudometrischen Raumes, so stimmen $\mathcal{T}_{\mathcal{N}_d}$ und die pseudometrische Topologie überein.

Beweis: $\mathcal{U}_\mathcal{N}(x)$ ist Filter auf X: Für $N \in \mathcal{N}$ ist $\Delta_X \subset N$, also $x \in U_N(x)$ und folglich $\emptyset \notin \mathcal{U}_\mathcal{N}(x)$. (Zugleich haben wir schon das (U 1) aus der Def. 1.3 nachgewiesen.) Da $\mathcal{N}$ nicht leer ist, ist auch $\mathcal{U}_\mathcal{N}(x)$ nicht leer. Die Durchschnitts- und Obermengeneigenschaft der Filter überträgt sich von $\mathcal{N}$ auf $\mathcal{U}_\mathcal{N}(x)$.

$\mathcal{U}_\mathcal{N}(x)$ erfüllt 1.3(U 2): Es sei $U_N(x) \in \mathcal{U}_\mathcal{N}(x)$ gegeben. Wir wählen N' nach (N 3) und betrachten $V := U_{N'}(x)$. Für $v \in V$ ist $U_N(x)$ Umgebung, denn

$$w \in U_{N'}(v) \Rightarrow (v, w) \in N'$$

und

$$(x, v) \in N' \Rightarrow (x, w) \in N' \circ N' \subset N \Rightarrow w \in U_N(x),$$

d. h. $U_{N'}(v) \subset U_N(x)$. Daher ist $U^\circ_N(x)$ als Obermenge von V Umgebung von x. Im Fall des pseudometrischen Raumes hat $\mathcal{U}_{\mathcal{N}_d}(x)$ eine Basis von Mengen der Form $U_{N^d_\epsilon}(x) = B_\epsilon(x)$. Dieselbe Basis liefert auch die pseudometrische Umgebungsstruktur.

7.5 *Beispiele:*

a) Wir haben gesehen, daß jeder pseudometrische Raum durch seine Uniformität in der Weise zum uniformen Raum wird, daß die pseudometrische Topologie und die auf dem Umweg über die uniforme Struktur erklärte Topologie übereinstimmen. Es kann übrigens durchaus noch ander Uniformitäten auf (M, d) geben, die die pseudometrische Topologie erzeugen:

   Wir betrachten $(\mathbb{R}, |\cdot|)$ und definieren die neue Metrik $d'(x, y) := |\arctan x - \arctan y|$. Sie erzeugt dieselbe Topologie, wie man sich überzeuge, liefert aber eine andere Uniformität, wie wir in 8.2(d) sehen werden.

b) Ein topologischer Raum heißt **(pseudo-)metrisierbar** bzw. **uniformisierbar**, wenn seine Topologie von einer (Pseudo-)Metrik bzw. Uniformität erzeugt werden kann. Das Beispiel in (a) zeigt, daß eine solche (Pseudo-)Metrik bzw. Uniformität keineswegs eindeutig bestimmt zu sein braucht, sie ist also keine topologische Invariante. Topologisch invariant ist aber die Möglichkeit einer (Pseudo-)Metrisierung bzw. Uniformisierung, d. h. die (Pseudo-)Metrisierbarkeit wie die Uniformisierbarkeit sind topologische Invarianten.

c) Jede topologische Gruppe ist uniformisierbar: Die (Links-)**Uniformität** $\mathcal{N}_G$ **einer topologischen Gruppe** G wird wie folgt definiert: $\mathcal{B}_G := \{N_U \,/\, U \in \mathcal{U}_G(e)\}$, wobei e die Einheit der Gruppe ist (im Fall des Vektorraumes: e = 0) und $N_U := \{(x, y) / y \in x \cdot U\}$ (vgl. 7.2). Wegen $N_{U' \cap U''} \subset \subset N_{U'} \cap N_{U''}$ sieht man leicht, daß $\mathcal{B}_G$ eine Filterbais aus relexiven Relationen auf G liefert. Nun sei $\mathcal{N}_G$ der davon erzeugte Filter auf G × G. Für $N_U \in \mathcal{B}_G$ ist

$$N_U^{-1} = \{(y, x) / y \in x \cdot U\} = \{(y, x) / x^{-1} \cdot y \in U\} = \{(y, x) / y^{-1} \cdot x \in U^{-1}\} = N_{U^{-1}},$$

und wegen der Homöomorphie von $(\cdot)^{-1} : G \to G$ ist $U^{-1} \in \mathcal{U}_G(e)$, d. h. $N_U^{-1} = N_{U^{-1}} \in \mathcal{B}_G$. Damit erfüllt $\mathcal{N}_G$ die Bedingung (N 2). Um (N 3) zu zeigen, wählen wir zu $N_U \in \mathcal{B}_G$ $U', U'' \in \mathcal{U}(e)$ mit $U' \cdot U'' \subset U$ (Stetigkeit der Multiplikation in (e, e)) und setzen $V := U' \cap U''$, Nun ist $N_V \circ N_V \subset N_U$, denn zu $(x, z) \in N_V \circ N_V$ gibt es y mit $x^{-1} \cdot y, y^{-1} \cdot z \in V$, also $(x^{-1} \cdot y) \cdot (y^{-1} \cdot z) \in VV \subset U$, d. h. $(x, z) \in N_U$ und $N_V \circ N_V \subset N_U$.

Nun müssen wir noch zeigen, daß $\mathcal{T}_{\mathcal{N}_G}$ gerade die Ausgangstopologie von G ist. Wegen 7.1 brauchen wir nur zu zeigen, daß $\mathcal{U}_{\mathcal{N}_G}(x)$ bis auf Translation gleich $\mathcal{U}_G(e)$ ist. Nun ist $\mathcal{B}_x := \{U_{N_V}(x) / V \in \mathcal{U}_G(e)\}$ eine Basis von $\mathcal{U}_{\mathcal{N}_G}(x)$, wobei

$$U_{N_V}(x) = \{y / (x, y) \in N_V\} = \{y / x^{-1} \cdot y \in V\} = T_x(V),$$

d. h.

$$\mathcal{U}_{\mathcal{N}_G}(x) = T_x(\mathcal{U}_G(e)) = \mathcal{U}_G(x).$$

d) Wieder zeigt das Beispiel in (a), daß die Topologie einer topologischen Gruppe i. a. auf verschiedene Weise uniformisiert werden kann. *Wenn wir von der Uniformität einer topologischen Gruppe (topologischer Vektorraum) sprechen, so meinen wir stets die in* (c) *definierte.* Natürlich kann man analog auch eine Rechts-Uniformität definieren. Beide stimmen in kommutativen Gruppen und Vektorräumen überein.

e) Jede Äquivalenzrelation A auf einer Menge X definiert vermöge $\mathcal{N} := \{N \subset X \times X / A \subset N\}$ eine Uniformität auf X. Ist speziell $A = \Delta_X$, so erzeugt $\mathcal{N}$ die diskrete Topologie, ist $A = X \times X$, so erzeugt $\mathcal{N}$ die indiskrete Topologie auf X. Beide Topologien sind also uniformisierbar, was natürlich auch daraus hervorgeht, daß sie pseudometrisierbar sind.

f) Für eine Primzahl p definiert man für jedes $n \in \mathbb{N}$ die Äquivalenzrelation $A_n := \{(z, z') / z \equiv z' \pmod{p^n}\}$ auf $\mathbb{Z}$. Der von der Basis $\{A_n / n \in \mathbb{N}\}$ erzeugte Nachbarschaftsfilter auf $\mathbb{Z}$ heißt die **p-adische uniforme Struktur** auf $\mathbb{Z}$.

g) Auf $\mathbb{Q}$ wird von der Filterbasis $\{N_n / n \in \mathbb{N}\}$ mit

$$N_n := \{(r, r') \in \mathbb{Q} \times \mathbb{Q} / \max(r - r', r' - r) \leqslant 1/n\}$$

eine Uniformität $\mathcal{N}_{\mathbb{Q}}$ erzeugt. (Offenbar ist dies die Uniformität, die man als Einschränkung von $\mathcal{N}_d$ auf $\mathbb{Q} \times \mathbb{Q}$ erhält, wobei d die natürliche Metrik auf $\mathbb{R}$ ist. Es ist jedoch wichtig, daß man $\mathbb{Q}$, auch ohne $\mathbb{R}$ zu kennen, uniformisieren kann; s. Abschnitt 8).

Das folgende Beispiel ergibt sich als direkte Verallgemeinerung der Uniformität eines pseudometrischen Raumes, ist aber für die Theorie der uniformen Räume besonders wichtig:

7.6 *Beispiel:* Es sei $\Gamma = \{d_i / i \in J\}$ eine Familie von Pseudometriken auf X. Die **zugehörige Uniformität** $\mathcal{N}_\Gamma$ auf X wird wie folgt konstruiert: Man setze

$$\mathcal{S} := \{N_\epsilon^i / i \in J, \epsilon \in \mathbb{R}_+\} \quad \text{mit} \quad N_\epsilon^i := \{(x, y) \in X \times X / d_i(x, y) \leqslant \epsilon\},$$

dann ist $\mathcal{S}$ noch keine Filterbasis, denn zu $i, j \in J$, $\epsilon, \eta \in \mathbb{R}_+$ braucht es kein $N_\delta^k \subset N_\epsilon^i \cap N_\eta^j$ zu geben. Daher **saturiert** man Γ zu Γ^*, indem man die Pseudometriken $d_E(x, y) := \max_{i \in E} d_i(x, y)$ hinzunimmt, wobei E endlich $\subset$ J ist. Es ist also $\Gamma^* = \{d_E / E \text{ endl.} \subset J\}$. (Man überzeugt sich leicht, daß die d_E Pseudometriken sind.)

Das analoge System

$$\mathcal{B} := \{N_\epsilon^E \,/\, E \text{ endl.} \subset J, \epsilon \in \mathbb{R}_+\} \quad \text{mit} \quad N_\epsilon^E := \{(x, y) \,/\, d_E(x, y) \leqslant \epsilon\}$$

ist nun eine Filterbasis auf X × X aus reflexiven und symmetrischen Relationen: Schließlich ist

$$N^{E' \cup E''}_{\min(\epsilon,\eta)/2} \circ N^{E' \cup E''}_{\min(\epsilon,\eta)/2} \subset N_\epsilon^{E'} \cap N_\eta^{E''}$$

und daher erzeugt $\mathcal{B}$ eine Uniformität $\mathcal{N}_\Gamma$ auf X.

Ist Γ *schon saturiert, d. h. gibt es zu* $n \in \mathbb{N}, d_1, \ldots, d_n \in \Gamma$ *stets* $d \in \Gamma$ *mit* $d_i \leqslant d (i = 1, \ldots, n)$, *so ist S schon Filterbasis von* $\mathcal{N}_d$.

Ist $\Gamma = \{d\}$ einelementig, so ist $\mathcal{N}_\Gamma = \mathcal{N}_d$.

Ist Γ^* ein beliebiges saturiertes System von Pseudometriken auf X, so hat $\mathcal{U}_{\mathcal{N}_{\Gamma^*}}(x)$ die Basis $\{B_\epsilon^E(x) \,/\, d_E \in \Gamma^*, \epsilon \in \mathbb{R}_+\}$, wobei $B_\epsilon^E(x)$ die ϵ-Kugel um x bzgl. der Pseudometrik d_E bezeichnet. Wählt man z. B. $X := \text{Abb}(M, \mathbb{R})$ und $d_t(f, g) := |f(t) - g(t)|$ für $t \in M$, so gibt $\Gamma := \{d_t / t \in M\}$ ein System von Pseudometriken auf X, wobei $\mathcal{T}_{\mathcal{N}_{\Gamma^*}}$ die Topologie der punktweisen Konvergenz auf X ist (vgl. 1.3(g)).

Wir wollen jetzt zeigen, daß dieses Beispiel sogar alle uniformen Räume liefert:

7.7 *Theorem:* Ist $(X, \mathcal{N})$ ein uniformer Raum, so gibt es ein System Γ von Pseudometriken auf X mit $\mathcal{N}_\Gamma = \mathcal{N}$. (Das heißt: Jeder uniforme Raum wird von Pseudometriken erzeugt.)

Beweis: Der Beweis ist nicht ganz einfach, zeigt aber eine wichtige Technik der Topologie zur Konstruktion stetiger Funktionen.

1. Schritt: Seien $N_0 := X \times X$, $N_1 \in \mathcal{N}$ symmetrisch und $N_n \in \mathcal{N}$ symm. so daß $N_n \circ N_n \circ N_n \subset N_{n-1}$ für alle $n \in \mathbb{N}$ gilt. Dann gibt es eine Pseudometrik d auf X mit

$$N_n \subset N^d_{\frac{1}{2^n}} \subset N_{n-1} \quad \text{und} \quad d < 1 \qquad \text{für alle} \quad n \subset \mathbb{N}.$$

Um d zu konstruieren, verschaffen wir uns erst ein $f: X \times X \to \mathbb{R}$ in der folgenden Weise: $f(x, y) := \frac{1}{2^n}$, falls $(x, y) \in N_n \setminus N_{n+1}$, und $f(x, y) := 0$, falls $(x, y) \in \bigcap_{i \in \mathbb{N}} N_i$.
Nach Vorraussetzung über die N_n haben wir stets $N_{n+1} \subset N_n$, und f ist überall wohldefiniert. Wegen der Symmetrie von N_n ist stets $f(x, y) = f(y, x)$. Wir definieren nun

$$d(x, y) := \inf \left\{ \sum_{i=1}^{n} f(x_{i-1}, x_i) \,/\, n \in \mathbb{N}, \; x_0 = x, x_n = y \; \text{und} \; x_i \in X \right\}.$$

(Man vergleiche mit $1.3(h_1)$!) Offenbar ist $d(x, x)$ stets gleich 0, und es gilt trivialerweise $d(x, y) \leqslant d(x, z) + d(y, z)$, d. h. d ist eine Pseudometrik auf X. Außerdem ist offenbar $d(x, y) < 1$ für alle $(x, y) \in X \times X$.

Wegen $d(x, y) \leqslant f(x, y)$ gilt für $(x, y) \in N_n$ stets $d(x, y) \leqslant \frac{1}{2^n}$ und folglich $N_n \subset N^d_{\frac{1}{2^n}}$. Es bleibt zu zeigen, daß $d(x, y) \leqslant \frac{1}{2^n} \Rightarrow (x, y) \in N_{n-1}$ gilt: Dazu behaupten wir zunächst, daß stets $f(x_0, x_n) \leqslant 2 \sum_1^n f(x_{i-1}, x_i)$ gilt (*). Ist nämlich (*) stets richtig, so ist stets $f(x, y) \leqslant 2\, d(x, y)$ und folglich ist mit $d(x, y) \leqslant \frac{1}{2^n}$ $f(x, y) \leqslant \frac{1}{2^{n-1}}$, also $(x, y) \in N_{n-1}$. Wir zeigen nun (*) induktiv über n: Für n = 0 ist (*) richtig. Sie sei für n bewiesen, dann setze man $\alpha := \sum_1^{n+1} f(x_{i-1}, x_i)$. Ist $\alpha = 0$, so sind alle $(x_{i-1}, x_i) \in \bigcap N_j$, also $(x_0, x_{n+1}) \in \bigcap N_j$ und damit $f(x_0, x_{n+1}) = 0 \leqslant 2\alpha$. Sei nun $\alpha \neq 0$ und m die größte Zahl mit $\sum_1^m f(x_{i-1}, x_i) \leqslant \frac{\alpha}{2}$. Dann ist auch $\sum_{m+2}^{n+1} f(x_{i-1}, x_i) \leqslant \frac{\alpha}{2}$ und nach Induktionsvoraussetzung $f(x_0, x_m) \leqslant \alpha$, $f(x_{m+1}, x_{n+1}) \leqslant \alpha$. Außerdem ist nach Definition von α $f(x_m, x_{m+1}) \leqslant \alpha$. Ist $r \in \mathbb{N}$ die kleinste Zahl mit $\frac{1}{2^r} \leqslant \alpha$, so gehören also $(x_0, x_m), (x_m, x_{m+1}), (x_{m+1}, x_{n+1})$ zu N_r und (wegen $N_r \circ N_r \circ N_r \subset N_{r-1}$) (x_0, x_{n+1}) zu N_{r-1}, d. h. $f(x_0, x_{n+1}) \leqslant \frac{1}{2^{r-1}} \leqslant 2\alpha$. Damit ist (*) auch für n + 1 richtig.

2. *Schritt:* Für $N \in \mathcal{N}$ kann man mittels (N 3) und dem 1. Schritt eine Pseudometrik d_N konstruieren: Man setze $N_0 := X \times X$, $N_1 := N \cap N^{-1}$ und wähle $N_i \in \mathcal{N}$ symmetrisch mit $N_i \circ N_i \circ N_i \subset N_{i-1}$ (für i > 1), dann existiert so ein d_N mit $d_N < 1$ und $N_i \subset N^{d_N}_{\frac{1}{2^i}} \subset N_{i-1}$ (alle $i \in \mathbb{N}$). Man setze $\Gamma := \{d_N \,/\, N \in \mathcal{N}\}$.

3. *Schritt:* $\mathcal{N}_\Gamma = \mathcal{N}$: Für $N \in \mathcal{N}$ ist $N^{d_N}_{\frac{1}{2}} \subset N$, also $N \in \mathcal{N}_\Gamma$ und $\mathcal{N} \subset \mathcal{N}_\Gamma$. Für $N^{d_M}_\epsilon \in \mathcal{N}_\Gamma$ sei $\frac{1}{2^n} < \epsilon$, dann ist $M_n \subset N^{d_M}_{\frac{1}{2^n}} \subset N^{d_n}_\epsilon$, also $N^{d_M}_\epsilon \in \mathcal{N}$ und $\mathcal{N}_\Gamma \subset \mathcal{N}$. Damit ist das Theorem bewiesen.

Für Abschnitt 8 brauchen wir noch die Aussage, daß jeder uniforme Raum bis auf uniforme Isomorphie Unterraum eines (uniformen) Produkts von pseudometrischen Räumen ist. Analog zu Abschnitt 5 kann man initiale Uniformitäten definieren. (Es gibt auch finale, sie erzeugen aber i. a. nicht die finale Topologie, wir wollen sie daher nicht betrachten.)

7.8 **Definition:** Es seien X, Y uniforme Räume und $f: X \to Y$ eine Abbildung.

(a) f heißt **gleichmäßig stetig**, wenn es zu jedem $N' \in \mathcal{N}_X$ ein $N \in \mathcal{N}_X$ mit $(f \times f)(N) := \{(f(x), f(y)) \,/\, (x, y) \in N\} \subset N'$ gibt. (Von der Ord. N benachbarte Punkte werden auf von den Ordnung N' benachbarte Punkte abgebildet.)

(b) f heißt **uniform-isomorph**, wenn f bijektiv, f und f^{-1} gleichmäßig stetig sind. Gibt es so ein f zwischen X und Y, so heißen X, Y uniform-isomorph.

(c) Eine **uniforme Invariante** ist eine Aussage, deren Wahrheitsgehalt für einen uniformen Raum X sich auf alle ihm uniform-isomorphen Räume überträgt.

Beispiele:

a) id_X und Kompositionen glm. stetiger Abbildungen sind gleichmäßig stetig.

b) Sind (M, d), (M', d') pseudometrische Räume und $f: M \to M'$ ein Abbildung, so ist f genau dann gleichmäßig stetig, wenn es zu jedem $\epsilon \in \mathbb{R}_+$ ein $\delta \in \mathbb{R}_+$ mit $(f \times f)(N_\delta^d) \subset N_\epsilon^{d'}$ gibt, oder – was dasselbe sagt – wenn es zu ϵ ein δ gibt, so daß aus $d(x, y) \leqslant \delta$ stets $d'(f(x), f(y)) \leqslant \epsilon$ folgt. In dieser Form werden gleichmäßig stetige Abbildungen in der Analysis behandelt.

c) Jede gleichmäßige stetige Abbildung ist (bzgl. der erzeugten Topologien) stetig. Die Umkehrung ist i.a. falsch: z.B. $\exp: (\mathbb{R}, |\cdot|) \to (\mathbb{R}, |\cdot|)$.

d) Sind G, G' topologische Gruppen und $f: G \to G'$ ein stetiger Homomorphismus, so ist f gleichmäßig stetig: Ist $V \in \mathcal{U}_{G'}(e')$, so gibt es $U \in \mathcal{U}_G(e)$ mit $f(U) \subset V$. Nun ist $(f \times f)(N_U) \subset N_V$, denn für $(f(x), f(y)) \in (f \times f)(N_U)$ mit $(x, y) \in N_U$ ist $x^{-1}y \in U$, also $f(x^{-1}y) = f(x)^{-1}f(y) \in V$ und damit $(f(x), f(y)) \in N_V$. Da die N_V eine Basis von $\mathcal{N}_{G'}$ bilden, ist f gleichmäßig stetig.

e) Die Pseudometrik eines pseudometrischen Raumes (M, d) ist gleichmäßig stetig auf $(M \pi M, d')$, wenn

$$d'((x, y), (x', y')) := \max(d(x, x'), d(y, y'))$$

ist. Dies folgt sofort aus Beispiel (b) und der in 3.5(n) abgeleiteten Ungleichung

$$|d(x, y) - d(x', y')| \leqslant d(x, x') + d(y, y').$$

(Auf $\mathbb{R}$ nimmt man natürlich immer die Uniformität der natürlichen Betragsmetrik an.)

7.9 **Satz:** Sind X_i uniforme Räume, $X \neq \emptyset$ und $f_i: X \to X_i (i \in J)$ Abbildungen, dann gibt es auf X die kleinste Uniformität $\mathcal{N}_{ini}$, für die alle f_i gleichmäßig stetig werden. $\mathcal{N}_{ini}$ heißt **initiale Uniformität** bzgl. der f_i, für sie gelten überdies:

(a) $\mathcal{N}_{ini}$ erzeugt die initiale Topologie bzgl. der f_i und der uniformen Topologie auf den X_i.

(b) Eine Abbildung g eines uniformen Raumes W nach $(X, \mathcal{N}_{ini})$ ist genau dann gleichmäßig stetig, wenn es alle $f_i \circ g$ sind.

(c) Ist Γ ein System von Pseudometriken auf X, so ist $\mathcal{N}_\Gamma$ die initiale Uniformität bzgl. der Inklusionen $f_d: X \hookrightarrow (X, d)\ (d \in \Gamma)$.

Beweis: Es seien $\mathcal{N}_i$ die Uniformitäten von X_i und $\mathcal{B} := \{B \subset X \times X \,/\, \text{es gibt } E \text{ endl.} \subset J \text{ und } N_i \in \mathcal{N}_i \text{ für } i \in E \text{ mit } B = \bigcap_{i \in E} (f_i \times f_i)^{-1}(N_i)\}$. Offenbar muß jede Uniformität auf X, für die alle f_i stetig sind, das $\mathcal{B}$ und den davon erzeugten Filter $\mathcal{N}_{ini}$ umfassen. Daß $\mathcal{N}_{ini}$ ein Nachbarschaftsfilter ist, rechnet man leicht nach. Außerdem sind alle f_i bzgl. $\mathcal{N}_{ini}$ gleichmäßig stetig und daher nach Beispiel 7.8(c) stetig, d.h. die initiale Topologie $\mathcal{X}$ bzgl. der f_i ist gröber als $\mathcal{T}_{\mathcal{N}_{ini}}$. Sie ist zugleich aber auch feiner, denn ist $U_N(x) \in \mathcal{U}_{\mathcal{N}_{ini}}(x)$ mit $N = \bigcap_{i \in E} (f_i \times f_i)^{-1}(N_i)$, so setze man $V_i := U_{N_i}(f_i(x))$. Da alle f_i glm. stetig sind, ist $f_i^{-1}(V_i) \in \mathcal{U}_X(x)$. Setzt man $V := \bigcap f_i^{-1}(V_i)$, so ist $V \in \mathcal{U}_X(x)$ und für $v \in V$ ist $(f_i(x), f_i(v)) \in N_i$, also $(x, v) \in N$, d.h. $v \in U_N(x)$ und folglich $U_N(x) \in \mathcal{U}_X(x)$.

Damit ist auch (a) gezeigt. (b) zeigt man wie 5.5, und (c) folgt unmittelbar aus der Konstruktion von $\mathcal{B}$ und $\mathcal{N}_\Gamma$.

7.10 *Beispiele:*

a) Produkte uniformisierbarer Räume sind wieder uniformisierbar. Die Uniformität eines Produkts uniformer Räume ist natürlich die initiale Uniformität bzgl. der Projektionen.

b) Nach 5.9 sind im allgemeinen nur die höchstens abzählbaren Produkte pseudometrischer Räume wieder pseudometrisierbar. Die uniforme Struktur verhält sich also „anständiger" bei Produktbildungen als die metrische. Dennoch ist sie nicht sehr weit von der pseudometrischen Struktur entfernt:

c) *Jeder uniforme Raum X ist bis auf eine uniform-isomorphe Abbildung Unterraum eines Produkts pseudometrisierbarer uniformer Räume:*

Nach 7.7 ist die Uniformität N von X in der Form N_Γ darstellbar. Für $d \in \Gamma$ setzen wir $X_d := (X, N_d)$ und $(Y, M) := \prod_{d \in \Gamma} X_d$. Nun betrachten wir die Injektion $j : X \to Y$, die jedes x auf die konstante Familie $(x)_{d \in \Gamma}$ abbildet. Nach 7.9 hat M eine Basis aus Elementen der Form $B = \bigcap_{d \in E} (pr_d \times pr_d)^{-1} (N^d_{\epsilon_d})$ mit E endl. $\subset \Gamma$. Wegen

$$(pr_d \times pr_d)^{-1} (N^d_{\epsilon d}) \cap j(X) \times j(X) = \{((x)_\Gamma, (y)_\Gamma) \,/\, d(x, y) \leq \epsilon_d\} = (j \times j)(N^d_{\epsilon_d})$$

ist

$$B \cap (j(X) \times j(X)) = \bigcap_{d \in E} (j \times j)(N^d_{\epsilon_d}) = (j \times j)(\bigcap_{d \in E} N^d_{\epsilon_d})$$

und die Mengen in der letzten Klammer bilden eine Basis von $N = N_\Gamma$. Daher ist

$$j : (X, N) \to (j(X), M \cap (j(X) \times j(X))) = (j(X), M | j(X))$$

ein uniformer Isomorphismus.

In den uniformen Unterräumen der Produkte pseudometrischer Räume erhält man also alle uniformen Räume (bis auf uniforme Isomorphie), d. h. die uniformen Räume bilden die kleinste Klasse von Räumen, in der die pseudometrisierbaren Räume liegen und Produkte bzw. Unterräume beliebig bildbar sind. Wir notieren noch zwei Korollare zu den bisherigen Ergebnissen:

7.11 Satz: Ein uniformer Raum (X, N) ist genau dann pseudometrisierbar, wenn N eine abzählbare Filterbasis hat.

Beweis: Ist $N = N_d$ für eine geeignete Pseudometrik d, so hat N_d die abzählbare Basis $\{U^d_{\frac{1}{n}} \,/\, n \in \mathbb{N}\}$. Hat umgekehrt N die Basis $\{N^{(i)} \,/\, i \in \mathbb{N}\}$, so können wir in der Konstruktion von 7.7, 2. Beweisschritt von den $N^{(i)}$ ausgehen und erhalten damit $N = N_\Gamma$ für ein abzählbares Γ. Nach 7.10(c) ist (X, N_Γ) bis auf uniforme Isomorphie Unterraum eines abzählbaren Produkts pseudometrisierbarer Räume, das nach 7.10(b) pseudometrisierbar ist.

7.12 Satz: Eine topologische Gruppe G ist genau dann pseudometrisierbar, wenn sie das 1. Abzählbarkeitsaxiom erfüllt. Dies ist genau dann der Fall, wenn $U_G(e)$ eine abzählbare Basis hat.

Beweis: Dies folgt sofort aus 7.11 und der Konstruktion der Uniformität einer topologischen Gruppe.

8. Vollständigkeit

Warum betrachtet man uniforme Räume? Es sind vor allem zwei eng verbundene Gründe für dieses Interesse maßgebend. Zum einen kann man in uniformen Räumen gewisse, nicht allzu „temperamentvolle" *stetige Abbildungen* über ihren Definitionsbereich hinaus *fortsetzen.* Zum andern ist die *uniforme Invariante der Vollständigkeit* von großer Bedeutung vor allem für die Analysis. Das Fortsetzungsproblem für stetige Abbildungen führt bei näherer Betrachtung ziemlich zwangsläufig auf Vollständigkeitsforderungen. Dabei stellt sich ein entscheidendes Problem in der Weise, daß man – umgekehrt zur Situation in Abschnitt 1 – einer Folge oder einem Filter ansehen möchte, ob er konvergiert, obwohl man den Grenzwert nicht kennt. Es wird das bekannte Cauchy-Kriterium der Analysis sein, das hier in verallgemeinerter Form die zentrale Rolle spielt. (Wir werden die „Folgenvollständigkeit" von $\mathbb{R}$ nicht beweisen, denn es dürfte aus der Analysis hinreichend bekannt sein, daß in $\mathbb{R}$ jede Cauchy-Folge konvergiert.)

Zunächst wollen wir das Fortsetzungsproblem etwas näher studieren. Das Problem lautet: Es seien gegeben zwei topologische Räume X, Y, eine dichte Teilmenge D von X und ein stetiges $f: D \to Y$. Unter welchen zusätzlichen Voraussetzungen gibt es (mindestens) ein stetiges $F: X \to Y$ mit $F|D = f$?

Die Lösungsidee ist ziemlich einfach: Da D dicht in X ist, liefert für $x \in X \setminus D$ $\mathcal{U}(x) \cap D :=$ $= \{U \cap D \,/\, U \in \mathcal{U}(x)\}$ einen Filter auf D, der sehr kleine Mengen enthält. Wendet man nun f auf diesen Filter an, so kann man hoffen, daß der Bildfilter wiederum sehr kleine Mengen enthält und daher in Y konvergiert. Gibt es ein $y \in Y$, gegen das der Bildfilter konvergiert, so setze man $F(x) := y$.

Bevor man dieses Lösungsprogramm verwirklichen kann, muß man sich an Hand von Beispielen klarmachen, welche Voraussetzungen nötig sind. Dazu betrachten wir zwei Beispiele, in denen $X = [0, 1]$, $Y = \mathbb{R}$ und $D =]0, 1[$ ist. Im ersten Beispiel sei $g: D \to Y$ durch $t \mapsto \frac{1}{1-t}$ gegeben. Hier ist die Fortsetzung in den Punkt 1 stetig nicht möglich, weil g in der Nähe zu stark wächst. Im zweiten Beispiel sei $h: D \to Y$ durch $t \mapsto \sin 1/t$ gegeben. Hier ist die Fortsetzung in den Punkt 0 stetig unmöglich, weil h in der Nähe zu stark oszilliert. Es wird also nötig sein, f als nicht „zu temperamentvoll" vorauszusetzen – und das wollen wir durch „gleichmäßig stetig" übersetzen. (In diesem Fall sind natürlich X, Y als uniforme Räume und D als uniformer Unterraum von X vorauszusetzen, der in der uniformen Topologie von X dicht liegt.) Man stellt nun sehr leicht fest, daß unser $\mathcal{U}(x) \cap D$ einen Filter liefert, dessen Bild in Y konvergiert, sobald dort gewisse Filter mit sehr „kleinen" Mengen grundsätzlich konvergieren. Die Kleinheit solcher Mengen ist natürlich mit den Nachbarschaften zu messen, die ja als Verallgemeinerung der Abstandsmessung entwickelt wurden. Wir beginnen daher mit der Untersuchung solcher Filter:

8.1 **Definition:** Es sei $(X, \mathcal{N})$ ein uniformer Raum.

(a) Eine Folge $\varphi: \mathbb{N} \to (X, \mathcal{N})$ heißt **Cauchy-** oder kurz **C-Folge**, wenn es zu jedem $N \in \mathcal{N}$ ein Endstück E_n von φ gibt, dessen Elemente von der Ordnung N benachbart sind. (Das heißt $\mathcal{E}_\varphi \times \mathcal{E}_\varphi \supset \mathcal{N}$.)

(b) Ein Filter $\mathcal{F}$ auf X heißt **Cauchy-** oder kurz **C-Filter**, wenn $\mathcal{N} \subset \mathcal{F} \times \mathcal{F}$.

(c) $(X, \mathcal{N})$ heißt **folgenvollständig** bzw. **vollständig**, wenn jede C-Folge bzw. jeder C-Filter in $(X, \mathcal{N})$ konvergiert.

8.2 *Bemerkungen und Beispiele:*

a) Ist φ eine Folge in $(X, \mathcal{N})$, bei der es zu jedem $N \in \mathcal{N}$ ein $E_n := \{\varphi(m)/m \geqslant n\}$ gibt, dessen Punkte von der Ordnung N benachbart sind, so ist $E_n \times E_n \subset N$ und allgemein

$$\mathcal{E}_\varphi \times \mathcal{E}_\varphi = \{F \,/\, \text{es ex. } E_n, E_{n'} \text{ mit } E_n \times E_{n'} \subset F\} \supset \mathcal{N}.$$

Ist umgekehrt φ eine Folge mit $\mathcal{E}_\varphi \times \mathcal{E}_\varphi \supset \mathcal{N}$, so setze man für $E_n \times E_{n'} \subset N$ $n'' := \max(n, n')$, dann ist auch $E_{n''} \times E_{n''} \subset N$. Es ist also φ genau dann C-Folge, wenn der Endstückfilter ein Chauchy-Filter ist.

Daher ist jeder vollständige Raum auch folgenvollständig. Es gibt aber folgenvollständige uniforme Räume, die nicht vollständig sind: Als linearer Unterraum von $\mathrm{Abb}_{pw}(\mathbb{R}, \mathbb{R})$ ist $X := \{f \,/\, f(t) \neq 0$ nur für höchstens abzählbar viele $t \in \mathbb{R}\}$ ein topologischer $\mathbb{R}$-Vektorraum, also auch uniformer Raum. Außerdem ist X folgenvollständig, aber nicht vollständig (vgl.: 4.3(f), 5.11(d), 7.10(a) und 8.7).

b) Die obige Definition der C-Folge deckt sich mit der aus der Analysis geläufigen: Im pseudometrischen Raum (M, d) ist eine Folge φ genau dann C-Folge, wenn es zu jedem $\epsilon \in \mathbb{R}_+$ ein $n \in \mathbb{N}$ mit $E_n \times E_n \subset N_\epsilon$ gibt, d. h. $d(\varphi(m), \varphi(m')) \leqslant \epsilon$ für alle $m, m' \geqslant n$.

c) In einem uniformen Raum ist jeder konvergente (Endstück)-Filter ein Cauchy-Filter: Ist nämlich $\mathcal{F} \underset{\mathcal{T}_\mathcal{N}}{\longrightarrow} x$ und ist dann ein $N \in \mathcal{N}$ gegeben, so gibt es ein symmetrisches $M \in \mathcal{N}$ mit $M \circ M \subset N$ und ein $F \in \mathcal{F}$ mit $F \subset U_M(x) = \{y \,/\, (x, y) \in M\}$. Für $y, z \in F$ gelten daher $(x, y), (y, x), (x, z) \in M$ und folglich $(y, z) \in M \circ M \subset N$, d. h. $F \times F \subset N$.

d) **In der Analysis wird gezeigt, daß jede C-Folge in $\mathbb{R}$ konvergiert. Dieser Raum ist also folgenvollständig.** Man beachte jedoch, daß dabei die (Uniformität der) natürliche(n) Metrik $d(x, y) := |x - y|$ vorauszusetzen ist! Metrisiert man die natürliche Topologie nämlich wie in 7.5(a), so wird $(n)_{n \in \mathbb{N}}$ zur nicht-konvergenten C-Folge in $\mathbb{R}$.

(Folgen-) Vollständigkeit ist also keine topologische Invariante, sondern lediglich eine uniforme Invariante. (Letzteres ist trivial, vgl. 8.4)

Vor weiteren Beispielen verschaffen wir uns einige Hilfsmittel:

8.3 **Satz:** Ist $f: (X, \mathcal{M}) \to (Y, \mathcal{N})$ gleichmäßig stetig, so erhält f C-Folgen und C-Filter.

Beweis: Ist $\mathcal{F}$ ein C-(Endstück-)Filter auf X und $N \in \mathcal{N}$, so gibt es $M \in \mathcal{M}$ mit $(f \times f)(M) \subset N$ und $F \in \mathcal{F}$ mit $F \times F \subset M$, also $(f \times f)(F \times F) = f(F) \times f(F) \subset N$, d. h. $f(\mathcal{F})$ ist C-Filter.

Bemerkung: $\exp: \mathbb{R} \to \mathbb{R}$ erhält C-Filter, ist aber nicht gleichmäßig stetig!

8.4 *Korollar:* (Folgen-)Vollständigkeit ist eine uniforme Invariante.

8.5 **Satz:** Ein abgeschlossener uniformer Unterraum eines folgenvollständigen bzw. vollständigen Raumes ist folgenvollständig bzw. vollständig.

Beweis: Ist $(X, \mathcal{N})$ (folgen-)vollständig, $A \mathrel{\bar{\subset}} (X, \mathcal{T}_\mathcal{N})$ unf $\mathcal{F}$ C-Filter auf $(A, \mathcal{N}|A)$, so gibt es zu $N \in \mathcal{N}$ stets ein $F \in \mathcal{F}$ mit $F \times F \subset N \cap (A \times A) \subset N$, d. h. $[\mathcal{F}]_X$ ist auch C-Filter auf $(X, \mathcal{N})$. Konvergiert $[\mathcal{F}]_X$ gegen x, so muß $x \in A$ sein, denn andernfalls wären $X \setminus A$ offene Umgebung von x, $(X \setminus A) \in \mathcal{U}_X(x) \subset [\mathcal{F}]_X$, $A \in [\mathcal{F}]_X$ und damit $\emptyset = A \cap (X \setminus A) \in [\mathcal{F}]_X$. Wegen $x \in A$ und 5.7(c) gilt $\mathcal{F} \underset{A}{\to} x$.

Bemerkung: Kann ein Filter in $(X, \mathcal{N})$ gegen mehrere Punkte konvergieren, so braucht die Umkehrung von 8.5 nicht zu gelten (Vgl. auch 8.2(a)).

8.6 **Satz:** Ist $(X, \mathcal{N})$ uniformer Raum und hat $\mathcal{N}$ eine abzählbare Basis, so ist $(X, \mathcal{N})$ genau dann vollständig, wenn der Raum folgenvollständig ist. (Speziell fallen die Begriffe also in (pseudo-)metrischen Räumen zusammen!)

Beweis: Wegen 8.2(a) brauchen wir nur noch zu zeigen, daß $(X, \mathcal{N})$ vollständig ist, sobald der Raum folgenvollständig ist und $\mathcal{N}$ eine Basis $\mathcal{B}' = \{N_i' / i \in \mathbb{N}\}$ hat. Zunächst setze man für $n \in \mathbb{N}$ $N_n := \bigcap_{i=1}^{n} N_i'$, dann ist $\mathcal{B} := \{N_n / n \in \mathbb{N}\}$ eine sich monoton verengende Basis von $\mathcal{N}$. Nun sei $\mathcal{F}$ ein C-Filter in $(X, \mathcal{N})$. Für $n \in \mathbb{N}$ wähle man $\varphi(n) \in F_n$, wobei $F_n \in \mathcal{F}$ mit $F_n \times F_n \subset N_n$ ist. Dann ist φ eine Cauchy-Folge und damit gegen ein $x \in X$ konvergent. Wir behaupten, daß auch $\mathcal{F} \underset{x}{\to} x$ gilt. Da $\mathcal{U}(x)$ eine Basis der Form $\{U_{N_n}(x) / n \in \mathbb{N}\}$ hat, reicht zu zeigen, daß für $n \in \mathbb{N}$ stets $U_{N_n}(x) \in \mathcal{F}$ ist. Sei nun n gegeben, dann gibt es $m \in \mathbb{N}$ mit $N_m \circ N_m \subset N_n$ und $\varphi(m') \in U_{N_m}(x)$ für ein $m' \geqslant m$. Für ein $y \in F_{m'}$ gelten dann: $(x, \varphi(m')) \in N_m$, $(\varphi(m'), y) \in F_{m'} \times F_{m'} \subset N_{m'} \subset N_m$ und folglich $(x, y) \in N_m \circ N_m \subset N_n$, d.h. $F_{m'} \subset U_{N_n}(x)$.

8.7 **Satz:** Ein Produkt uniformer Räume ist genau dann (folgen-)vollständig, wenn es die Faktoren sind.

Beweis: Nach Konstruktion des Produkts uniformer Räume sind die Projektionen gleichmäßig stetig, erhalten also nach 8.3 C-Filter. Ist daher $\mathcal{F}$ ein (Endstück-)C-Filter auf ΠX_j und sind alle X_j (folgen-)vollständig, so konvergieren die $pr_j(\mathcal{F})$ gegen Punkte $x_j \in X_j$. Setzt man nun $x := (x_j)_{j \in J}$, so konvergiert $\mathcal{F}$ im Produkt gegen diesen Punkt (vgl. 5.6).

Ist umgekehrt $\mathcal{F}_i$ ein C-(Endstück-)Filter auf X_i und ist ΠX_j (folgen-)vollständig, so wähle man aus jedem X_j einen Punkt x_{0j} und setze für $F \in \mathcal{F}_i$ $\hat{F} := \times F_j$ mit $F_i := F$ und $F_j := \{x_{0j}\}$ für $j \neq i$. Dann erzeugt $\{\hat{F} / F \in \mathcal{F}\}$ einen Filter $\hat{\mathcal{F}}$ auf ΠX_j und $\hat{\mathcal{F}}$ ist C-(Endstück-)Filter, also konvergent gegen ein $x \in \Pi X_j$. Wegen $pr_i(\hat{\mathcal{F}}) = \mathcal{F}_i$ und der gleichmäßigen Stetigkeit der Projektionen ist $\mathcal{F}_i \underset{x_i}{\to} pr_i(x)$.

8.8 *Weitere Beispiele:*

a) $\mathrm{Abb}_{ggl}(M, \mathbb{R})$ ist folgenvollständig und daher nach 8.6 vollständig: Ist $(f_n)_{n \in \mathbb{N}}$ C-Folge in diesem Raum, so sind für alle $t \in M$ die $(f_n(t))_{n \in \mathbb{N}}$ C-Folgen in $\mathbb{R}$, also gegen jeweils ein $f(t)$ konvergent. Wir behaupten, daß auch (f_n) in Abb_{ggl} gegen f konvergiert. Ist nämlich $\epsilon \in \mathbb{R}_+$ gegeben, so wähle man n_0 so groß, daß für $m, n \geqslant n_0$ stets $d(f_m, f_n) < \frac{\epsilon}{2}$ ist. Für beliebiges $t \in \mathbb{R}$ gibt es dann ein genügend großes $m \geqslant n_0$ mit $|f_m(t) - f(t)| < \frac{\epsilon}{2}$. Dafür ist dann

$$|f(t) - f_n(t)| \leqslant |f(t) - f_m(t)| + |f_m(t) - f_n(t)| < \epsilon.$$

Daher ist das Endstück $\{f_n / n \geqslant n_0\}$ in $B_\epsilon(f)$ enthalten.

b) $B(M, \mathbb{R})$ mit der Metrik von 5.11(f) trägt die uniforme Struktur als Unterraum von $Abb_{ggl}(M, \mathbb{R})$ und ist nach Beispiel 4.3(g) abgeschlossen: Ist nämlich (f_n) eine Folge durch $\beta_n \in \mathbb{R}_+$ beschränkter Funktionen, die in Abb_{ggl} gegen ein f konvergiert, so gibt es ein n_0, so daß für $n \geq n_0$ stets $d(f_n, f_{n_0}) \leq 1$ und damit $d(f, f_{n_0}) \leq 1$ und schließlich $|f| \leq \beta_{n_0} + 1$ ist. Nach 8.5 und obigem Beispiel (a) ist $(B(M, \mathbb{R}), d_{sup})$ vollständig.

c) $Abb_{pw}(M, \mathbb{R})$ trägt als topologischer Vektorraum dieselbe Uniformität wie als uniformes Produkt $\prod_{i \in M} \mathbb{R}$ und ist nach 8.7 vollständig.

d) Als weitere Beispiele werden wir in Abschnitt 11 die kompakten Räume kennenlernen.

Wir kommen jetzt auf

Wir kommen jetzt auf unser Fortsetzungsproblem zurück:

8.9 *Theorem:* Sind X, Y uniforme Räume, A dichter (uniformer) Unterraum von X und $f: A \to Y$ gleichmäßig stetig, so gilt:

Ist Y vollständig, so gibt es mindestens eine gleichmäßig stetige Fortsetzung $F: X \to Y$ mit $F|A = f$.

Beweis: Der Beweis zerfällt naturgemäß in zwei Abschnitte: (a) Konstruktion von F bzw. (b) Nachweis der glm. Stetigkeit.

a) Seien $x \in X \setminus A$ und $\mathcal{F}_x := \{U \cap A \,/\, U \in \mathcal{U}_X(x)\}$, dann ist $\mathcal{F}_x$ ein C-Filter auf A. Für $U \in \mathcal{U}(x)$ ist nämlich $U \cap A \neq \emptyset$ (A dicht!), und für $N \cap (A \times A) \in \mathcal{N}_A = \mathcal{N}_X|A$ gibt es wegen 8.2(c) ein $U \in \mathcal{U}(x)$ mit $U \times U \subset N$, also auch $(U \times U) \cap (A \times A) \subset N \cap (A \times A)$, d.h. $(U \cap A) \times (U \cap A) \subset N \cap (A \times A)$. Da f gleichmäßig stetig ist, wird $f(\mathcal{F}_x)$ ein C-Filter, also gegen mindestens ein y_x konvergent. Man setze $F(x) := y_x$ für $x \in X \setminus A$ und $F(x) := f(x)$ für $x \in A$, dann ist jedenfalls $F|A = f$.

b) Wir zeigen jetzt, daß F gleichmäßig stetig ist: Es sei $N \in \mathcal{N}_Y$ gegeben. Man wähle nun ein symmetrisches $N_1 \in \mathcal{N}_Y$ mit $N_1 \circ N_1 \circ N_1 \subset N$, ein $M \in \mathcal{N}_X$ mit $(f \times f)(M \cap A \times A) \subset N_1$ und ein symmetrisches M_1 mit $M_1 \circ M_1 \circ M_1 \subset M$. Wir behaupten nun, daß $(F \times F)(M_1) \subset N$ ist. Dazu seien $(b, c) \in M_1$ gegeben. Wegen $f(\mathcal{F}_b) \underset{Y}{\to} F(b)$ gibt es zu $U_{N_1}(F(b))$ ein $M_2 \in \mathcal{N}_X$ mit $f(U_{M_2}(b) \cap A) \subset U_{N_1}(F(b))$.

Sei nun $a_b \in U_{M_2}(b) \cap U_{M_1}(b) \cap A$ ($\neq \emptyset$, weil b Berührpunkt von A), dann ist $f(a_b) \in U_{N_1}(F(b))$ und $a_b \in U_{M_1}(b)$, d.h. $(F(b), f(a_b)) \in N_1$ und $(b, a_b) \in M_1$. Analog konstruiert man ein $a_c \in A$ mit $(F(c), f(a_c)) \in N_1$ und $(c, a_c) \in M_1$. Wegen $(b, c) \in M_1$ und der Symmetrie dieser Menge ist dann

$$(a_b, a_c) = (a_b, b) \circ (b, c) \circ (c, a_c) \in M_1 \circ M_1 \circ M_1 \subset M$$

und daher

$$(f(a_b), f(a_c)) \in N_1.$$

Wegen der Symmetrie von N_1 ist dann auch

$$(F(b), F(c)) = F(b), f(a_b)) \circ f(a_b), f(a_c)) \circ (f(a_c), F(c)) \in N_1 \circ N_1 \circ N_1 \subset N.$$

Es gilt also $(F \times F)(M_1) \subset N$. Damit ist F gleichmäßig stetig.

Bemerkung: Wann F eindeutig bestimmt ist, klären wir in Abschnitt 9.

8.10 *Beispiele:*

a) *Das Winkelmaß:* Im Anschluß an 3.6 haben wir an eine Möglichkeit crinnert, dic trigomometrischen Funktionen analytisch zu konstruieren. Wir skizzieren jetzt einen etwas mehr geometrischen Zugang. Dazu gehen wir davon aus, daß die Länge konvexer Bögen in $\mathbb{R}^2$ als Supremum der Längen aller einbeschriebenen konvexen Polygonzüge definiert ist, wobei ein konvexer Bogen (bzw. Polygonzug) bis auf ein Intervall Rand einer beschränkten und konvexen Menge in $\mathbb{R}^2$ (bzw. eines Polygons) ist. Man setze insbesondere $2\pi :=$ Länge von S^1. Es gilt dann folgender Satz:

Es gibt eine gleichmäßig stetige Abbildung $\Omega : \mathbb{R} \to \mathbb{R}^2$ mit $\Omega(0) = \binom{1}{0}$, $\Omega\left(\frac{\pi}{2}\right) = \binom{0}{1}$ und $|s - t| = \widehat{\Omega(s), \Omega}(t)$ (= Länge des kürzeren Verbindungsbogens auf S^1) für $|t - s| \leqslant \pi$. Zur Konstruktion von Ω geht man von den Mengen $A_n := \left\{\frac{m}{2^n} 2\pi \,/\, 0 \leqslant m \leqslant 2^n\right\}$ bzw. $A := \bigcup\limits_{n \in \mathbb{N}} A_n$ aus, wobei A dicht in $[0, 2\pi]$ mit der natürlichen Metrik liegt. Man konstruiert auf A induktiv ein gleichmäßig stetiges $f : A \to S^1$. Für A_1 setzt man $f(0) := f(2\pi) := \binom{1}{0}$ und $f(\pi) := \binom{-1}{0}$, dann erfüllt f auf A_1 aus Symmetriegründen die Behauptung.

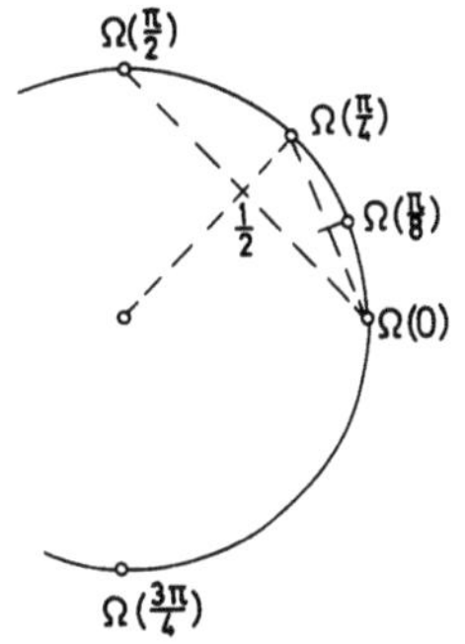

Für A_2 braucht man f nur noch für ungerades m zu definieren. Wieder muß man aus Symmetriegründen $f\left(\frac{\pi}{2}\right) := \binom{0}{1}$ und $f\left(\frac{3\pi}{2}\right) := \binom{0}{-1}$ setzen, damit f auf A_2 längentreu wird. Fährt man so fort bis zur Konstruktion von f auf A_n, so braucht man f im $n + 1$. Schritt wieder nur für ungerades m neu zu definieren. Ist also m ungerade zwischen 0 und 2^{n+1}, so ist für $a := \frac{m-1}{2^{n+1}}$ bzw. $b := \frac{m+1}{2^{n+1}}$ $f(a)$ und $f(b)$ schon konstruiert, und f ist auf A_n längentreu.

Um nun auch f auf A_{n+1} längentreu zu belassen, muß man offenbar $f\left(\frac{m}{2^{n+1}}\right)$ als Halbierungspunkt des Bogens $(f(a), f(b))$ definieren. Dazu halbiert man zunächst die Strecke $[f(a), f(b)]$ und projiziert den Mittelpunkt von 0 auf S^1, d. h. $f\left(\frac{m}{2^{n+1}}\right) := \frac{f(a) + f(b)}{|f(a) + f(b)|}$ halbiert aus Symmetriegründen den Bogen zwischen $f(a)$ und $f(b)$. So erhält man auch f auf A_{n+1} längentreu. Nach dem Prinzip der vollständigen Induktion ist $f : A \to S^1$ in dem Sinne als längentreu konstruiert, daß für $s, t \in A$ mit $|s - t| \leqslant \pi$ $\widehat{f(s), f}(t) = |s - t|$ ist. Außerdem ist $f(0) = \binom{1}{0}$, $f\left(\frac{\pi}{2}\right) = \binom{0}{1}$ und $|f(s) - f(t)| \leqslant |s - t|$ für $|s - t| \leqslant \pi$, denn $[f(s), f(t)]$ (= Verbindungsstrecke) ist ein dem Bogen einbeschriebener konvexer Polygonzug. f ist also gleichmäßig stetig, und es existiert nach 8.9 eine gleichmäßig stetige Fortsetzung $F : [0, 2\pi] \to S^1$. Wegen der Additivität der Bogenlänge und auf Grund einfacher Stetigkeitsüberlegungen wird die periodische Fortsetzung von F zu $\Omega : \mathbb{R} \to S^1$ eine Funktion mit den gewünschten Eigenschaften. (Tatsächlich ist Ω eindeutig bestimmt vgl. Abschnitt 9).

b) *Das Cauchy-Integral:* In 1.3(h_1) haben wir die Definition des Riemann-Integrals wiederholt. Dieses Integral hat den Nachteil, daß man eine brauchbare Charakterisierung der integrierbaren Funktion erst mit Maßbetrachtungen erhält und daß schon der Nachweis von Linearität und Intervalladditivität recht mühsam ist. Für die Zwecke der elementaren Analysis beschränkt man sich daher häufig auf einen spezielleren Integralbegriff, den wir hier skizzieren wollen:

Man geht aus von Treppenfunktionen auf dem Intervall $[a, b]$. ($T: [a, b] \to \mathbb{R}$ heißt Treppenfunktion, wenn es $n \in \mathbb{N}$ und $a = a_0 < a_1 < \ldots < a_n = b$ mit $T|]a_{i-1}, a_i[= \text{const}$ gibt – „Zerlegung in Konstanz-Intervalle".) Mit $\mathrm{Trf}(a, b)$ möge der lineare Unterraum der Treppenfunktion in $(B([a, b], \mathbb{R}), d_{sup})$ bezeichnet werden. Nach 5.11(c) ist $\mathrm{Trf}(a, b)$ ein topologischer $\mathbb{R}$-Vektorraum, und nach 7.5(c) ist $\mathrm{Trf}(a, b)$ ein uniformer Raum. Man mache sich klar, daß die Uniformität als Vektorraum dieselbe ist wie als metrischer Unterraum. Die Abbildung

$$j: \mathrm{Trf}(a, b) \to \mathbb{R}, T \mapsto \sum_{i=1}^{n} T\left(\frac{a_{i-1} + a_i}{2}\right) \cdot (a_i - a_{i-1})$$

(Zerl. in Konstanz-Intervalle) ist trivialerweise linear und stetig, also nach 7.8(d) gleichmäßig stetig.

Es gibt also eine gleichmäßig stetige Fortsetzung $\int_a^b : \overline{\mathrm{Trf}(a, b)}^B \to \mathbb{R}$, ein sogenanntes Cauchy-Integral. (In Abschnitt 9 werden wir sehen, daß es nur eine Fortsetzung dieser Art gibt.) Nun kann man die Funktionen aus $\overline{\mathrm{Trf}(a, b)}^B$ leicht charakterisieren: *Eine beschränkte Funktion liegt genau dann darin, wenn sie monotone Folgen aus* $[a, b]$ *in konvergente überführt.* (Diese Funktionen heißen **Regelfunktionen.** Zusatz: Regelfunktion haben höchstens abzählbar viele Unstetigkeitsstellen, was sich aus der Approximierbarkeit durch eine Folge von Treppenfunktionen ergibt. Vgl. Beweis 4.8(a)!) Wir wollen die Charakterisierung der Regelfunktion als Grenzwerte von Folgen von Treppenfunktionen jetzt nachweisen:

(b_1) Es sei $f = \lim_{n \in N} T_n$ in $B([a, b], \mathbb{R})$ bzgl. d_{sup}, und es sei eine monotone Folge (t_i) aus $[a, b]$ gegeben. Dann konvergiert diese Folge gegen genau ein $t \in [a, b]$. (Ist die Folge wachsend, so ist t ihr Supremum usw.) Nun überführen Treppenfunktionen monotone Folgen offenbar in stationäre, man kann also zu $\epsilon \in \mathbb{R}_+$ $i_0, n_0 \in \mathbb{N}$ finden, so daß $d_{sup}(f, T_{n_0}) \leq \frac{\epsilon}{4}$ und für $i, j \geq i_0$ stets

$$|T_{n_0}(t_i) - T_{n_0}(t_j)| \leq \frac{\epsilon}{2}$$

gelten. Für $i, j \geq i_0$ ist dann

$$|f(t_i) - f(t_j)| \leq |f(t_i) - T_{n_0}(t_i)| + |T_{n_0}(t_i) - T_{n_0}(t_j)| + |T_{n_0}(t_j) - f(t_j)| \leq \frac{\epsilon}{4} + \frac{\epsilon}{2} + \frac{\epsilon}{4} \leq \epsilon,$$

daher ist die Bildfolge unter f eine Cauchy-Folge und damit konvergent.

(b_2) Ist nun umgekehrt f eine Regelfunktion, so gibt es zu $\epsilon \in \mathbb{R}_+$ und $t \in]a, b[$ stets Intervalle I_t, J_t der Form $I_t = [t - \delta_t, t[$, $J_t =]t, t + \delta_t] \subset [a, b]$ mit $\delta_t \in \mathbb{R}_+$ und $|f(s) - f(s')| \leq \epsilon$ für $s, s' \in I_t$ bzw. $s, s' \in J_t$. (Dies sieht man leicht indirekt ein, vgl. den Beweis von 3.5) Sei nun $X := \{t \in [a, b] \,/\, \text{es gibt } E \text{ endl.} \subset [a, b], \text{ so daß sich } [a, t] \setminus E \text{ durch endlich viele } I_s \text{ oder } J_s \text{ überdecken läßt}\}$. Wir behaupten, X sei gleich $[a, b]$. Zunächst ist $a \in X$, denn es gibt ein J_a der obigen Form. Damit ist $[a, a + \delta_a] \subset X$ und $t_0 := \inf([a, b] \setminus X) > a$. Ist nun $t_0 < b$, so betrachte man I_{t_0} und J_{t_0}. Da es ein $s \in X \cap J_{t_0}$ geben muß, ist

$$[a, s] \cup I_{t_0} \cup \{t_0\} \cup J_{t_0} = [a, t_0 + \delta_{t_0}] \subset X,$$

was nach Definition von t_0 nicht sein kann. Daher muß $t_0 = b$, $X = [a, b]$ sein. Es gibt also

$$E = \{a_i \,/\, i = 0, \ldots, n, a_{i-1} < a_i, a_0 = a, a_n = b\} \subset [a, b],$$

so daß $[a, b] \setminus E$ von endlich vielen I_s, J_s überdeckt wird. Wir nehmen an, E enthielte schon die Endpunkte dieser I_s, J_s. Dann ist für $s, s' \in]a_{i-1}, a_i[$ $|f(s) - f(s')| \leq \epsilon$. Wir definieren nun

$T(x) := f\left(\frac{a_{i-1} + a_i}{2}\right)$ für $x \in]a_{i-1}, a_i[$ und $T(a_i) := f(a_i)$, dann ist $T \in \mathrm{Trf}(a, b)$ mit

$d_{sup}(f, T) \leqslant \epsilon$. Da man zu jedem $\epsilon \in \mathbb{R}_+$ ein solches T finden kann, ist f Berührpunkt von Trf(a, b).

Bemerkung: Jede Regelfunktion ist auch Riemann-integrierbar und hat dasselbe Cauchy- wie Riemann-Integral. Man sieht an der Charakterisierung der C-integrierbaren Funktion auch sofort, daß stetige Funktionen und monotone Funktionen integrierbar sind. Die Funktion h aus 3.5(g) ist offenbar nicht Cauchy-integrierbar, aber Riemann-integrierbar, man hat also einen etwas engeren Integralbegriff gewonnen. Dafür übertragen sich die wesentlichen Integraleigenschaften leicht von der Treppenfunktionen.

8.11 *Lemma:* Jeder pseudometrische bzw. metrische Raum läßt sich durch eine injektive Isometrie in einen vollständigen pseudometrischen bzw. metrischen Raum abbilden, ist also insbesondere uniform-isomorph zu einem dichten Teilraum eines vollständigen Raumes. (Man bilde den Abschluß des Bildes unter der Isometrie im Bildraum.)

Beweis: Nach 5.4(h) gibt es zum pseudometrischen Raum (M, d) eine Isometrie $j: M \to B(M, \mathbb{R})$, und der letztere Raum ist nach 8.8(b) vollständig. Ist d eine Metrik, so ist j injektiv, denn

$$j(x) = j(y) \Rightarrow 0 = d_{sup}(j(x), j(y)) = d(x, y) \Rightarrow x = y.$$

Ist d nur eine Pseudometrik, so müssen wir anders vorgehen: M wird durch $\overline{j(M)}$ so ergänzt, daß j injektiv werden kann.

Wir betrachten die Isometrie $j: M \to B(M, \mathbb{R})$. Nach 8.5 ist $B' := \overline{j(M)}^B$ ein vollständiger metrischer Raum. Als Menge setzen wir $M' := M \cup B'$ und als Pseudometrik auf M' definieren wir

$d'(x, y) := d_{sup}(j(m), j(m'))$ falls $x \in \{m, j(m)\}, y \in \{m', j(m')\}$ für ein $m, m' \in M$ ist,

$d'(x, f) = d'(f, x) := d_{sup}(j(m), f)$ falls $x \in \{m, j(m)\}, f \in B' \setminus j(M)$ für ein $m \in M$ und

$d'(f, g) := d_{sup}(f, g)$, falls $f, g \in B' \setminus j(M)$

ist. Schließlich setzen wir $j': M \to M', m \mapsto m$ fest. Offenbar ist j' injektive Isometrie, sobald d' als Pseudometrik erkannt ist. Für $d'(x, x)$ erhält man in jedem Fall den Wert null, wenn $x \in M'$ ist. Sind nun $x, y, z \in M'$ mit $x \in \{f\} \cup j^{-1}(\{f\}), y \in \{g\} \cup j^{-1}(\{g\})$, $z \in \{h\} \cup j^{-1}(\{h\})$, so ist $d'(x, y) = d_{sup}(f, g) \leqslant d_{sup}(f, h) + d_{sup}(g, h) = d'(x, z) + d'(y, z)$. Also ist d' eine Pseudometrik auf M'. Um die Vollständigkeit von (M', d') zu zeigen, reicht es nach 8.6 aus, die Konvergenz von C-Folgen zu beweisen. Ist $(x_i)_{i \in \mathbb{N}}$ C-Folge in (M', d') mit $x_i \in \{f_i\} \cup j^{-1}(\{f_i\})$ für je ein $f_i \in B'$, so ist $d'(x_i, x_j) = d_{sup}(f_i, f_j)$, und die (f_i) bilden eine C-Folge in B', die gegen ein $f \in B'$ konvergiert, d. h. $d_{sup}(f_i, f) = d'(x_i, f)$ ist Nullfolge, und (x_i) konvergiert gegen f.

Bemerkung: Dieser bequeme Beweis benutzt natürlich schon die Vollständigkeit von $\mathbb{R}$. Will man $\mathbb{R}$ aus $\mathbb{Q}$ durch „Vervollständigung" gewinnen, so kann man Dedekindsche Schnitte hinzufügen oder nach Beispiel 7.5(g) C-Folgen auf $\mathbb{Q}$ betrachten und gewisse Äquivalenzklassen dieser C-Folgen zu $\mathbb{Q}$ hinzufügen. Dann muß man natürlich auch die Körperstruktur und die totale Anordnung (Archimedizität) von $\mathbb{Q}$ auf $\mathbb{R}$ übertragen, was ziemlich langwierig ist. (Die Dedekindsche Konstruktion findet man in O. Perron: Irrationalzahlen; die C-Folgen-Konstruktion nach Cantor findet man z. B. in

Hewitt/Stromberg: Real und Abstract Analysis.)[1] Die C-Folgen-Konstruktion läßt sich für Filter verallgemeinern, man kann auch so den folgenden Satz beweisen.[2])

8.12 *Theorem:* Jeder uniforme Raum ist uniform-isomorph zu einem dichten Teil eines vollständigen uniformen Raumes.

Beweis: Sei X ein uniformer Raum. Nach 7.10(c) gibt es einen uniformen Isomorphismus $f: X \to Y'$, wobei Y' Unterraum eines Produkts $Y = \prod_{j \in J} (M_j, d_j)$ pseudometrischer Räume ist. Nach 8.11 gibt es für jedes $j \in J$ eine injektive Isometrie $g_j : (M_j, d_j) \to (M_j', d_j')$ in einen vollständigen pseudometrischen Raum. Seien $Z := \prod_{j \in J} (M_j', d_j'), g: Y \to Z$, $(m_j)_J \mapsto (g_j(m_j))_J$ und $X' := \overline{g \circ f(X)}^Z$. Dann ist X' nach 8.7 und 8.5 vollständig. Außerdem ist $g|Y' : Y' \to g(Y')$ ein uniformer Isomorphismus, denn N_Y, bzw. $N_{g(Y')}$ haben nach dem Beweis zu 7.9 Basen aus Nachbarschaften der Form

$$B = \bigcap_{j \in E} (pr_j \times pr_j)^{-1}(N_\epsilon^{d_j}) \cap (Y' \times Y') = \{((y_j)_J, (y_j')_J) \in Y' \times Y' \,/\, d_i(y_i, y_i') \leqslant \epsilon \text{ für } i \in E\}$$

bzw.

$$B' = \bigcap_{j \in E} \ldots = \{((z_j)_J, (z_j')_J) \in g(Y') \times g(Y') \,/\, d_i'(z_i, z_i') \leqslant \epsilon \text{ für } i \in E\} = (g \times g)(B).$$

Schließlich ist $g(Y') = g \circ f(X)$ dicht in X' und $(g|Y') \circ f$ als Komposition uniformer Isomorphismen ein uniformer Isomorphismus. Damit ist 8.12 bewiesen.

Bemerkung: In den praktischen Fällen liegt „die“ **Vervollständigung** X' eines uniformen Raumes X bis auf uniforme Isomorphie eindeutig fest. Wir werden das in Abschnitt 9 sehen (vgl. 9.9).

Hier geben wir zum Abschluß noch zwei wichtige Anwendungen der Vollständigkeit in metrischen Räumen:

8.13 *Theorem* (*R. Baire*): Ist X ein vollständig (pseudo-)metrisierbarer topologischer Raum und sind $O_i (i \in \mathbb{N})$ offen und dicht in X, so ist $\bigcap_{i \in \mathbb{N}} O_i$ dicht in X.

Beweis: Sei d eine vollständige Pseudometrik auf X, die die Topologie von X liefert. Sind dann $x \in X$, $U \in \mathcal{U}(x)$, dann ist $\overset{\circ}{U} \cap O_1 \neq \emptyset$, denn x ist Berührpunkt von O_1. Es gibt also $y_1 \in B_{\epsilon_1}(y_1) \subset \overset{\circ}{U} \cap O_1$ mit $0 < \epsilon_1 \leqslant 1$. Nun berührt y_1 das O_2, es gibt also $y_2 \in B_{\epsilon_2}(y_2) \subset B^0_{\epsilon_1}(y_1) \cap O_2$ mit $0 < \epsilon_2 \leqslant \frac{1}{2}$. Analog erhält man $y_n \in B_{\epsilon_n}(y_n) \subset$ $\subset B^0_{n-1}(y_{n-1}) \cap O_n$ mit $0 < \epsilon_n \leqslant \frac{1}{n}$ und $B^0_{\epsilon_n}(y_n) \subset B^0_{\epsilon_i}(y_i) \cap O_i \cap U$ für alle $i \leqslant n$. Nach dem Prinzip der vollständigen Induktion erhält man eine C-Folge $(y_i)_{i \in \mathbb{N}}$, die gegen ein $y \in X$ konvergieren muß. Offenbar muß $y \in \bigcap_i B_{\epsilon_i}(y_i) \cap U \subset \bigcap_i O_i \cap U$ sein. Da U beliebige Umgebung von x war, ist x Berührpunkt von $\bigcap_i O_i$, und das gilt für jedes $x \in X$.

---

1) Eine Übersicht über verschiedene Formulierungen der Vollständigkeit von $\mathbb{R}$ findet man bei *H. G. Steiner*, Math.-physik. Sember. **13** (1966)

2) vgl. z. B. *Schubert* [3]

8.14 *Korollar:* Ein vollständig (pseudo-)metrisierbarer topologischer Raum $X \neq \emptyset$ ist von 2. Kategorie, d. h. nicht als abzählbare Vereinigung nirgends dichter Mengen darstellbar.

Beweis: Es sei $X = \bigcup_{i \in \mathbb{N}} A_i = \bigcup_{i \in \mathbb{N}} \overline{A}_i$. Sind die A_i nirgends dicht, d. h. $\overline{A}_i^0 = \emptyset$, so sind die $X \setminus \overline{A}_i$ offen und dicht in X (vgl. 4.4(e)). Nach 8.13 ist dann $\bigcap_{i \in \mathbb{N}} (X \setminus \overline{A}_i) = X \setminus \bigcup \overline{A}_i = X \setminus X = \emptyset$ dicht in X, was wegen $\emptyset = \overline{\emptyset} \neq X$ nicht sein kann.

8.15 *Korollar:* In einem vollständig (pseudo-)metrisierbaren Raum $X \neq \emptyset$ ist das Komplement einer mageren Menge (= von 1. Kategorie) dicht.

Beweis: Ist $A = \bigcup_{i \in \mathbb{N}} A_i$ mit $\overline{A}_i^0 = \emptyset$, so ist $X \setminus \overline{A}_i$ nach 4.4(e) offen und dicht, also $\bigcap (X \setminus \overline{A}_i) = X \setminus \bigcup \overline{A}_i \subset X \setminus A$ dicht in X,

Anwendungen:

a) Ist $(f_n)_{n \in \mathbb{N}}$ eine punktweise konvergente Folge stetiger reeller Funktionen auf einem vollständig pseudometrisierbaren Raum X, so hat die Grenzfunktion eine dichte Menge von Stetigkeitsstellen. (4.8)

b) Die Dirichlet-Funktion $f: \mathbb{R} \to \mathbb{R}$, $f(t) = 1$ für $t \in \mathbb{Q}$, $f(t) = 0$ für $t \notin \mathbb{Q}$ ist also nicht punktweiser Limes einer Folge stetiger reeller Funktionen. Es gibt auch kein $g: \mathbb{R} \to \mathbb{R}$ mit $\text{Unst}(g) = \mathbb{R} \setminus \mathbb{Q}$, denn $\mathbb{Q}$ ist dicht und mager in $\mathbb{R}$. Wäre nun auch $\mathbb{R} \setminus \mathbb{Q}$ mager, so wäre nach 8.15 $\mathbb{Q} \cup (\mathbb{R} \setminus \mathbb{Q})$ mager mit dichtem Komplement in $\mathbb{R}$.

c) Ist $f: \mathbb{R} \to \mathbb{R}$ differenzierbar, so ist f' auf einer dichten Menge stetig, denn es ist f' punktweiser Limes von $(g_n) := \left(\frac{f(\cdot + 1/n) - f(\cdot)}{1/n}\right)$, und das sind stetige Funktionen.

d) Der Raum $BC(I, \mathbb{R}) := \{f: I \to \mathbb{R} / f \text{ stetig und beschränkt}\}$ ist abgeschlosener und darum vollständiger metrischer Unterraum von $B(I, \mathbb{R})$ (vgl. 3.6), wobei $I := [0, 1]$. Für $n \in \mathbb{N}$ sein $C_n := \left\{ f \in BC \middle/ \left| \frac{f(t+h) - f(t)}{h} \right| \leq n \text{ für ein } t \text{ und alle } h \in \mathbb{R} \text{ mit } t + h \in I \right\}$. Man kann zeigen (vgl. *Singer/Thorpe* [5]), daß C_n in BC nirgends dicht ist. Daher ist $BC(I, \mathbb{R}) \setminus \bigcup_{n \in \mathbb{N}} C_n$ dicht in $BC(I, \mathbb{R})$, d. h. eine dichte Teilmenge dieses Raumes besteht aus Funktionen, die stetig und nirgends differenzierbar sind.

e) In der Funktionalanalysis werden zwei der wichtigsten Sätze mit Hilfe von 8.13 bewiesen: Der Banachsche Umkehrsatz (= „open mapping theorem“) und der Satz von Banach-Steinhaus. Wir gehen darauf hier nicht ein, und erwähnen nur noch das zweite wichtige Theorem über vollständige metrische Räume:

8.16 *Fixpunktsatz von S. Banach:* Ist M ein vollständiger metrischer Raum und $f: M \to M$ kontrahierend, d. h. es gibt $q < 1$ mit $d(f(x), f(y)) \leq q \cdot d(x, y)$ für alle $x, y \in M$, dann hat f genau einen Fixpunkt.

Man beachte: Es muß $f(M) \subset M$ sein!

Beweis: Sei $x_0 \in M$ gewählt, dann setze man für $i \geq 1$ $x_i := f(x_{i-1})$. Wir behaupten $(x_i)_{i \in \mathbb{N}}$ ist C-Folge in M: Es ist nämlich

$$d(x_{i+m}, x_i) = d(f(x_{i+m-1}), f(x_{i-1})) = d(f^i(x_m), f^i(x_0)) \leq q^i \cdot d(x_m, x_0) \quad \text{für} \quad i, m \geq 0.$$

Setzt man $d(x_1, x_0) := a$, so erhält man

$$d(x_{i+m}, x_i) \leqslant d(x_{i+m}, x_{i+m-1}) + d(x_{i+m-1}, x_{i+m-2}) + \ldots + d(x_{i+1}, x_i) \leqslant$$
$$\leqslant a \cdot (q^{i+m-1} + \ldots + q^i) = a(q^{i+m} - q^i) / (q-1) \leqslant aq^i / (q-1),$$

d.h. für genügend große i ist $d(x_{i+m}, x_i) \leqslant \epsilon$ für beliebig vorgegebenes ϵ. Wir haben also eine Cauchy-Folge in M, die gegen ein $x \in M$ konvergiert. Nun ist

$$d(x_{i+1}, f(x)) = d(f(x_i), f(x)) \leqslant q \cdot d(x_i, x) \text{ für alle i und daher } \lim d(f(x_i), f(x)) \leqslant 0,$$

d.h. (wegen der Stetigkeit von d) $d(x, f(x)) = 0$ und $x = f(x)$.

Ist x' Fixpunkt von f, so gilt $d(x', x) = d(f(x'), f(x)) \leqslant q \cdot d(x', x)$ und wegen $q < 1$ $d(x', x) = 0$, d.h. $x' = x$.

Bemerkungen:

a) Am Beweis zeigt sich, daß auch im pseudometrischen Raum eine kontrahierende Abbildung einen Fixpunkt hat, es kann jedoch mehrere geben.

b) Die Anwendungen des Satzes 8.16 sind so zahlreich, daß wir hier auf Einzelheiten verzichten können. Als wichtigste Beispiele nennen wir den Satz von Picard-Lindelöf über die eindeutige Lösbarkeit gewöhnlicher Differentialgleichungen mit Lipschitz-Bedingung, die Lösung Fredholmscher Integralgleichungen nach der von-Neumann-Methode und den Existenzsatz von Peano für Lösungen gewöhnlicher Differentialgleichungen.[1])

Aufgaben:

1. Man zeige: Wenn in einem uniformen Raum X gilt $\mathcal{U}(y) \to z$, so ist $\mathcal{U}(y) = \mathcal{U}(z)$.
2. Man zeige: Ist in der Situation von 8.9 Y metrisch, so gibt es genau ein F als gleichmäßig stetige Fortsetzung von f.
3. $B(\mathbb{R}, \mathbb{R})$ hat überabzählbare algebraische Dimension. (*Hinweis:* Man benutze, daß die n-dimensionalen linearen Unterräume uniform-isomorph zu $\mathbb{R}^n$ und nirgends dicht in B sind, vgl. 11.22.)
4. Man zeige, daß jede monotone Funktion auf einem abgeschlossenen Intervall eine Regelfunktion ist (vgl. 8.10(b)).
5. Man zeige mit 8.9 und Aufgabe (2): Liegt der metrische Raum (M, d) bis auf Isometrie dicht in den vollständigen metrischen Räumen (M', d') bzw. (M'', d''), so sind (M', d') und (M'', d'') uniform-isomorph.
6. Man gebe ein Beispiel, in dem ein metrisierbarer topologischer Raum X homöomorph zu dichten Teilmengen nicht-homöomorpher, vollständiger, metrischer Räume ist. (*Hinweis:* Betrachte $]0, 1[$, $[0, 1]$, S^1.)
7. **Das Intervallschachtelungs-Axiom:** Ein metrischer Raum (M, d) ist genau dann vollständig, wenn für jede Folge $(A_n)_{\mathbb{N}}$ abgeschlossener Teilmengen mit $A_{n+1} \subset A_n$ und $\inf \delta(A_n) = 0$ ($\delta(A_n) :=$ Durchmesser von $A_n := \sup_{x, y \in A_n} d(x,y)$) stets $\bigcap_{\mathbb{N}} A_n \neq \emptyset$ ist. (Die Infimumsaussage ist notwendig: Betrachte etwa $A_n := [n, \infty[$ in $\mathbb{R}$.)

[1]) Vgl. *Coddington/Levinson:* Ord. Diff. Equ., Cambridge, 1955.

Kapitel II: Topologische Invarianten

Nachdem wir in Kapitel I einen Eindruck von der Vielfalt topologischer Räume bekommen haben, sollen nun die wichtigsten topologischen Invarianten helfen, Ordnung in dieses Chaos zu bringen. In 3.1 haben wir definiert: Eine topologische Invariante ist eine Aussage, deren Wahrheitsgehalt sich von jedem topologischen Raum auf alle ihm homöomorphen überträgt. Da jeder Homöomorphismus bijektiv ist, sind natürlich alle Invarianten der Mengenlehre auch topologische Invarianten (z. B. Mächtigkeiten). In 8.2(d) haben wir bemerkt, daß Vollständigkeit keine topologische Invariante ist. Außer dem 1. Abzählbarkeitsaxiom haben wir noch keine wichtige Invariante besprochen, die etwas über die Strukturqualität eines topologischen Raumes aussagt.

Was ist eine *wichtige* topologische Invariante? Abgesehen von Geschmacksfragen, die eine detaillierte Antwort darauf naturgemäß relativieren, gibt es in der Allgemeinen Topologie drei Kriterien für eine solche Auswahl: Zum ersten soll es sich um eine *leistungsfähige* Invariante handeln, d. h. eine Aussage, die anwendbare Sätze über den betroffenen Raum zuläßt. Zum zweiten soll es sich um eine *technisch bequeme* Aussage handeln, deren Herleitung und Nachprüfbarkeit einsichtig und aussichtsreich ist. Zum dritten soll es sich um eine *häufig benutzte* Aussage handeln, die in der Topologie oder ihren Anwendungen eine bewährte Rolle spielt. Es gibt vier Gruppen von Invarianten, die sich unter diesen Gesichtspunkten durchgesetzt haben:

9. Trennungsaxiome. (Der Name „...axiome" ist historisch bedingt und bezieht sich auf die Situation, in der man Räume mit der jeweiligen Eigenschaft theoretisch analysiert.)
10. Zusammenhangsaussagen.
11. Kompaktheitsaussagen.
12. Abzählbarkeitsaussagen. (Hierher gehört z. B. das 1. Abzählbarkeitsaxiom.)

Die im fogenden gewählten Anordnung ist natürlich nicht die historische. Es ist klar, daß die Dinge organisch wachsen mußten und daß sich Bewährtes erst nachträglich in eine gewisse Systematik einfügen ließ. Wenn wir die Systematik hier als Leitprinzip benutzen, so geschieht das, um den Lernenden nicht zu verwirren. Wir werden allerdings die Systematik nicht formal handhaben, sondern – von wichtigen Problemkreisen aus – immer zuerst auf die wichtigsten Invarianten zusteuern, um dann erst die „technischen Hilfsinvarianten" zu besprechen und in die (nun bewußt werdende) Systematik einzupassen.

9. Trennung

Problem 1: Durch welche bequem nachweisbaren topologischen Invarianten lassen sich Räume charakterisieren, in denen Filter gegen höchstens einen Punkt konvergieren können? (Eindeutigkeit der Konvergenz)

Lösung: Sind X ein topologischer Raum, $x, y \in X$ und F ein Filter auf X mit $F \to x, y$ dann muß F beide Umgebungsfilter umfassen. Der kleinste Filter mit dieser Eigenschaft muß also die Filterbasis $B := \{U \cap V \mid U \in U(x), V \in U(y)\}$ haben. B ist aber dann und nur dann eine Filterbasis, wenn keine der Mengen $U \cap V$ leer ist. Es gibt also genau dann einen gegen x und y konvergenten Filter auf X, wenn keines der $U \cap V$ leer ist. Negativ ausgedrückt: Haben x und y disjunkte Umgebungen, so kann kein Filter gegen x und y konvergieren. Nach *F. Hausdorff*, der diesen Zusammenhang erkannte und stillschweigend in seine Definition des topologischen Raumes aufnahm, definiert man:

9.1 **Definition:** Ein topologischer Raum X heißt **Hausdorff-Raum** oder **T_2-Raum,** wenn es zu $x, y \in X$ mit $x \neq y$ stets offene Umgebungen $O, O' \underset{\circ}{\subset} X$ mit $x \in O, y \in O'$ und $O \cap O' = \emptyset$ gibt.

(Verschiedene Punkte sind also durch disjunkte Umgebungen trennbar.)

9.2 *Theorem:*
(a) Die T_2-Eigenschaft ist topologisch invariant.
(b) Sie kennzeichnet Räume mit eindeutiger Konvergenz, d.h. X ist genau dann hausdorffsch, wenn aus $F \in \mathbb{F}(X)$ mit $F \to x, y$ stets $x = y$ folgt.

Beweis:

(a): Ist $f: Y \to X$ eine stetige Injektion in einen T_2-Raum X, so gibt es zu $y, y' \in Y$ mit $y \neq y'$ stets $O, O' \underset{\circ}{\subset} X$ mit $f(y) \in O, f(y') \in O'$ und $O \cap O' = \emptyset$. Dann sind auch $f^{-1}(O)$ bzw. $f^{-1}(O')$ disjunkte offene Umgebungen von y bzw. y' in Y. (Stetige Injektionen „holen also die T_2-Eigenschaft zurück".)

(b): Das haben wir schon bei der Lösung von Problem 1 gesehen.

9.3 *Beispiele:*

a) Ein pseudometrischer Raum (M, d) ist genau dann hausdorffsch, wenn d eine Metrik ist:
Ist (M, d) ein T_2-Raum, so gibt es zu $x \neq y$ in M stets Kugeln $B_\delta(x), B_\epsilon(y)$ mit $B_\delta(x) \cap B_\epsilon(y) = \emptyset$ und $\delta, \epsilon \in \mathbb{R}_+$. Dann ist aber $d(x, y) \geqslant 0$, sonst läge y im Durchschnitt der Kugeln. Es ist also $d(x, y) = 0$ genau dann, wenn $x = y$ ist. d ist also eine Metrik.
Ist umgekehrt d eine Metrik und sind $x \neq y$ gegeben, so ist $d(x, y) =: \epsilon > 0$ und für $z \in B_{\frac{\epsilon}{3}}(x) \cap B_{\frac{\delta}{3}}(y)$ wäre $d(x, y) \leqslant d(x, z) + d(y, z) \leqslant \frac{2}{3}\epsilon < \epsilon$. Damit sind die entsprechenden offenen Kugeln disjunkte offene Umgebungen von x bzw. y. Jeder metrische Raum ist also hausdorffsch.

b) Insbesondere sind also $\mathbb{R}$, [0, 1], $\mathbb{R}^n$ (natürliche Topologie), $Abb_{ggl}(X, \mathbb{R})$, $(B(X, \mathbb{R}), d_{sup})$, jeder diskrete Raum und allgemein jeder metrisierbare Raum hausdorffsch.

Die Komplement-abzählbar-Topologie ist genau dann hausdorffsch, wenn der zu Grunde liegende Raum abzählbar ist. Im überabzählbaren Fall ist diese Topologie also niemals metrisierbar, was man auch am Mangel des 1. Abzählbarkeitsaxioms feststellen kann. Die indiskrete und die Sierpinski-Topologie auf einer (mindestens) zweielementigen Menge sind nicht hausdorffsch, also auch nicht metrisierbar.

(Es gibt auch nicht-metrisierbare T_2-Räume: s. Beispiel (e).)

c) Eine Familie von Abbildungen $f_j : X \to X_j$ ($j \in J$) *trennt die Punkte von* X, wenn es zu $x, x' \in X$ mit $x \neq x'$ stets ein $j \in J$ mit $f_j(x) \neq f_j(x')$ gibt. Es gilt: **Trägt X die initiale Topologie bzgl. der f_j und der T_2-Räume X_j und trennen die $\{f_j\}_J$ die Punkte von X, so ist auch X hausdorffsch.**

Zu $x \neq x'$ wähle man j mit $f_j(x) \neq f_j(x')$ und $O, O' \underset{\circ}{\subset} X_j$ mit $f_j(x) \in O$, $f_j(x') \in O'$ und $O \cap O' = \emptyset$, dann sind $f_j^{-1}(O)$ bzw. $f_j^{-1}(O')$ disjunkte offene Umgebungen von x bzw. x'.

d) Die Punktetrennung ist dabei wesentlich: vgl. (a) und 5.4(g).

e) Wegen (c) sind Unterräume und Produkte von T_2-Räumen wieder T_2-Räume. Da $\mathrm{Abb}_{pw}(X, \mathbb{R})$ „gleich" (auf triviale Weise homöomorph) $\prod_{x \in X} \mathbb{R}$ ist (5.4(b)), ist dieser Raum hausdorffsch. Für überabzählbares X ist dieser Raum nach 5.9 nicht metrisierbar, es gibt also nichtmetrisierbare Hausdorff-Räume.

f) Da jede Gruppe und jeder Vektorraum, mit der indiskreten Topologie versehen, eine topologische Gruppe bzw. ein topologischer Vektorraum ist, gibt es also nicht-hausdorffsche topologische Gruppen und Vektorräume.

Wegen der Translahierbarkeit der Umgebungsfilter in einer topologischen Gruppe ist die T_2-Eigenschaft dort besonders bequem nachzuweisen:

Eine topologische Gruppe G ist genau dann hausdorffsch, wenn es zu jedem $x \in G \setminus \{e\}$ ein $U \in \mathcal{U}(e)$ mit $x \notin U$ gibt. (Anders ausgedrückt: e wird durch Umgebungen von den anderen Punkten abgeschirmt, d. h. $\bigcap \mathcal{U}(e) = \{e\}$.)

Beweis dazu: Offenbar brauchen wir nur zu zeigen, daß es zu $x \neq e$ stets $O, O' \underset{\circ}{\subset} G$ mit $x \in O$, $e \in O'$ und $O \cap O' = \emptyset$ gibt, sobald e von jedem anderen Punkte durch Umgebungen abgeschirmt wird. Sei $f : G \pi G \to G$ durch $(g, g') \mapsto g \circ (g')^{-1}$ definiert, dann ist $f = \circ\,(\mathrm{id}_G \times (\cdot)^{-1})$ stetig. Nun wählen wir zu $x \neq e$ ein $U \in \mathcal{U}(e)$ mit $x \notin U$ und zu U ein $\mathring{V} \in \mathcal{U}(e)$ mit $f(\mathring{V} \times \mathring{V}) \subset U$. Wir setzen jetzt $O := T_x(\mathring{V})$, $O' := \mathring{V}$, dann sind das offene Umgebungen von x bzw. e (die Translation $T_x : g \mapsto x \circ g$ ist homöomorph). Gäbe es ein $y \in O \cap O'$, so hätte $y \in O' = \mathring{V}$ auch die Form $y = x \circ z$ mit $z \in \mathring{V}$, und es wäre $x = f(y, z) \in f(\mathring{V} \times \mathring{V}) \subset U$ im Widerspruch zur Wahl von U. Also sind O, O' disjunkt.

Zur T_2-Eigenschaft einer topologischen Gruppe oder eines topologischen Vektorraumes reicht es also schon hin, wenn es zu verschiedenen Punkten stets eine Umgebung eines der beiden Punkte gibt, in der der andere nicht liegt (vgl. 9.11(b)).

Da sich im Produkt $X \pi X$ die kleinen offenen Mengen als Produkt in X offener Mengen darstellen, kann man die T_2-Eigenschaft auch durch eine Bedingung an die Struktur von $X \pi X$ umschreiben, was natürlich im Hinblick auf uniforme Räume besonders interessant ist.

9.4 *Lemma:* Ein topologischer Raum X ist genau dann hausdorffsch, wenn $\Delta := \{(x, x) / x \in X\}$ in $X \pi X$ abgeschlossen ist.

Beweis: Sind $\Delta \bar{\subset} X \pi X$ und $x \neq x'$ gegeben, so ist $(x, x') \in (X \times X \setminus \Delta) \underset{\circ}{\subset} X \pi X$. Es muß dann also $x \in O \underset{\circ}{\subset} X$ bzw. $x' \in O' \underset{\circ}{\subset} X$ mit $O \times O' \subset (X \times X \setminus \Delta)$ geben. Dann ist aber auch $O \cap O' = \emptyset$. X ist also hausdorffsch.

Ist X andererseits hausdorffsch und ist (x, y) irgendein Punkt aus $X \times X \setminus \Delta$, so gibt es $x \in O \overset{\circ}{\subset} X$, $y \in O' \overset{\circ}{\subset} X$ mit $O \cap O' = \emptyset$, also auch $(x, y) \in O \times O' \subset (X \times X \setminus \Delta)$. Da $O \times O'$ offen in $X \pi X$ ist, ist (x, y) innerer Punkt von $(X \times X \setminus \Delta)$. Da (x, y) beliebig war, ist $(X \times X \setminus \Delta)$ offen und Δ abgeschlossen in $X \pi X$.

9.5 **Satz:** Sind $f, g : X \to Y$ stetige Abbildungen in einen Hausdorff-Raum Y, so gelten:

(a) $I_{f,g} := \{x \in X / f(x) = g(x)\}$ ist abgeschlossen in X. ($I_{f,g}$ heißt Inzidenzbereich von f und g.)

(b) Ist A dichter Teil von X mit $f|_A = g|_A$, so gilt $f = g$.

Beweis: Offenbar folgt (b) aus (a). Um (a) einzusehen, betrachte man $h : X \to Y \pi Y$, $x \mapsto (f(x), g(x))$. Dann ist h (kompenentenweise) stetig und folglich $I_{f,g} = h^{-1}(\Delta_Y)$ abgeschlossen in X.

9.6 *Korollar:* Ist A dichte Teilmenge eines topologischen oder uniformen Raumes X und ist $f : A \to Y$ stetige Abbildung in einen T_2-Raum Y, so gibt es höchstens eine stetige Fortsetzung $F : X \to Y$ mit $F|A = f$.

9.7 *Korollar:* Ist A dichter Unterraum eines uniformen Raumes X und ist $f : A \to Y$ gleichmäßig stetige Abbildung in einen vollständigen uniformen Raum Y mit T_2-Topologie, dann gibt es genau eine (gleichmäßig) stetige Fortsetzung $F : X \to Y$ von f. (Vgl. 8.9)

9.8 **Definition:** Es seien X, Y uniforme Räume.

(a) X heißt **hausdorffscher uniformer Raum**, wenn die Topologie von X hausdorffsch ist.

(b) Y heißt eine **Vervollständigung von** X, wenn X uniform-isomorph zu einem dichten Unterraum von Y und Y vollständig sind.

9.9 *Theorem:* Es sei X ein uniformer Raum, dann gelten:

(a) X ist genau dann hausdorffsch, wenn $\bigcap_{N \in \mathcal{N}_X} N = \Delta_X$ ist.

(b) X hat genau dann eine hausdorffsche Vervollständigung Y, wenn X hausdorffsch ist.

(c) Je zwei hausdorffsche Vervollständigungen von X sind uniform-isomorph.

Bemerkung: Wegen (b) und (c) spricht man in der Literatur üblicherweise von „der Vervollständigung", wenn eine Vervollständigung eines hausdorffschen uniformen Raumes gemeint ist, die selbst hausdorffsch ist. Wir wollen uns dem anschließen: Liegt ein hausdorffscher uniformer Raum vor, so ist **die Vervollständigung** irgendein vollständiger hausdorffscher uniformer Raum, in dem der Ausgangsraum (bis auf Isomorphie) dicht liegt.

Beweis:

a) Es sei zunächst $\bigcap \mathcal{N}_X = \Delta_X$ vorausgesetzt. Sind dann $x \neq y$ Elemente von X, so ist $(x, y) \notin \Delta_X$, es gibt also $N \in \mathcal{N}$ mit $(x, y) \notin N$. Man wähle dazu ein symmetrisches $M \in \mathcal{N}$ mit $M \circ M \subset N$. Gäbe es nun ein $z \in U_M(x) \cap U_M(y)$, so wären $(x, z), (y, z)$, $(z, y) \in M$ und folglich $(x, y) = (x, z) \circ (z, y) \in M \circ M \subset N$, was der Wahl von N widerspräche. Daher gibt es disjunkte Umgebungen von x und y. X ist also hausdorffsch.
Ist nun X hausdorffsch vorausgesetzt, so gibt es zu $x \neq y$, $U \in \mathcal{U}(x)$, $V \in \mathcal{U}(y)$ stets $M, N \in \mathcal{N}_X$ mit $U_M(x) \subset U$, $U_N(y) \subset V$ und $U_M(x) \cap U_N(y) = \emptyset$. Dann kann y nicht Element von $U_M(x)$ sein, d.h. $(x, y) \notin M$. Da x, y beliebig verschiedene Punkte von X waren, muß $\bigcap \mathcal{N}_X = \Delta_X$ sein.

b) Ist X uniform-isomorph zu einem Teil eines hausdorffschen uniformen Raumes Y, so ist X nach 7.9(a) homöomorph zu einem topologischen Unterraum eines T_2-Raumes, also nach 9.2(a) selbst ein T_2-Raum. Demnach brauchen wir nur noch zu zeigen, daß ein hausdorffscher uniformer Raum X eine hausdorffsche Vervollständigung Y hat:
Nach 7.10(c) gibt es einen uniformen Isomorphismus $f: X \to Y'$, $x \mapsto (x)_{j \in J}$, wobei Y' der uniforme Unterraum der Punkte mit gleichen Komponenten zum uniformen Produkt $Y'' = \prod_{j \in J} (X, d_j)$ mit $\mathcal{N} = \mathcal{N}_{\{d_j / j \in J\}}$ ist. Nach 5.4(h) gibt es zu den pseudometrischen Räumen (X, d_j) je eine Isometrie $g_j : (X, d_j) \to (M_j, \tilde{d}_j)$ in vollständige metrische Räume $(M_j, \tilde{d}_j)$. Für $Z := \prod_J (M_j, \tilde{d}_j)$ ist offenbar $g := \mathop{\times}_{j \in J} g_j : Y'' \to Z$, $(y_j)_J \mapsto (g_j(y_j))_J$ (komponentenweise) gleichmäßig stetig. Überdies ist $g \circ f: X \to Z$ injektiv, denn zu $x \neq x'$ gibt es $N \in \mathcal{N}_X$ mit $(x, x') \notin N$ und $j_0 \in J$, $\epsilon \in \mathbb{R}_+$ mit $N_\epsilon^{d_{j_0}} \subset N$, also $d_{j_0}(x, x') > \epsilon$ und $pr_{j_0}(gf(x)) = g_{j_0}(x) \neq g_{j_0}(x') = pr_{j_0}(gf(x'))$, denn g_{j_0} ist Isometrie. Daß $g \circ f: X \to gf(X)$ uniform-isomorph ist, sieht man wie in 8.12 ein.
Setzt man nun $Y := \overline{gf(X)}^Z$, so hat man nach 9.3(e) und 7.9(a) einen hausdorffschen uniformen Raum, der nach 8.7 und 8.5 auch Vervollständigung von X ist.

c) Es seien Y', Y'' hausdorffsche Vervollständigungen von X und $f': X \to X' \subset Y'$ bzw. $f'': X \to X'' \subset Y''$ uniforme Isomorphismen auf dichte Unterräume X' bzw. X'' von Y' bzw. Y''.

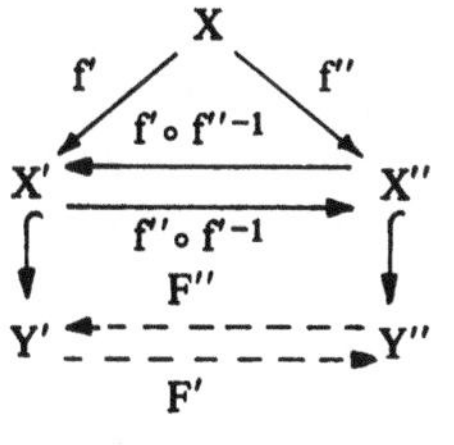

Nach 9.7 gibt es zu $f' \circ f''^{-1}: X'' \to Y'$ genau eine gleichmäßig stetige Fortsetzung $F'': Y'' \to Y'$. Analog gibt es zu $f'' \circ f'^{-1}: X' \to Y''$ genau eine stetige Fortsetzung $F': Y' \to Y''$. Nun ist $F'' \circ F': Y' \to Y''$ gleichmäßig stetig mit $F'' \circ F' | X' =$ $= F'' \circ (f'' \circ f'^{-1}) = F''|_{X''} \circ (f'' \circ f'^{-1}) = id_{X'}$. Nach 9.7 ist $id_{Y'}$ die einzige stetige

Fortsetzung von $id_{X'} : X' \to Y'$ auf ganz Y', daher muß $F'' \circ F' = id_{Y'}$ sein und folglich F' injektiv. Analog zeigt man, daß $F' \circ F'' = id_{Y''}$ und folglich F' surjektiv ist. Das heißt: F' ist bijektiv, gleichmäßig-stetig und hat die gleichmäßig stetige Inverse F''. F' ist also ein uniformer Isomorphismus.

9.10 *Bemerkungen und Beispiele:*

a) Wir haben gesehen, daß sich die T_2-Eigenschaft bei initialen Konstruktionen sehr gutartig verhält (vgl. 9.3(c)). Bei finalen Konstruktionen ist das leider nicht der Fall, und man ist auf Teilergebnisse angewiesen, deren bedeutendste wir hier anführen:

a_1) Ist $A \overline{\subset} X \pi X$ eine abgeschlossene Äquivalenzrelation auf dem topologischen Raum X und ist die natürliche Abbildung $\nu : X \to X/A$ offen, so ist X/A ein T_2-Raum.

(Für $\nu(x) \neq \nu(y)$ wähle man $x \in O \underset{\circ}{\subset} X$, $y \in O' \underset{\circ}{\subset} X$ mit $O \times O' \subset X \times X \setminus A$. Da ν offen ist, sind $\nu(O)$ bzw. $\nu(O')$ disjunkte offene Umgebungen von $\nu(x)$ bzw. $\nu(y)$.)

a_2) **Ist G eine topologische Gruppe oder ein topologischer IK-Vektorraum und ist H eine abgeschlossene Untergruppe bzw. abg. lin. Unterraum, so ist G/H hausdorffsch.**

(Nach 6.7(d) ist $\nu : G \to G/H$ offen. Die Abbildung $f : G \pi G \to G$, $(g, g') \mapsto g^{-1} \circ g'$ ist stetig ($f = \text{Mult.} \circ ((\cdot)^{-1} \times id_G)$). Es ist daher

$$f^{-1}(H) = \{(x, y) \,/\, x^{-1} y \in H\} = \{(x, y) \,/\, y \in x \circ H\}$$

abgeschlossen in $G \pi G$. $f^{-1}(H)$ ist aber genau die Äquivalenzrelation, die den Quotienten G/H definiert. Nach (a_1) ist G/H damit hausdorffsch.)

b) In 8.10 haben wir das Bogenmaß bzw. das Cauchy-Integral durch gleichmäßig stetige Fortsetzung gewonnen. Nach 9.7 sind beide eindeutig bestimmt.

c) Metrische Vervollständigungen eines metrischen Raumes sind sogar isometrisch-isomorph: Sind $f' : (M, d) \hookrightarrow (M', d')$ bzw. $f'' : (M, d) \hookrightarrow (M'', d'')$ Isometrien auf dichte Teile vollständiger metrischer Räume, so setzen sich

$$f'' \circ f'^{-1} | f'(M) \quad \text{bzw.} \quad f' \circ f''^{-1} | f''(M)$$

zu uniformen Isomorphismen

$$F' : (M', d') \to (M'', d'') \quad \text{bzw.} \quad F'' : (M'', d'') \to (M', d')$$

fort (vgl. Beweis von 9.9(c)), deren Einschränkungen auf $f'(M)$ bzw. $f''(M)$ isometrisch sind. Ein einfacher Stetigkeitsschluß zeigt, daß F', F'' zueinander inverse Isometrien sind.

9.11 Variationen des T_2-Axioms:

Die in 9.1 geforderte Trennungseigenschaft erlaubt gewisse naheliegende Abschwächungen und Verschärfungen. Schon bevor *Hausdorff* und *Root* die Bedingung für eindeutige Konvergenz 1914 formulierten, haben *Riesz, Fréchet* und andere verschiedene Trennungsforderungen studiert. Von diesen ersten Ansätzen hat sich nur das sogenannte T_1-Axiom gehalten, das meist *Fréchet* zugeschrieben wird, aber wohl zuerst in Vorlesungen des Wieners *Groß* (1913) ausformuliert wurde (vgl. *Thron* [3]):

a) X heißt **T_1-Raum,** wenn es zu $x, y \in X$ mit $x \neq y$ offene Mengen $O, O' \underset{\circ}{\subset} X$ mit $x \in O$, $x \notin O'$, $y \notin O$ und $y \in O'$ gibt.

X ist genau dann T_1-Raum, wenn jede einelementige Teilmenge abgeschlossen ist. (Ist X T_1-Raum und ist $x \in X$, so ist jedes $y \in (X \setminus \{x\})$ innerer Punkt dieser Menge, also $(X \setminus \{x\})$ offen und $\{x\}$ abgeschlossen. Ist andererseits jede einelementige Menge in X abgeschlossen, so gibt es zu $x \neq y$ die offene Mengen $O := X \setminus \{y\}$, $O' := X \setminus \{x\}$ mit den gewünschten Eigenschaften.) Jeder T_2-Raum ist auch T_1-Raum, die Umkehrung gilt jedoch nicht. ($\mathbb{R}$ sei mit der Komplement-abzählbar-Topologie versehen, dann sind einelementige Mengen abgeschlossen, aber nicht durch disjunkte offene Obermengen trennbar.)

Ist A Teilmenge eines T_1-Raumes X und b ein Häufungspunkt von A, so liegen in jeder X-Umgebung von b unendlich viele Punkte von A (s. Aufgabe 5 zu diesem Abschnitt).

Nach einem mündlichen Hinweis von *Kolmogoroff* haben *Alexandroff/Hopf* in ihrem Buch [10] das T_1-Axiom noch weiter abgeschwächt:

b) X heißt **T_0-Raum**, wenn es zu $x, y \in X$ mit $x \neq y$ wenigstens zu einem der beiden Punkte eine offene Umgebung gibt, in der der andere nicht liegt.

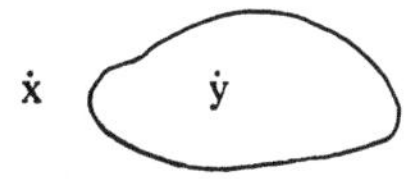

Der größte Nutzen dieses Axioms liegt in der Tatsache, daß es bei uniformisierbaren Räumen zum Nachweis der T_2-Eigenschaft (sogar der $T_{3,5}$-Eigenschaft, s.u.) ausreicht. Für den Fall der topologischen Gruppe haben wir das schon in 9.3(f) gesehen. Wir geben hier den analogen Beweis für einen uniformen Raum X mit T_0-Topologie: Sind $x \neq y$ gegeben, so gibt es etwa zu x ein $U_N(x)$, das y nicht enthält. Wählt man nun ein symmetrisches $M \in \mathcal{N}_X$ mit $M \circ M \subset N$, so wären für ein $z \in U_M(x) \cap U_M(y)$ $(x, z), (y, z), (z, y) \in M$ und folglich $(x, y) \in M$, d.h. $y \in U_M(x) \subset U_N(x)$. Es kann also kein solches z geben, und man hat disjunkte Umgebungen gefunden.

Wesentlich älter als das T_0-Axiom sind die anderen T_i-Axiome, die wir besprechen wollen. Da ist zunächst das T_3-Axiom, das im wesentlichen von *L. Vietoris*[1]) stammt:

c) Ein topologischer Raum X heißt **regulär**, wenn es zu $x \in X$ und abgeschlossenem $A \mathrel{\overline{\subset}} X$ mit $x \notin A$ disjunkte Umgebungen von x bzw. A gibt. (U heißt Umgebung von A, wenn es ein offenes $O \underset{\circ}{\subset} X$ mit $A \subset O \subset U$ gibt.)

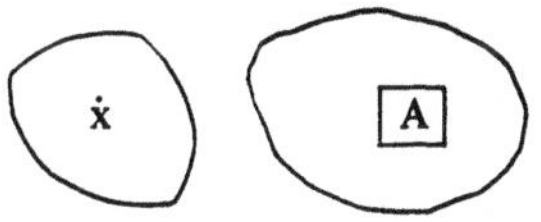

X heißt **T_3-Raum**, wenn X T_1-Raum und regulär ist.

Offenbar ist jeder T_3-Raum nach T_2-, T_1-, T_0-Raum , während ein indiskreter Raum wohl regulär aber nicht T_0-Raum ist. Es gibt auch T_2-Räume, die nicht regulär sind (vgl. Aufg. (1) am Schluß des Abschnitts). Auf regulären Räumen existieren „sehr unstetige" Funktionen, wir verweisen dafür auf das Buch von *Aumann* [4d].

---

1) Monatsh. f. Math. u. Phys., 31 (1921)

Die wichtigste Eigenschaft der T_3-Räume ist technischer Natur: X **ist genau dann regulär, wenn jede Umgebung U eines Punktes $x \in X$ noch eine abgeschlossene Umgebung von x umfaßt. (Die abgeschlossenen Umgebungen bilden eine Basis des Umgebungsfilters eines jeden Punktes von X)** Für den Beweis der Aussage braucht man sich nur das letzte Bild anzuschauen.

Offenbar ist jeder metrische Raum T_3-Raum, denn die Kugelfilter haben definitionsgemäß Basen aus abgeschlossenen Umgebungen.

Ähnliche Bedeutung wie das T_2-Axiom hat aber erst das $T_{3,5}$-Axiom, das zuerst von *Urysohn*[1] ausgesprochen und dann von *Tychonoff*[2] in seiner vollen Bedeutung erkannt wurde. Urysohn hatte es bei einer Untersuchung über die Mächtigkeit zusammenhängender Mengen entdeckt, und Tychonoff brachte es mit Einbettungs- und Metrisationsfragen in Verbindung – Themen, die wir den folgenden Paragraphen vorbehalten müssen. Wir entwickeln *Tychonoffs* Ergebnis daher aus einem anderen Problemkreis, der an Abschnitt 7 anknüpft:

Problem 2: Welche Eigenschaften eines topologischen Raumes charakterisieren seine Uniformisierbarkeit?

Lösungsansatz: Wir haben in Abschnitt 7 den Begriff des uniformen Raumes aus dem Vergleich metrischer Räume mit topologischen Gruppen gewonnen. Dabei stand die Idee der globalen Vergleichbarkeit der einzelnen Umgebungsfilter im Zentrum. Nun sind die topologischen Hilfsmittel aus Kapitel I vorwiegend lokaler Natur: Man „kennt" einen topologischen Raum, wenn man die kleinen Umgebungen seiner Punkte kennt. Um diesen Mangel zu beheben, haben vor allem *Alexandroff* und *Urysohn* in den zwanziger Jahren unseres Jahrhunderts die aus der Algebra geläufige Vergleichsmethode für die Allgemeine Topologie entwickelt: Man bilde einen gegebenen topologischen Raum in einen besonders gut bekannten Raum ab, der dann als „Prototyp" dient, und teste, welche Struktureigenschaften sich auf den gegebenen Raum übertragen lassen. Als Prototyp wählte man damals vor allem $\mathbb{R}$, $\mathbb{R}^n$ und den „Hilbert-Quader" ($\prod_{\mathbb{N}} I$, s. 9.16). Die Übertragung der Struktureigenschaften des Prototyps gelingt natürlich umso besser, je besser die gewählten Abbildungen ausfallen (Injektivität, topologische Einbettung usw.).

Wählt man in unserem Problem als Prototyp $\mathbb{R}$, so stellt sich zunächst die Frage, ob es überhaupt nicht-konstante stetige reellwertige Funktionen auf einem uniformen oder uniformisierbaren Raum gibt. Erinnert man sich unter diesem Gesichtspunkt an 7.6, 7.7 und 5.4(g), so werden die definierenden Pseudometriken auf einem uniformen Raum die entscheidende Rolle spielen. Andersherum: Auf jedem uniformisierbaren Raum X muß es gewisse stetige reellwertige Funktionen geben, die sich zu Pseudometriken ausbauen lassen. Es muß also „genügend viele" stetige Funktionen geben.

Wieviele stetige Funktionen gibt es auf einem uniformen Raum $(X, \mathcal{N})$? Nach 7.7 können wir $\mathcal{N} = \mathcal{N}_\Gamma$ setzen, wobei Γ ein saturiertes System von Pseudometriken auf X ist. (So ein System heißt saturiert, wenn mit $d_1, \ldots, d_n$ stets auch $\max_{i=1,\ldots,n} d_i$ zu Γ

[1] Math. Ann., 94 (1925)

[2] Math. Ann. 102 (1930)

gehört.) N hat dann eine Basis von Nachbarschaften der Form $N^d_\epsilon = \{(x, y) / d(x, y) \leqslant \epsilon\}$ mit $d \in \Gamma$, $\epsilon \in \mathbb{R}_+$. Bei unserer Frage nach stetigen reellwertigen Funktionen kann man nun so vorgehen: Zunächst sei $x_0 \in X$ und $f(x_0) := 0$. Dann ist natürlich $F := 0$ eine stetige Fortsetzung auf ganz X. Wir wollen aber wissen, ob es noch andere stetige Fortsetzungen von f gibt. Offenbar können wir f nicht noch an einer zweiten Stelle $x_1 \in X$ vorschreiben, etwa $f(x_1) := 1$, denn (X, T_N) könnte ja z. B. indiskret sein. Nun kann man andere Vorschriften für f ausprobieren, und es stellt sich dann folgende Bedingung als aussichtsreich heraus: Ist O offene Umgebung von x_0, so sei $f|_{X\setminus O} \equiv 1$. Tatsächlich gibt es zu solchem f immer eine stetige Fortsetzung auf ganz X: Seien nämlich $d \in \Gamma$, $\epsilon \in \mathbb{R}_+$ so gewählt, daß $U_{N^d_\epsilon}(x_0) = \{y / d(x_0, y) \leqslant \epsilon\} \subset O$. ist. Dann ist $d_{\{x_0\}}: X \to \mathbb{R}$, $x \mapsto d(x_0, x)$ stetig mit $d_{\{x_0\}}(x_0) = f(x_0) = 0$. Um auf $X \setminus O$ den Wert 1 zu erhalten, setzte man $F := \min\left(1, \frac{d_{\{x_0\}}}{\epsilon}\right)$, dann ist F als Komposition stetiger Abbildungen stetig und eine Fortsetzung von f auf ganz X. (Wobei noch $F(X) \subset [0, 1]$ gilt, was technisch gelegentlich von Vorteil ist.)

9.12 **Definition** (*Urysohn/Tychonoff*): Es sei X ein topologischer Raum.

(a) X heißt **vollständig regulär**, wenn es zu $x \in X$, $A \mathrel{\bar{\subset}} X$ mit $x \notin A$ ein stetiges $f: X \to [0, 1]$ mit $f(x) = 0$ und $f(A) = \{1\}$ gibt.

(b) X heißt **$T_{3,5}$-Raum**, wenn X vollständig regulärer T_1-Raum ist.

Bemerkung: Die T_1-Eigenschaft schließt z. B. indiskrete Räume aus und sichert, daß $T_{3,5}$-Räume stets auch T_3-, T_2-, T_1- und T_0-Räume sind, Es gibt auch Beispiele für T_3-Räume, die nicht $T_{3,5}$-Räume sind (s. z. B. *Engelking* [2]).

9.13 *Theorem:*

(a) Die $T_{3,5}$-Eigenschaft ist topologisch invariant.

(b) Die vollständige Regularität ist topologisch invariant.

(c) Genau die vollständig regulären Räume sind uniformisierbar.

(d) Ein vollständig regulärer T_0-Raum ist $T_{3,5}$-Raum.

Beweis: (a) und (b) sind leicht nachzuprüfen. (d) folgt aus (c) und 9.11(b). Nach den Erörterungen zu Problem 2 brauchen wir nur noch zu zeigen, daß ein vollständig regulärer Raum X uniformisierbar ist:

Für $f \in C(X, \mathbb{R})$ ist $d_f: (x, y) \mapsto |f(x) - f(y)|$ eine Pseudometrik auf X, wie man sofort nachrechnet. Setzt man $\Gamma := \{d_f / f \in C(X, \mathbb{R})\}$, so braucht man nur noch zu zeigen, daß $S := T_{N_\Gamma}$ gleich der Ausgangstopologie T von X ist. Ist nun $U \in U_T(x)$, so gibt es $f \in C(X, \mathbb{R})$ mit $f(x) = 0$ und $f(X \setminus U) = \{1\}$. Für dieses f ist $U_{N^{d_f}_{\frac{1}{2}}}(x) = \{y / |f(y)| \leqslant \frac{1}{2}\}$ $\subset U$, also ist $U \in U_S(x)$. Ist umgekehrt $U \in U_S(x)$ gegeben, so gibt es $g \in C(X, \mathbb{R})$, $\epsilon \in \mathbb{R}_+$ mit $U_{N^{d_g}_\epsilon}(x) = V \subset U$. Da $h_x: X \to \mathbb{R}, y \mapsto |g(x) - g(y)|$ stetig ist bzgl. T, ist

$x \in W := h^{-1}(]-\epsilon, \epsilon[) \underset{\circ}{\subsetneq} (X, T)$ mit $W \subset V \subset U \in U_T(x)$.

9.14 *Korollar:* Jeder metrische Raum ist $T_{3,5}$-Raum. Jede topologische Gruppe und jeder topologische Vektorraum ist vollständig regulär. Eine topologische Gruppe bzw. ein top. Vektorraum ist genau dann $T_{3,5}$-Raum, wenn ein T_0-Raum vorliegt.

Bemerkung: Für metrische Räume kann man das Ergebnis leicht direkt nachrechnen (vgl. die Bemerkungen kurz vor 9.12).

9.15 *Theorem:* Es sei X ein topologischer Raum, dann sind äquivalent:

(a) X ist vollständig regulär.
(b) X trägt die initiale Topologie bzgl. $C(X, \mathbb{R})$.
(c) X trägt die initiale Topologie bzgl. irgendwelcher Abbildungen in vollständig reguläre Räume.

Beweis:

(a) ⇒ (b): Es seien $\mathcal{T}$ die Topologie von X und $\mathcal{S}$ die initiale bzgl. $C(X, \mathbb{R})$. $\mathrm{id} : (X, \mathcal{T}) \to (X, \mathcal{S})$ ist stetig, weil es alle $f \circ \mathrm{id} = f$ für $f \in C(X, \mathbb{R})$ sind. Wir zeigen nun, daß id^{-1} in einem beliebigen Punkt x stetig ist: Zu $x \in U \in \mathcal{U}_{\mathcal{T}}(x)$ gibt es $f : X \to \mathbb{R}$ mit $f(x) = 0$ und $f(X \setminus U) = \{1\}$. Mit $V := f^{-1}(]-\frac{1}{2}, \frac{1}{2}[) \in \mathcal{S}$ ist dann $\mathrm{id}^{-1}(V) = V \subset U$, d.h. id^{-1} stetig in x.

(b) ⇒ (c): Klar.

(c) ⇒ (a): Trägt X die initiale Topologie bzgl. der $f_j : X \to X_j$ mit vollständig regulären $X_j (j \in J)$, dann gibt es zu $x \in O \underset{\circ}{\subsetneq} X$ stets E endl. $\subset J$ und $O_j \underset{\circ}{\subsetneq} X_j$ mit $x \in \bigcap_E f_j^{-1}(O_j) \subset O$. Seien nun $g_j : X_j \to [0, 1]$ stetig mit $g_j f_j(x) = 0$ und $g_j(X_j \setminus O_j) = \{1\}$, dann ist $g := \max_{j \in E} g_j f_j$ stetig mit $g(x) = 0$, und für $x \in X \setminus \bigcap_E f_j^{-1}(O_j) = \bigcup (X \setminus f_j^{-1}(O_j))$ ist eines der $f_j(y) \in X_j \setminus O_j$ und folglich $g(y) = 1$.

Korollar: Trägt X die initiale Topologie bzgl. Abbildungen in $T_{3,5}$-Räume, die die Punkte von X trennen, so ist X ein $T_{3,5}$-Raum. Insbesondere sind Produkte und Unterräume von $T_{3,5}$-Räumen wieder $T_{3,5}$-Räume.

9.16 **Satz** *(Tychonoff):* X ist genau dann $T_{3,5}$-Raum, wenn X bis auf Homöomorphie Unterraum eines Quaders $\prod_J [0, 1]$ ist, wobei J eine geeignete Indexmenge ist.

Bemerkung: Man kann auch gewisse Aussagen über die Größe von J anfügen, s. z.B. Engelking [2].

Beweis: Man setze für einen $T_{3,5}$-Raum X $J := C(X, [0, 1])$ und $j : X \to \prod_j [0, 1]$, $x \mapsto (f(x))_{f \in J}$ dann ist j (komponentenweise) stetig. Überdies ist j injektiv, denn für $x \neq x'$ ist $x \in X \setminus \{x'\} \underset{\circ}{\subsetneq} X$ (X ist T_1-Raum!). Es gibt also ein $f \in J$ mit $0 = f(x) \neq f(x') = 1$, also $j(x) \neq j(x')$. Schließlich ist $j^{-1} : j(X) \to X$ stetig: Ist nämlich $x \in O \underset{\circ}{\subsetneq} X$ gegeben, so gibt es $f_1, .., f_n \in J$ und $\epsilon \in \mathbb{R}_+$ mit $x \in O' := \bigcap_1^n f_i^{-1}([0, \epsilon[) \subset O$. Setzt man nun

$I_f := [0, \epsilon[$ für $f = f_1, \ldots, f_n$ bzw. $I_f := [0, 1]$ sonst, dann ist $\underset{f \in J}{X} I_f \underset{\circ}{\subset} \prod_{f \in J} [0, 1]$ und $j^{-1}(\underset{J}{X} I_f \cap j(X)) = O' \subset O$. j^{-1} ist also in jedem $j(x)$ stetig. Die Umkehrung ist klar: Ist X homöomorph zu einem Unterraum eines Quaders, so ist mit diesem Quader nach dem Korollar zu 9.15 auch der Unterrraum und damit X ein $T_{3,5}$-Raum.

9.17 Wir wollen nun noch ein letztes Trennungsaxiom besprechen, das *H. Tietze* [1] einführte, als er die T_i-Systematik der Trennungsaxiome studierte [2]. Die bedeutende Charakterisierung der „T_4Räume" durch stetige Funktionen leistete *Urysohn* [3] nach Vorarbeiten von *Tietze* u. a. über gewisse Spezialfälle. Wir beginnen mit diesem Problemkreis.

Problem 3: Wir haben gesehen, daß auf einem $T_{3,5}$-Raum genügend viele stetige reellwertige Funktionen existieren, um die Topologie des Raumes vollständig zu kennzeichen. Wir haben das festgestellt, indem wir von einem einfachen Fortsetzungsproblem ausgingen: $x \in O \underset{\circ}{\subset} X$, $f(x) = 0$, $f(X \setminus O) = \{1\}$, dann gibt es eine stetige Fortsetzung F auf ganz X. Nun kann man versuchen, f auf $X \setminus O$ nicht konstant, sondern nur stetig vorzugeben und nach einer stetigen Fortsetzung zu fragen. Setzt man X als T_1-Raum voraus, so läuft das darauf hinaus, daß $f: A \to \mathbb{R}$ als stetig vorgegeben ist und nach einer stetigen Fortsetzung gesucht wird.

Offenbar muß ein Raum X, in dem dieses Problem stets lösbar ist, mindestens ein $T_{3,5}$-Raum sein, denn man kann ja $A := \{x\} \cup (X \setminus O)$ setzen. Es ist keineswegs einfach zu zeigen, daß die $T_{3,5}$-Eigenschaft nicht immer ausreicht. Die ersten Beispiele hat dazu *Tychonoff* [4] gegeben, wir bringen folgendes Beispiel:

9.18 *Beispiel:* Es sei $\mathbb{R}$ mit der folgenden Topologie $\mathcal{T}$ versehen: $\mathcal{T}$ hat die Basis $\{[a, b[\; / \; a, b \in \mathbb{R}\}$. (Offenbar ist die natürliche Topologie in $\mathcal{T}$ enthalten, also gröber. $(\mathbb{R}, \mathcal{T})$ ist $T_{3,5}$-Raum, denn $\mathcal{T}$ ist initiale Topologie bzgl. gewisser, rechtsseitig stetiger, monotoner Funktionen von $\mathbb{R}$ in sich.) Wir setzen nun $X := (\mathbb{R}, \mathcal{T}) \pi (\mathbb{R}, \mathcal{T})$ und $A := \{(t, -t) \; / \; t \in \mathbb{R}\}$. Wir behaupten, daß A eine abgeschlossene Teilmange von X ist: Da X sogar $T_{3,5}$-Raum ist, ist jedes $\{(t, -t)\}$ als einelementige Menge in X abgeschlossen. Außerdem haben alle diese einelementigen Mengen je eine Umgebung in X, nämlich $[t, t+1[\times [-t, -t+1[$, die A genau in $(t, -t)$ schneidet. A ist also Vereinigung eines lokalendlichen Systems abgeschlossener Mengen, also nach 4.5 abgeschlossen. Bezeichnet man nun mit Card(M) die Mächtigkeit einer Menge M, so gilt die folgende Ungleichung ($c := \text{Card}\, \mathbb{R}$):

$$\text{Card}\, C(A, \mathbb{R}) = \text{Card Abb}(A, \mathbb{R}) = \text{Card Abb}(\mathbb{R}, \mathbb{R}) = c^c > c = c^{\text{Card}\, \mathbb{N}} =$$

$$= \text{Card Abb}(\mathbb{Q} \times \mathbb{Q}, \mathbb{R}) \geqslant \text{Card}\, C(\mathbb{Q} \times \mathbb{Q} \text{ als Unterr. von } X, \mathbb{R}) = \text{Card}\, C(X, \mathbb{R}),$$

denn A ist diskreter Raum und $\mathbb{Q} \times \mathbb{Q}$ liegt dicht im Raum X. Wegen $\text{Card}\, C(A, \mathbb{R}) > \text{Card}\, C(X, \mathbb{R})$ kann nicht jede stetige Funktion $f: A \to \mathbb{R}$ stetig auf ganz X fortsetzbar sein.

---

1) Abh. Math. Sem. Hamburg, **2** (1923)

2) Vgl. auch Math. Ann., **88** (1923)

3) Math. Ann., **94** (1925)

4) Math. Ann. **102** (1930)

Urysohn hat nun mit der Technik, die wir schon in 7.7 benutzten, gezeigt, daß *Tietzes* – formal gewonnenes – T_4-Axiom zur Lösung hinreicht:

9.19 **Definition:** (a) ein topologischer Raum X heißt **normal**, wenn sich je zwei disjunkte abgeschlossene Teilmengen trennen lassen, d. h. zu $A, B \,\overline{\subset}\, X$ mit $A \cap B = \emptyset$ gibt es stets O, O' mit $A \subset O \underset{\circ}{\subset} X, B \subset O' \underset{\circ}{\subset} X$ und $O \cap O' = \emptyset$.

(b) Ein normaler T_1-Raum heißt **T_4-Raum.**

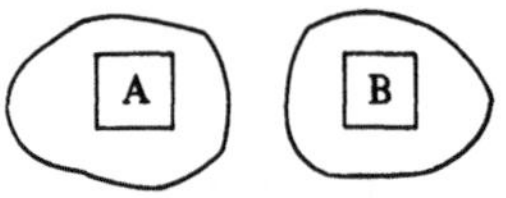

Bemerkung: Die Normalität und die T_4-Eigenschaft sind topologisch invariant.

9.20 *Beispiel:* Auf einer geordneten Menge $(X, \leqslant)$ werden verschiedene Topologien von den offenen bzw. linksoffenen bzw. rechtsoffenen „Intervallen" erzeugt. Dabei werden „Intervalle" wie in $\mathbb{R}$ erklärt: Etwa $]-\infty, a[\; := \{x \,/\, x < a\}$ oder $[a, b] := \{x \,/\, a \leqslant x \leqslant b\}$. (Vgl. Aufgabe 7 von Abschnitt 2 und 3.5(k) bzw. 9.20.)

„Die" **Ordnungstopologie** von $(X, \leqslant)$ wird von der Subbasis $\{]-\infty, a[,]b, \infty[\;/\; a, b \in X\}$ gegeben. Ist X als Vereinigung offener Intervalle $]a, b[$ darstellbar (X hat keine maximalen Elemente), so bilden diese eine Basis der Ordnungstopologie, denn für $b \leqslant a$ ist $]a, b[\; = \emptyset$.

Eine geordnete Menge kann als Ordnungstopologie die indiskrete Topologie haben: Jedes x ist nur mit sich selbst vergleichbar (triviale Ordnung). Dagegen gilt:

Eine total geordnete Menge ist mit der Ordnungstopologie ein T_4-Raum. (Insbesondere ist also $\mathbb{R}$ normal.)

Zum Beweis benutzen wir die Aufgabe A.65 aus Querenburg [2]: In der total geordneten Menge $(X, \leqslant)$ heißt eine Teilmenge M konvex, wenn mit $a, b \in M$ stets auch $[a, b] \subset M$.ist. Die konvexen Komponenten von M sind die maximalen konvexen Teilmengen von M.

Es seien nun zwei disjunkte abgeschlossene Teilmengen $A, B \neq \emptyset$ von $(X, \leqslant)$ gegeben. Für $a, a' \in A$, $b, b' \in B$ und $c \in [a, a'] \cap [b, b']$ ist stets $a < b \leqslant c$ oder $b < a \leqslant c$, daher ist $b \in [a, a']$ oder $a \in [b, b']$. Setzt man nun

$$A' := \bigcup_{a, a' \in A,\, [a, a'] \cap B = \emptyset} [a, a'] \quad \text{und} \quad B' := \bigcup_{b, b' \in B,\, [b, b'] \cap A = \emptyset} [b, b'],$$

so ist $A' \cap B' = \emptyset$. Nun bestehen A' und B' aus disjunkten Vereinigungen konvexer Komponenten A_i' bzw. B_j'. Ist A_i' „rechts offen", d. h. offen im Unterraum $[a, \infty[$ mit $a \in A_i'$, so setze man $A_i'' := A_i'$. Andernfalls hat A_i' ein maximales Element a_i. Es muß nun ein $d_i > a_i$ mit $[a_i, d_i[\; \cap B' = \emptyset$ geben, sonst wäre $a_i \in A \cap B$. Man kann also das nicht offene A_i' rechts öffnen, indem man $A_i'' := A_i' \cup [a_i, d_i[$ setzt. Analog kann man die A_i'' auch als links offen annehmen. Dann ist $A'' := \bigcup A_i''$ Vereinigung offener konvexer Komponenten A_i'', also offen mit $A'' \cap B' = \emptyset$.

Wir wollen nun zeigen, daß man auch die Komponenten von B' in $X \setminus A''$ öffnen kann. Ist B_j' rechts offen, so setze man $B_j'' := B_j'$. Andernfalls hat B_j' ein maximales Element $b_j \in B$. Gibt es dann ein $c > b_j$ mit $[b_j, c[\; \cap A'' = \emptyset$, so setze man $B_j'' := B_j' \cup [b_j, c[$. Ist B_j' nicht rechts offen und gäbe es dann kein solches c, so wäre $b_j \in B \cap \overline{A''}$. Dann enthielte jedes $[b_j, c[$ für $c > b_j$ Punkte $a'' \in A''$. Ist $a'' \notin A$, so gäbe es ein $a_0 \in [b_j, c[\; \cap A''$ mit $a_0 \in A$ oder $a_0 = d_i$ für ein i. Im letzteren Fall müßten zwischen b_j und d_i noch Punkte von A liegen, sonst wäre $[b_j, d_i[\; \cap A'' = \emptyset$. Es müßte also ein $a_0 \in [b_j, c[\; \cap A$ für jedes $c > b_j$ geben, d. h. b_j wäre (als Element von B) Berührpunkt von A, was der Voraussetzung über A, B widerspräche. Hat also B_j' ein maximales Element und ist nicht rechts offen, so kann man es mit einem geigneten c nach rechts öffen. Analog kann man B_j'' auch nach links öffnen, ohne A'' zu treffen. Man darf also auch B_j'' als offen annehmen. Durch A'' bzw. $B'' := \bigcup B_j''$ sind dann disjunkte offene Obermengen von A bzw. B gegeben.

Der Nachweis der T_1-Eigenschaft ist trivial: $\{x\} = X \setminus (]-\infty, x[\cup]x, \infty[)$ ist stets abgeschlossen.

9.21 *Theorem von Tietze/Urysohn:* Für einen topologischen Raum X sind äquivalent:

(a) X ist normal.
(b) Zu disjunkten $A, B \overset{-}{\subset} X$ gibt es ein stetiges $f: X \to [0, 1]$ mit $f(A) = \{0\}, f(B) = \{1\}$.
(c) Sind $A \overset{-}{\subset} X$ und $f: A \to \mathbb{R}$ stetig, so gibt es ein stetiges $F: A \to \mathbb{R}$ mit $F|A = f$.

Zusatz: Sind X normal, $A \overset{-}{\subset} X$ und $f: X \to J$ stetig, wobei J ein reelles Intervall ist, so gibt es eine stetige Fortsetzung $F: X \to J$ mit $F|A = f$ (vgl. den Beweis von (5)!).

Beweis:

(a) ⇒ (b): Sind $A, B \overset{-}{\subset} X$ mit $A \cap B = \emptyset$, so gibt es zu $O := X \setminus B \supset A$ ein $U_0 \underset{\circ}{\subset} X$ mit $A \subset U_0 \subset \overline{U_0} \subset O$, denn es gibt nach (a) disjunkte $U_0, U_0' \underset{\circ}{\subset} X$ mit $A \subset U_0$, $B \subset U_0'$ und folglich $\overline{U_0} \subset X \setminus U_0' \subset X \setminus B$. (Dabei braucht O nur irgendeine offene Obermenge von A zu sein!)

Wir setzen nun $U_1 := X \setminus B = O$ und konstruieren induktiv über n für jedes $s = k/2^n \in [0, 1]$ offene Mengen $U_{k/2^n}$ mit folgenden Eigenschaften:

$$A \subset U_s \subset X \setminus B \qquad \text{und} \tag{1}$$

$$\text{für } s < s' \text{ ist } \overline{U_s} \subset U_{s'}. \tag{2}$$

Für n = 0 sind U_0, U_1 schon konstruiert.

Hat man $U_{k/2^n}$ für alle $0 \leqslant k \leqslant 2^n$ konstruiert, so sind auch die $U_{k/2^{n+1}}$ für die geraden k schon konstruiert, und für ungerades $0 \leqslant k \leqslant 2^{n+1}$ ist dann

$$\overline{U_{\frac{k-1}{2^{n+1}}}} \subset U_{\frac{k+1}{2^{n+1}}} \underset{\circ}{\subset} X \setminus B \underset{\circ}{\subset} X.$$

Man kann also ein $U_{k/2^{n+1}} \underset{\circ}{\subset} X$ mit

$$\overline{U_{\frac{k-1}{2^{n+1}}}} \subset U_{\frac{k}{2^{n+1}}} \subset \overline{U_{\frac{k}{2^{n+1}}}} \subset U_{\frac{k+1}{2^{n+1}}}$$

wählen. Offenbar erhält man so die gewünschten U_s für $s \in \{k/2^n \,/\, k, n \in \mathbb{N}_0$ mit $0 \leqslant k \leqslant 2^n\}$ mit (1) und (2).

Statt U_1 setzen wir nun die Menge X und definieren $f: X \to [0, 1]$ durch $f(x) := \inf\{s \,/\, x \in U_s$ und $s \in [0, 1]$ Dualbruch$\}$. Offenbar ist $f(A) = \{0\}, f(B) = \{1\}$. Sind nun $x \in X$ und $\epsilon \in \mathbb{R}_+$ gegeben, so wähle man Dualbrüche s, t mit $f(x) - \epsilon < s < f(x) < t < f(x) + \epsilon$. Für negatives s setze man $U_s := \emptyset$ und für $t > 1$

setze man $U_t := X$. Außerdem seien $s < 1, t > 0$. Dann ist für $y \in U_t$ $f(y) \leq t$ und für $y \in X \setminus \overline{U_s}$ $f(y) \geq s$, also $f(U_t \setminus \overline{U_s}) \subset]f(x) - \epsilon, f(x) + \epsilon[$, wobei noch $(U_t \setminus \overline{U_s}) \in \mathcal{U}_X(x)$ ist. f ist also stetig und erfüllt (b).

(b) ⇒ (c): Dieser Beweis verläuft in drei Schritten (3), (4) und (5):

(3): Ist $g : A \to]-1, 1[$ stetig, dann gibt es ein stetiges $h : X \to [-\frac{1}{3}, \frac{1}{3}]$ mit $|g(a) - h(a)| \leq \frac{2}{3}$ für alle $a \in A$.

Beweis dazu: $A_+ := \{a \in A \,/\, g(a) \geq \frac{1}{3}\}$ bzw. $A_- := \{a \in A \,/\, g(a) \leq -\frac{1}{3}\}$ sind nach Beispiel 4.3(e) disjunkte abgeschlossene Teilmengen von A und X. Wegen (b) gibt es ein stetiges $k : X \to [0, 1]$ mit $k(A_+) = \{0\}, k(A_-) = \{1\}$. Man setze nun $h(x) := \frac{1}{3} - \frac{2}{3} k(x)$, dann ist $h : X \to \mathbb{R}$ stetig. Außerdem ist $k(X) \subset [-\frac{1}{3}, \frac{1}{3}]$, und für $a \in A_+$ ist $|g(a) - h(a)| = |g(a) - \frac{1}{3}| \leq \frac{2}{3}$, für $a \in A_-$ ist $|g(a) - h(a)| = |g(a) + \frac{1}{3}| \leq \frac{2}{3}$, und für $a \in A \setminus (A_+ \cup A_-)$ ist $|g(a) - h(a)| = |g(a) - \alpha|$ mit $|g(a)| \leq \frac{1}{3}$ und $|\alpha| \leq \frac{1}{3}$.

(4): Ist $g : A \to]-1, 1[$ stetig, dann gibt es ein stetiges $G : X \to [-1, 1]$ mit $G|A = g$.

Beweis dazu: Wendet man auf g das Ergebnis von (3) an, so erhält man ein

$$g_0 := h : X \to [-\tfrac{1}{3}, \tfrac{1}{3}] \quad \text{mit} \quad |g(a) - g_0(a)| \leq \tfrac{2}{3} \quad \text{für} \quad a \in A.$$

Nun wendet man das Ergebnis (3) auf die Funktion $(g - g_0|A) : A \to [-\frac{2}{3}, \frac{2}{3}]$ an und erhält ein stetiges

$$g_1 : X \to [-\tfrac{1}{3} \cdot \tfrac{2}{3}, \tfrac{1}{3} \cdot \tfrac{2}{3}] \quad \text{mit} \quad |g(a) - g_0(a) - g_1(a)| \leq \tfrac{2}{3} \cdot \tfrac{2}{3} \quad \text{für} \quad a \in A.$$

Hat man nun analog

$$g_2, g_3, \ldots, g_n : X \to [-\tfrac{1}{3} \cdot (\tfrac{2}{3})^i, \tfrac{1}{3} \cdot (\tfrac{2}{3})^i]$$

bestimmt, so verschafft man sich wieder mit (3) ein

$$g_{n+1} : X \to [-\tfrac{1}{3} (\tfrac{2}{3})^{n+1}, \tfrac{1}{3} (\tfrac{2}{3})^{n+1}] \quad \text{mit} \quad |g(a) - g_0(a) - \ldots - g_{n+1}(a)| \leq \tfrac{2}{3} \cdot (\tfrac{2}{3})^{n+1}.$$

Setzt man nun für $n \in \mathbb{N}_0$ $G_n := \sum_0^n g_i$, so erhält man eine gleichmäßig konvergente Folge stetiger Funktionen von X nach $[-1, 1]$, die nach 3.6 gegen ein stetiges $G : X \to \mathbb{R}$ konvergiert. Natürlich ist $G(X) \subset [-1, 1]$. Für $a \in A$ ist überdies

$$|g(a) - G(a)| = |g(a) - \lim G_n(a)| = \lim |g(a) - G_n(a)| \leq (\tfrac{2}{3})^{n+1} \quad \text{für alle} \quad n \in \mathbb{N},$$

also $G|A = g$.

(5): Ist nun $f : A \to \mathbb{R}$ stetig, so betrachte man $g := l \circ f : A \to]-1, 1[$, wobei $l : \mathbb{R} \to]-1, 1[$ der durch $l(t) := \frac{t}{1 + |t|}$ definierte Homöomorphismus ist. (Die Inverse l^{-1} lautet $s \mapsto s/(1 - |s|)$.) Nach (4) hat g eine stetige Fortsetzung $G : X \to [-1, 1]$. Die Menge $A_1 := G^{-1}(\{\pm 1\}) = \{x \in X \,/\, |G(x)| = 1\}$ ist abgeschlossen in X und disjunkt zu A. Es gibt daher nach (b) ein stetiges $\varphi : X \to [0, 1]$ mit $\varphi(A) = \{1\}, \varphi(A_1) = \{0\}$. Setzt man nun $G' := \varphi \cdot G$, so ist G' eine stetige Abbildung von X in $]-1, 1[$ mit $G'|A = g = l \circ f$. Setzt man nun $F := l^{-1} \circ G'$, so hat man eine stetige Funktion von X in $\mathbb{R}$ mit $F|A = f$ gefunden.

(c) ⇒ (a): Sind $A, B \overline{\subset} X$ mit $A \cap B = \emptyset$ gegeben, so setze man $f: A \cup B \to \mathbb{R}$ durch $f(A) := \{0\}, f(B) := \{1\}$ fest. f ist dann stetig, und $A \cup B$ ist abgeschlossen in X. Nach (c) gibt es ein stetiges $F: X \to \mathbb{R}$ mit $F|A \cup B = f$. Dann sind $F^{-1}(]\frac{1}{2}, \frac{3}{2}[)$ bzw. $F^{-1}(]-\frac{1}{2}, \frac{1}{2}[)$ disjunkte offene Obermengen von B bzw. A. X ist also normal.

9.22 *Bemerkungen und Beispiele:*

a) Jeder T_4-Raum ist nach 9.21(b) auch ein $T_{3,5}$-Raum. Das Beispiel 9.18 zeigt, daß die Umkehrung nicht gilt (vgl. auch 12.4!).

b) **Jeder pseudometrische Raum ist normal:**

Es sei $A \overline{\subset} (M, d)$. Es ist dann $d_A(x) = \inf_{a \in A} d(x, a)$ genau dann null, wenn $x \in A$ ist. (Ist nämlich $d_A(x) = 0$, so gibt es eine Folge $(a_i)_{\mathbb{N}}$ aus A mit $(d(x, a_i)) \to 0$, d. h. jede Kugel um x schneidet A oder $x \in \overline{A} = A$.)

Sind nun $A, B \overline{\subset} X$ mit $A \cap B = \emptyset$ gegeben, so gibt $f := d_A/(d_A + d_B)$ eine stetige Funktion von (M, d) nach [0, 1], die auf A verschwindet und für $x \in B$

$$f(x) = d_A(x)/(d_A(x) + d_B(x)) = d_A(x)/d_A(x) = 1$$

liefert. Nach 9.21(b) ist damit (M, d) normal.

c) Jeder metrische Raum ist T_4-Raum und hat damit alle bisher diskutierten Trennungseigenschaften.

d) Jeder reguläre Raum, der das 2. Abzählbarkeitsaxiom erfüllt (s. 12.7), ist normal.

e) Jeder **kompakte Raum ist T_4-Raum** (s. 11.5).

f) Unterräume und Produkte normaler Räume brauchen nicht normal zu sein (vgl. Beispiel 9.18). Trivialerweise gilt aber der wichtige

9.23 Satz: Ein Unterraum eines T_4-Raumes ist ein $T_{3,5}$-Raum. Ein abgeschlossener Unterraum eines T_4-Raumes ist T_4-Raum.

Aufgaben:

1. Man gebe die gröbste T_1-Topologie auf einer Menge M an.
2. Man gebe einen abzählbaren nicht-diskreten T_2-Raum an.
3. Für welche i = 0, 1, 2, 3 gilt: Die Fixpunktmenge einer stetigen Selbstabbildung eines T_i-Raumes ist abgeschlossen? (Für i = 1 betrachte man die Komplement-abzählbar-Topologie auf $\mathbb{R}$ und die Funktion $f(t) := \max(|t|, t^2)$.)
4. Seien X ein topologischer Raum, Y ein Hausdorff-Raum, $f: X \to Y$ stetig. Man zeige, daß X/f hausdorffsch ist.
5. Sind X ein T_1-Raum, $A \subset X$, $x \in Hp(A)$, dann enthält jedes $U \in \mathcal{U}_X(x)$ unendlich viele Elemente von A.
6. X ist genau dann T_1-Raum, wenn jeder Punktfilter gegen genau einen Punkt konvergiert.
7. X ist genau dann T_2-Raum, wenn für $x \in X$ stets $\{x\} = \bigcap \mathcal{U}(x)$ ist.
8. Ist X aus Beispiel 9.18 eine topologische Gruppe? Ist dieser Raum normal (vgl. 12.4 bzw. 3.5(k))?
9. X sei T_4-Raum, $A \overline{\subset} X$, dann ist X/A T_2-Raum.
10. Ist $f: X \to Y$ stetig und Y T_2-Raum, so ist Graph $f \overline{\subset} X \pi Y$. (*Hinweis:* Betrachte $pr_2, f \circ pr_1: X \pi Y \to Y$ und 9.5(a).)

Übersicht zu den Trennungsaxiomen:

Name	Definition	Leistung	Übertragung bei initialen Konstruktionen
T_0		reicht bei uniformen Räumen zum Nachweis von $T_{3,5}$	bei Punktetrennung
T_1	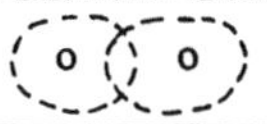	$\{x\} = \overline{\{x\}}$	bei Punktetrennung
T_2		eindeutige Konvergenz, abg. Inzidenzmenge bei zwei stetigen Abbildungen in einen T_2-Raum	bei Punktetrennung
regulär		$\mathcal{U}(x)$ hat Basis aus abgeschlossenen Umgebungen	stets
T_3	T_1 & regulär		bei Punktetrennung
vollständig regulär	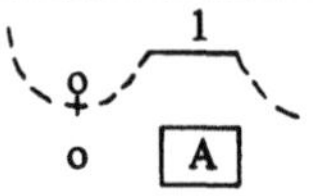	Uniformisierbarkeit, Existenz genügend vieler stetiger reellwertiger Funktionen	stets
$T_{3,5}$	T_1 & vollständig regulär	Einbettung in Quader	bei Punktetrennung
normal		*Tietze/Urysohn*	abgeschlossene Unterräume
T_4	T_1 & normal		abgeschlossene Unterräume

$$T_4 \Rightarrow T_{3,5} \Rightarrow T_3 \Rightarrow T_2 \Rightarrow T_1 \Rightarrow T_0 \not\Rightarrow T_1 \not\Rightarrow T_2 \not\Rightarrow T_3 \not\Rightarrow T_{3,5} \not\Rightarrow T_4$$

10. Zusammenhang

In der Einleitung zu Abschnitt 3 wurde bereits angedeutet, daß Stetigkeit und Zusammenhang anschaulich eng verknüpfte Begriffe sind. (Dem Leser sei empfohlen, diese Einleitung nochmals zu überdenken!) Obwohl eine gewisse Vorstellung vom „punktalen Zusammenhang" schon in die Definition stetiger Funktionen einfloß, bereitet die Präzisierung der naiven Anschauung vom Zusammenhang gewisse Schwierigkeiten, die es insbesondere verhindern, stetige Funktionen vom Zusammenhang ihrer Graphen her bequem zu erfassen. Wir werden sehen, daß die Aussage „stetige Funktionen von $\mathbb{R}$ nach $\mathbb{R}$ sind solche, deren Graph sich in einem Zug durchzeichnen läßt" tückisch ist (vgl. 10.6(f) und Abschnitt 13).

10. Zusammenhang

Da die Zusammenhangsbegriffe wesentlich von der geometrischen Anschauung kommen, ist es wichtig, sie von vornherein mit der richtigen geometrischen Intuition zu begreifen, um sie dann erfolgreich einsetzen zu können. Wir werden deshalb zunächst etwas weiter ausholen, bevor wir die zentrale Definition 10.1 geben.

Topologie wird, insbesondere in der Unterhaltungsmathematik, oft als die Lehre von den stetigen Verformungen geometrischer Gebilde beschrieben. Was eine stetige Verformung ist, läßt sich anschaulich etwa mit „dehnen, schrumpfen, verbiegen, verzerren, umstülpen usw." beschreiben. Problematisch wird ein solcher Begriff von Topologie, wenn es darum geht, gewisse Formen des „Zerreißens" auszuschließen. Nehmen wir ein Beispiel: Der gewöhnliche Einheitskreis S^1 ist sicherlich homöomorph zur verknoteten Linie L, also ihr topologisch äquivalent. Anschaulich kann man das nur verifizieren,

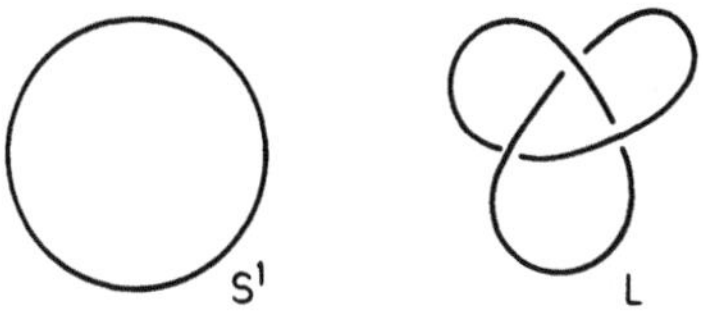

wenn man L aufschneidet und schließlich wieder „in der richtigen Weise zusammenklebt" (vgl. Abschnitt 15). Verbietet man bei den stetigen Verformungen jede Form des „Zerreißens und richtigen Wiederverklebens", so erhält man tatsächlich einen sehr speziellen Begriff topologischer Äquivalenz, auf den wir in Abschnitt 14 zurückkommen werden. Hier soll zunächst nur interessieren, daß dem „Zerreißen" topologischer Räume großes Interesse zukommt.

Bleiben wir noch einen Moment bei der naiven Beschreibung stetiger Verformungen. Im Sinne dieser „Definition" sind offenbar die Figuren A und B topologisch äquivalent, man kann sie ineinander verbiegen. Nicht äquivalent sind dagegen die Figuren B und C. Warum? Figur C weist im Punkte P eine Verzweigung auf, und daran kann keinerlei stetige Verformung etwas ändern. Dieses Argument wollen wir noch etwas präzisieren: Die Figuren B und C sind nicht homöomorph, gäbe es nämlich einen Homöomorphismus $h: C \to B$, so induzierte dieser einen Homöomorphismus $h': C \setminus \{P\} \to B \setminus \{h(P)\}$, und es ist undenkbar, daß die „zweiteilige" Figur $C \setminus \{P\}$ zu der „einteiligen" Figur $B \setminus \{P'\}$ homöomorph sein sollte.

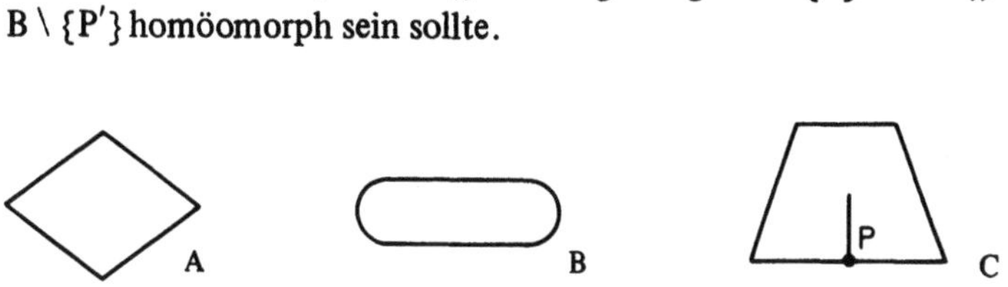

Tatsächlich ist diese Argumentation korrekt. Es muß natürlich noch geklärt werden, was eine einteilige Figur ist und warum sie nicht homöomorph zu einer zweiteiligen sein kann. Warum sind in $\mathbb{R}$ die Mengen $[0, 1]$ bzw. $[0, 1[\cup]1, 2]$ einteilig bzw. zweiteilig? Nehmen wir an, wir sollten einen sehr dünnen Stab von 1 m Länge halbieren. Jedermann wird einsehen, daß dies – wenigstens prinzipiell – beliebig genau gelingt. Verdünnt man den Stab noch mehr, so gelingt es immer noch. Nimmt man schließlich an, wir hätten es mit dem Intervall $[0, 1]$ statt des Stabes zu tun, so gelingt die Zerlegung in zwei kongruente Hälften nicht mehr, weil der Punkt $1/2$ nicht halbiert werden kann. Erst die Menge $[0, 1/2[\cup]1/2, 1]$ kann wieder ordentlich halbiert werden!

Hinter dieser harmlosen Beobachtung steckt im Grunde die tiefste Eigenschaft der reellen Zahlen: ihre Lückenlosigkeit, „Stetigkeit" oder – wie man üblicherweise sagt – Vollständigkeit. *Richard Dedekind* gelang es als erstem[1], $\mathbb{R}$ unter den angeordneten Körpern durch die folgende Eigenschaft zu charakterisieren: Denkt man sich $\mathbb{R}$ (bzw. $\mathbb{Q}$) irgendwie in zwei disjunkte, nichtleere Teilmengen A, B zerlegt, wobei kein Punkt von B kleiner als ein Punkt von A ist, so gibt es genau ein $s \in \mathbb{R}$ mit $A \leqslant s \leqslant B$. (Vergleicht man mit $A, B \subset \mathbb{Q}$, so muß ein archimedischer Körper vorausgesetzt werden.) Eine solche Zerlegung (A, B) von $\mathbb{R}$ bzw. $\mathbb{Q}$ nennt man einen Dedekindschen Schritt, und man kann, nach *Dedekind*, $\mathbb{R}$ aus $\mathbb{Q}$ gewinnen, indem man künstliche „Zahlen" s hinzufügt, wo sie fehlen. Bis auf Isomorphie sind die vollständigen archimedischen Körper durch diese Eigenschaft charakterisierbar und alle gleich. $\mathbb{R}$ ist also unter den archimedischen Körpern dadurch ausgezeichnet, daß keine Zerlegung in zwei gleichartige Intervalle (beide offen oder halbabgeschlossen) ohne Rest „s" möglich ist. In diesem Sinne besteht $\mathbb{R}$ und jedes Intervall nur aus einem Stück.

Um diese Zusammenhangseigenschaft auch in beliebigen topologischen Räumen formulieren zu können, muß man sich von der Ordnungsstruktur lösen. *Tatsächlich sind weder* $\mathbb{R}$ *noch irgendwelche Teilintervalle* J *in zwei disjunkte offene Teilmengen* A, B *zerlegbar, es sei denn, eine davon wäre leer:*

Seien $A, B \underset{\circ}{\subset} J$ mit $A \cap B = \emptyset$ und $A \cup B = J$, wobei $J \subset \mathbb{R}$ irgendein Intervall ist (z. B. $J =]-\infty, +\infty[= \mathbb{R}$). Wären weder A noch B leer, so gäbe es $a \in A$, $b \in B$ mit $a < b$ (notfalls A und B vertauschen). Setzte man nun $\alpha := \sup \{x \,/\, [a, x[\subset A\}$, dann wären $\alpha \leqslant b$, $\alpha \in J$ (Intervall!) und $[a, \alpha[= \bigcup_{a<x<\alpha} [a, x[\subset A$. Da $A = J \setminus B$ abgeschlossen in J ist, müßten $\alpha \in A$ und folglich $\alpha < b$ sein. Da A offen in J ist, müßte es $\epsilon \in \mathbb{R}_+$ mit $\alpha + \epsilon < b$ und $(]\alpha - \epsilon, \alpha + \epsilon[\cap J) \subset A$ geben. Da J ein Intervall ist, müßte sogar $[a, \alpha + \epsilon[\subset A$ sein, was nach Wahl von α unmöglich ist. Es muß also $A = \emptyset$ oder $B = \emptyset$ gelten.

(Man beachte, daß hier Vollständigkeit und Archimedizität von $\mathbb{R}$ bei der Existenz von α als Supremum einer beschränkten Menge benutzt wurden (vgl. 8, 10 und 10.3(b)). Die Existenz der Suprema beschränkter Teilmengen ist die moderne Übersetzung der Dedekindschen Schnitteigenschaft. Sie verbirgt sich übrigens auch in der Formulierung: Alle Dezimalzahlen stellen reelle Zahlen dar!)

---

[1]) Stetigkeit und Irrationale Zahlen, 1872

10.1 **Definition:** (*Jordan, Riesz, Lennes, Haudorff*)

Eine **Zerlegung** (A, B) eines topologischen Raumes X besteht aus zwei Teilmengen A, B von X mit $A \neq \emptyset, B \neq \emptyset, A \cap B = \emptyset$ und $A \cup B = X$.

Eine Zerlegung (A, B) heißt offen bzw. abgeschlossen, wenn es A und B in X sind.

Ein topologischer Raum X heißt **zusammenhängend**, wenn es keine offene Zerlegung von X gibt. Eine Teilmenge M eines topologischen Raumes X heißt zusammenhängend, wenn M es als topologischer Unterraum ist. Die (Zusammenhangs-)**Komponente** C(x) eines Punktes x in einem topologischen Raum X ist die Vereinigung aller zusammenhängenden Teilmengen von X, die x enthalten.

10.2 **Satz:**

(a) Die zusammenhängenden Teilmengen von $\mathbb{R}$ (natürliche Topologie!) sind genau die Intervalle.

(b) Stetige Funktionen und insbesondere Homöomorphismen bilden zusammenhängende Mengen auf ebensolche ab.

(c) Sind $f: X \to \mathbb{R}$ stetig und X zusammenhängend, so gilt der Zwischenwertsatz, d.h. zu $f(x) \leq c \leq f(x'')$ gibt es stets mindestens ein $x' \in X$ mit $f(x') = c$.

Beweis:

a) Daß Intervalle zusammenhängend sind, haben wir schon in der Einleitung oben gesehen. Ist $J \subset \mathbb{R}$ dagegen kein Intervall, so gibt es $a, c \in J$ und $b \in \mathbb{R} \setminus J$ mit $a < b < c$, und durch $A := J \cap]-\infty, b[$, $B := J \cap]b, +\infty[$ ist dann eine offene Zerlegung von J gegeben, d.h. J kann auch nicht zusammenhängend sein.

b) Es seien $f: X \to Y$ stetig und (A', B') eine offene Zerlegung von f(X). Da auch $f: X \to f(X)$ stetig ist, gibt $(f^{-1}(A'), f^{-1}(B'))$ eine offene Zerlegung von X, d.h. X kann nicht zusammenhängend sein. (Ist X dagegen zusammenhängend, so muß für $A'', B'' \overset{\circ}{\subseteq} Y$ mit $A'' \cap B'' = \emptyset$, $A'' \cup B'' = Y$ stets $A'' \cap f(X) = \emptyset$ oder $B'' \cap f(X) = \emptyset$ sein, sonst hätte man eine offene Zerlegung von f(X).)

c) Nach (b) ist f(X) eine zusammenhängende Teilmenge von $\mathbb{R}$, also nach (a) ein Intervall.

10.3 *Bemerkungen und Beispiele:*

a) Nachdem *Cantor* 1883 einen Zusammenhangsbegriff angegeben hatte, der sich später als unhandlich, nicht topologisch invariant und gelegentlich unanschaulich erwiesen hat (s. 11.31), gab *C. Jordan* 1893 in der 2. Auflage seines Cours d'Analyse die moderne Definition in Form abgeschlossener Zerlegungen. (Ist (A, B) eine offene Zerlegung von X, so sind natürlich auch $A = X \setminus B$ und $B = X \setminus A$ abgeschlossen, d. h. abgeschlossen und offene Zerlegungen sind gleich.) *Riesz* ergänzte später den Begriff der zusammenhängenden Teilmenge[1]). Unabhängig davon wurden diese Begriffe dann nochmals von *N. J. Lennes*[2]) und *F. Hausdorff* (1914) gefunden und seit *Hausdorffs* Werk systematisch studiert. Hausdorff führte auch den Begriff der (Zusammenhangs-)Komponente ein.

Einfache Beispiele zusammenhängender Räume sind die indiskreten topologischen Räume und die überabzählbaren Mengen mit der Komplement-endlich- bzw. Komplement-abzählbar-Topologie. Ebenso der Sierpinski-Raum. In zusammenhängenden Räumen hat jeder Punkt als Komponente den ganzen Raum.

b) Es sei X eine total geordnete Menge mit der Ordnungstopologie (vgl. Beispiel 9.20). Ist X zusammenhängend, so hat jede nicht-leere, nach oben beschränkte Teilmenge ein Supremum in X.

Gibt man nämlich $\emptyset \neq M \leqslant a \in X$ vor und ist a nicht schon Supremum von M, so betrachte man $A := \bigcup_{m \in M}]-\infty, m[$. Dies ist eine offene Teilmenge von X. Ist A leer, so ist $M = \{m_0\}$ einelementig mit $m_0 = \sup M$. Ist A nicht leer, so kann A nicht zugleich abgeschlossen sein, sonst hätte man in $(A, X \setminus A)$ wegen $a \in X \setminus A$ eine offene Zerlegung von X. Es muß also ein $s \in \partial A = \bar{A} \setminus A$ geben. Ist $A \leqslant t \in X$, so muß $t \geqslant s$ sein, sonst wäre $]t, \infty[$ Umgebung von s, die A nicht schneidet ($s \in \bar{A}$!), d. h. es ist $s = \sup A$. Enthält M nun kein maximales Element (und damit sein Supremum), so ist $M \subset A$ und $\sup M = \sup A = s$.

Die umgekehrte Behauptung wäre nicht immer richtig: $\mathbb{Z}$ mit der Ordnungstopologie ist diskret und damit unzusammenhängend, obwohl jede nichtleere, nach oben beschränkte Teilmenge ein Supremum in $\mathbb{Z}$ hat: Analysiert man den Beweis vor 10.1 für die Zusammenhangseigenschaft der Intervalle von $\mathbb{R}$, so erhält man folgendes abgeschwächte Ergebnis:

Für einen total geordneten Raum mit der Ordnungstopologie gilt:

X ist genau dann zusammenhängend, wenn jede nichtleere, nach oben beschränkte Teilmenge ein Supremum hat und wenn aus $[\alpha, \infty[\,\overset{\circ}{\subset}\, X$ stets $\alpha = \min X$ folgt. (Die letzte Bedingung sagt, daß es keine offenen und zugleich links-abgeschlossenen Intervalle in X gibt, außer eventuell X selbst.)

Ist X zusammenhängend, so ist die Supremumsaussage schon oben gezeigt worden. Wäre ein $[\alpha, \infty[$ offen in X, so hätte man entweder in $(]-\infty, \alpha[, [\alpha, \infty[)$ eine offene Zerlegung von X (im Widerspruch zum Zusammenhang) oder es wäre $]-\infty, \alpha[= \emptyset$, d. h. $\alpha = \min X$.

Hat umgekehrt X die Supremumseigenschaft und ist (A, B) eine offene Zerlegung von X, so gäbe es (notfalls umbenennen) $a \in A, b \in B$ mit $a < b$. Die Menge $C := \{x \mid [a, x[\subset A\}$ ist nach oben durch b beschränkt. Überdies ist $C \neq \emptyset$, denn wegen der Offenheit von A hat a in A eine Umgebung der Form $\bigcap_1^n]-\infty, b_i[\cap \bigcap_1^m]a_j, \infty[=]\max a_j, \min b_i[$, d. h. $\min b_i \in C$. Setzt man nun $\alpha := \sup C$, so kann α nicht in A sein (wähle analoge Umgebung in A : α wäre nicht optimal), also muß $\alpha \in B$ sein. Dann ist jedoch $(B \cap]a, \infty[) \cup]\alpha, \infty[= [\alpha, \infty[$ offen in X und von X verschieden. (Vgl. auch Aufgabe 11!)

c) In diskreten Räumen und $\mathbb{Q}$ sind die einzigen zusammenhängenden Mengen $\emptyset$ und die einelementigen Teilmengen. Alle Komponenten sind also einelementig, man nennt Räume mit dieser Eigenschaft **total zusammenhängend**. Am Beispiel $\mathbb{Q}$ sieht man, daß Zusammenhang nicht erblich ist.

d) $S^0 = (\{-1, 1\}$, diskrete Topologie) ist nicht zusammenhängend, dagegen sind für $n \geqslant 1$ alle Sphären S^n und Kugeln $B^n := \{x \in \mathbb{R}^n / |x| \leqslant 1\}$ zusammenhängend, ebenso jede konvexe Menge in einem topologischen Vektorraum über $\mathbb{R}$ oder $\mathbb{C}$. Wäre nämlich (A, B) eine offene Zerlegung von S^n, so könnte man $a \in A$ und $-a \neq b \in B$ wählen. Definierte man dann $f : I \to S^n$ durch $t \mapsto (ta + (1-t)\,b) / |ta + (1-t)\,b|$ (Weg von b nach a, s. u.), so wäre f(I) wegen 10.2 zusammenhängend. Man hätte jedoch in $(f(I) \cap A, f(I) \cap B)$ eine offene Zerlegung von f(I). Es kann also keine offene Zerlegung von S^n geben.

---

1) 1906, Math. naturw. Ber. Ungarn

2) Am. J. Math., **33** (1911)

Ist K eine konvexe Menge im topologischen $\mathbb{R}$- oder $\mathbb{C}$-Vektorraum E, so kann man analog argumentieren: Ist (A, B) eine offene Zerlegung von K, so wähle man $a \in A$, $b \in B$, setze $f(t) := ta + (1-t)b$ und argumentiere wie oben. Insbesondere sind also topologische $\mathbb{R}$- oder $\mathbb{C}$-Vektorräume zusammenhängend.

e) Bei den topologischen Vektorräumen übertrug sich der Zusammenhang von $\mathbb{R}$ bzw. $\mathbb{C} \cong \mathbb{R}^2$ über die Skalarmulitplikation. Bei topologischen Gruppen ist dies nicht möglich, daher gibt es unzusammenhängende topologische Gruppen: Neben den diskreten Gruppen ist hier vor allem die Gruppe $GL(n;\mathbb{R})$ der linearen Automorphismen des $\mathbb{R}^n$ interessant. (Da $\det: GL \to \mathbb{R}$ stetig ist und Bild $\det = \mathbb{R} \setminus \{0\}$ kein Intervall, kann $GL(n;\mathbb{R})$ nicht zusammenhängend sein. In der Linearen Algebra zeigt man, daß diese Gruppe genau zwei Zusammenhangskomponenten hat (Satz über Basisdeformationen). Darauf beruht die Theorie der Orientierung; vgl. 10.6(h).)

10.4 **Satz:** Für jeden topologischen Raum X sind äquivalent:

(a) X ist zusammenhängend.

(b) X hat keine abgeschlossene Zerlegung.

(c) X hat keine Zerlegung (A, B) mit $A \cap \overline{B} = \emptyset = \overline{A} \cap B$.

(d) In X sind nur $\emptyset$ und ganz X zugleich offen und abgeschlossen.

(e) Jede stetige Abbildung $f: X \to S^0$ ist konstant.

(f) Jede stetige Abbildung $f: X \to \mathbb{R}$ erfüllt den Zwischenwertsatz (vgl. 10.2(c)).

Beweis:

(a) ⇒ (b) ⇒ (c): Die Implikationen (a) ⇒ (b) ⇒ (c) sind offensichtlich. (A und B sind in jedem Fall zugleich offen und abgeschlossen.)

(c) ⇒ (d): Ist $A \subset X$ zugleich offen und abgeschlossen, so setze man $B := X \setminus A$. Dann gilt $A \cap \overline{B} = A \cap B = \overline{A} \cap B = \emptyset$. Wegen (c) darf (A, B) keine Zerlegung von X sein, d.h. $A = \emptyset$ oder $A = X$.

(d) ⇒ (e): Ist $f: X \to S^0 = (\{-1, +1\}, \text{diskret})$ stetig und nicht konstant, also surjektiv, so ist $f^{-1}(\{-1\})$ zugleich offen, abgeschlossen und von $\emptyset$, X verschieden.

(e) ⇒ (f): Es seien $f: X \to \mathbb{R}$ stetig und $f(x) < c < f(x'')$. Gäbe es kein $x' \in X$ mit $f(x') = c$, so könnte man $g: \mathbb{R} \setminus \{c\} \to S^0$ durch $g(t) := \begin{cases} -1 & \text{für } t < c \\ +1 & \text{für } t > c \end{cases}$ definieren und hätte in $g \circ f$ eine stetige Surjektion von X auf S^0.

(f) ⇒ (a): Hätte X eine offene Zerlegung (A, B), so wäre durch $f(A) := \{0\}$, $f(B) := \{1\}$ eine stetige Abbildung $f: X \to \mathbb{R}$ definiert, die nicht dem Zwischenwertsatz genügte.

Bemerkung: Die Bedingung (f) sagt aus, in welcher Weise stetige Abbildungen und Zusammenhang verknüpft sind. Stetige Abbildungen sind jedoch keineswegs die einzigen, die den Zwischenwertsatz garantieren (vgl. 10.6(f)). **Wegen (f) sind zusammenhängende $T_{3\frac{1}{2}}$-Räume einelementig oder überabzählbar** (man wähle ein stetiges $f: X \to I$ mit $f(a) = 0$, $f(b) = 1$, dann kommt jedes $t \in I$ als Bild mindestens eines Punktes von X vor). Hausdorff hat dies schon für metrische Räume gezeigt. Als P. Urysohn dieses Ergebnis auf allgemeinere Räume zu übertragen versuchte, stieß er auf die Klasse der normalen Räume und konnte als „Nebenergebnis" den viel bedeutenderen Satz 9.21 zeigen.[1]

[1] Math. Ann. 94 (1925).

Für theoretische Untersuchungen ist vor allem das Kriterium (e) nützlich, während (d) in den Anwendungen eine besondere Rolle spielt (vgl. 10.6(d)).

Bei der Konstruktion neuer Räume aus zusammenhängenden spielen die folgenden Permanenzeigenschaften eine Rolle (i. a. bleibt der Zusammenhang weder bei intialen noch bei finalen Konstruktionen erhalten):

10.5 **Satz:** Für topologische Räume $X, X_i \neq \emptyset (i \in J)$ und Teilmengen $A, A_i (i \in J)$ von X gelten:

(a) Ist A zusammenhängend und ist B mit $A \subset B \subset \bar{A}$ gegeben, so ist auch B zusammenhängend. Dies gilt insbesondere für $\bar{A}$.

(b) $\prod_{i \in J} X_i$ ist genau dann zusammenhängend, wenn es alle Faktoren sind.

(c) Sind alle A_i zusammenhängend und gibt es zu $x, y \in A := \bigcup A_i$ stets eine endliche Verbindungskette, d.h. $A_{i_1}, \ldots, A_{i_n}$ mit $x \in A_{i_1}, y \in A_{i_n}$ und $A_{i_j} \cap A_{i_{j+1}} \neq \emptyset$ $(j = 1, \ldots, n-1)$, so ist auch A zusammenhängend.

(d) Sind alle A_i zusammenhängend und ist $\bigcap A_i \neq \emptyset$, so ist auch $\bigcup A_i$ zusammenhängend.

(e) Die (Zusammenhangs)Komponente eines Punktes ist die größte zusammenhängende Menge, die diesen Punkt enthält.

(f) Quotienten zusammenhängender Räume sind zusammenhängend.

Beweis:

(a) Es sei $f: B \to S^0$ stetig. Wegen 4.6(c) (Berührpunkterhaltung unter stetigen Funktionen) ist $f(\bar{A}^B) \subset \overline{f(A)}^{S^0} = f(A)$. Wegen 10.4(e) ist f(A) einelementig, also wegen $f(\bar{A}^B) = f(B)$ auch diese Menge. Nach 10.4(e) muß also auch B zusammenhängend sein.

(b) Ist das Produkt zusammenhängend, so sind es natürlich auch die (stetigen) Projektionen. Man braucht also nur die Umkehrung zu zeigen. Es seien dazu alle $X_i \neq \emptyset$ zusammenhängend und $x = (x_i)_J$ ein Element des Produktraums. Wir wollen zeigen, daß die Komponente C(x) dicht im Produktraum ist. (Nach (e) und (a) folgt dann sofort die Behauptung). Jede Umgebung $U \in \mathcal{U}_{\Pi X_i}(y)$ eines beliebigen Punktes $y \in \Pi X_i$ umfaßt eine Menge der Form $\times_J O_i$, wobei nur endlich viele $O_i \neq X_i$ sind, etwa die Mengen $O_{i_1}, \ldots, O_{i_n}$. Für $z_i := \begin{cases} y_i & \text{für } i = i_1, \ldots, i_n \\ x_i & \text{sonst} \end{cases}$ ist daher $z \in U$. Wir wollen zeigen, daß z auch in C(x) liegt. Zunächst ist klar, daß $z^{(1)}$ mit $z_i^{(1)} := \begin{cases} y_i & \text{für } i = i_1 \\ x_i & \text{sonst} \end{cases}$ in C(x) liegt, denn X_{i_1} ist zusammenhängend und folglich $X_{i_1} \times \times_{i \neq i_1} \{x_i\}$ zusammenhängende Obermenge von x und z_1. Nun kann man in z_1 die Komponente x_{i_2} zu y_{i_2} ändern und analog einsehen, daß der gewonnene Punkt z_2 in $C(z_1)$ liegt. Fährt man so fort, so erhält man Punkte $z_3, \ldots, z_n = z$ mit $z_j \in C(z_{j-1})$. Nach dem folgenden Beweis für (c) ist $\bigcup_{j=1}^{n} C(z_j) \subset C(x)$ und folglich $z \in C(x)$. Damit ist gezeigt, daß U das C(x) schneiden muß: C(x) liegt dicht.

(c) Es seien die A_i wie in der Behauptung gegeben und $f: A \to S^0$ stetig. Für zwei Punkte $x, y \in A$ gibt es dann eine Verbindungskette $A_{i_1}, \ldots, A_{i_n}$ und Punkte $y_1 \in A_{i_1} \cap A_{i_2}, \ldots, y_{n-1} \in A_{i_{n-1}} \cap A_{i_n}$. Wegen 10.4(e) ist f über jedem A_i konstant, daher muß $f(x) = f(y_1) = f(y_2) = \ldots = f(y_{n-1}) = f(y)$ sein, d.h. f hat überall den Wert f(x), ist also konstant.

(d) folgt sofort aus (c), denn zu zwei Punkten aus A gibt es stets eine Verbindungskette über $\bigcap A_i$.

(e) Daß C(x) zusammenhängend ist, folgt sofort aus (d). Da C(x) jede zusammenhängende Teilmenge von X umfaßt, die x enthält, ist C(x) auch die größte solche Menge.

(f) Der Quotient ist dann stetiges Bild einer zusammenhängenden Menge.

10.6 *Bemerkungen und Anwendungen:*

a) Homöomorphismen erhalten nach 10.2(b) den Zusammenhang. Sie bilden nach 10.5(e) auch die Komponente eines Punktes in die Komponente des Bildpunktes ab und umgekehrt, vermitteln also Homöomorphismen der einzelnen Komponenten. Wegen 10.5(e) und 10.5(c) sind zwei Komponenten C(x), C(x') in einem topologischen Raum X entweder gleich oder disjunkt. Homöomorphe topologische Räume zerfallen also auf gleichartige Weise in Komponenten (= maximale zusammenhängende Teilmengen). **Räume mit verschiedenen Komponentenanzahlen können nicht homöomorph sein.** Dies ist eine oft benutzte Tatsache, wenn die Nicht-Homöomorphie zweier Räume gezeigt werden soll:

$\mathbb{R} \cong \mathbb{R}^n \Rightarrow n = 1$ (sonst wären $\mathbb{R} \setminus \{0\}$ und ein zusammenhängendes $\mathbb{R}^n \setminus \{Pt.\}$ homöomorph),

$[0,1] \cong [0,1]^n \Rightarrow n = 1$ (analog),

$[0,1] \not\cong [0,1[\not\cong]0,1[\not\cong [0,1]$ (man nehme jeweils an, es gäbe einen Homöomorphismus h, entferne dann 0, 1, h(0), h(1) und zähle die verbleibenden Komponenten),

$[0,1] \not\cong S^1$ (gäbe es einen Homöomorphismus $h: I \to S^1$, so wären das zweiteilige $I \setminus \{1/2\}$ und das einteilige $S^1 \setminus \{h(1/2)\}$ homöomorph),

$S^1 \cong S^n \Rightarrow n = 1$ (für $n > 1$ kann man aus S^n zwei Punkte entfernen, ohne den Zusammenhang zu stören),

$S^1 \cup I = \{re^{i\varphi} \in \mathbb{C} \,/\, (r = 1 \wedge \varphi \in \mathbb{R}) \vee (\varphi = 0 \wedge r \in I)\} \not\cong S^1$ (man nehme an, es gäbe einen Homöomorphismus und entferne dann den Punkt $1 = e^{i \cdot 0}$ aus $S^1 \cup I$; vgl. die Figuren B und C in der Einleitung dieses Abschnitts).

Natürlich können zwei topologische Räume X, Y auch nicht-homöomorph sein, wenn sie die gleich Anzahl von Komponenten haben: $X = [0,1] \cup [2,3]$, $Y = [0,1[\cup]2,3]$ (hier sind die Komponenten nicht-homöomorph). Erstaunlich ist das folgende Beispiel von *C. Kuratowski* (s. *Dugundji* [2]):

$X =]0,1[\cup \{2\} \cup]3,4[\cup \ldots \cup]3n, 3n+1[\cup \{3n+2\} \cup \ldots$

$Y =]0,1] \cup \quad]3,4[\cup \ldots$ (wie oben).....

Die beiden Räume sind nicht homöomorph, denn die Komponente]0, 1] von Y ist zu keiner Komponente von X homöomorph. Dagegen gibt es sowohl eine stetige Bijektion von X nach Y ($f(2) := 1$ und $f(x) := x$ sonst) als auch von Y nach X ($g(y) := y - 3$ für $y > 4$, $g(y) := (y-2)/2$ für $3 < y < 4$, $g(y) := y/2$ für $0 < y \leq 1$).

b) Ist $n > 1$, so zerlegt keine abzählbare Mengen A den $\mathbb{R}^n$, d.h. $\mathbb{R}^n \setminus A$ bleibt zusammenhängend. Wegen 10.5(d) braucht man nur zu zeigen, daß man einen festen Punkt $x_0 \in \mathbb{R}^n \setminus A$ mit jedem anderen Punkt $x \in \mathbb{R}^n \setminus A$ verbinden kann, ohne A zu treffen. Dazu wähle man eine Gerade

$g \subset \mathbb{R}^n$, die senkrecht auf dem Mittelpunkt von $[x_0, x]$ steht. Die zusammenhängenden Teilmengen $[x_0, y] \cup [y, x]$ verbinden x_0 und x im $\mathbb{R}^n$. Läßt man y das g durchlaufen, so können nur abzählbar viele dieser überabzählbar vielen „geknickten Strecken" das A treffen, also ist x_0 mit x durch eine zusammenhängende Menge in $\mathbb{R}^n \setminus A$ verbindbar.

Insbesondere ist also $\mathbb{R}^n \setminus \mathbb{Q}^n$ für $n > 1$ zusammenhängend.

c) Unstetige Homomorphismen:

$f: \mathbb{R} \to \mathbb{R}$ heißt additiv, wenn stets $f(a + b) = f(a) + f(b)$ gilt, d. h. wenn f ein Endomorphismus der additiven Gruppe ist. Ein additives f ist genau dann stetig, wenn es linear ist, d. h. wenn es ein $\alpha \in \mathbb{R}$ mit $f(x) = x \cdot \alpha$ gibt. Da jede lineare Abbildung von $\mathbb{R}$ in sich stetig ist (stetige Skalarmultiplikation), braucht man nur die Linearität einer stetigen, additiven Selbstabbildung von $\mathbb{R}$ zu zeigen: Man setze $\alpha := f(1)$, dann ist $f(2) = f(1 + 1) = \alpha + \alpha = 2\alpha, f(3) = f(2) + f(1) = 3\alpha$, $f(n) = n\alpha$ für $n \in \mathbb{N}$. Wegen $\alpha = f(1) = f(1 + 0) = \alpha + f(0)$ ist auch $f(0) = 0$ und $f(-n + n) = 0 = f(-n) + n\alpha$, also $f(z) = z\alpha$ für $z \in \mathbb{Z}$. Analog zeigt man $f(1) = \alpha = f\left(\frac{n}{n}\right) = n \cdot f\left(\frac{1}{n}\right)$, d. h. $f\left(\frac{1}{n}\right) = \left(\frac{1}{n}\right) \cdot \alpha$, und $\pm m \cdot f\left(\frac{1}{n}\right) = f(\pm m/n) = (\pm m/n) \cdot \alpha$, d. h. $f(r) = r\alpha$ für $r \in \mathbb{Q}$. (Soweit wurde die Stetigkeit von f noch nicht benutzt!) Für $s \in \mathbb{R}$ wähle man nun eine rationale Folge $(r_i) \to s$, dann gilt wegen der Stetigkeit von f $f(s) = f(\lim r_i) = \lim f(r_i) = \lim r_i \cdot \alpha = (\lim r_i) \cdot \alpha = s \cdot \alpha$, d. h. f ist linear.

Es gibt aber auch unstetige additive Abbildungen $f: \mathbb{R} \to \mathbb{R}$. Um dies einzusehen, fasse man $\mathbb{R}$ als $\mathbb{Q}$-Vektorraum auf und gebe sich eine (Hamel-)Basis $\{b_j / j \in J\}$ vor, d. h. zu jedem $s \in \mathbb{R}$ gibt es eine eindeutige Darstellung

$$s = \sum_{j \in J_s} r_j \cdot b_j \quad \text{mit } J_s \subset J \quad \text{endlich und } r_j \in \mathbb{Q}.$$

Nun definiere man f durch

$$f(s) = f\left(\sum_{J_s} r_j \cdot b_j\right) := \sum_{J_s} r_j,$$

dann ist f als lineare Fortsetzung der Abbildung $b_j \mapsto 1$ (für alle j) $\mathbb{Q}$-linear, also insbesondere additiv. Wegen $f(\mathbb{R}) = \mathbb{Q}$ kann f nicht stetig sein ($\mathbb{Q}$ ist nicht zusammenhängend!), also auch nicht linear.

Es gibt auch (ähnlich konstruierbare) unstetige Homomorphismen $g: (\mathbb{R}_+, \cdot) \to (\mathbb{R}, +)$, bei axiomatischen Charakterisierungen der logarithmischen Funktionen ist daher auf eine geeignete Stetigkeitsforderung zu achten.

d) In der Funktionentheorie wird das Kriterium 10.4(d) häufig benutzt. Als Beispiel kann das „Prinzip der analytischen Fortsetzung" dienen: G sei ein Gebiet, d. h. eine offene und zusammenhängende Teilmenge, von $\mathbb{C}$ und $f, g: G \to \mathbb{C}$ zwei analytische Funktionen (lokal in eine Potenzreihe entwickelbar). Stimmen nun f und g auf einem nichtleeren, offenen Teil O von G überein, so sind sie auf ganz G gleich ($f|O$ hat nur eine analytische Fortsetzung auf G). Um das einzusehen, kann man die Menge $D := \{x \in G / \text{auf einer Umgebung von } x \text{ stimmen } f \text{ und } g \text{ überein}\}$ betrachten. Offenbar ist G nichtleer und offen. Hat man ein $x \in \bar{D} \cap G$, so wähle man eine Folge (x_i) aus D mit $x_i \to x$. Für alle $i, n \in \mathbb{N}$ sind dann die Ableitungen $(f - g)^{(n)}(x_i) = 0$, und wegen der Stetigkeit dieser Ableitungen verschwinden auch die Ausdrücke $(f - g)^{(n)}(x)$. Die Potenzreihe von $(f - g)$ um x hat also die Form

$$(f - g)(y) = \sum_{n \geqslant 0} \frac{(f - g)^{(n)}(x)}{n!} (y - x)^n \equiv 0,$$

d. h. $x \in D$ und D ist auch abgeschlossen in G. Nach 10.4(d) muß also $D = G$ sein, was zu zeigen war.

e) In der reellen Analysis spielt der Zwischenwertsatz eine gewichtige Rolle, etwa bei den Umkehrfunktionen der trigonometrischen und logarithmischen Funktionen. Entscheidend ist dabei, daß stetige, streng monotone Funktionen Homöomorphismen auf ihre Bilder sind (offene δ-Intervalle um x werden auf offene ϵ-Intervalle um f(x) abgebildet – Zwischenwertsatz!). Umgekehrt sind Homöomorphismen zwischen Intervallen natürlich auch streng momoton (wegen des Zwischenwertsatzes wäre sonst die Injektivität zu widerlegen). Es gibt jedoch nirgends monotone Bijektionen zwischen Intervallen: Sei z. B. $f: I \to I$ durch $f(t) := t$ für rationales t, $f(t) := 1 - t$ für irrationales t definiert.

f) In 10.4 haben wir einige Möglichkeiten aufgezählt, den Zusammenhang einer Menge durch die auf ihr möglichen stetigen Funktionen zu charakterisieren. Kann man nun umgekehrt stetige Funktionen durch Zusammenhangseigenschaften charakterisieren? Der Verdacht, stetige reellwertige Funktionen seien durch die Erfüllung des Zwischenwertsatzes charakterisiert, erweist sich als trügerisch: Gegenbeispiel sind die „Sinuskurve der Topologen“ ($f(t) := \sin 1/t$ für $t \neq 0$, $f(0) := 0$), die Lebesgue-Funktion 3.5(h) (lokal surjektive Funktion) und jede unstetige Ableitung einer differenzierbaren Funktion (vgl. etwa *T. Apostol* „Mathematical Analysis“, Addison-Wesley, 1965, Theorem 5.13).

Ein zweiter Versuch liegt bei Funktionen $f: \mathbb{R} \to \mathbb{R}$ nahe, wenn man meint, man könne ihre Graphen im Stetigkeitsfall in einem Zug durchziehen. Abgesehen von den Differenzierbarkeitsbedingungen, die zum „Durchzeichnen“ gehören, reicht auch diese Charakterisierung nicht aus: Zwar sind die Graphen solcher Funktionen zusammenhängend (Graph f = Bild $(t \mapsto (t, f(t)))$ in $\mathbb{R}^2$), es gibt jedoch unstetige reelle Funktionen mit zusammenhängendem Graph. Als Beispiel betrachte man etwa die o.g. „Sinuskurve der Topologen“ und gebe hier ein stetiges g: Graph $f \to S^0$ vor. Bezeichnet $\varphi: \mathbb{R} \to \mathbb{R}^2$ die Zuordnung $t \mapsto (t, f(t))$, so ist $g \circ \varphi$ auf den zusammenhängenden Mengen $\mathbb{R}_+$ und $-\mathbb{R}_+$ stetig und folglich (nach 10.4(e)) konstant. Nun bezeichne $((x_i, 0))_{i \in \mathbb{N}}$ die gegen (0, 0) konvergente Folge aus Graph f mit $x_i := \frac{1}{i \cdot \pi}$. Wegen der Stetigkeit von g muß

$$g(0, 0) = \lim g(x_i, 0) = g(x_1, 0) \quad \text{und analog} \quad g(0, 0) = \lim g(-x_i, 0) = g(-x_1, 0)$$

sein, d. h. g hat auf dem linken Teil von Graph f denselben Wert wie in (0, 0) und auf dem rechten Teil, g muß also konstant sein. Nach 10.4(e) ist also der Graph der Sinuskurve der Topologen zusammenhängend. (Nach 10.5(a) gilt das auch noch für die Vereinigung dieses Graphen mit einer Teilmenge von $\{0\} \times [-1, 1] \subset \mathbb{R}^2$.)

Lehrreich ist dennoch der Versuch, für eine beliebige Funktion $f: \mathbb{R} \to \mathbb{R}$ mit zusammenhängendem Graphen die Stetigkeit beweisen zu wollen: Um die Stetigkeit etwa im Punkt 0 nachzuweisen, gebe man sich ein $\epsilon \in \mathbb{R}_+$ vor. Gesucht ist dann ein $\delta \in \mathbb{R}_+$ mit

$$\text{Graph} f|_{[-\delta, \delta]} \subset [-\delta, \delta] \times [f(0) - \epsilon, f(0) + \epsilon].$$

Im Beispiel der Sinuskurve der Topologen gibt es kein solches δ, weil der Graph aus jedem noch so schmalen derartigen Rechteck um $(0, f(0))$ herausspringt. Anders ausgedrückt: Jedes noch so schmale Rechteck $[-\delta, \delta] \times [f(0) - \epsilon, f(0) + \epsilon]$ schneidet bei genügend kleinem ϵ aus Graph f ein schrecklich unzusammenhängendes Stück aus. Will man von vornherein solche Abnormitäten ausschließen, so kann man noch eine lokale Bedingung zusätzlich voraussetzen: Behauptung: Ist $f: \mathbb{R} \to \mathbb{R}$ mit zusammenhängendem Graphen gegeben und ist dieser überdies **lokal zusammenhängend**, d. h. in Graph f umfaßt jede Umgebung eines Punktes noch eine zusammenhängende Umgebung desselben Punktes, so ist f stetig.

Tatsächlich ist diese Behauptung für den Fall einer Funktion von $\mathbb{R}$ in sich richtig. Wir wollen das hier nicht ausführen und verweisen auf den Artikel von *D. Kahle* in den Math.-phys. Sember., 18 (1971).

g) **Lokal zusammenhängende Räume** sind noch aus einem anderen Grunde interessant: Wegen 10.5(a) und (e) sind die Komponenten eines jeden topologischen Raumes abgeschlossen. Hat der Raum X nur endlich viele Komponenten, so ist jede – als Komplement der anderen – auch offen. In diesem Falle (offene Komponenten) sind stetige Funktionen $f: X \to$ (diskreter Raum) genau die lokal konstanten Funktionen, d. h. die Funktionen, die in der Umgebung eines jeden Punktes konstant sind, und **man kann stetige Funktionen in beliebige Räume einfach stückweise auf den einzelnen Komponenten konstruieren** (vgl. Aufgabe 10!).

Ein topologischer Raum X ist nun genau dann lokal zusammenhängend, wenn die Komponenten jedes seiner offenen Unterräume offen sind. (Ist X lokalzusammenhängend, so sind es offenbar auch alle offenen Unterräume und deren Komponenten sind trivialerweise offen. Ist umgekehrt $U \in \mathcal{U}(x)$ eine offene Umgebung, die offene Komponenten hat, so taugt eine davon als zusammenhängende Umgebung von x.)

Lokalkonvexe topologische Vektorräume über $\mathbb{R}$ oder $\mathbb{C}$ (u. a. alle normierten Räume), sind solche, in denen jede Umgebung eines Punktes noch eine konvexe Umgebung desselben Punktes umfaßt. Diese bedeutendste Klasse topologischer Vektorräume ist also lokal zusammenhängend. Aber auch ein beliebiger topologischer $\mathbb{R}$- oder $\mathbb{C}$-Vektorraum ist lokalzusammenhängend: Offenbar braucht man nur zu zeigen, daß jede 0-Umgebung noch eine zusammenhängende 0-Umgebung umfaßt. Sei U eine 0-Umgebung. Wegen der Stetigkeit der Skalarmultiplikation in (0, 0) gibt es

$$\epsilon \in \mathbb{R}_+ \quad \text{und} \quad V \in \mathcal{U}(0) \quad \text{mit} \quad [-\epsilon, \epsilon] \cdot V \subset U \quad \text{bzw.} \quad B_\epsilon^{\mathbb{C}} \cdot V \subset U.$$

Setzt man

$$W := \bigcup_{|\alpha| \leqslant 1} \alpha \cdot \frac{1}{\epsilon} \cdot V$$

so ist W 0-Umgebung mit $W \subset U$ und $\beta \cdot W \subset W$ für alle $|\beta| \leqslant 1$. W hat auch nur eine Komponente: Ist $w \in W$, so ist die abgeschlossene Strecke $[0, W] \subset W$, daher ist W nach 10.5(d) zusammenhängend.

Jede offene Teilmenge eines topologischen $\mathbb{R}$- oder $\mathbb{C}$-Vektorraumes hat also offene Komponenten.

Produkte nichtleerer lokalzusammenhängender Räume sind nur dann wieder lokalzusammenhängend, wenn alle bis auf endlich viele Faktoren auch zusammenhängend sind. (Übung) Homöomorphismen, nicht aber stetige Abbildungen erhalten lokal zusammenhängende Mengen (vgl. jedoch 13.7(c)).

h) Zusammenhangskomponenten in topologischen Gruppen und Körpern:

Ist G eine topologische Gruppe mit neutralem Element e, **so ist die Komponente** G_e **von** e **ein abgeschlossener Normalteiler von** G.

Sind nämlich $a, b \in G_e$, so ist $a \cdot G_e$ nach 7.1 die Komponente von a. Wegen $e \in G_e \cap a^{-1} \cdot G_e$ und 10.5(d, e) ist also $a^{-1} \cdot G_e \subset G_e$ und damit $a^{-1} \cdot b \in G_e$. Damit ist G_e Untergruppe von G. Nach 10.5(a, e) ist G_e überdies abgeschlossen. Ist nun $g \in G$, so ist der innere Automorphismus $x \mapsto g^{-1}xg$ homöomorph und daher $g^{-1} \cdot G_e \cdot g$ zusammenhängend. Da $e \in G_e \cap g^{-1} \cdot G_e \cdot g$ ist, muß der innere Autormorphismus nach 10.5(d, e) G_e in sich abbilden. Dies gilt für beliebige $g \in G$, d. h. G_e ist sogar Normalteiler von G.

Ein **topologischer Ring** bzw. **Körper** K ist ein Ring bzw. Körper, der bzgl. der Addition eine topologische Gruppe bildet und stetige Multiplikation bzw. Multiplikation und Inversenbildung hat.

In einem topologischen Ring ist die Komponente G_0 des Nullelementes ein abgeschlossenes zweiseitiges Ideal. **Ein top. Körper ist also total unzusammenhängend oder zusammenhängend.**

(Wir wissen schon, daß G_0 abgeschlossene Untergruppe der additiven Gruppe von K ist. Sind nun $a, b \in K$ gegeben, so sind $x \mapsto a \cdot x$ bzw. $x \mapsto x \cdot b$ stetig, also $a \cdot G_0$ und $G_0 \cdot b$ zusammenhängend. Wegen $0 \in G_0 \cap a \cdot G_0 \cap G_0 \cdot b$ und wegen 10.5(d, e) sind $a \cdot G_0, G_0 \cdot b \subset G_0$, d. h. G_0 ist zweiseitiges Ideal. In einem Körper ist ein von $\{0\}$ verschiedenes zweiseitiges Ideal stets der ganze Körper.)

In $GL(n; \mathbb{R})$ ist die Zusammenhangskomponente der Einheitsmatrix genau die Menge der Matrizen mit positiver Determinante („Satz über Basisdeformationen", s. z. B. *W. H. Graeub* „Linear Algebra"[1]), diese Menge ist also eine abgeschlossene Untergruppe, die sogenannte **spezielle lineare Gruppe** $SL(n; \mathbb{R})$.

---

[1]) Springer, Berlin, 1963

Ein angeordneter Körper, der in der Ordnungstopologie ein zusammenhängender topologischer Körper ist, muß ordnungstreu homomorph-homöomorph zu $\mathbb{R}$ sein (vgl. 10.3(b)). Für den Zusammenhang reicht es dabei hin, wenn es eine mindestens zweielementige zusammenhängende Teilmenge gibt (vgl. auch Aufgabe 9!).

Neben dem soeben studierten Zusammenhangsbegriff wird noch ein etwas engerer Begriff häufig benutzt. Gingen wir vorher von der Idee einer zusammenhängenden Menge als etwas nur mühsam Trennbarem aus, so liegt dem jetzt zu besprechenden Begriff etwa folgende Intuition zu Grunde: Eine Menge M in einem topologischen Raum X heißt wegzusammenhängend, wenn man auf einem stetigen Weg innerhalb M von jedem Punkt zu jedem anderen gelangen kann. Ein einfaches Beispiel bilden die konvexen Mengen in topologischen Vektorräumen über $\mathbb{R}$ oder $\mathbb{C}$, hier kann man von jedem Punkt sogar auf geradlinigem Weg zu jedem anderen gelangen. Häufig läßt sich der Wegzusammenhang eines Raumes leichter nachweisen als der Zusammenhang (vgl. 10.3(d) und (e)).

10.7 **Definition:** (a) Ein **Weg** f in einem topologischen Raum X ist eine stetige Abbildung $f: I \to X$. Dabei heißen f(0) **Anfangs-**, f(1) **Endpunkt** des Weges und f ein Weg von f(0) nach f(1).

(b) Ein topologischer Raum X heißt **wegzusammenhängend**, wenn es zu je zwei Punkten $x, y \in X$ stets einen Weg von x nach y gibt. Eine Teilmenge eines topologischen Raumes heißt wegzusammenhängend, wenn sie es als topologischer Unterraum ist. Die **Wegkomponente** W(x) eines Punktes x in einem topologischen Raum X ist die Menge $W(x) := \{y \in X \,/\, \text{es gibt einen Weg in X von x nach y}\}$.

(c) Ein topologischer Raum X heißt **lokal wegzusammenhängend,** wenn jede Umgebung $U \in \mathcal{U}(x)$ eines jeden Punktes $x \in X$ noch eine wegzusammenhängende Umgebung $V \in \mathcal{U}(x)$ umfaßt (vgl. auch 13.13).

Bemerkung: Obwohl der Wegzusammenhang meist bequemer nachweisbar ist als der Zusammenhang, hat dieser Begriff gewisse Nachteile. Einmal ist einzuwenden, daß der Wegzusammenhang von I von außen in topologische Räume hineingetragen wird, während man vorweigend an inneren Eigenschaften des Raumes interessiert ist. Zum zweiten sind so zusammenhängende Gebilde wie der Graph der Sinuskurve der Topologen nicht wegzusammenhängend, was der Anschauung wohl widerspricht. (Daß Graph f wie in 3.5(i) nicht wegzusammenhängend ist, kann man wie folgt einsehen: Angenommen es gäbe einen Weg g in Graph f von $(1/\pi, 0)$ nach $(0, 0)$, dann wäre $pr_1 \circ g$ in $\mathbb{R}$ ein Weg von $1/\pi$ nach 0. Wegen der Stetigkeit von $pr_1 \circ g$ bei 1 und wegen des Zwischenwertsatzes gäbe es eine Folge (t_i) von Punkten aus I mit $pr_1 \circ g(t_i) \in \left\{ \frac{1}{\pi\left(2k + \frac{1}{2}\right)} \Big/ k \in \mathbb{Z} \right\}$ und $t_i \to 1$. Wegen

$$(0, 0) = g(1) \neq \lim g(t_i) = \lim (pr_1 \circ g(t_i), f \circ pr_1 \circ g(t_i)) = \lim (pr_1 \circ g(t_i), 1)$$

kann g nicht stetig sein.)

Man beachte, daß ein Weg eine Abbildung, nicht ihr Bild ist. Es war ein langer Weg bis die Mathematiker die Sinnfälligkeit dieser Definition gegenüber der naheliegenden Auffassung als Punktmenge erkannt hatten. Im wesentlichen ist man daran interessiert, mit jedem Weg auch eine bestimmte Parametrisierung gegeben zu haben. Wir kommen in Kapitel III auf dieses Thema zurück.

10.8 Satz:

(a) Jeder wegzusammenhängende bzw. lokal wegzusammenhängende Raum ist zusammenhängend bzw. lokal zusammenhängend.

(b) Stetige Abbildungen und insbesondere Homöomorphismen erhalten wegzusammenhängende Mengen.

(c) Ein zusammenhängender Raum ist genau dann wegzusammenhängend, wenn jeder seiner Punkte mindestens eine wegzusammenhängende Umgebung hat.

(d) Ein zusammenhängender Raum ist genau dann wegzusammenhängend, wenn seine Wegkomponenten offen sind.

(e) In einem lokalwegzusammenhängenden Raum stimmen Komponenten und Wegkomponenten überein und sind zugleich offen und abgeschlossen.

(f) Zwei Wegkomponenten $W(x)$, $W(x')$ in einem topologischen Raum X sind entweder gleich oder disjunkt. Die Anzahl der Wegkomponenten eines Raumes ist eine topologische Invariante.

(g) Ein Produkt nichtleerer topologischer Räume ist genau dann wegzusammenhängend, wenn es alle Faktoren sind.

(h) Topologische $\mathbb{R}$- und $\mathbb{C}$-Vektorräume sind wegzusammenhängend und lokal wegzusammenhängend.

Beweis:

(a) folgt sofort aus 10.2(b) und 10.5(d).

(b) ist trivial.

(c) Ist X wegzusammenhängend, so hat natürlich jeder Punkt eine wegzusammenhängende Umgebung, nämlich X. Es sei nun X zusammenhängend und jeder Punkt habe eine wegzusammenhängende Umgebung. Für $x \in X$ ist wegen (a) und 10.5(e) $W(x) \subset C(x)$. $C(x)$ ist zusammenhängend, $W(x)$ ist nichtleer und offen: Ist nämlich $y \in W(x)$ und $z \in W(y)$, so gibt es einen Weg f in X von x nach y und einen Weg g von y nach z. Durch $h(t) := f(2t)$ für $t \in [0, 1/2]$, $h(t) := g(2t-1)$ sonst, wird dann ein Weg von x nach z definiert, d.h. $W(y) \subset W(x)$ und $W(x)$ umfaßt mit $W(y)$ stets auch noch eine wegzusammenhängende Umgebung von y. $W(x)$ ist also offen, und dies gilt für beliebige x. Da für beliebige x, y aus $y \in W(x)$ stets $W(y) \subset W(x)$ und umgekehrt $W(x) \subset W(y)$ folgt, gilt (f). Als Komplement der Vereinigung aller anderen (offenen) Wegkomponenten ist $W(x)$ auch abgeschlossen. Da $W(x)$ nichtleer, abgeschlossen und offen in $C(x) = X$ ist, muß X wegzusammenhängend sein.

(d), (e) sind Korollare zum Beweis von (c), ebenso (f).

(g) ist trivial und (h) wurde bereits in 10.6(g) gezeigt.

10.9 *Bemerkungen:*

In diesem Abschnitt haben wir den „globalen“ Begriffen Zusammenhang und Wegzusammenhang jeweils „lokale“ Analoga gegenübergestellt. Eine Aussage oder Eigenschaft heißt **lokal**, wenn es für ihre Glültigkeit hinreicht, daß jede Umgebung eines jeden Punktes noch eine Umgebung desselben Punktes mit dieser Eigenschaft umfaßt. Eigenschaften, die nur aus der Kenntnis des ganzen Raumes verifizierbar sind, nennt man dagegen **globale** Eigenschaften. (Diese Trennung ist nicht ganz scharf, man sagt zum Beispiel: Bei einer lokalen Eigenschaft reicht der lokale Nachweis, um sie global, d.h. für den ganzen Raum, zu erschließen.) In diesem Sinne sind die Stetigkeit einer Funktion, das 1. Abzählbarkeitsaxiom und z. B. die T_1-Eigenschaft (vgl. 9.11) lokale Begriffe, während gleichmäßige Stetigkeit, Vollständigkeit und etwa die T_2-Eigenschaft nur globalen Charakter haben. (Daß „lokal Hausdorffsche Räume“ nicht Hausdorffsch sein müssen, kann man etwa an folgendem Beispiel sehen: Y bestehe aus zwei zur x-Achse parallelen Geraden in $\mathbb{R}^2$, R bezeichne die folgende Äquivalenzrelation

$$(x, y) \sim (x', y') :\Longleftrightarrow (x, y) = (x', y') \vee (x = x' > 0)$$

und X sei der topologische Quotient Y/R. Die Punkte (0, y) bzw. (0, y′) haben dann zwar beliebig kleine hausdorffsche Umgebungen in X, lassen sich dort aber nicht durch disjunkte Umgebungen trennen.)

Natürlich sind die Begriffe lokal zusammenhängend bzw. lokal wegzusammenhängend lokale Begriffe. Daß weder der Zusammenhang noch der Wegzusammenhang lokaler Natur sind, sieht man an der Existenz (weg-)zusammenhängender Räume, die nicht lokal (weg)-zusammenhängend sind. Ein Beispiel dafür ist etwa der **Kamm-Raum** (s. Zeichnung) als Unterraum von $\mathbb{R}^2$.

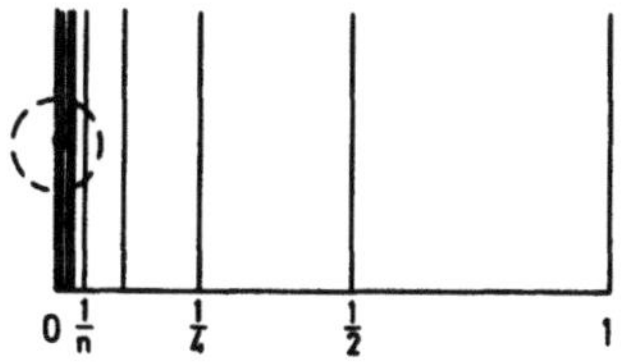

Umgekehrt gibt es auch lokal (weg-)zusammenhängende Räume, die nicht (weg-)zusammenhängend sind, wie man leicht am Beispiel diskreter Räume oder an $[0, 1[\cup]1, 2]$ sieht.

Aufgaben:

1. $\mathbb{R}$ ist mit der Komplement-abzählbar-Topologie zusammenhängend, lokal zusammenhängend, aber nicht wegzusammenhängend. Ist dieser Raum lokalwegzusammenhängend?
2. Es sei A ein beliebige Teilmenge eines topologischen Raumes X und f ein Weg von $x \in A^0$ nach $y \in X \setminus \bar{A}$ (von innen nach außen“), dann trifft dieser Weg den Rand ∂A.

3. Die ebenen Figuren

sind nicht homöomorph. (*Hinweis:* Mit Hilfe des Zwischenwertsatzes betrachte man Wege zwischen den Verzweigungspunkten.)

4. Durchschnitt, Vereinigung, initiale und finale Konstruktionen aus zusammenhängenden Räumen brauchen nicht zusammenhängend zu sein. Man gebe Beispiele.
5. Auf jedem topologischen Raum X ist durch „$x \sim y :\Longleftrightarrow$ es gibt einen Weg von x nach y" eine Äquivalenzrelation gegeben. Man prüfe Reflexivität, Symmetrie und Transitivität der Relation nach und schließe auf Disjunktheit der Äquivalenzklassen (**Wegkomponenten).**
6. Es sei $f : J \to J'$ eine stetige Surjektion zwischen Intervallen von $\mathbb{R}$. Man zeige, daß f genau dann homöomorph ist, wenn strenge Monotonie vorliegt. (In diesem Fall hat J' notwendig dieselbe Form wie J.)

7*. Es sei $f : \mathbb{R} \to \mathbb{R}$ gegeben. Man zeige:
   a) Ist f differenzierbar, so erfüllt f' den Zwischenwertsatz.
   b) f ist genau dann stetig, wenn Graph f zusammenhängend und lokal zusammenhängend ist.

8. Eine offene Menge in $\mathbb{R}^n$ hat höchstens abzählbar viele (Weg-)Komponenten.
9. Man zeige: Eine zusammenhängende topologische Gruppe G hat keine echte offene Untergruppe. (*Hinweis:* Ist H eine offene Untergruppe, so ist $G = H \,\dot{\cup} \bigcup_{x \in G \setminus H} x \cdot H$.)
10. Ein lokal zusammenhängender Raum ist topologische Summe seiner Komponenten.
11. Es sei X eine total geordnete Menge mit der Ordnungstopologie (vgl. 10.3(a)). Es gibt genau dann ein $\alpha \in X$ mit $X \neq [\alpha, \infty[\,\underset{\circ}{\subset}\, X$, wenn X eine „Lücke" hat, d. h. wenn $a, b \in X$ mit $a < b$ und $]a, b[\,=\, \emptyset$ existieren. (*Hinweis:* $]a, \infty[\,=\,]a, b[\,\cup\, [b, \infty[$; für $x \neq \min X, \max X$ hat $\mathcal{U}_O(x)$ eine Basis aus Mengen der Form $]a, b[$, wenn $O \underset{\circ}{\subset} X$ ist.)
   X ist also genau dann zusammenhängend, wenn X lückenlos ist und jede beschränkte, nichtleere Teilmenge ein Supremum hat.

11. Kompaktheit

Wir haben gesehen, wie sich die „Stetigkeit der Zahlengeraden" geometrisch-topologisch durch Zusammenhangseigenschaften fassen läßt. Ebenso wichtig sind eine Reihe von Charakterisierungen, die weniger anschaulich, dafür aber analytisch äußerst leistungsfähig sind: Es handelt sich um die sogenannten Kompaktheitsbegriffe, die ihren Ursprung in Techniken der klassischen Analysis haben und später für allgemeine topologische Räume formuliert wurden. Wir beginnen mit folgendem fundamentalen Satz aus der „heilen Welt" der metrischen Räume:

11.1 *Theorem:* Ist (M, d) ein metrischer Raum, dann sind folgende Aussagen äquivalent:

(a) (M, d) ist vollständig und **total beschränkt**, d.h. zu jedem $\epsilon \in \mathbb{R}_+$ gibt es stets eine endliche Teilmenge $A \subset M$ mit $M = \bigcup_{a \in A} B_\epsilon(a)$. (*Cantor.*)

(b) Jedes System $\mathcal{U}$ offener Mengen von (M, d) mit $M = \bigcup_{U \in \mathcal{U}} U$ enthält eine endliche Teilmenge $\mathcal{V} \subset \mathcal{U}$ mit $M = \bigcup_{U \in \mathcal{V}} U$. (Überdeckungssatz von *Heine-Borel-Groß.*)

(c) Jede Folge in M hat eine konvergente Teilfolge. (*Bolzano-Weierstraß-Fréchet.*)

(d) Jede unendliche Teilmenge von M hat einen Häufungspunkt in (M, d). (*Bolzano-Weierstraß.*)

(e) Jede stetige Funktion $f: M \to \mathbb{R}$ ist beschränkt. (*Weierstraß.*)

(f) Jede abgeschlossene, diskrete Teilmenge von (M,d) ist endlich.

Beweis:

(a) $\Rightarrow$ (b): Zunächst stellen wir fest, daß mit (a) auch (c) gilt: Ist nämlich (m_i) eine Folge in M, so liegen wegen (a) unendlich viele Folgeglieder $(m_{ij})_{j \in \mathbb{N}}$ in einer Kugel $B_1(a_1)$, man setze $\widetilde{m}_1 := m_{i1}$. Wegen (a) umfaßt (m_{ij}) wiederum eine Teilfolge, die ganz in einer Kugel $B_{\frac{1}{2}}(a_2)$ liegt. man wähle eines dieser Folgeglieder als $\widetilde{m}_2$. Dann suche man von der letztgenannten Teilfolge wiederum eine in einer Kugel $B_{\frac{1}{3}}(a_3)$, ernenne eines der so gefundenen Folgeglieder zu $\widetilde{m}_3$ usw. Man erhält auf diese Weise eine Teilfolge $(\widetilde{m}_i)$ von (m_i) und Kugeln mit $\widetilde{m}_i \in B_{\frac{1}{k}}(a_k)$ für alle i, k mit $i \geq k \in \mathbb{N}$. Für $i, j \geq k$ ist daher $d(\widetilde{m}_i, \widetilde{m}_j) \leq \frac{2}{k}$, d.h. $(\widetilde{m}_i)$ ist Cauchy-Folge, die nach (a) gegen ein $m \in M$ konvergiert.

Jede Folge in M enthält also eine konvergente Teilfolge. Wir wollen nun (b) nachweisen. Ist eine „offene Überdeckung" $\mathcal{U}$ wie in (b) gegeben, so muß für ein $n \in \mathbb{N}$ jede Kugel vom Radius $1/n$ ganz in einem passenden $U \in \mathcal{U}$ liegen. (Man hätte sonst zu jedem n eine Kugel $B_{\frac{1}{n}}(m_n)$, die in keinem $U \in \mathcal{U}$ liegt. Die Folge (m_n) hätte eine konvergente Teilfolge $(\widetilde{m}_n)$ mit Grenzwert $m_0 \in U_0 \in \mathcal{U}$. Wählt man nun $\epsilon \in \mathbb{R}_+$ mit $B_\epsilon(m_0) \subset U_0$ und $k_0 \in \mathbb{N}$ mit $\widetilde{m}_n \in B_\epsilon(m_0)$ für $n \geq k_0$, so ist für $1/n < \epsilon/2$ doch $B_{\frac{1}{n}}(\widetilde{m}_n) = B_{\frac{1}{i_n}}(m_{i_n}) \subset B_\epsilon(m_0) \subset U_0$ im Widerspruch zur Wahl der Kugeln $B_{\frac{1}{n}}(m_n)$.) Es gibt also ein n, so daß jede Kugel von der Form $B_{\frac{1}{n}}(m)$ in einem der $U \in \mathcal{U}$ liegt. Da wegen (a) endlich viele solcher Kugeln ausreichen, um M zu

„überdecken", d. h. $M = \bigcup_{i=1}^{k} B_{\frac{1}{n}}(m_i)$, und da jede dieser Kugeln in einem U_i liegt, wird M schon von $U_1, \ldots, U_k \in \mathcal{U}$ überdeckt.

(b) ⇒ (c): Es sei $(m_i)_{\mathbb{N}}$ eine Folge in M mit Endstücken $E_n := \{m_i \,/\, i \geqslant n\}$. Man setze $U_n := M \setminus \overline{E_n}$. Ist dann $\bigcap_{n \in \mathbb{N}} \overline{E_n} \neq \emptyset$, so gibt es ein $x \in M$ mit $x \in \overline{E_n}$ für alle n. Ist dann $\{V_n \,/\, n \in \mathbb{N}\}$ eine monotone abzählbare Basis von $\mathcal{U}(x)$, so kann man aus jedem $V_n \cap E_n$ ein m_{i_n} wählen und hat in $(m_{i_n})_{n \in \mathbb{N}}$ eine gegen x konvergente Teilfolge von (m_i). Andererseits kann $\bigcap_{\mathbb{N}} \overline{E_n}$ nicht leer sein, sonst wäre $\bigcup_{\mathbb{N}} U_n = \bigcup(M \setminus \overline{E_n}) = = M \setminus \bigcap \overline{E_n} = M$ und folglich $\{U_n \,/\, n \in \mathbb{N}\}$ eine Überdeckung von M aus offenen Mengen. Wegen (b) gäbe es dann schon ein k mit $M = \bigcup_1^k U_n = M \setminus \bigcap_1^k \overline{E_n}$, und es wäre $\{m_i \,/\, i \geqslant k\} = E_k = \bigcap_1^k E_n \subset \bigcap_1^k \overline{E_n} = \emptyset$, was unmöglich ist. Es gibt also immer eine konvergente Teilfolge.

(c) ⇒ (d): Ist $A \subset M$ unendlich, so wähle man $a_1 \in A, a_2 \in A \setminus \{a_1\}, \ldots, a_n \in A \setminus \{a_1, \ldots, a_{n-1}\}$ usw. Die unendliche Folge (a_i) hat nach (c) eine konvergente Teilfolge $(a_{i_n}) \to a \in M$. Ist dann $U \in \mathcal{U}(a)$, so ist für ein k

$$(U \setminus \{a\}) \cap A \supset (U \setminus \{a\}) \cap \{a_{i_n} \,/\, n \geqslant k\} = \{a_{i_n} \,/\, n \geqslant k, a_{i_n} \neq a\} \neq \emptyset,$$

denn die a_{i_n} sind paarweise verschieden. Daher ist a Häufungspunkt von A.

(d) ⇒ (e): Ist $f: M \to \mathbb{R}$ stetig und unbeschränkt, so wähle man $m_1, m_2 \in M$ mit $|f(m_2)| > |f(m_1)| + 1$, $m_3 \in M$ mit $|f(m_3)| > |f(m_2)| + 1, \ldots, m_n \in M$ mit $|f(m_n)| > |f(m_{n-1})| + 1$ usw. Hätte dann $A := \{m_i \,/\, i \in \mathbb{N}\}$ einen Häufungspunkt $m \in M$, so müßte insbesondere für jedes $U \in \mathcal{U}(m)$ mit $U \subset f^{-1}(]f(m) - \frac{1}{2}, f(m) + \frac{1}{2}[)$ $(U \setminus \{m\}) \cap A \neq \emptyset$ sein. Wählt man so ein U und ein $x \in (U \setminus \{m\}) \cap A$, so ist $M \setminus \{x\}$ offene Umgebung von m, denn M ist T_1-Raum, also $\{x\}$ abgeschlossen. Für $U_1 := U \cap (M \setminus \{x\})$ müßte ebenfalls ein $x_1 \in (U_1 \setminus \{m\}) \cap A$ existieren. Man setze $U_2 := U \cap (M \setminus \{x, x_1\})$ und fahre so fort. Würde dies Verfahren abbrechen, d. h. hätte $(U \setminus \{m\}) \cap A$ nur die endlich vielen Elemente $x, x_1, \ldots, x_n$, so wäre $U_{n+1} := U \cap (M \setminus \{x, x_1, \ldots, x_n\})$ eine Umgebung von m mit $(U_{n+1} \setminus \{m\}) \cap A = \emptyset$. Es muß also unendlich viele $m_i \in U$ geben. Dann kann aber nicht $f(U) \subset]f(m) - \frac{1}{2}, f(m) + \frac{1}{2}[$ gelten, denn zwei Werte $f(m_i), f(m_j)$ unterscheiden sich mindestens um 1. A kann also keinen Häufungspunkt in M haben, d. h. M kann (d) nicht erfüllen. Gilt (d), so auch (e).

(e) ⇒ (f): Hat M eine unendliche abgeschlossene diskrete Teilmenge A, so wähle man zu jedem $n \in \mathbb{N}$ induktiv $a_n \in A \setminus \{a_1, \ldots, a_{n-1}\}$ und definiere $f: A \to \mathbb{R}$ durch $f(A \setminus \{a_n \,/\, n \in \mathbb{N}\}) := \{0\}$, $f(a_n) := n$. Dann ist f stetig und unbeschränkt. Da M ein T_4-Raum ist. gibt es eine stetige Fortsetzung von f auf ganz M, d. h. M erfüllt nicht (e).

(f) ⇒ (a): Ist (M, d) nicht vollständig, dann gibt es eine nicht konvergente Cauchy-Folge (m_i). Dann ist $A := \{m_i \,/\, i \in \mathbb{N}\}$ unendlich. Wäre $m \in M$ ein Häufungspunkt von A, so müßte für jedes $i \in \mathbb{N}$ die Menge $B_i := B_{\frac{1}{i}}(m) \setminus \{m\}$ jedes Endstück E_n von (m_i) schneiden. Sind dann $j_0 \in \mathbb{N}$ mit $j, j' \geqslant j_0 \Rightarrow d(m_j, m_{j'}) \leqslant 1/i$ und $m_j \in B_i \cap E_{j_0}$ gewählt, so ist für jedes $m_{j'} \in E_{j_0}$ $d(m_{j'}, m) \leqslant d(m_{j'}, m_j) + d(m_j, m) \leqslant 2/i$, also $E_{j_0} \subset B_{2/i}(m)$. Zu jedem i gäbe es ein solches Endstück $E_{j(i)}$, d.h. (m_i) würde gegen m konvergieren. Es kann also in M keinen Häufungspunkt von A geben, d.h. $\bar{A} = Is(A) \cup Hp(A) = Is(A) = A$ (vgl. Aufgabe 10 von Abschnitt 4). A ist dann also eine unendliche, diskrete und abgeschlossene Teilmenge von (M, d). Gilt (f), so muß daher (M, d) vollständig sein.

Ist (M, d) nicht total beschränkt, so gibt es ein $\epsilon \in \mathbb{R}_+$ mit $M \neq \bigcup_{a \in A} B_\epsilon(a)$ für alle endlichen $A \subset M$. Man wähle nun $a_1 \in M$, $a_2 \in M \setminus B_\epsilon(a_1), \ldots a_n \in M \setminus \bigcup_{1}^{n-1} B_\epsilon(a_i)$ usw. Man erhält so eine unendliche Folge (a_i) mit $d(a_i, a_j) \geqslant \epsilon$ für $i \neq j$. Offenbar hat $A := \{a_i \,/\, i \in \mathbb{N}\}$ keinen Häufungspunkt in M, denn wäre m ein solcher, so hätte $B_{\epsilon/3}(m)$ nur ein a_i mit A gemein und $B_{\epsilon/3}(m) \setminus \{m, a_i\}$ wäre eine zu A disjunkte Menge. Es ist also $\bar{A} = Is(A) \cup Hp(A) = Is(A) = A$ und A folglich unendlich, diskret und abgeschlossen. Gilt dagegen (f), so muß (M, d) auch total beschränkt sein.

In der klassischen Analysis und Funktionalanalysis war man vor allem an der Bedingung (c) interessiert, die nach dem berühmten Satz von *Bolzano-Weierstraß* für abgeschlossene Intervalle von $\mathbb{R}$ gilt. *Fréchet* [1]) nannte Teilmengen A eines topologischen Raumes X kompakt, wenn sie in X einen Häufungspunkt haben. Da die Äquivalenz von (c) und (d) im obigen Beweis mit Hilfe des ersten Abzählbarkeitsaxioms gezeigt wurde, überrascht nicht, daß diese Äquivalenz in allgemeinen topologischen Räumen nicht zu gelten braucht. Es ist überdies klar, daß (a) in allgemeinen Räumen keinen Sinn hat. Auch (e) ist leider i.a. weder zu (c) noch (d) äquivalent. Bis 1924, als *Alexandroff* und *Urysohn* in Band 92 der Math. Ann. eine Reihe von interessanten Ergebnissen für sogenannte bikompakte Räume, d.h. Räume mit Bedingung (b), erzielen konnten, verstand man unter kompakten topologischen Räumen allgemein solche, in denen jede Teilmenge einen Häufungspunkt enthält (*Hausdorff*). Die Bedingung (b) wird nach einem Satz von *Heine* und *Borel* für abgeschlossene Intervalle von $\mathbb{R}$ garantiert und wurde von *W. Groß* [2]) in metrischen Räumen studiert. In den Jahren von 1924 bis 1930 stellte sich dann immer mehr heraus, daß Räume mit (b) eine sehr reichhaltige Struktur haben. Als schließlich durch *A. Tychonoff* [3]) die Produkttreue dieser Eigenschaft – im Gegensatz zu (c), (d), (e) – gezeigt werden konnte, begann sich der Begriff kompakt im Sinne von (b) durchzusetzen. (Ob man das T_2-Axiom einbezieht oder nicht, blieb Geschmacksache. Wir folgen Bourbaki, der T_2 wegen 11.4(e) fordert.)

In der klassischen Funktionalanalysis, die ja von metrischen Räumen handelt, sind die an (c) bzw. (d) orientierten Methoden immer noch sehr wichtig. Wenn wir im folgenden vor allem den in der Topologie wichtigsten Begriff „kompakt" untersuchen, so vergesse man nicht, daß sich die gewonnenen Ergebnisse weitgehend auf metrische Räume mit (c), (d) oder (e) übertragen. Topologische Räume mit (b) bzw. (c) bzw. (d) bzw. (e) heißen quasikompakt bzw. folgenkompakt bzw. abzählbar-kompakt bzw. pseudokompakt. Wir formulieren noch einmal ausdrücklich die wichtigste

---

1) Rend. Palermo, **22** (1906)

2) Sitzungsber. Wiener Akad., **123** (1914)

3) Math. Ann. **102** (1930), **111** (1936)

11.2 **Definition:** Ein **kompakter** Raum ist ein **quasikompakter** Hausdorff-Raum, d. h. ein T_2-Raum, in dem jede offene Überdeckung $\mathcal{U}$ eine endliche Teilüberdeckung enthält.

(Eine offene **Überdeckung** $\mathcal{U}$ ist ein Teilmengensystem offener Mengen mit $\bigcup_{U \in \mathcal{U}} U \supset X$.)

Eine Teilmenge M eines topologischen Raumes X heißt kompakt, wenn sie es als topologischer Unterraum ist. (Für $A \subset X$ hat eine offene Überdeckung $\mathcal{U}$ von A die Form $\mathcal{U} = A \cap \mathcal{V}$, wobei $\mathcal{V}$ ein System offener Teilmengen von X mit $A \subset \bigcup_{V \in \mathcal{V}} V$ ist. Wir werden daher auch von einer offenen Überdeckung von A reden, wenn wir $\mathcal{V}$ meinen.)

Man schreibt $M \subset\subset X$ (compact contained).

Folgende Hilfsbegriffe sind nur zur kurzen Formulierung gedacht:

11.3 *Hilfsbegriffe:*

(a) X heißt **quasikompakt,** wenn jede offene Überdeckung eine endliche Teilüberdeckung enthält.

(b) $A \subset X$ heißt **relativ-kompakt,** wenn $\bar{A}$ kompakt ist.

(c) X heißt **folgenkompakt,** wenn in X jede Folge eine konvergente Teilfolge hat.

(d) X heißt **abzählbar-kompakt,** wenn jede unendliche Teilmenge einen Häufungspunkt hat.

(e) X heißt **pseudokompakt,** wenn jede stetige reelle Funktion auf X beschränkt ist.

(f) Ein uniformer Raum $(X, \mathcal{N})$ heißt **präkompakt**, wenn zu jeder Nachbarschaft $N \in \mathcal{N}$ eine endliche Überdeckung $\mathcal{U} = \{U_1, \ldots, U_n\}$ von X existiert, deren Elemente $U_i \subset X$ klein von der Ordnung N sind, d. h. $U_i \times U_i \subset N$. (Ein metrischer Raum ist genau dann präkompakt, wenn er total beschränkt ist.)

(Man braucht diese Begriffe nicht auswendig zu lernen.)

11.4 *Theorem:*

(a) Eine Teilmenge A von $\mathbb{R}$ ist genau dann kompakt, wenn sie beschränkt und abgeschlossen ist.

(b) Stetige Funktionen erhalten Quasikompaktkeit, Hömöomorphismen also Kompaktheit.

(c) Ist $f: X \to \mathbb{R}$ stetig und ist X kompakt, so nimmt f auf X sein Maximum und Minimum an. (Maximumssatz von *Weierstraß*)

(d) Abgeschlossene Teilmengen eines (quasi-)kompakten Raumes sind (quasi-)kompakt.

(e) (Quasi-) kompakte Teilmengen eines T_2-Raumes sind abgeschlossen.

Beweis:

(a) Um die Hausdorff-Eigenschaft braucht man sich hier nicht zu kümmern (sie ist erblich). Ist $\mathcal{U}$ offene Überdeckung eines Intervalles $[a, b]$, so betrachte man $S := \{x \in [a, b] / [a, x]$ ist durch endlich viele $U \in \mathcal{U}$ überdeckbar$\}$. Offenbar ist $S \neq \emptyset$ und offen. Ist

$x \in \bar{S}$, so liegt x in einem $U_0 \in \mathcal{U}$, und es gibt ein $y \in S \cap U_0$ mit $y \leqslant x$. Dann ist auch $[a, x] = [a, y] \cup (U_0 \cap [a, x])$ endlich überdeckbar aus $\mathcal{U}$. Folglich ist $\bar{S} = S$ nichtleer, abgeschlossen und offen in $[a, b]$, also wegen des Zusammenhangs von $[a, b]$ $S = [a, b]$. Abgeschlossene Intervalle von $\mathbb{R}$ sind also kompakt.

Ist eine Teilmenge A in $\mathbb{R}$ abgeschlossen und beschränkt, so ist sie in einem abgeschlossenen, also kompakten Intervall enthalten, nach (d) also kompakt.

Ist eine Teilmenge A von $\mathbb{R}$ kompakt, so ist sie als Teilmenge eines geeigneten $\bigcup_{i=1}^{k}]-i, i[$ beschränkt und nach (e) abgeschlossen.

(b) Sind $f: X \to Y$ stetig und $\mathcal{U}$ eine offene Überdeckung von $f(X)$, so ist wegen der Stetigkeit von $f: X \to f(X)$ das System $\mathcal{U}' := \{f^{-1}(U) \,/\, U \in \mathcal{U}\}$ eine offene Überdeckung von X. Ist $\{f^{-1}(U) \,/\, U \in \mathcal{U}''\}$ eine endliche Teilüberdeckung aus $\mathcal{U}'$, so ist auch $\mathcal{U}''$ eine endliche Teilüberdeckung von $f(X)$.

(c) Wegen (b) und (a) ist $f(X)$ abgeschlossen und beschränkt, enthält also sein Infimum und Supremum.

(d) Sei A abgeschlossen im quasikompakten Raum X und sei $\mathcal{U} = \mathcal{V} \cap A$ offene Überdeckung von A ($\mathcal{V}$ besteht aus X-offenen Mengen). Dann ist $\mathcal{V} \cup \{X \setminus A\}$ offene Überdeckung von X. Eine endliche Teilüberdeckung $\mathcal{V}' \cup \{X \setminus A\}$ liefert in $\mathcal{U}' := \mathcal{V}' \cap A$ eine endliche Teilüberdeckung von A.

(e) Seien X ein Hausdorff-Raum, $K \subset X$ quasikompakt und $x \in X \setminus K$, dann gibt es zu jedem $k \in K$ offene Umgebungen O_k von k bzw. U_k von x mit $O_k \cap U_k = \emptyset$. Davon reichen $O_{k_1}, \ldots, O_{k_n}$, um K zu überdecken. Setzt man $U_x := \bigcap_{i=1}^{n} U_{k_i}$, $O_x := \bigcup_{i=1}^{n} O_{k_i}$, so hat man disjunkte Umgebungen, von x und K, d. h. $x \notin \bar{K}$. Also muß K abgeschlossen sein.

Die zuletzt angewandte Technik ist für kompakte Räume fundamental (vgl. auch den Beweis zum Satz von Stone-Weierstraß (11.20)):

11.5 *Korollar:* Jeder kompakte Raum ist ein T_4-Raum.

Beweis: Seien A, B nichtleere, disjunkte, abgeschlossene Teilmengen des kompakten Raumes X. Nach 11.4(d) sind A und B kompakt. Nach dem Beweis von 11.4(e) gibt es zu jedem $a \in A$ eine offene Umgebung U_a und eine offene Umgebung O_a von B, die disjunkt sind. Endlich viele $U_{a_1}, \ldots, U_{a_m}$ reichen aus, A zu überdecken. Setzt man $U := \bigcup_{i=1}^{m} U_{a_i}$, $O := \bigcap_{i=1}^{m} O_{a_i}$, so hat man disjunkte Umgebungen von A bzw. B gefunden.

11.6 *Korollar:* Sind $f: X \to Y$ stetig, X quasikompakt, Y T_2-Raum, so ist f abgeschlossen und induziert einen Homöomorphismus $\bar{f}: X/f \to f(X)$ (vgl. 6.6).

Der Beweis folgt sofort aus 11.4(d), 11.4(b) und 6.6.

11.7 *Anwendungen und Beispiele:*

a) Endliche Räume und Räume mit der Komplement-endlich-Topologie sind quasikompakt. Eine konvergente Folge in einem Hausdorff-Raum ist eine relativ-kompakte Teilmenge. Im Sierpinski-Raum ist die einelementige offene Menge quasikompakt, sogar kompakt, aber nicht abgeschlossen.

Eine total geordete Menge X mit der Ordnungstopologie ist genau dann kompakt, wenn es sich um einen vollständigen Verband handelt, d. h. zu jeder Teilmenge existieren Infimum und Supremum in X.

Beweis dazu: Man braucht sich um die Hausdorff-Eigenschaft nicht zu kümmern, denn X ist nach 9.20 sogar ein T_4-Raum. Hat etwa die Teilmenge A in X kein Supremum, so hat auch $\bar{A}$ kein Supremum, und die Menge $\mathcal{U} := \{X \setminus \bar{A},]-\infty, a[\; / \; a \in \bar{A}\}$ stellt eine offene Überdeckung von X ohne endliche Teilüberdeckung dar, d. h. X kann nicht kompakt sein. Analog schließt man im Fall, daß eine Teilmenge kein Infimum hat, auf Nicht-Kompaktheit. Existieren nun zu jeder Teilmenge von X Infimum und Supremum und ist $\mathcal{U}$ eine offene Überdeckung von X, so wähle man ein $a \in X$ und setze $b := \inf \{x \; / \; [x, a] \text{ aus } \mathcal{U} \text{ endlich überdeckbar}\}$. Da für $b \neq \inf X$ eine offene Umgebung $b \in]c, d[\subset U_0 \in \mathcal{U}$ existiert, muß auch $[b, a]$ und sogar $[c, a]$ endlich überdeckbar sein, was nach Wahl von b unmöglich ist. Also muß $b = \inf X$ sein. Analog zeigt man, daß auch $[a, \sup X]$ endlich überdeckbar ist. Damit ist aber auch $X = [\inf X, a] \cup [a, \sup X]$ durch einen endlichen Teil von $\mathcal{U}$ überdeckbar.

b) Die Vereinigung zwei (quasi-)kompakter Teilmengen eines topologischen Raumes X ist stets wieder quasikompakt. Sind A, B kompakte Teilmengen eines topologischen Raumes X, so brauchen $A \cup B$ nicht kompakt und $A \cap B$ nicht einmal quasikompakt zu sein:

Auf I erzeuge man die Topologie $\mathcal{X}$ von der Subbasis $\mathcal{S} = \{I \setminus E, \{x\} \; / \; E \text{ endlich}, 0 < x < 1\}$. Dann sind die Teilmengen $A := [0, 1[$, $B :=]0, 1]$ kompakt. $A \cup B = (I, \mathcal{X})$ ist jedoch nicht Hausdorffsch (0 und 1 können nicht getrennt werden) und $A \cap B$ nicht quasikompakt.

In Hausdorff-Räumen sind Vereinigung und Durchschnitt zweier kompakter Teilmengen A, B stets wieder kompakt: A und B sind nach 11.4(e) abgeschlossen in X, also ist $A \cap B$ abgeschlossen in X und A = kompakt, also ist $A \cap B$ nach 11.4(d) wieder kompakt.

c) Nach 3.5(n) gilt: Ist A eine Teilmenge eines metrischen Raumes (M, d), so ist $d_A : M \to \mathbb{R}$, $m \mapsto \inf_{a \in A} d(m, a)$ stetig. Ist K eine kompakte Teilmenge von (M, d) so nimmt d_A ihr Infimum auf K an, d. h. es gibt ein $k \in K$ mit $d(K, A) = d(k, A) = d_A(k)$. Ist überdies A abgeschlossen mit $A \cap K = \emptyset$, so ist $d(K, A) = d(k, A) > 0$, sonst wäre nämlich $k \in \bar{A} = A$. Dies ist ein häufig benutztes Resultat: *In einem metrischen Raum haben zwei abgeschlossene disjunkte Teilmengen positiven Abstand, wenn wenigstens eine kompakt ist.*

d) **Der Satz von Dini:**

Es sei eine Folge stetiger Funktionen $f_i : X \to \mathbb{R}$ gegeben, die punktweise gegen ein stetiges $f: X \to \mathbb{R}$ *monoton* konvergiert, d. h. für jedes $x \in X$ ist die Folge $(f_i(x))_{i \in \mathbb{N}}$ monoton. Ist dann X kompakt, so konvergiert (f_i) in $\mathrm{Abb}_{ggl}(X, \mathbb{R})$ gegen f.

Zum Beweis gebe man $\epsilon \in \mathbb{R}_+$ vor und setze $U_i := \{x \; / \; |f(x) - f_i(x)| < \epsilon\}$. Wegen der punktweisen Konvergenz bilden die U_i eine Überdeckung von X, die wegen der Stetigkeit der f, f_i offen ist. Wegen der Kompaktheit von X überdecken schon endlich viele U_i, etwa $U_1, \ldots, U_n$. Wegen der Monotonie der $f_i(x)$ ist die Folge der U_i monoton wachsend, d. h. $U_n = U_{n+1} = U_{n+2} = \ldots$ und $d_{sup}(f, f_i) < \epsilon$ für alle $i \geqslant n$.

e) **Ausschluß der Homöomorphie:**

Als stetiges Bild von $[0, 1]$ unter $e^{2\pi i t}$ ist S^1 kompakt, und es gibt eine stetige Bijektion $\varphi : [0, 1[\to S^1$. Dennoch ist S^1 nicht homöomorph zu $[0, 1[$ oder $]0, 1[$, denn diese Mengen sind nicht kompakt. (Man kann direkt offene Überdeckungen ohne endliche Teilüberdeckung angeben oder 11.4(a) heranziehen.) Es ist auch keine stetige Bijektion von I auf I^n für $n > 1$ möglich, denn diese wäre nach 11.6 ein Homöomorphismus (im Gegensatz zu 10.6(a)). (Stetige Surjektionen sind möglich! Vgl. Abschnitt 13.)

f) **Konstruktion von Homöomorphismen:**

11.6 liefert ein äußerst wichtiges Hilfsmittel zur Konstruktion von Homöomorphismen, das in der Topologie oft ohne Kommentar benutzt wird. Wir werden es in Kapitel III wiederholt anwenden und begnügen uns zunächst mit einem Beispiel:

$$B^n/S^{n-1} = B^n/\partial B^n \text{ ist homöomorph zu } S^n = \{(x,t) \in \mathbb{R}^{n+1} / |x|^2 + t^2 = 1\}.$$

Man setze $N := (0,1) \in S^n$ und definiere $h : \mathbb{R}^n \to S^n$ durch $x \mapsto \left(\frac{2x}{|x|^2+1}, \frac{|x|^2-1}{|x|^2+1}\right)$

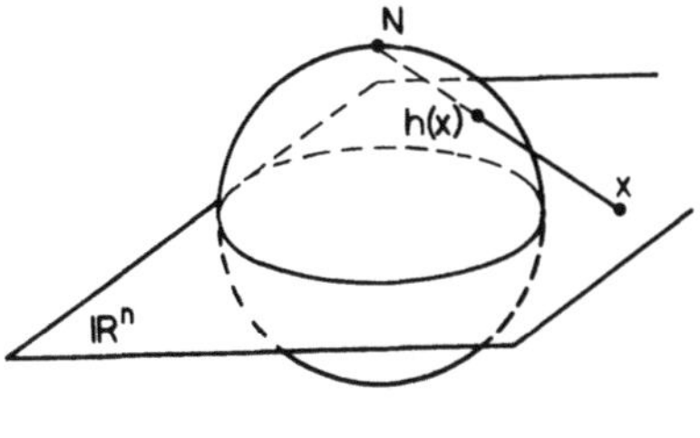

(stereographische Projektion von N). Dann ist h eine Bijektion auf $S^n \setminus \{N\}$ mit Inverser $(x,t) \mapsto \frac{x}{1-t}$. Überdies ist h ein Homöomorphismus mit $|x_i| \to \infty \Rightarrow h(x_i) \to N$. Wir definieren nun $g : \mathring{B}^n \to \mathbb{R}^n$ durch $x \mapsto \frac{x}{1-|x|}$. Dies ist ein Homöomorphismus, Inverse: $y \mapsto \frac{y}{1+|y|}$ mit $|x_i| \to 1 \Rightarrow |g(x_i)| \to \infty$. Offenbar hat dann $h \circ g: \mathring{B}^n \to S^n$ genau eine stetige Fortsetzung $f: B^n \to S^n$. Es ist $f(\partial B^n) = \{N\}$, f ist surjektiv und $f^{-1}(\{N\}) = \partial B^n = S^{n-1}$. Nach 11.6 induziert f einen Homöomorphismus $\bar{f}: B^n/f = B^n/S^{n-1} \to S^n$.

(Weitere Beispiele dieser Art findet man unter 6.4 und 6.7).

11.8 *Beziehungen der verschiedenen Kompaktheitsbegriffe:*

Leider bleibt von Theorem 11.1 in allgemeinen topologischen Räumen nur das folgende Beziehungsdiagramm bestehen:

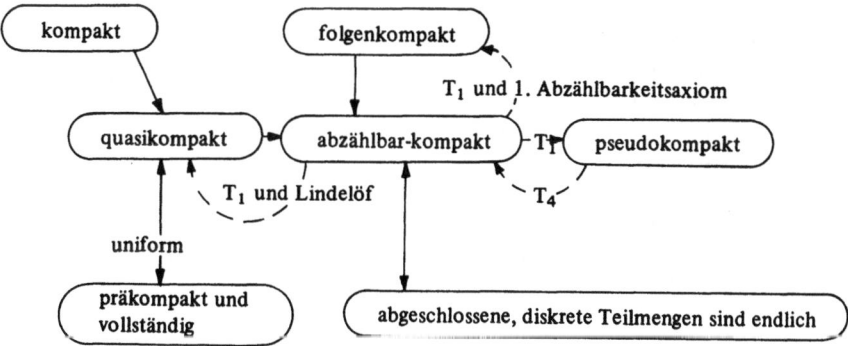

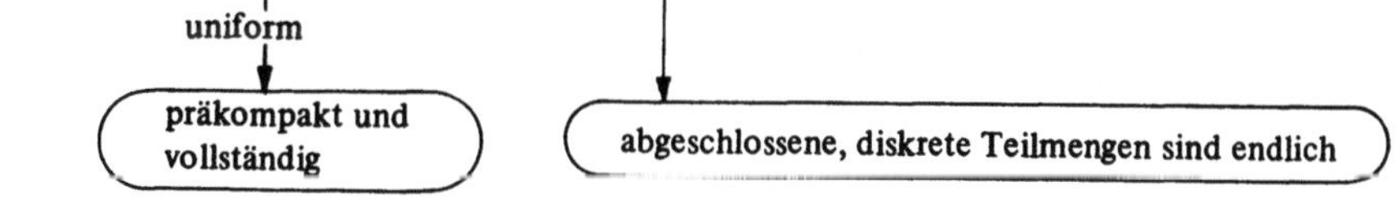

Es ist klar, daß die Bedingung 11.1(a) nur in uniformen Räumen formuliert werden kann. Daß dort „quasikompakt" äquivalent mit „präkompakt und vollständig" ist, zeigt der Beweis von 11.13(a). Daß quasikompakte Räume X stets abzählbar-kompakt sind, wird der Beweis von 11.9 zeigen. Aus 11.9 wird auch hervorgehen, daß abzählbar-kompakte Lindelöf-T_1-Räume quasikompakt sind. (X heißt **Lindelöf-Raum**, wenn jede offene Überdeckung von X noch eine abzählbare Überdeckung enthält.) Daß abzählbar-kompakte T_1-Räume pseudokompakt sind, sieht man am Beweis von 11.1(d) ⇒ (e). Daß folgenkompakte Räume stets abzählbar-kompakt sind, sieht man am Beweis von 11.1(c) ⇒ (d). Wir wollen nun zeigen, daß ein abzählbar-kompakter T_1-Raum mit 1. Abzählbarkeitsaxiom stets folgenkompakt ist: Sei X so ein Raum und sei (x_i) eine Folge in X. Ist (x_i) stationär, so konvergiert sie. Ist dagegen $A := \{x_i \,/\, i \in \mathbb{N}\}$ unendlich, so gibt es einen Häufungspunkt x von A in X. Sei dann $\{V_n \,/\, n \in \mathbb{N}\}$ eine Basis von $\mathcal{U}(x)$. Es ist für jedes $n \in \mathbb{N}$ $V_n \cap A$ unendlich. (Sonst wäre $V_n \cap A = \{y_1, \ldots, y_m\}$, $W_n := (V_n \setminus \{y_1, \ldots, y_m\}) \cup \{x\} = V_n \cap \bigcap_1^m (X \setminus \{y_i\}) \cup \{x\}$ Umgebung von x und $(W_n \setminus \{x\}) \cap A = \emptyset$.) Daher kann man $x_{i_1} \in V_1 \cap A$, $x_{i_2} \in V_2 \cap A$ mit $i_2 > i_1, \ldots, x_{i_n} \in V_n \cap A$ mit $i_n > i_{n-1}$ usw. wählen und erhält eine gegen x konvergente Teilfolge (x_{i_n}) von (x_i).

Gegenbeispiele:

Wir werden jetzt zwei Beispiele geben, die zeigen, daß sich die Pfeile im Diagramm nicht ohne weiteres umkehren lassen. (Für weitere Gegenbeispiele verweisen wir auf *Engelking* [2] bzw. *Preuß* [3].)

a) Ein pseudokompakter Raum braucht nicht abzählbar-kompakt zu sein: Es sei $(\mathbb{R}, \mathcal{A})$ mit der Komplement-abzählbar-Topologie versehen. Da jedes stetige $f: (\mathbb{R}, \mathcal{A}) \to \mathbb{R}$ konstant ist (vgl. 3.5(m)), ist $(\mathbb{R}, \mathcal{A})$ pseudokompakt. Die Menge $\mathbb{Q}$ hat jedoch keinen Häufungspunkt in $(\mathbb{R}, \mathcal{A})$.

b) Ein abzählbar-kompakter Raum braucht nicht quasikompakt zu sein: Man erzeuge auf $\mathbb{Z}$ eine Topologie $\mathcal{T}$ von der Basis $\{\{+n, -n\} \,/\, n \in \mathbb{N}_0\}$. Ist dann A eine unendliche Teilmenge von $(\mathbb{Z}, \mathcal{T})$ und ist $n \in A$, dann ist $-n$ ein Häufungspunkt von A in $(\mathbb{Z}, \mathcal{T})$, also ist dieser Raum abzählbar-kompakt. Da die Basis zugleich eine offene Überdeckung ohne endliche Teilüberdeckung darstellt, ist $(\mathbb{Z}, \mathcal{T})$ nicht quasikompakt.

Es ist klar, daß in einem abzählbar-kompakten Raum keine unendliche, abgeschlossene und diskrete Menge existieren kann. Ist andererseits X ein Raum ohne unendliche, abgeschlossene und zugleich diskrete Menge, so ist X auch abzählbar-kompakt: Ist nämlich $A \subset X$ ohne Häufungspunkte in X, so ist $\bar{A} = \mathrm{Is}(A) \cup \mathrm{Hp}(A) = \mathrm{Is}(A) = A$ abgeschlossen und diskret, also endlich. Jede unendliche Teilmenge von X muß also einen Häufungspunkt in X haben. Für Räume mit 11.1(f) hat man daher keinen eigenen Namen.

Analog zum Beweis von 11.1(e) ⇒ (f) kann man zeigen, daß ein pseudokompakter T_4-Raum stets abzählbar-kompakt ist.

Die Beziehung zwischen pseudokompakten und kompakten Räumen kann man mit Hilfe des Begriffes **reellkompakt** herstellen. Wir verweisen dazu auf das entsprechende Kapitel in *Engelking* [2].

11.9 *Charakterisierung abzählbar-kompakter Räume:*

Von technischem Vorteil beim Umgang mit kompakten (also auch abzählbar-kompakten) Räumen und von historischem und strukturellem Interesse ist der folgende Satz:

In jedem T_1-Raum X sind die folgenden Bedingungen äquivalent:

(a) X ist abzählbar-kompakt.

(b) Jede abnehmende Folge $(A_n)_{n \in \mathbb{N}}$ nichtleerer abgeschlossener Teilmengen von X hat nichtleeren Durchschnitt (**Cantorscher Durchschnittssatz**).

(c) Jede abzählbare offene Überdeckung $\mathcal{U}$ von X enthält eine endliche Teilüberdeckung. (Daher der Name „abzählbar-kompakt".)

Beweis:

(a) ⇒ (b): Es sei eine solche Folge (A_i) gegeben. Dann ist $A_{i+1} \subset A_i$ und man kann offenbar $A_{i+1} \neq A_i$ für alle i annehmen. (Sind nur endlich viele A_i verschieden, so ist (b) richtig. Sind zwar unendlich viele A_i verschieden, aber für manche i $A_{i+1} = A_i$, so vergesse man die A_j mit $A_j = A_i$ für $j > i$.) Man wähle nun $a_i \in A_i \setminus A_{i+1}$. Dann erhält man eine Folge (a_i) mit verschiedenen Folgegliedern. Wegen (a) hat $A := \{a_i \,/\, i \in \mathbb{N}\}$ einen Häufungspunkt a in X. Wäre $a \notin A_k$, so wäre $X \setminus A_k$ offene Umgebung von a, die $\bigcap A_i \subset A_k$ nicht schneidet. Wegen $\{a_i \,/\, i \geq k\} \subset A_k$ müßte dann

$$A \cap (X \setminus A_k) \subset \{a_1, \ldots, a_{k-1}\}$$

sein. Da X T_1-Raum ist, wäre dann

$$\{a\} \cup (X \setminus (A_k \cup \{a_1, \ldots, a_{k-1}\})) = (X \setminus A_k) \cap (X \setminus \{a_i / 1 \leq i \leq k-1,\ a_i \neq a\})$$

eine Umgebung von a, die A höchstens in dem einen Punkt a schneiden könnte, dies stünde im Widerspruch zur Eigenschaft von a, Häufungspunkt von A zu sein. a muß also in jedem A_k liegen, d. h. $\bigcap A_k \neq \emptyset$.

(b) ⇒ (c): Ist $\{U_i / i \in \mathbb{N}\}$ offene Überdeckung von X, so setze man $A_i := X \setminus \bigcup_{1}^{i} U_k$, dann ist (A_i) eine abnehmende Folge abgeschlossener Mengen von X. Ist dann ein $A_i = \emptyset$, so ist $\{U_1, \ldots, U_i\}$ endliche Teil-Überdeckung. Wären aber alle $A_i \neq \emptyset$, so hätte man nach (b) einen nichtleeren Durchschnitt

$$\emptyset \neq \bigcap_{\mathbb{N}} A_i = X \setminus \bigcup_{\mathbb{N}} U_i = X \setminus X,$$

was unmöglich ist.

(c) ⇒ (a): (Hier wird das T_1-Axiom nicht benutzt.) Hätte eine unendliche Teilmenge A von X keinen Häufungspunkt in X, so wäre $\overline{A} = \mathrm{Is}(A) \cup \mathrm{Hp}(A) = \mathrm{Is}(A) = A$, also $X \setminus A$ offen. Sei nun $A' \subset A$ abzählbar, dann hat auch A' keinen Häufungspunkt in X, folglich ist auch $X \setminus A'$ offen und A' diskret. Zu jedem $a \in A'$ gibt es dann ein $O_a \mathrel{\underset{\circ}{\subset}} X$ mit $O_a \cap A' = \{a\}$. Die offene Überdeckung $\{X \setminus A', O_a / a \in A'\}$ hat natürlich keine endliche Teilüberdeckung, d. h., (c) kann nicht gelten.

Man nennt Räume, in denen jede offene Überdeckung eine abzählbare Teilüberdeckung enthält, **Lindelöf-Räume.** Wir werden in 12.8 sehen, daß jeder Raum, der das 2. Abzählbarkeitsaxiom erfüllt, ein Lindelöf-Raum ist. Nach (c) sind abzählbar-kompakte T_1-Lindelöf-Räume auch quasikompakt.

Die Bedingung (b) hat Beziehungen zur Beschreibung der Vollständigkeit von $\mathbb{R}$ durch Intervallschachtelungen (vgl. Abschnitt 8, Aufgabe (7)).

Produkte folgenkompakter, abzählbar-kompakter bzw. pseudokompakter Räume brauchen nicht wieder die entsprechende Eigenschaft zu haben. Hier liegt der entscheidende Vorzug des Kompaktheitsbegriffs. Um den fundamentalen Satz von Tychonoff beweisen zu können, brauchen wir folgenden Hilfssatz:

11.10 Hilfssatz: Ein topologischer Raum X ist genau dann quasikompakt, wenn jeder Ultrafilter $\mathcal{F} \in \mathbb{F}(X)$ konvergiert. Dabei heißt $\mathcal{F} \in \mathbb{F}(X)$ **Ultrafilter,** wenn $\mathcal{F}$ maximal ist, d.h. wenn aus $\mathcal{F} \subset \mathcal{G} \in \mathbb{F}(X)$ stets $\mathcal{G} = \mathcal{F}$ folgt.

Beweis:

Es sei zunächst X quasikompakt und $\mathcal{F}$ ein Ultrafilter auf X. Man setze dann $\mathcal{U} := \{X \setminus \overline{F} / F \in \mathcal{F}\}$. Wäre nun $\bigcap_{F \in \mathcal{F}} \overline{F} =: F_0 = \emptyset$, so wäre $\mathcal{U}$ eine offene Überdeckung von X, denn $\bigcup U = X \setminus F_0$. Dann enthielte aber $\mathcal{U}$ eine endliche Teilüberdeckung der Form $\{X \setminus \overline{F}_1, \ldots, X \setminus \overline{F}_n\}$, und es wäre $\bigcap_{i=1}^{n} \overline{F}_i = \emptyset$, was der Filtereigenschaft von $\mathcal{F}$ widerspräche. Also muß doch $F_0 \neq \emptyset$ sein. Man wähle $x_0 \in F_0$ und setze $\mathcal{G} := \{F \cap U / F \in \mathcal{F},\ U \in \mathcal{U}(x_0)\}$, dann ist $\mathcal{G}$ nach Wahl von x_0 ein Filter mit $\mathcal{G} \supset \mathcal{F}$. Da $\mathcal{F}$ Ultrafilter ist, muß $\mathcal{G} = \mathcal{F}$ sein. Da $\mathcal{G} \supset \mathcal{U}(x_0)$ ist, muß $\mathcal{F} = \mathcal{G} \to x_0$ gelten.

Es sei nun X ein topologischer Raum, auf dem eine offene Überdeckung $\mathcal{U}$ ohne endliche Teilüberdeckung existiert. Man setze dann $\mathcal{G}' := \{X \setminus \bigcup_{\mathcal{U}'} U / \mathcal{U}' \text{ endlich} \subset \mathcal{U}\}$. Der

Durchschnitt je zweier Elemente von G' ist dann nichtleer und wieder Element von G'. Durch Hinzunehmen der Obermengen entsteht aus G' daher ein Filter G auf X. Es gibt einen Ultrafilter $F \in \mathbb{F}(X)$ mit $F \supset G \supset G'$: Auf $\mathbb{F}(X)$ wird nämlich durch $H \leqslant K :\Leftrightarrow H \subset K$ eine induktive Ordnung gegeben, d.h. eine Ordnungsrelation, in der jede total geordnete Teilmenge eine obere Schranke hat. (Ist $\Phi \subset \mathbb{F}(X)$ bzgl. $\leqslant$ total geordnet, so ist offenbar $K := \bigcup_{H \in \Phi} H$ eine obere Schranke in $\mathbb{F}(X)$.) Nach dem zum Auswahlaxiom äquivalenten Lemma von Zorn gibt es in $(\mathbb{F}(X), \leqslant)$ zu G ein größeres maximales Element, d.h. einen Ultrafilter F mit $F \supset G \supset G'$. Wäre nun F gegen $x_0 \in X$ konvergent, so wäre $U(x_0) \subset F$ und man hätte speziell für jedes $U \in U(x_0)$ und jedes $G' \in G'$ $U \cap G' \neq \emptyset$. Für jedes $U \in U$ wäre daher $x_0 \in \overline{X \setminus U} = X \setminus U$, und U könnte keine Überdeckung sein. Auf einem nicht quasikompakten Raum X gibt es also auch stets einen nicht konvergent Ultrafilter.

11.11 *Theorem von Tychonoff:*

(a) Ein Produkt nichtleerer (quasi-)kompakter Räume ist genau dann (quasi-)kompakt, wenn es alle Faktoren sind.

(b) Ein topologischer Raum ist genau dann kompakt, wenn er homöomorph zu einem abgeschlossenen Unterraum eines Quaders $\prod_J [0, 1]$ ist.

Beweis:

(a) Sind alle $X_i \neq \emptyset$ und ist $\prod X_i$ (quasi-)kompakt, so ist jedes $X_i = pr_i(\prod X_j)$ nach 11.4 quasikompakt. Da die pr_i offen sind, bleibt auch die T_2-Eigenschaft erhalten.

Ist umgekehrt jedes $X_i \neq \emptyset$ und quasikompakt, so sei F ein Ultrafilter auf $X = \prod X_i$. Ist $G_i \in \mathbb{F}(X_i)$ mit $pr_i(F) \subset G_i$, so erzeugt die Filterbasis

$$G' := \{F \cap \times F_j' \,/\, F \in F, F_j' \in pr_j(F) \text{ für } j \neq i, F_i' \in G_i\}$$

einen Filter G auf X mit $G \supset F$. Da F Ultrafilter ist, muß $G = F$ und damit $pr_i(G) = G_i = pr_i(F)$ sein, d.h. $pr_i(F)$ ist ebenfalls Ultrafilter. Dies gilt für jedes i. Es gibt also für jedes i ein $x_i \in X_i$ mit $pr_i(F) \to x_i$. Nach Satz 5.6 konvergiert F in X gegen $x := (x_i)$. Jeder Ultrafilter auf X konvergiert also, d.h. X ist nach 11.10 quasikompakt. Die T_2-Eigenschaft ist produkttreu.

Es gilt also (a).

(b) Nach 11.5 ist ein kompakter Raum auch normal und damit vollständig regulär. Nach 9.16 gibt es dann einen Homöomorphismus $h : X \hookrightarrow \prod_J I$ auf eine Teilmenge A dieses Quaders. Da h stetig und X kompakt ist, muß A quasikompakt und – als Teil eines T_2-Raumes – abgeschlossen sein.

Umgekehrt ist jeder abgeschlossene Unterraum eines Quaders $\prod_J I$ kompakt, denn der Quader ist es nach Teil (a) und seine abgeschlossenen Unterräume nach 11.4. Da Kompaktheit eine topologische Invariante ist, gilt damit (b).

11.12 *Korollar:* Eine Teilmenge A des $\mathbb{R}^n$ ist genau dann kompakt, wenn sie abgeschlossen und beschränkt ist.

Beweis: Ist A kompakt, so ist A nach 11.4 abgeschlossen und alle $pr_i(A)$ sind beschränkt. Also ist auch A beschränkt.

Ist umgekehrt A abgeschlossen und beschränkt, so gibt es einen Quader $\prod_{i=1}^{n} [a_i, b_i]$, in dem A als abgeschlossene Menge liegt. Nach 11.11(a) und 11.4 ist dann auch A kompakt.

Bemerkung: In allgemeinen metrischen Räumen ist dieser Satz i. a. falsch. Wir werden sehen, daß lokal kompakte topologische Vektorräume stets endlich-dimensional sind, so daß z. B. die Einheitskugel in einem unendlich-dimensionalen normierten Raum nicht kompakt sein kann.

11.13 *Theorem über kompakte uniforme Räume:*

(a) Ein hausdorffscher uniformer Raum ist genau dann präkompakt, wenn seine Vervollständigung kompakt ist. Ein uniformer Raum ist genau dann kompakt, wenn er hausdorffsch, vollständig und präkompakt ist.

(b) Ist $f: X \to Y$ eine stetige Abbildung zwischen uniformen Räumen und ist X kompakt, so ist f auch gleichmäßig stetig.

(c) Ein kompakter Raum läßt sich auf genau eine Weise uniformisieren.

Beweis:

(a) Es seien X präkompakt, Y vollständig und $X \subset Y$ dichter uniformer Unterraum. Dann ist auch Y präkompakt: Zu $N' \in \mathcal{N}_Y$ wähle man $N \in \mathcal{N}_Y$ symmetrisch mit $N \circ N \circ N \subset N'$. Da X als uniformer Unterraum präkompakt ist, gilt $X = \bigcup_1^n X_i$ mit $X_i \times X_i \subset N \cap X \times X$. Setzt man nun $Y_i := \overline{X_i}$, so gilt $Y = \overline{\bigcup_1^n X_i} = \bigcup_1^n Y_i$ nach 4.3(d'). Sind $y, y' \in Y_i$, so gibt es $x \in U_N(y) \cap X_i$ und $x' \in U_N(y') \cap X_i$. Nach Definition $U_N(y) := \{z \,/\, (y, z) \in N\}$ ist also

$$(y, y') = (y, x) \circ (x, x') \circ (x', y') \in N \circ X_i \times X_i \circ N^{-1} \subset N \circ N \circ N \subset N', \quad \text{d.h.}$$
$$Y_i \times Y_i \subset N'.$$

Ist nun also Y vollständig, hausdorffsch und präkompakt, so gebe man einen Ultrafilter F auf Y vor. Zu $N \in \mathcal{N}_Y$ gibt es dann eine Darstellung $Y = \bigcup_1^n Y_i$ mit $Y_i \times Y_i \subset N$. Eines dieser Y_i muß schon in F liegen, F also Cauchy-Filter und damit konvergent sein: Sind nämlich $A, B \subset Y$ mit $A \cup B \in F$, so ist $A \in F$ oder $B \in F$. (Sonst wäre $G := \{C \subset Y \,/\, C \cup B \in F\}$ ein echt größerer Filter als F, denn es wäre $A \in G \setminus F$.) Da $Y \in F$ ist, muß also $Y_1 \in F$ oder $\bigcup_2^n Y_i \in F$ sein, also im zweiten Fall $Y_2 \in F$ oder $\bigcup_3^n Y_i \in F$ usw. Nach 11.10 ist Y dann also kompakt.

Ist Y kompakt, so ist Y und jeder uniforme Unterraum X präkompakt: Ist nämlich $N \in \mathcal{N}_X$ gegeben, so gibt es $N' \in \mathcal{N}_Y$ mit $N = N' \cap X \times X$. Sei dann $\mathcal{U} := \{U \underset{\circ}{\subseteq} Y \,/\, U \times U \subset N'\}$, dann ist $\mathcal{U}$ offene Überdeckung von Y, denn zu $y \in Y$ wähle man ein symmetrisches $N'' \in \mathcal{N}_Y$ mit $N'' \circ N'' \subset N'$, dann ist $\mathring{U}_{N''}(y) \times \mathring{U}_{N''}(y) \subset N'' \circ N'' \subset N'$, also $\mathring{U}_{N''}(y) \in \mathcal{U}$. Da Y kompakt ist, hat $\mathcal{U}$ eine endliche Teilüberdeckung $\{U'_1, \ldots, U'_n\}$. Für $U_i := X \cap U'_i$ hat man dann

$X = \bigcup_1^n U_i$ und $U_i \times U_i \subset N$, d.h. X ist präkompakt.

Ist Y kompakt, so ist Y auch vollständig: Ist $\mathcal{G}$ ein Cauchy-Filter auf Y, so sieht man wie im Beweis von 11.10, daß ein größerer Ultrafilter $\mathcal{F} \supset \mathcal{G}$ existiert, der gegen ein $y \in Y$ konvergieren muß, da Y kompakt ist. Für jedes $G \in \mathcal{G}$ ist dann $y \in \overline{G}$. Tatsächlich gilt $\mathcal{G} \to y$, denn ist $U_N(y) \in \mathcal{U}(y)$ mit $N \in \mathcal{N}_Y$, so gibt es $N' \in \mathcal{N}_Y$ symmetrisch und $F' \in \mathcal{G}$ mit $F' \times F' \subset N'$ und $N' \circ N' \circ N' \subset N$. Wie oben folgt dann, daß $\overline{F'} \times \overline{F'} \subset N$. Wegen $y \in \overline{F'}$ ist dann $\overline{F'} \subset U_N(y)$, also $U_N(y) \in \mathcal{G}$ und damit $\mathcal{U}(y) \subset \mathcal{G}$.

(b) Seien X uniform, kompakt, Y uniform, $f: X \to Y$ stetig, $N' \in \mathcal{N}_Y$ gegeben. Gesucht ist dann ein $N \in \mathcal{N}_X$ mit $(f \times f)(N) \subset N'$.

Man wähle ein $N'' \in \mathcal{N}_Y$ symmetrisch mit $N'' \circ N'' \subset N'$. Zu jedem $x \in X$ gibt es ein $N_x \in \mathcal{N}_X$ mit $f(U_{N_x}(x)) \subset U_{N''}(f(x))$. Man wähle nun $M_x \in \mathcal{N}_X$ symmetrisch mit $M_x \circ M_x \subset N_x$. Die Familie $\mathcal{U} := \{\mathring{U}_{M_x}(x) \,/\, x \in X\}$ bildet eine offene Überdeckung von X, enthält also eine endliche Teilüberdeckung $\{\mathring{U}_{M_{x_1}}(x_1), \ldots, \mathring{U}_{M_{x_n}}(x_n)\}$.
Setze dann $M := \bigcap_{i=1}^n M_{x_i}$. Für $(x, x') \in M$ gibt es ein x_i mit $x \in U_{M_{x_i}}(x_i)$, d.h.

$$(x, x_i) \in M_{x_i} \quad \text{und} \quad (x_i, x') = (x_i, x) \circ (x, x') \in M_{x_i} \circ M_{x_i} \subset N_{x_i}.$$

Daher sind

$$f(x), f(x') \in U_{N''}(f(x_i)), \quad \text{also} \quad (f(x), f(x_i)), (f(x'), f(x_i)) \in N''$$

und

$$(f(x), f(x')) = (f(x), f(x_i)) \circ (f(x_i), f(x')) \in N'' \circ N'' \subset N'.$$

Es gibt also zu jedem $N' \in \mathcal{N}_Y$ ein M mit $f \times f(M) \subset N'$, d.h. f ist gleichmäßig stetig. (Man vergleiche diesen Beweis mit einem entsprechenden für metrische Räume!)

(c) Als normaler T_2-Raum ist X vollständig regulär und folglich uniformisierbar. Hätte man zwei Uniformitäten $\mathcal{N}, \mathcal{N}'$ auf X, die die Topologie von X induzieren, so wäre $id_X : (X, \mathcal{N}) \to (X, \mathcal{N}')$ stetig und nach Teil (b) in beiden Richtungen gleichmäßig stetig, d.h. $\mathcal{N} = \mathcal{N}'$.

Die eindeutige Uniformisierbarkeit ist nicht charakteristisch für kompakte Räume[1]).

---

[1]) Vgl. *I. S. Gál* in Pacific J. Math. 9 (1959), 1053–1060.

Korollar: In einem vollständigen uniformen T_2-Raum sind die präkompakten Teilmengen genau die relativ-kompakten. (Abgeschlossene Teilmengen vollständiger Räume sind trivialerweise vollständig, der Abschluß einer präkompakten Menge ist präkompakt, wie sich analog zum ersten Abschnitt des Beweises von 11.13(a) ergibt.)

Bevor wir einige tiefere Anwendungen der Kompaktheit behandeln, wollen wir noch die lokale Variante dieses Begriffes besprechen:

11.14 **Definition:** Ein topologischer Raum X heißt **lokalkompakt**, wenn X hausdorffsch ist und wenn es zu jedem $x \in X$ eine kompakte Umgebung $U \in \mathcal{U}(x)$ gibt.

Bemerkung: Ist $U \in \mathcal{U}(x)$ in einem lokalkompakten Raum X, so gibt es ein kompaktes $K \in \mathcal{U}(x)$. Dann ist auch $U \cap K \in \mathcal{U}_X(x)$ und $U \cap K \in \mathcal{U}_K(x)$. Da K normal ist, gibt es in K ein offenes V mit $x \in V \subset \bar{V} \subset U \cap K$, und $\bar{V}$ ist als abgeschlossene Teilmenge von K kompakt. Da $V = O \cap K$ mit $O \underset{\circ}{\subset} X$ ist, gibt $O \cap (U \cap K) = O \cap K \cap U = V \cap U = V$ eine Umgebung von x in X mit $\bar{V} \subset \overset{\circ}{U}$ und $\bar{V}$ kompakt. Jede Umgebung in einem lokalkompakten Raum umfaßt also noch eine kompakte Umgebung desselben Punktes. Lokalkompaktheit ist also in der Tat ein lokaler Begriff im Sinne von 10.9.

11.15 *Theorem:* Ein topologischer Raum X ist genau dann lokalkompakt, wenn X homöomorph zu einem offenen Unterraum eines kompakten Raumes Y ist.

Beweis:

(1) Es sei X lokalkompakt und nicht quasi-kompakt. Man wähle dann ein Objekt „∞" mit $\infty \notin X$ und setze $Y := X \cup \{\infty\}$. Die Topologie von Y sei durch $O \underset{\circ}{\subset} Y :\Longleftrightarrow O \underset{\circ}{\subset} X$ oder $Y \setminus O$ ist abgeschlossene, quasikompakte Teilmenge von X definiert. Dann ist Y quasikompakt, denn jede offene Überdeckung $\mathcal{U}$ von Y enthält ein O mit $Y \setminus O$ quasikompakt in X, und die Menge $Y \setminus O$ ist aus $\mathcal{U}$ endlich überdeckbar. Überdies ist X vermöge $x \mapsto x$ homöomorph zu $Y \setminus \{\infty\}$, denn die offenen Mengen von $Y \setminus \{\infty\}$ sind entweder offen in X oder sie haben die Form $O \setminus \{\infty\} = O \cap X$, wobei $Y \setminus O = X \setminus O$ abgeschlossen in X und folglich $X \setminus (X \setminus O) = O \cap X$ offen in X ist.

Erst jetzt nutzen wir aus, daß X lokalkompakt ist, um zu zeigen, daß Y hausdorffsch ist: Ist $x \in X$, so gibt es eine kompakte Umgebung $K \in \mathcal{U}_X(x)$. Dann sind $\overset{\circ}{K}$ bzw. $(X \setminus K) \cup \{\infty\}$ disjunkte offene Umgebungen von x bzw. ∞ in Y. Zwei verschiedene Punkte von X können natürlich auch in Y getrennt werden.

Da X offen in Y ist und Y kompakt, läßt sich also X offen in einen kompakten Raum einbetten, sobald X lokalkompakt ist.

(2) Offenbar ist „lokalkompakt" eine topologische Invariante. Sind also $X \underset{\circ}{\subset} Y$ und Y kompakt, so ist Y auch regulär. Zu jedem $x \in X \underset{\circ}{\subset} Y$ gibt es also ein V mit $x \in V \underset{\circ}{\subset} X$ und $\bar{V}^Y \subset X$. Als abgeschlossener Teil von Y ist $\bar{V}$ kompakt, also hat x in X eine kompakte Umgebung.

Bemerkung: Im Beweis zu (1) haben wir gesehen, daß sich jeder nicht quasikompakte Raum durch Hinzufügung eines Punktes „∞" zu einem quasikompakten Raum ergänzen läßt, in dem er als Unterraum liegt. Man nennt diese Ergänzung Y auch die „1-Punkt-Quasikompaktifizierung". Ist X lokalkompakt, so spricht man von der **1-Punkt-Kompaktifizierung** oder auch **Alexandroff-Kompaktifizierung.**

11.16 *Korollar:* $\mathbb{R}^n$ und alle offenen Teilmengen von $\mathbb{R}^n$ sind lokalkompakt.

Bemerkung: H. Tietze [1]) und *P. Alexandroff* [2]) haben als erste bemerkt, daß man das aus der Analysis und Funktionentheorie geläufige Verfahren der 1-Punkt-Kompaktifizierung (Riemannsche Zahlenkugel) verallgemeinern kann. Wir haben in 11.7(f) einen Homöomorphismus h von $\mathbb{R}^n$ auf eine offene Teilmenge von S^n konstruiert (stereographische Projektion). Da S^n kompakt ist (abgeschlossen und beschränkt in $\mathbb{R}^{n+1}$), sind also alle offenen Teilmengen von $\mathbb{R}^n$ lokalkompakt.

Wir haben sogar noch eine weitergehende Aussage: *Ist* X *lokalkompakt und nicht kompakt, so ist die 1-Punkt-Kompaktifizierung* $Y = X \cup \{\infty\}$ *eindeutig bis auf Homöomorphie bestimmt.* Ist nämlich Z ein weiterer kompakter Raum, der einen Unterraum $X' \cong X$ enthält mit $Z \setminus X' = \{z_\infty\}$ einelementig, so läßt sich ein Homöomorphismus $h: X \to X'$ stets durch $\infty \mapsto z_\infty$ auf Y bijektiv fortsetzen. Überdies ist diese Fortsetzung $h_\infty: Y \to Z$ ein Homöomorphismus: Ist nämlich $O \underset{\circ}{\subset} Y$, so ist entweder $O \underset{\circ}{\subset} X$ oder $(Y \setminus O) \subset\subset X$. Ist $O \underset{\circ}{\subset} X$, so ist

$$h_\infty(O) = h(O) \underset{\circ}{\subset} X' = Z \setminus \{z_\infty\} \underset{\circ}{\subset} Z, \quad \text{also} \quad h_\infty(O) \underset{\circ}{\subset} Z.$$

Ist aber $(Y \setminus O) \subset\subset X$, so ist

$$h_\infty(Y \setminus O) = h_\infty(Y) \setminus h_\infty(O) = Z \setminus h_\infty(O) \subset\subset X'.$$

Da Z hausdorffsch ist, muß dann $(Z \setminus h_\infty(O))$ abgeschlossen in X' und Z sein, d.h. $h_\infty(O) \underset{\circ}{\subset} Z$. Also ist h_∞ eine offene Abbildung. Analog folgt auch die Stetigkeit von h_∞, also handelt es sich um einen Homöomorphismus.

Korollar: S^n ist homöomorph zur 1-Punkt-Kompaktifizierung von $\mathbb{R}^n$. (Man sagt „S^n ist die 1-Punkt-Kompaktifizierung von $\mathbb{R}^n$".)

11.17 *Korollar:* Jeder lokalkompakte Raum ist ein $T_{3,5}$-Raum, also uniformisierbar.

11.18 **Satz:** Jeder lokalkompakte Raum X ist ein **Bairescher Raum,** d.h. sind $O_i (i \in \mathbb{N})$ offen und dicht in X, so ist auch $O := \bigcap_{i \in \mathbb{N}} O_i$ dicht in X (vgl. 8.13).

Beweis: Sei $x \in X$ und sei $U \in \mathring{U}(x)$, dann ist $U \cap O_1 \neq \emptyset$, es gibt also $\emptyset \neq V_1^0 \subset \overline{V_1} \subset U \cap O_1$ mit $\overline{V_1}$ kompakt (vgl. die Bemerkung nach Definition 11.14). Wegen $V_1^0 \cap O_2 \neq \emptyset$ gibt es ein kompaktes $\overline{V_2}$ mit $\emptyset \neq V_2^0 \subset \overline{V_2} \subset V_1^0 \cap O_2$. Fährt man so fort, so erhält man ein kompaktes $\overline{V_n}$ mit $\emptyset \neq V_n^0 \subset \overline{V_n} \subset V_{n-1}^0 \cap O_n$ usw. Als Durchschnitt der fallenden Folge $(\overline{V_n})$ von in $\overline{V_1}$ abgeschlossenen Mengen ist $\bigcap \overline{V_n} \neq \emptyset$ (vgl. 11.9), also gibt es ein $x \in \bigcap_{\mathbb{N}} \overline{V_n} \subset U \cap \bigcap_{\mathbb{N}} O_i$. Jede Umgebung von x trifft also $\bigcap_{\mathbb{N}} O_i$, d.h. $\bigcap_{\mathbb{N}} O_i$ ist dicht in X.

Die Folgerungen 8.14 und 8.15 gelten entsprechend auch für lokalkompakte Räume.

---

1) Math. Ann. **91** (1924)

2) Math. Ann. **92** (1924)

11.19 Satz: (a) Ein Unterraum U eines lokalkompakten Raumes X ist genau dann lokalkompakt, wenn $U = A \cap B$ mit $A \overset{\circ}{\subset} X$ und $B \bar{\subset} X$. Insbesondere sind abgeschlossene Unterräume lokalkompakter Räume wieder lokalkompakt.

(b) Ein Produkt nichtleerer Räume ist genau dann lokalkompakt, wenn es alle Faktoren sind und fast alle überdies kompakt.

Beweis: Übung. (Notfalls findet man den Beweis in Dugundji [2].)

Anwendungen des Kompaktheitsbegriffes

11.20 *Das Theorem von M. H. Stone und K. Weierstraß*

Von *M. H. Stone* [1]) stammt eine sehr elegante und anwendungsreiche Verallgemeinerung der klassischen Approximationssätze von Weierstraß über (trigonometrische) Polynome auf abgeschlossenen Intervallen von $\mathbb{R}$. Wir werden sehen, daß diese fundamentale Theorem entscheidend auf einer Kompaktheitsvoraussetzung beruht.

Bevor wir das Theorem formulieren, wollen wir uns noch kurz an unsere Kenntnisse über den Raum $\mathrm{Abb}_{ggl}(X, \mathbb{R})$ und seine Unterräume erinnern:

a) Mit der in 1.1(e) eingeführten Metrik ist $\mathrm{Abb}_{ggl}(X, \mathbb{R})$ ein vollständiger metrischer Raum (vgl. 8.8(a)).

b) Ist X ein topologischer Raum, so ist $C(X, \mathbb{R})$ ein abgeschlossener und daher vollständiger Unter- von $\mathrm{Abb}_{ggl}(X, \mathbb{R})$ (vgl. 3.6).

c) Nach 5.11(f) ist $B(X, \mathbb{R})$ der größte lineare Unterraum von $\mathrm{Abb}_{ggl}(X, \mathbb{R})$, der mit der Unterraumtopologie ein topologischer $\mathbb{R}$-Vektorraum wird.

d) Ist X ein topologischer Raum, so ist $C(X, \mathbb{R})$ als Unterraum von $\mathrm{Abb}_{ggl}(X, \mathbb{R})$ genau dann ein topologischer Vektorraum, wenn $C(X, \mathbb{R}) \subset B(X, \mathbb{R})$ ist. Nach 11.3(e) bedeutet diese Bedingung, daß X pseudokompakt ist.

e) Da man sich i.a. nur für $C(X, \mathbb{R})$ interessiert, wenn genügend viele stetige reelle Funktionen auf X existieren, bedeutet die zusätzliche Forderung, X sei normal, keine entscheidende Einschränkung. Nach 11.8 ist ein pseudokompakter T_4-Raum schon abzählbar-kompakt. Nach 11.9 ist ein abzählbar-kompakter T_1-Lindelöf-Raum kompakt, ebenso ein pseudokompakter metrischer Raum (nach 11.1).

f) Jeder kompakte Raum X ist pseudokompakt, also $C(X, \mathbb{R})$ (als Unterraum von $\mathrm{Abb}_{ggl}(X, \mathbb{R})$ bzw. $B(X, \mathbb{R})$) ein vollständig metrisierter topologischer $\mathbb{R}$-Vektorraum.

g) Nach 5.11(f) wird die Topologie (und Uniformität) von $B(X, \mathbb{R})$ auch von der Metrik $d_{sup}(f, g) := \sup_{x \in X} |f(x) - g(x)|$ gegeben. Durch $\|f\| := d_{sup}(f, 0)$ wird sogar eine Norm auf $B(X, \mathbb{R})$ gegeben. Ist X kompakt, so denkt man sich – falls nichts anderes gesagt ist – $C(X, \mathbb{R})$ stets mit dieser Tschebyscheff-Norm versehen. (Eine Funktion $\|\cdot\| : E \to \mathbb{R}$ auf einem reellen oder komplexen Vektorraum E heißt Norm, wenn für $\alpha \in \mathbb{K}$, $f, g \in E$ stets

$$\|f\| \geq 0, \quad \|f\| = 0 \Longleftrightarrow f = 0, \quad \|\alpha \cdot f\| = |\alpha| \cdot \|f\| \quad \text{und} \quad \|f + g\| \leq \|f\| + \|g\|$$

gelten. Jede Norm induziert durch $d(f, g) := \|f - g\|$ eine Metrik auf E, die E zu einem topologischen Vektorraum macht. Ein normierter Raum, der in dieser Metrik vollständig ist, heißt Banach-Raum.) $C(X, \mathbb{R})$ ist also ein Banach-Raum, wenn X kompakt ist.

---

[1]) Math. Mag. 21 (1947)

Da das – punktweise definierte – Produkt zweier stetiger Funktionen wieder stetig ist, trägt $C(X, \mathbb{R})$ sogar eine Struktur als $\mathbb{R}$-Algebra mit Einselement $1 : x \mapsto 1$. (Eine $\mathbb{K}$-Algebra ist ein $\mathbb{K}$-Vektorraum, auf dem noch ein assoziatives und bzgl. der Addition distributives Produkt „·": $E \times E \to E$ definiert ist, wobei für alle $\alpha \in \mathbb{K}$, $f, g \in E$ stets $\alpha(f \cdot g) = (\alpha f) \cdot g = f \cdot (\alpha g)$ gelten muß. Eine normierte (bzw. Banach-) $\mathbb{K}$-Algebra ist eine $\mathbb{K}$-Algebra mit (vollständiger) Norm, für die noch stets $\|f \cdot g\| \leqslant \|f\| \cdot \|g\|$ gilt. Die Begriffe Unteralgebra bzw. Ideal werden wie üblich definiert. Die Ungleichung für die Norm eines Produkts sichert die Stetigkeit der Multiplikation analog zur Situation bei der $\mathbb{K}$-Multiplikation.)

Wegen

$$\|f\| \cdot \|g\| = \sup_{x \in X} |f(x)| \cdot \sup_{y \in X} |g(y)| \geqslant \sup_{z \in X} |f(z)| \cdot |g(z)| = \|f \cdot g\|$$

ist $C(X, \mathbb{R})$ (ebenso wie $C(X, \mathbb{C})$) für kompaktes X sogar eine Banach-Algebra. Es handelt sich hierbei um einen der wichtigsten Funktionenräume überhaupt!

Wir erinnern noch an die Bezeichnung in 9.3(c): Eine punktetrennende Teilmenge von Abb(X, Y) ist eine solche, in der zu $x, x' \in X$ mit $x \neq x'$ stets eine Abbildung f mit $f(x) \neq f(x')$ existiert. Nun können wir das Theorem elegant formulieren:

Theorem von Stone-Weierstraß:

Reelle Version: Ist X kompakt und ist A eine punktetrennende Unteralgebra von $C(X, \mathbb{R})$, so ist entweder A dicht in $C(X, \mathbb{R})$ oder es gibt ein $x_0 \in X$ mit $\overline{A} = \{g \in C(X, \mathbb{R}) \mid g(x_0) = 0\}$.

Komplexe Version: Sind X kompakt und A eine punktetrennende Unter-$\mathbb{C}$-Algebra von $C(X, \mathbb{C})$ mit $f \in A \Rightarrow \overline{f} \in A$ (konjugiert-komplexe Funktion), so ist entweder A dicht in $C(X, \mathbb{C})$ oder es gibt ein $x_0 \in X$ mit $\overline{A} = \{g \in C(X, \mathbb{C}) \mid g(x_0) = 0\}$

Bemerkung: Ist $1 \in A$, so tritt in beiden Versionen der Fall $\overline{A} = C(X, \mathbb{K})$ ein!

Beweis:

1. Schritt: Es gibt eine Folge (p_i) ganzrationaler Funktionen $p_i : I \to \mathbb{R}$, die gleichmäßig gegen $\sqrt{\cdot} : I \to \mathbb{R}$, $t \mapsto \sqrt{t}$ konvergiert.

Beweis dazu: Man setze $p_1 :\equiv 0$, $p_{i+1} := p_i + \frac{1}{2}(\mathrm{id}_I - p_i^2)$ für $i \geqslant 1$. Wir zeigen nun induktiv über i, daß stets die Ungleichungen $p_i \leqslant p_{i+1} \leqslant \sqrt{\cdot}$ gelten. Für $i = 1$ ist das klar. Gilt es für $i_0 \geqslant 1$, so ist $0 \leqslant p_i \leqslant \sqrt{\cdot} \leqslant 1$ und folglich

$$\sqrt{\cdot} - p_{i+1} = \sqrt{\cdot} - p_i - \tfrac{1}{2}(\sqrt{\cdot}^{\,2} - p_i^2) = \sqrt{\cdot} - p_i - \tfrac{1}{2}[(\sqrt{\cdot} - p_i)(\sqrt{\cdot} + p_i)] =$$
$$= (\sqrt{\cdot} - p_i) \cdot [1 - \tfrac{1}{2}(\sqrt{\cdot} + p_i)] \geqslant (\sqrt{\cdot} - p_i)(1 - \tfrac{1}{2} \cdot 2 \cdot \sqrt{\cdot}) = (\sqrt{\cdot} - p_i) \cdot (1 - \sqrt{\cdot}) \geqslant 0.$$

Damit gelten nacheinander: $p_{i+1} \leqslant \sqrt{\cdot}$, $p_{i+1}^2 \leqslant \mathrm{id}_I$ und $p_{i+2} \geqslant p_{i+1}$. Die Ungleichungen sind damit für alle i richtig. Nach dem Satz von *Dini* (vgl. 11.7(d)) konvergiert die Folge (p_i) gleichmäßig gegen ein $f : I \to \mathbb{R}$: Für dieses f muß

$$f = \lim p_{i+1} = \lim p_i + \tfrac{1}{2}[\mathrm{id} - (\lim p_i)^2] = f + \tfrac{1}{2}(\mathrm{id} - f^2)$$

sein, also $\mathrm{id} = f^2$ und folglich $f = \sqrt{\cdot}$.

2. *Schritt:* Ist B eine Unteralgebra von $C(X, \mathbb{R})$ mit $1 \in B$, so gehören mit $f, g \in B$ stets $|f|$, $\min(f, g)$ und $\max(f, g)$ zu $\overline{B}$.

Beweis dazu: Es sei $h := \frac{f}{\|f\| + 1}$, dann ist $h \in B$ und $h^2 \in C(X, I)$. Mit den Bezeichnungen des ersten Schrittes setze man $h_i := p_i \circ h^2$. (Für $i = 1$ also $h_1 = 0$ und für $i > 1$ somit $h_i = p_{i-1} \circ h^2 + \frac{1}{2}(h^2 - p_{i-1}^2 \circ h^2)$.) Dann ist (h_i) eine monoton wachsende Folge stetiger Funktionen aus B mit

$$\lim h_i(t) = \lim p_i(h^2(t)) = \sqrt{h^2(t)} = |h(t)|$$

für alle $t \in I$. Die Folge (h_i) konvergiert also gleichmäßig gegen $|h| \in \overline{B}$. Dann ist aber auch

$$|f| = |(\|f\| + 1) \cdot h| = (\|f\| + 1) \cdot \lim h_i = \lim (\|f\| + 1) \cdot h_i \in \overline{B}.$$

Um die min- bzw. max-Aussage zu zeigen, stellen wir zunächst fest, daß mit B auch $\overline{B}$ eine Unteralgebra ist: Sind nämlich $\alpha \in \mathbb{R}$, $f_i, g_i \in B$, $f = \lim f_i$, $g = \lim g_i \in \overline{B}$, so ist wegen der Stetigkeit von Addition, Subtraktion und Multiplikationen

$$\alpha \cdot f \stackrel{\cdot}{\pm} g = \alpha(\lim f_i) \stackrel{\cdot}{\pm} (\lim g_j) = \lim (\alpha f_i) \stackrel{\cdot}{\pm} \lim g_j = \lim (\alpha f_i \stackrel{\cdot}{\pm} g_i) \in \overline{B}.$$

Wegen $\min(f, g) = \frac{1}{2}(f + g - |f - g|)$ bzw. $\max(f, g) = \frac{1}{2}(f + g + |f - g|)$ sind also mit $f, g \in B$, $|f - g| \in \overline{B}$ auch $\min(f, g), \max(f, g) \in \overline{B}$.

3. *Schritt:* Für jede Unteralgebra C von $C(X, \mathbb{R})$ folgt aus $f, g \in C$ stets $\min(f, g)$, $\max(f, g) \in \overline{C}$.

Beweis dazu: Ist $1 \in \overline{C}$, so folgt das mit $B := \overline{C}$ aus dem 2. Schritt. Ist $1 \notin \overline{C}$, so betrachte man $C' := \{f + \alpha \,/\, f \in \overline{C} \text{ und } \alpha \in \mathbb{R}\}$. Im zweiten Schritt haben wir schon gesehen, daß $\overline{C}$ eine Unteralgebra ist. Trivialerweise ist es dann auch C'. C' ist sogar abgeschlossen: Ist nämlich $g = \lim(f_i + \alpha_i) \in \overline{C'}$ mit $f_i \in \overline{C}$ und $\alpha_i \in \mathbb{R}$, so gibt es zwei Möglichkeiten. Entweder ist $\{\alpha_i \,/\, i \in \mathbb{N}\}$ beschränkt oder nicht. Ist diese Menge beschränkt, so gibt es wegen 11.4(a) und 11.1 eine konvergente Teilfolge (α_{i_k}), und es folgt dann

$$g = \lim_k (f_{i_k} + \alpha_{i_k}) = \lim f_{i_k} + \lim \alpha_{i_k} = f + \alpha \quad \text{mit} \quad f \in \overline{C},\ \alpha \in \mathbb{R},$$

d.h. $g \in C'$. Ist die Menge der α_i nicht beschränkt, so wähle man eine Teilfolge (α_{i_k}) mit $0 \neq |\alpha_{i_k}| \to \infty$. Dann ist

$$0 = \lim \frac{1}{\alpha_{i_k}} \cdot g = \lim \frac{1}{\alpha_{i_k}} (\alpha_{i_k} + f_{i_k}) = 1 + \lim f_{i_k}/\alpha_{i_k}.$$

Im Widerspruch zur Voraussetzung wäre dann aber doch $1 = -\lim f_{i_k}/\alpha_{i_k} \in \overline{C}$. C' ist also abgeschlossene Unteralgebra.

Für $f \in C \subset C'$ ist nach dem 2. Schritt $|f| \in \overline{C'} = C'$, also von der Form $|f| = \alpha + g$ mit $\alpha \in \mathbb{R}$, $g \in \overline{C}$. Quadriert man diese Gleichung, so ist also $f^2 = \alpha^2 + 2\alpha g + g^2$ oder $\alpha^2 = (f^2 - 2\alpha g - g^2) \in \overline{C}$. Wegen $1 \notin \overline{C}$, also auch $\mathbb{R} \cap \overline{C} = \{0\}$, muß $\alpha = 0$ sein, also $|f| = g \in \overline{C}$ für alle $f \in C$. Wie im 2. Schritt sieht man nun, daß mit $f, g \in C$ stets $\min(f, g), \max(f, g) \in \overline{C}$ ist.

4. Schritt: Ist A eine Unteralgebra von $C(X, \mathbb{R})$, die die Punkte von X trennt und für jedes x ein $f \in A$ mit $f(x) \neq 0$ enthält, so gibt es zu $\alpha, \beta \in \mathbb{R}$, $x, y \in X$ mit $x \neq y$ stets ein $f \in A$ mit $f(x) = \alpha$, $f(y) = \beta$.

Beweis dazu: Zu $x \neq y$ wähle man $g, h \in A$ mit $g(x) \neq g(y)$ und $h(x) \neq 0$. Nun setze man

$$k := \begin{cases} g & \text{, falls } g(x) \neq 0 \\ h & \text{, falls } g(x) = 0, h(x) \neq h(y) \\ g + h & \text{, falls } g(x) = 0, h(x) = h(y) \end{cases}$$

dann ist $k \in A$ mit $k(x) \neq 0$ und $k(x) \neq k(y)$. Die Funktion

$$l := \begin{cases} k/k(x), & \text{falls } k(y) = 0 \\ \dfrac{\dfrac{k}{k(y)} - \left(\dfrac{k}{k(y)}\right)^2}{\dfrac{k(x)}{k(y)} - \left(\dfrac{k(x)}{k(y)}\right)^2}, & \text{falls } k(y) \neq 0 \end{cases}$$

gehört ebenso zu A mit $l(x) = 1$ und $l(y) = 0$. Analog gibt es auch ein $m \in A$ mit $m(x) = 0$ und $m(y) = 1$. Dann ist aber $f := (\alpha l + \beta m) \in A$ mit $f(x) = \alpha$, $f(y) = \beta$.

5. Schritt: Ist A eine punktetrennende Unteralgebra von $C(X, \mathbb{R})$, die zu jedem $x \in X$ ein $f \in A$ mit $f(x) \neq 0$ enthält, so ist $\bar{A} = C(X, \mathbb{R})$.

Beweis dazu: (Wir nutzen jetzt entscheidend die Kompaktheit von X *aus.)*
Seien $g \in C(X, \mathbb{R})$ und $\epsilon \in \mathbb{R}_+$ gegeben. Wir gehen in zwei Schritten vor: Zuerst konstruieren wir zu jedem $y \in X$ ein $f_y \in \bar{A}$ mit $f_y < g + \epsilon$ und $f_y(y) = g(y)$. Dann konstruieren wir aus den unterhalb $g + \epsilon$ verlaufenden f_y ein f, das auch oberhalb $g - \epsilon$ verläuft, also $f \in B_\epsilon(g) \cap \bar{A}$. Dann ist $\bar{A}$ dicht in $C(X, \mathbb{R})$, also $\bar{\bar{A}} = \bar{A} = C(X, \mathbb{R})$.

Zu verschiedenen $x, y \in X$ gibt es nach dem 4. Schritt stets ein $f_{xy} \in A$ mit $f_{xy}(x) = g(x)$, $f_{xy}(y) = g(y)$. Wir setzen nun $U_{xy} := \{z \in X \,/\, f_{xy}(z) < g(z) + \epsilon\}$, dann ist $\{x, y\} \subset U_{xy} \underset{\circ}{\subset} X$ (vgl. Beispiel 4.3(e)). Für festes $y \in X$ ist $\mathcal{U}_y := \{U_{xy} / y \neq x \in X\}$ eine offene Überdeckung von X. Da X kompakt ist, gibt es also eine endliche Teilmenge $E_y \subset X$ mit $\bigcup_{x \in E_y} U_{xy} = X$. Man setze $f_y := \min_{x \in E_y} f_{xy}$, dann ist f_y nach dem 3. Schritt für jedes y aus $\bar{A}$, und für $z \in X$ ist stets $z \in U_{xy}$ für ein $x \in E_y$, also $f_y(z) \leq f_{xy}(z) < g(z) + \epsilon$, d.h. für jedes y ist $f_y < g + \epsilon$, $f_y(y) = g(y)$.

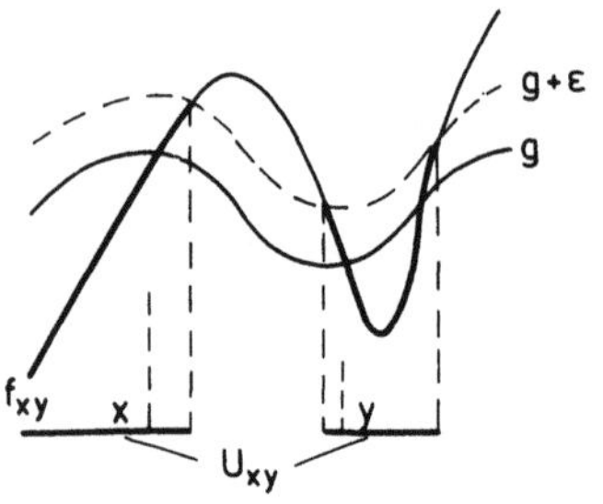

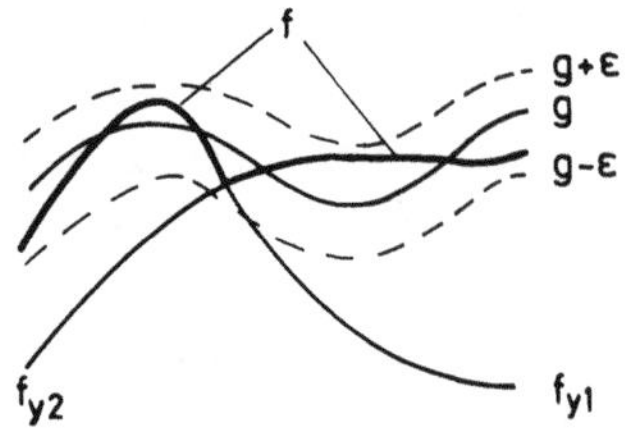

Derselbe Prozeß wird nun benutzt, um das oben angekündigte $f \in \bar{A}$ zu finden: Für $y \in X$ setze man $V_y := \{z \in X \,/\, f_y(z) > g(z) - \epsilon\}$. Dann ist wieder $y \in V_y \subsetneq_{\circ} X$. Da X kompakt ist, überdecken es schon endlich viele $V_{y_1}, \ldots, V_{y_n}$. Man setze nun $f := \max\limits_{1 \leq i \leq n} f_{y_i}$, dann ist nach dem dritten Schritt $f \in \bar{\bar{A}} = \bar{A}$ mit $f(z) = f_{y_i}(z)$ (für ein i) $< g(z) + \epsilon$ und $f(z) \geq f_{y_k}(z)$ (für $z \in V_{y_k}$) $> g(z) - \epsilon$ für alle $z \in X$. Also ist $f \in B_\epsilon(g) \cap \bar{A}$. Jedes $g \in C(X, \mathbb{R})$ ist also Berührpunkt von $\bar{A}$, d. h. $\bar{A} = \bar{\bar{A}} = C(X, \mathbb{R})$ Folglich ist A dicht in $C(X, \mathbb{R})$. Das war zu zeigen.

6. *Schritt:* Ist A eine punktetrennende Unteralgebra von $C(X, \mathbb{R})$ und gibt es ein $x_0 \in X$ mit $f(x_0) = 0$ für alle $f \in A$, so ist $\bar{A} = D_{x_0} := \{g \in C(X, \mathbb{R}) \,/\, g(x_0) = 0\}$.

Beweis dazu: Offenbar ist D_{x_0} abgeschlossene Obermenge von A, also $\bar{A} \subset D_{x_0}$. Sind nun $g \in D_{x_0}$ und $\epsilon \in \mathbb{R}_+$ gegeben, so betrachte man wie im 3. Schritt die Unteralgebra $C' := \{f + \alpha \,/\, f \in \bar{A}, \alpha \in \mathbb{R}\}$. Diese Unteralgebra ist mit $\bar{A}$ auch abgeschlossen (s. 3. Schritt). Nach dem 5. Schritt ist $\bar{C'} = C' = C(X, \mathbb{R})$. Insbesondere hat g die Form $g = f + \alpha$ mit $f \in \bar{A}, \alpha \in \mathbb{R}$. Wegen $g \in D_{x_0}$ und $f \in \bar{A} \subset D_{x_0}$ ist also $g(x_0) = 0 =$ $= f(x_0) + \alpha = \alpha$. Daher muß $g = f \in \bar{A}$ sein, d. h. $D_{x_0} \subset \bar{A}$ und folglich $D_{x_0} = \bar{A}$.

Damit ist die reelle Version vollständig bewiesen.

Wir können daraus leicht die komplexe Version herleiten:

7. *Schritt:* Ist A eine punktetrennende, komplexe Unteralgebra von $C(X, \mathbb{C})$ mit $f \in A \Rightarrow \bar{f} \in A$, dann ist $B := \{f \in A \,/\, f(X) \subset \mathbb{R}\}$ eine reelle, punktetrennende Unteralgebra von $C(X, \mathbb{R})$, und es gelten

$$A = B + iB \quad \text{sowie} \quad \bar{A}^{C(X, \mathbb{C})} = \bar{B}^{C(X, \mathbb{R})} + i\bar{B}^{C(X, \mathbb{R})}.$$

Beweis dazu: Offenbar ist B reelle Unteralgebra von $C(X, \mathbb{R})$. Zu $x \neq y$ aus X gibt es ein $g \in A$ mit $g(x) \neq g(y)$, also

$$(\operatorname{Re} g)(x) = \tfrac{1}{2}(g + \bar{g})(x) \neq (\operatorname{Re} g)(y)$$

oder

$$(\operatorname{Im} g)(x) = \tfrac{1}{2i}(g - \bar{g})(x) \neq (\operatorname{Im} g)(y).$$

Offenbar sind $(\operatorname{Re} g), (\operatorname{Im} g) \in A \cap B$, also ist B auch punktetrennend. Für $g \in A$ ist auch mit

$$(\operatorname{Re} g), (\operatorname{Im} g) \in B \quad g = (\operatorname{Re} g) + i(\operatorname{Im} g) \in B + iB \subset A,$$

also gilt auch $A = B + iB$.

Ist $g \in \bar{A}^{C(X, \mathbb{C})}$, so gibt es also Folgen $(h_i), (k_i)$ aus B, so daß zu $\epsilon \in \mathbb{R}_+$ stets ein i_0 mit

$$\sup_{x \in X} |(g - h_i - ik_i)(x)|^2 = \sup\,[(\operatorname{Re} g - h_i)^2 + (\operatorname{Im} g - k_i)^2] < \epsilon \quad \text{für alle} \quad i \geq i_0$$

existiert. Also gilt $(h_i) \to (\operatorname{Re} g)$, $(k_i) \to (\operatorname{Im} g)$ in $\bar{B}^{C(X, \mathbb{R})}$, und es ist

$$g = (\operatorname{Re} g) + i(\operatorname{Im} g) \in \bar{B}^{C(X, \mathbb{R})} + i\bar{B}^{C(X, \mathbb{R})}.$$

Damit ist also

$$\overline{A}^{C(X,\mathbb{C})} \subset \overline{B}^{C(X,\mathbb{R})} + i\overline{B}^{C(X,\mathbb{R})}.$$

Analog folgt die Umkehrung.

8. Schritt: Ist A eine punktetrennende, komplexe Unteralgebra von $C(X, \mathbb{C})$ mit $f \in A \Rightarrow \overline{f} \in A$, und gibt es zu $x \in X$ stets $f \in A$ mit $f(x) \neq 0$, so ist A dicht in $C(X, \mathbb{C})$.

Beweis dazu: Ist $g(x) \neq 0$, so ist $\operatorname{Re} g(x) \neq 0$ oder $\operatorname{Im} g(x) \neq 0$. Wählt man B wie im 7. Schritt, so erfüllt also B die Voraussetzungen des 5. Schrittes, d. h. $\overline{B}^{C(X,\mathbb{R})} = C(X, \mathbb{R})$ und folglich

$$\overline{A}^{C(X,\mathbb{C})} = C(X, \mathbb{R}) + iC(X, \mathbb{R}) = C(X, \mathbb{C}).$$

9. Schritt: Ist A eine punktetrennende, komplexe Unteralgebra von $C(X, \mathbb{C})$ mit $f \in A \Rightarrow \overline{f} \in A$ und $A \subset D_{x_0} := \{g \in C(X, \mathbb{C}) \,/\, g(x_0) = 0\}$, so ist $\overline{A} = D_{x_0}$.

Beweis dazu: Offenbar ist D_{x_0} abgeschlossen, also $\overline{A} \subset D_{x_0}$. Man wähle nun wieder B zu A wie im 7. Schritt. Nach dem 6. Schritt ist

$$\overline{B}^{C(X,\mathbb{R})} = D^r_{x_0} := \{g \in D_{x_0} \,/\, g(X) \subset \mathbb{R}\}.$$

Nach dem 7. Schritt ist

$$\overline{A}^{C(X,\mathbb{C})} = D^r_{x_0} + i\,D^r_{x_0} = D_{x_0}$$

Damit ist das Theorem vollständig bewiesen.

11.21 *Bemerkungen und Anwendungen zum Theorem von Stone-Weierstraß:*

a) Wir wollen den etwas langen Beweis noch einmal kurz zusammenfassen: In den ersten drei Schritten wird lediglich die Verbandseigenschaft jeder abgeschlossenen Unteralgebra von $C(X, \mathbb{R})$ gezeigt. Im vierten Schritt wird die Punktetrennung so verbessert, daß man sogar zwei beliebige Werte an zwei Stellen von X vorschreiben darf. Dies wird nun im entscheidenden fünften Schritt ausgenutzt, um zunächst zu $g \in C(X, \mathbb{R})$ und jedem $y \in X$ ein $f_y \in \overline{A}$ mit $f_y < g + \epsilon$ und $f_y(y) = g(y)$ zu bekommen (Approximation von unten). Dabei und bei der folgenden Abdeckung der f_y nach oben wird die Kompaktheit von X entscheidend ausgenutzt. Die restlichen Schritte folgern das Theorem aus Schritt 5 mit Hilfe kleinerer Kunstgriffe.

b) Wir haben eingangs gesagt, daß das Theorem die klassischen Sätze von Weierstraß verallgemeinert. Dazu mache man sich zunächst klar, daß für $M \subset C(X, \mathbb{R})$ (bzw. $M \subset C(X, \mathbb{C})$) mit $1 \in M$ die „erzeugte" reelle (bzw. komplexe) Unteralgebra genau aus den Polynomen von Elementen von M mit reellen (bzw. komplexen) Koeffizienten besteht. Für $1 \in M$ (und – im komplexen Fall – $f \in M \Rightarrow \overline{f} \in M$) bezeichnen wir mit A_M diese erzeugte Algebra. Nach dem Theorem von Stone-Weierstraß liegt sie dann stets dicht in $C(X, \mathbb{R})$ (bzw. $C(X, \mathbb{C})$), wenn M die Punkte von X trennt.

Ist $X \subset\subset \mathbb{R}$ (z. B. ein abgeschlossenes Intervall), so sei $M := \{1, \mathrm{id}_X\}$. Da M die Punkte von X trennt und zu jedem x eine Funktion (nämlich „1") mit $f(x) \neq 0$ existiert, muß A_M dicht in $C(X, \mathbb{R})$ liegen. Offenbar besteht A_M genau aus den Einschränkungen der ganzrationalen Funktionen auf X, d. h. die ganzrationalen Funktionen liegen für kompaktes $X \subset \mathbb{R}$ dicht in $C(X, \mathbb{R})$. Dies ist der erste Weierstraßsche Approximationssatz.

Ist wiederum $X = [0, 2\pi] \subset\subset \mathbb{R}$, so kann man die 2π-periodischen stetigen reell- oder komplexwertigen Funktionen auf $\mathbb{R}$ auch auffassen als die stetigen Funktionen von $S^1 \subset \mathbb{C}$ nach $\mathbb{R}$ bzw. $\mathbb{C}$. (Vgl. Aufg. 3 am Schluß dieses Abschnitts.) Setzt man $M := \{1, e^{i(\cdot)}, e^{-i(\cdot)}\}$, so ist nach dem Satz von Stone-Weierstraß A_M dicht in $C(S^1, \mathbb{C})$, d. h. jede 2π-periodische stetige Funktion

$f: \mathbb{R} \to \mathbb{C}$ ist durch eine Folge trigonometrischer Polynome gleichmäßig approximierbar. Im reellwertigen Fall setze man $C(X, \mathbb{R}) \supset M := \{1, \operatorname{Re} e^{i(\cdot)}\}$, dann ist jedes 2π-periodische, stetige $f: X \to \mathbb{R}$ gleichmäßig durch Polynome in cos approximierbar. Beweist man (induktiv), daß $\cos^n$ eine Linearkombination von Termen der Form $\cos kx$ ist, so erhält man eine „cos-Darstellung" für jedes solche f. Auf diese Weise erhält man die Approximationssätze von Weierstraß für trigonometrische Polynome.

c) Ist $X \subset\subset \mathbb{R}$, so betrachte man die einelementige Menge $M := \{e^{(\cdot)}|X\}$. Offenbar ist dann A_M, d. h. die Menge der Polynome in e^x, dicht in $C(X, \mathbb{R})$. Wegen $e^{nx} = (e^x)^n$ läßt sich also jedes stetige

$f: X \to \mathbb{R}$ gleichmäßig durch Polynome der Form $\sum_{k=0}^{n} \alpha_k e^{k \cdot x}$ approximieren ($\alpha_k \in \mathbb{R}$). Insbesondere liegen also die $f: X \to \mathbb{R}$, die Einschränkung einer analytischen Abbildung sind, dicht in $C(X, \mathbb{R})$.

Wegen $C(X, \mathbb{R}^n) = \prod_{i=1}^{n} C(X, \mathbb{R})$ gilt dies auch für diesen Raum.

d) Sei $X := B_1 = \{z \in \mathbb{C} / |z| \leq 1\}$. Setzt man dann $M := \{1, id_X\}$ so besteht $\overline{A_M}$ aus stetigen Funktionen, die auf B_1^0 analytisch sind, d. h. $\overline{A_M} \neq C(X, \mathbb{C})$, obwohl A_M eine punktetrennende komplexe Unteralgebra ist, in der es zu jedem x ein $f(x) \neq 0$ gibt.

e) Ist $X \subset\subset \mathbb{R}^m$, so liegt die Menge der Funktionen $f: X \to \mathbb{R}^n$, deren Komponenten Polynome in $x_1, \ldots, x_m$ sind, dicht in $C(X, \mathbb{R}^n)$. Insbesondere liegen die f, die eine unendlich-oft stetig-differenzierbare (bzw. sogar analytische) Fortsetzung auf eine Umgebung von X haben, dicht in $C(X, \mathbb{R}^n)$. Für kompaktes $X \subset\subset \mathbb{R}^m$ ist also $C^\infty(X, \mathbb{R}^n)$ dicht in $C(X, \mathbb{R}^n)$.

f) Für $X := [0, 1] = I$ liegen die ganzrationalen $f: I \to \mathbb{R}$ dicht in $C(I, \mathbb{R})$. Bezeichnet $L(0, 1)$ den Raum der Lebesgue-integrierbaren Funktionen $f: I \to \mathbb{R}$ mit der in 1.1(f) gegebenen Pseudometrik, so ist die Inklusion

$$j: C(I, \mathbb{R}) \hookrightarrow L(0, 1)$$

stetig, denn gilt $(f_i) \to f$ gleichmäßig auf I, so ist $\left(\int_0^1 |f_i - f|\right) \to 0$. Da sich jede Treppenfunktion in $L(0, 1)$ durch eine Folge stetiger Funktionen approximieren läßt, gilt $\operatorname{Trf}(0, 1) \subset \overline{C(I, \mathbb{R})}^L$ und folglich auch $\overline{\operatorname{Trf}(0, 1)}^L = L(0, 1) \subset \overline{C(I, \mathbb{R})}^L$, d. h. $\overline{C(I, \mathbb{R})}^L = L(0, 1)$. Bezeichnet G die Teilmenge der ganzrationalen Funktionen aus $C(I, \mathbb{R})$, so ist nach 4.6(c) $j(\overline{G}) = j(C(I, \mathbb{R})) \subset \overline{j(G)}^L$, also auch $L(0, 1) = \overline{C(I, \mathbb{R})}^L \subset \overline{j(G)}^L$, und folglich liegt auch G dicht in $L(0, 1)$. Insbesondere liegt also $C^\infty(I, \mathbb{R})$ dicht in $L(0, 1)$.

g) In der Theorie der Banach-Algebren spielen die maximalen Ideale solcher Algebren eine wichtige Rolle (Satz von *Gelfand-Mazur*)[1]. Für kompaktes X haben die maximalen Ideale von $C(X, \mathbb{C})$ eine besonders einfache Form:

Ist X kompakt und $\mathbb{K} = \mathbb{R}$ *oder* $\mathbb{K} = \mathbb{C}$, *so sind die maximalen Ideale von* $C(X, \mathbb{K})$ *genau die* $D_{x_0} = \{f / f(x_0) = 0\}$ *mit* $x_0 \in X$.

Beweis dazu: Ist A ein maximales Ideal von $C(X, \mathbb{K})$, so ist A punktetrennend. Sonst gäbe es nämlich $x \neq y$ mit $f(x) = f(y)$ für alle $f \in A$. Wäre dann für ein $f \in A$ $f(x) = f(y) \neq 0$, so könnte man ein stetiges $g: X \to \mathbb{R}$ mit $g(x) = 0$, $g(y) = 1$ wählen (X ist normal!) und hätte $g \cdot f \in A$ (= Ideal!) mit $gf(x) = 0 \neq gf(y) = f(y)$. Wäre aber $f(x) = f(y) = 0$ für alle $f \in A$ gegeben, so wäre D_x ein echt größeres Ideal als A, also könnte A nicht maximal sein.

A erfüllt also die Voraussetzungen des Theorems von *Stone-Weierstraß*. Also ist $\overline{A} = D_{x_0}$ für ein x_0 oder $\overline{A} = C(X, \mathbb{K})$. Nun ist $A \neq C(X, \mathbb{K})$. Wir sind fertig, wenn wir A als abgeschlossen erweisen. Dazu betrachte man die Menge $M := \{f \in C(X, \mathbb{K}) / f(x) \neq 0$ für alle $x \in X\}$ der inver-

[1]) Vgl. etwa *F. Hirzebruch / W. Scharlau* „Einf. i. d. Funktionalanalysis", Mannheim, 1971.

tierbaren Elemente von $C(X, \mathbb{K})$. Offenbar ist M offen in $C(X, \mathbb{K})$, denn mit $f \in M$ und $\epsilon := \min_{x \in X} |f(x)|$ ist die Kugel $B_{\epsilon/2}(f)$ noch in M. Da A ein Ideal und folglich von $C(X, \mathbb{K})$ verschieden ist, muß $M \cap A = \emptyset$ sein. (Für $g \in A \cap M$ wären $1 = \frac{1}{g} \cdot g \in C(X, \mathbb{K}) \cdot A = A$ und folglich $A = C(X, \mathbb{K})$.) Damit ist also A enthalten in der abgeschlossenen Menge $C(X, \mathbb{K}) \setminus M$. $\bar{A}$ ist wie A ein Ideal (vgl. den 2. Schritt im Beweis zum Theorem von *Stone-Weierstraß*). Da A maximal ist, muß $\bar{A} = A$ sein.

(Im Fall $\mathbb{K} = \mathbb{C}$ muß für $f \in A$ stets noch $\bar{f} \in A$ sein. Daß dies der Fall ist, folgt aus dem siebenten Schritt im Beweis des Theorems: Mit $f \in A$ sind $(\operatorname{Re} f), (\operatorname{Im} f) \in B \subset A$. Da A ein Ideal ist, sind dann $(\operatorname{Re} f), (-i) \cdot (\operatorname{Im} f) \in A$ und folglich $\bar{f} = (\operatorname{Re} f) - i(\operatorname{Im} f) \in A$.)

11.22 *Theorem über endlich-dimensionale topologische Vektorräume:* Ist E ein hausdorffscher topologischer $\mathbb{R}$-Vektorraum, dann sind äquivalent:

(a) E ist endlich-dimensional.
(b) E ist homöomorph zu einem $\mathbb{R}^n$.
(c) E ist lokalkompakt.

Beweis:

(a) ⇒ (b): Sei $(e_1, \dots, e_n)$ eine (Hamel-)Basis von E. Dann definiere man $h : \mathbb{R}^n \to E$ durch $h\begin{pmatrix}\alpha_1\\ \vdots \\ \alpha_n\end{pmatrix} := \sum_1^n \alpha_i e_i$. Offenbar ist h ein linearer Isomorphismus. Für $i = 1, \dots, n$ sind die Abbildungen $k_i : \mathbb{R}^n \to E, \begin{pmatrix}\alpha_1\\ \vdots \\ \alpha_n\end{pmatrix} \mapsto \alpha_i e_i$ stetig, denn sie ergeben sich als Komposition der $\mathbb{R}$-Multiplikation auf E mit der Abbildung $l_i : \mathbb{R}^n \to \mathbb{R} \times \{e_i\} \subset \mathbb{R} \times E$, deren erste Projektion die i-Projektion des $\mathbb{R}^n$ ist und deren zweite Projektion konstant ist. Für $j = 1$ ist also die Abbildung $h_j := \sum_1^j k_i$ stetig. Da h_{j+1} die Komposition der der Addition von E mit der Abbildung $h_j \times k_{j+1} : \mathbb{R}^n \to (E \times E)$ ist, erschließt man induktiv die Stetigkeit aller h_j und schließlich die Stetigkeit von $h_n = h$. (Hier haben wir die T_2-Eigenschaft von E nicht ausgenutzt.)

Um die Offenheit von h zu zeigen, braucht man nach 7.1 nur zu zeigen, daß jede 0-Umgebung in $\mathbb{R}^n$ unter h in eine 0-Umgebung von E geht. Da die Abbildung $f_\alpha : E \to E, x \mapsto \alpha \cdot x$ für $\alpha \in \mathbb{R} \setminus \{0\}$ homöomorph ist (Inverse: $f_{1/\alpha}$), reicht es, wenn $h(B^n) \in \mathcal{U}_E(0)$ gezeigt wird:

Es ist $\partial B^n = S^{n-1}$ kompakt mit $0 \notin S^{n-1}$. Da E hausdorffsch ist, ist auch $h(S^{n-1}) \subset\subset E$, also $0 \in (E \setminus h(S^{n-1})) \underset{\circ}{\subset} E$. Im Beweis von 10.6 (g) (alle topologischen $\mathbb{K}$-Vektorräume sind lokal (weg-)zusammenhängend) wurde gezeigt, daß die Umgebung $U := E \setminus h(S^{n-1})$ noch eine 0-Umgebung W mit $[-1, 1] \cdot W = W$ umfaßt. Wir behaupten, daß $W \subset h(B^n)$ ist, d.h. $h(B^n) \in \mathcal{U}_E(0)$: Für $w \in W \setminus h(B^n)$ wäre

$h^{-1}(w) \in \mathbb{R}^n \setminus B^n$, es gäbe also $\alpha \in [0, 1]$ mit $\alpha \cdot h^{-1}(w) \in S^{n-1}$, also $\alpha \cdot w \in \alpha \cdot W \cap h(S^{n-1}) \subset W \cap h(S^{n-1}) = \emptyset$. Damit ist klar, daß h ein (linearer) Homöomorphismus ist.

(b) $\Rightarrow$ (c): Dies ist klar, denn Lokalkompaktheit ist offenbar eine topologische Invariante, und $\mathbb{R}^n$ ist lokalkompakt.

(c) $\Rightarrow$ (a): Es gibt also eine kompakte 0-Umgebung $K \in \mathcal{U}_E(0)$. Da E T_2-Raum ist, muß K auch abgeschlossen sein. Nach 10.6(g) gibt es ein $W \in \mathcal{U}_E(0)$ mit $[-1, 1] \cdot W = W \subset K = \overline{K}$. Dann gilt auch für $V := \overline{W}$ $\mathcal{U}_E(0) \ni V = [-1, 1] \cdot V \subset K$. (Offenbar braucht man nur $[-1, 1] \cdot V \subset V$ zu zeigen: Für $\alpha \in [-1, 1]$, $v \in V$ und jedes $U \in \mathcal{U}_E(v)$ ist $U \cap W \neq \emptyset$. Für $w \in U \cap W$ ist dann $\alpha \cdot w \in \alpha U \cap \alpha W \subset \alpha \cdot U \cap W \neq \emptyset$. Da $f_\alpha : E \to E, x \mapsto \alpha \cdot x$ stetig ist, gibt es zu jedem $U' \in \mathcal{U}_E(f_\alpha(v)) = \mathcal{U}_E(\alpha \cdot v)$ ein $U \in \mathcal{U}_E(v)$ mit $\alpha \cdot U = f_\alpha(U) \subset U'$. Wegen $\alpha \cdot U \cap W \neq \emptyset$ ist daher für jedes $U' \in \mathcal{U}_E(\alpha \cdot v)$ erst recht $U' \cap W \neq \emptyset$, d. h. $\alpha \cdot v \in \overline{W} = V$.)

Als abgeschlossene Teilmenge einer kompakten Menge K ist V also kompakte 0-Umgebung mit $[-1, 1] \cdot V = V$. Die offene Überdeckung $\{x + \frac{1}{3}\mathring{V} \,/\, x \in V\}$ von V umfaßt eine endliche Teilüberdeckung, also ist $V \subset \bigcup_1^m (x_i + \frac{1}{3}\mathring{V})$ für ein $m \in \mathbb{N}$. Man betrachte in E die lineare Hülle $L(x_1, \ldots, x_m)$. Wäre sie von E verschieden, so gäbe es ein $x \in E \setminus L(x_1, \ldots, x_m)$. Dafür definiere man

$$\beta := \inf \{\alpha \in \mathbb{R}_+ \,/\, (x + \alpha V) \cap L(x_1, \ldots, x_m) \neq \emptyset\}.$$

Dieses Infimum würde existieren: Die $\mathbb{R}$-Multiplikation von E ist stetig in $(0, -x)$, daher gibt es $\epsilon \in \mathbb{R}_+$, $U \in \mathcal{U}_E(-x)$ mit $\epsilon \cdot (-x) \in [-\epsilon, \epsilon] \cdot U \subset V$. Folglich ist $(-x) \in \frac{1}{\epsilon} \cdot V$ und $0 \in (x + \frac{1}{\epsilon} V) \cap L(x_1, \ldots, x_m)$, d. h. $\beta \leqslant \frac{1}{\epsilon}$. Überdies ist $\beta > 0$, andernfalls hätte man eine Folge $(x + \alpha_i v_i)$ aus $L(x_1, \ldots, x_m)$ mit $v_i \in V$, $(\alpha_i) \to 0$ (in $\mathbb{R}$). Im letzteren Fall könnte man einen Homöomorphismus $h : \mathbb{R}^n \to L(x_1, \ldots, x_m)$ wie im Beweis zu (a) $\Rightarrow$ (b) wählen. Dieser Homöomorphismus wäre dann sogar ein linearer Isomorphismus, also nach 8.7(d) uniformer Isomorphismus. $L(x_1, \ldots, x_m)$ wäre also vollständig und folglich abgeschlossene Teilmenge von E. Daher ist auch $V \cap L(x_1, \ldots, x_m)$ kompakt, also $\{h^{-1}(v_i) \,/\, i \in \mathbb{N}\} \subset \mathbb{R}^n$ beschränkt. Dann ist aber $(h^{-1}(\alpha_i \cdot v_i))$ eine Nullfolge in $\mathbb{R}^n$ und folglich $(\alpha_i v_i)$ eine Nullfolge in E. Dann ist aber $x = \lim(x + \alpha_i v_i) \in L(x_1, \ldots, x_m)$ im Widerspruch zur Annahme über x. Es ist also tatsächlich $\beta > 0$.

Sei nun $\alpha \in \,]\beta, 2\beta[$ und $y \in (x + \alpha V) \cap L(x_1, \ldots, x_m)$. Dann ist $\frac{y-x}{\alpha} \in V$ und $V \subset L(x_1, \ldots, x_m) + \frac{1}{3} V$, d. h. $\frac{y-x}{\alpha} = l + \frac{1}{3} v$ und folglich $x + \frac{\alpha}{\epsilon} v = y - \alpha l \in \left(x + \frac{\alpha}{3} V\right) \cap L(x_1, \ldots, x_m) \neq \emptyset$. Es müßte also $\beta \leqslant \frac{\alpha}{3} \leqslant \frac{2}{3}\beta$ sein, was wegen $\beta > 0$ unmöglich ist.

Tatsächlich muß also $E = L(x_1, \ldots, x_m)$, also endlich-dimensional, sein.

(Der Beweis gilt fast wörtlich auch für topologische T_2-$\mathbb{C}$-Vektorräume.)

11.23 *Anwendungsbeispiele:*

a) Jeder endlich-dimensionale lineare Unterraum eines hausdorffschen topologischen $\mathbb{K}$-Vektorraumes ist abgeschlossen, vollständig und normierbar, also ein Banach-Raum.

b) Ein topologischer T_2-Vektorraum ist offenbar genau dann lokalkompakt, wenn es eine kompakte Teilmenge mit inneren Punkten gibt. (Die Translationen sind Homöomorphismen.) Außer $\{0\}$ ist kein T_2-Vektorraum über $\mathbb{K}$ ($\mathbb{R}$ oder $\mathbb{C}$) kompakt.

c) Die einzige T_2-Vektorraum-Topologie auf $\mathbb{R}^n$ und $\mathbb{C}^n$ ist die natürliche. Jede lineare Abbildung $f : \mathbb{R}^n \to E$ ist stetig, wenn E ein T_2-Vektorraum ist: Kern f ist als linearer (endlich-dimensionaler) Unterraum von $\mathbb{R}^n$ abgeschlossen. Nach 9.10(a_2) ist $\mathbb{R}^n/\text{Kern } f$ ein endlich-dimensionaler T_2-Vektorraum. Die initiale Topologie auf $\mathbb{R}^n/\text{Kern } f$ bzgl. der induzierten linearen Injektion $\overline{f}$ ist nach 5.11(c) und 9.3(c) ebenfalls eine hausdorffsche Vektorraum-Topologie. Wie im Beweis von 11.22(a) ⇒ (b) sieht man, daß damit die Identität einen Homöomorphismus zwischen beiden Topologien liefert, diese Topologien also übereinstimmen. Daher ist $f = \overline{f} \circ \nu_f$ als Komposition stetiger Abbildungen stetig.

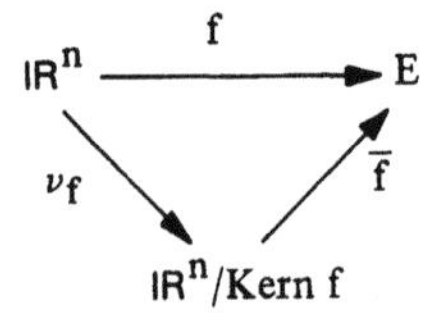

d) In C(I, $\mathbb{R}$) (Banach-Raum mit der max-Norm) ist die Einheitskugel $B := \{f \,/\, \max |f(t)| \leq 1\}$ abgeschlossen und beschränkt. Wäre sie kompakt, so wäre dieser Raum endlich-dimensional. Die Funktionen id_I^n sind aber für $n \in \mathbb{N}$ linear unabhängig, also C(I, $\mathbb{R}$) nicht endlich-dimensional.

Die Beziehung „kompakt = abgeschlossen + beschränkt" ist also in metrischen Räumen nicht immer richtig. Metrische topologische Vektorräume mit dieser Eigenschaft nennt man Montel-Räume nach einem Satz aus der Funktionentheorie, der diese Eigenschaft für den (geeignet metrisierten) Raum aller auf einem beschränkten Gebiet analytischen Funktionen aussagt, (vgl. z. B. *Köthe* [4c]).

11.24 *Theorem von Alaoglu-Bourbaki:* Jeder normierte Raum E ist linear-isometrisch zu einem Unterraum von C(X, $\mathbb{K}$), wobei X ein geeigneter kompakter Raum ist.

Beweis: Mit E' werde der $\mathbb{K}$-Vektorraum aller stetigen linearen Abbildungen $e' : E \to \mathbb{K}$ bezeichnet. Die Menge

$$X := \{e'|_B \,/\, e' \in E',\ \sup_{x \in B} |e'(x)| \leq 1\},$$

wobei B die (abgeschlossene) Einheitskugel in E ist, werde mit der Topologie als Unterraum von $\prod_{x \in B} B'$ versehen, wobei B' die „Einheitskugel" in $\mathbb{K}$ bezeichnet. ($B = \{e \in E \,/\, \|e\| \leq 1\}$, $B' = \{k \in \mathbb{K} \,/\, |k| \leq 1\}$.) Da B' kompakt ist ($\mathbb{K} = \mathbb{R}$ oder $\mathbb{K} = \mathbb{C}$!), reicht es für die Kompaktheit von X hin, wenn man die Abgeschlossenheit im obigen Produktraum zeigt:

Für $e_1, e_2 \in B$, $\alpha, \beta \in B'$ definiere man

$$T_{e_1, e_2, \alpha, \beta} : \prod_B B' \to \mathbb{K}$$

durch

$$(k_e)_{e \in B} \mapsto k_{\alpha e_1 + \beta e_2} - k_{\alpha e_1} - k_{\beta e_2},$$

dann ist jedes solche T stetig. Außerdem ist

$$X = \bigcap_{e_1, e_2 \in B,\ \alpha, \beta \in B'} T^{-1}_{e_1, e_2, \alpha, \beta}(\{0\}).$$

(Jedes Element dieses Durchschnitts ist offenbar Einschränkung eines linearen Funktionals $e': E \mapsto \mathbb{K}$, dessen Stetigkeit aus $e'(B) \subset B'$ folgt.) Als Durchschnitt abgeschlossener Mengen ist also X in $\prod_B B'$ kompakt.

Für jedes $e \in E$ definiere man nun $j_e \in \mathrm{Abb}(X, \mathbb{K})$ durch

$$e'|_B \mapsto \|e\| \cdot e'\left(\frac{e}{\|e\|}\right).$$

Dann ist jedes dieser j_e stetig: Für $e'|_B \in X$, $\epsilon \in \mathbb{R}_+$ und

$$O := \left\{ f'|_B \in X \,/\, \|e\| \cdot \left| f'\left(\frac{e}{\|e\|}\right) - e'\left(\frac{e}{\|e\|}\right) \right| < \epsilon \right\} \underset{\circ}{\subseteq} X$$

gilt nämlich stets

$$|j_e(f'|_B) - j_e(e'|_B)| = \|e\| \cdot \left| f'\left(\frac{e}{\|e\|}\right) - e'\left(\frac{e}{\|e\|}\right) \right| < \epsilon.$$

Man prüft nun leicht nach, daß $j: E \to C(X, \mathbb{K})$, $e \mapsto j_e$ linear ist. Wir zeigen noch, daß j isometrisch ist: Für jedes

$$e \in E \text{ ist } |j_e(e'|_B)| = \|e\| \cdot \left| e'\left(\frac{e}{\|e\|}\right) \right| \leq \|e\| \cdot 1, \text{ also } \|j_e\| \leq \|e\|.$$

Um die Gleichheit zu zeigen, benutzen wir den bekannten Satz von *Hahn-Banach*: Zu $e \neq 0$ gibt es stets ein $e' \in E'$ mit $e'(e) = \|e\|$ und $\sup_{x \in B} |e'(x)| = 1$. Für dieses e' ist dann

$$|j_e(e'|_B)| = \|e\| \cdot \left| e'\left(\frac{e}{\|e\|}\right) \right| = \|e\|,$$

d. h. es muß stets $\|j_e\| = \|e\|$ sein.

Bemerkung: Die im Beweis gezeigte Tatsache, daß X kompakt ist, bedeutet in der Sprache der Funktionalanalysis, daß die Einheitskugel von E' schwach kompakt ist[1]). Diese Aussage ist von fundamentaler Bedeutung für die Theorie der Banach-Algebren und die Spektraltheorie hermitescher und unitäter Operatoren. Wir werden aus 11.24 in Abschnitt 12 den Satz von Banach-Mazur folgern und verweisen für weitere Anwendungen auf die Funktionalanalysis.

11.25 *Kompaktifizierungen:*

Nach dem Beweis von 11.15 kann jeder nicht quasikompakte Raum dicht in einen quasikompakten Raum, nämlich in die 1-Punkt-Quasikompaktifizierung, eingebettet werden. Für lokalkompakte X, die nicht kompakt sind, ist die 1-Punkt-Kompaktifizierung X_∞ sogar kompakt. Nach dem Theorem 11.11(b) von Tychonoff liegt allgemeiner jeder $T_{3,5}$-Raum bis auf Homöomorphie dicht in einem kompakten Raum.

Ein Tripel $(X \underset{j}{\hookrightarrow} Y)$ heißt Kompaktifizierung von X, wenn Y kompakt und $j: X \hookrightarrow Y$ ein Homöomorphismus auf einen dichten Unterraum von Y ist. (Man nennt so ein j auch eine dichte topologische Einbettung.) Ein Raum X ist genau dann kompaktifizierbar, d. h. besitzt eine Kompaktifizierung, wenn X ein $T_{3,5}$-Raum ist. (Jeder Unterraum des normalen Y ist ein $T_{3,5}$-Raum.)

---

[1]) Vgl. etwa *Hirzebruch/Scharlau,* „Einf. i.d. Funktionalanalysis", Mannheim, 1971, Satz 13.9.

Sei nun X ein $T_{3,5}$-Raum. Auf der Klasse aller Kompaktifizierungen von X definieren wir die folgende Ordnungsrelation:

$$(X \underset{j}{\hookrightarrow} Y) \leqslant (X \underset{j'}{\hookrightarrow} Y') :\iff \text{es gibt ein stetiges } f : Y' \to Y \quad \text{mit} \quad f \circ j' = j.$$

Streng genommen wird dies erst eine Ordnungsrelation, wenn man homöomorphe Räume nicht mehr unterscheidet: Für $(X \underset{j}{\hookrightarrow} Y) \leqslant (X \underset{j'}{\hookrightarrow} Y')$ und zugleich $(X \underset{j'}{\hookrightarrow} Y') \leqslant (X \underset{j}{\hookrightarrow} Y)$ gibt es $f : Y' \to Y$, $g : Y \to Y'$ mit $f \circ j' = j$ und $g \circ j = j'$. Für $y' \in j'(X)$ bedeutet dies:

$$g \circ f(y') = g \circ f \circ j'(x) = g \circ j(x) = j'(x) = y',$$

d. h. $g \circ f$ stimmt auf der dichten Teilmenge $j'(X)$ mit $id_{Y'}$ überein. Da Y' hausdorffsch ist, muß $g \circ f = id_{Y'}$ und analog $f \circ g = id_Y$ sein. Sowohl f als auch g müssen injektiv und surjektiv sein, also bijektiv, und es ist folglich $g = f^{-1}$. f und g sind also Homöomorphismen.

Ist X kompakt, so kommen als Kompaktifizierungen natürlich nur die zu X homöomorphen Räume in Frage. Ist X nicht kompakt, aber lokalkompakt, so ist die 1-Punkt-Kompaktifizierung $(X \underset{j}{\hookrightarrow} X \cup \{\infty\})$ im Sinne der obigen Ordnung minimal:

Ist nämlich $(X \underset{j'}{\hookrightarrow} Y')$ eine weitere Kompaktifizierung von X, so definiere man $f : Y' \hookrightarrow X \cup \{\infty\}$ durch $f(y) := x$, falls $y = j'(x)$ und $f(y) := \infty$, falls $y \in Y' \setminus j'(X)$. Offenbar ist dann $f \circ j' = j$, so daß noch die Stetigkeit zu zeigen bleibt: Dazu mache man sich klar, daß $j'(X) =: X' \underset{\circ}{\subset} Y'$ ist. (Ist nämlich $x' = j'(x) \in X'$, so gibt es eine offene, relativkompakte Umgebung $U \in \mathcal{U}_x(x)$. Dann ist $U' \underset{\circ}{\subset} X'$, also von der Form $U' = O' \cap X'$ mit $O' \underset{\circ}{\subset} Y'$. Ist nun $y \in \overline{O'}$, so schneidet jedes $V \in \mathcal{U}_{Y'}(y)$ das O', und jedes $z \in V \cap O'$ ist Berührpunkt von X' (dicht in Y'!), d. h. $V \cap (O' \cap X') \neq \emptyset$ für alle $y \in \overline{O'}$ und alle $V \in \mathcal{U}(y)$. Folglich ist $\overline{O'} = \overline{O' \cap X'}$ und folglich $x' \in U' \subset \overline{U'} = \overline{O'} \subset j'(\overline{U}) \subset\subset Y' \cap X'$. O' ist also eine offene Y'-Umgebung von x' innerhalb X', also x' innerer Punkt.) Ist nun $O \underset{\circ}{\subset} X \cup \{\infty\}$, so ist entweder $O \underset{\circ}{\subset} X$ und folglich $f^{-1}(O) = j'(O) \underset{\circ}{\subset} j'(X) \underset{\circ}{\subset} Y'$ oder $(X \cup \{\infty\} \setminus O \subset\subset X$ und folglich $f^{-1}(X \setminus O) = j'(X \setminus O) \subset\subset Y'$, $f^{-1}((X \cup \{\infty\}) \setminus (X \setminus O)) = f^{-1}(O) = Y' \setminus j'(X \setminus O) \underset{\circ}{\subset} Y'$. In jedem Fall ist also $f^{-1}(O) \underset{\circ}{\subset} Y'$, also f stetig. Für jede Kompaktifizierung $(X \underset{j'}{\hookrightarrow} Y')$ gilt also $(X \hookrightarrow X \cup \{\infty\}) \leqslant (X \underset{j'}{\hookrightarrow} Y')$.

Die 1-Punkt-Kompaktifizierung eines lokalkompakten, nicht kompakten Raumes ist also die kleinste Kompaktifizierung im Sinne unserer „Ordnung".

Erstaunlich und für viele Strukturuntersuchungen der Allgemeinen Topologie wichtig ist nun die Existenz einer maximalen Kompaktifizierung für jeden $T_{3,5}$-Raum:

Definition: Es seien X ein $T_{3,5}$-Raum, $J := C(X, I)$, $j : X \to \prod_J [0, 1]$ die durch $x \mapsto (f(x))_{f \in J}$ definierte Abbildung und $Y := \overline{j(X)}$. Nach dem Beweis von 9.16 (Satz von Tychonoff) ist dann $(X \underset{j}{\hookrightarrow} Y)$ eine Kompaktifizierung von X. Sie heißt nach dem folgenden Theorem **Stone-Čech-Kompaktifizierung** von X.

11.26 *Theorem von Stone-Čech:*[1] Es seien X ein $T_{3,5}$-Raum, $(X \underset{j}{\hookrightarrow} Y)$ die Stone-Čech-Kompaktifizierung und $(X \underset{j'}{\hookrightarrow} Y')$ eine weitere Kompaktifizierung von X. Dann gelten:

(a) Jedes stetige f von X in einen kompakten Raum K hat genau eine stetige Fortsetzung auf Y, d.h. es gibt genau ein stetiges $F: Y \to K$ mit $f = F \circ j$.

(b) Es ist $(X \underset{j'}{\hookrightarrow} Y') \leqslant (X \underset{j}{\hookrightarrow} Y)$, d.h. die Stone-Čech-Kompaktifizierung ist maximal.

(c) Die Aussage (a) charakterisiert die Stone-Čech-Kompaktifizierung, d.h. gibt es zu jedem kompakten K und jedem $f \in C(X, K)$ genau ein $F \in C(Y', K)$ mit $f = F \circ j'$, so sind zugleich $(X \underset{j}{\hookrightarrow} Y) \leqslant (X \underset{j'}{\hookrightarrow} Y')$ und $(X \underset{j'}{\hookrightarrow} Y') \leqslant (X \underset{j}{\hookrightarrow} Y)$. Insbesondere sind dann Y und Y′ homöomorph.

Beweis:

(a) Da j(X) dicht in Y ist, gibt es höchstens ein solches stetiges $F: Y \to K$. Um F zu konstruieren, betrachten wir die Stone-Čech-Kompaktifizierung $(K \underset{k}{\hookrightarrow} \widetilde{K})$ von K und konstruieren nacheinander stetige Abbildungen f′, f″ und F, die das folgende Diagramm kommutativ machen:

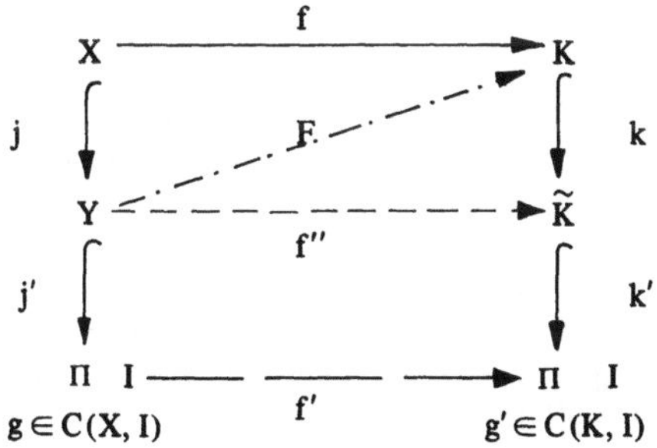

(j′ bzw. k′ sind die gewöhnlichen Inklusionen.)

Konstruktion von f′: Setze $f'((\alpha_g)_{g \in C(X,I)}) := (\alpha_{h \circ f})_{h \in C(K,I)}$.

Dann ist offenbar f′ stetig, weil es alle Projektionen sind. Außerdem wird das äußere Diagramm kommutativ, denn für $x \in X$ ist

$$f' \circ j' \circ j(x) = f'((g(x))_{g \in C(X,I)}) = (h \circ f(x))_{h \in C(K,I)} = k' \circ k(f(x)).$$

---

[1] Vgl. *E. Čech*, Ann. of Math., 38 (1937) bzw. *M. H. Stone*, Trans. AMS, 41 (1937).

Konstruktion von f'':

Da f' stetig ist, muß

$$f'(Y) = f'(\overline{j(X)}) \subset \overline{f'(j(X))} = \overline{f' \circ j' \circ j(X)} = \overline{k' \circ k \circ f(X)} \subset \overline{\widetilde{K}} = \widetilde{K}$$

sein. Daher macht f'', als Einschränkung von f' definiert, das innere Diagramm kommutativ.

Konstruktion von F:

Für kompaktes K ist $k(K) \subset\subset \Pi\, I$ und folglich $k(K) = \widetilde{K}$. Folglich ist k ein Homöomorphismus. Setzt man $F := k^{-1} \circ f''$, so ist also F stetig mit $F \circ j = k^{-1} \circ f'' \circ j = k^{-1} \circ k \circ f = f$.

Damit ist (a) gezeigt.

(b) Nach (a) hat $j' : X \to Y'$ eine stetige Fortsetzung $J' : Y \to Y'$ mit $j' = J' \circ j$, d.h. $(X \underset{j'}{\hookrightarrow} Y') \leqslant (X \underset{j}{\hookrightarrow} Y)$.

(c) Die beiden Ungleichungen folgen analog zu (b). Die Folgerung der Homöomorphie aus den beiden Ungleichungen haben wir schon in 11.25 gezogen.

Bemerkung: Die Stone-Čech-Kompaktifizierung ist i.a. von der 1-Punkt-Kompaktifizierung verschieden. So ist z.B. S^1 mit $j(t) := e^{it}$ die 1-Punkt-Kompaktifizierung von $]0, 2\pi[$, aber nicht homöomorph zu der Kompaktifizierung $(]0, 2\pi[\hookrightarrow [0, 2\pi])$. Die Stone-Cech-Kompaktifizierung eines $T_{3,5}$-Raumes kann schrecklich viel größer als der Ausgangsraum sein: Die Stone-Čech-Kompaktifizierung von $\mathbb{N}$ (diskrete Topologie) umfaßt schon überabzählbar viele disjunkte, zugleich offen und abgeschlossene, nichtleere Teilmengen. Für die neueren Ergebnisse zur Untersuchung dieser und anderer Stone-Čech-Kompaktifizierungen sei auf das Buch von *R. C. Walker* „The Stone-Čech-Compactification"[1]) hingewiesen. Wir können auf dieses ausgedehnte Forschungsgebiet der Topologie hier nicht eingehen.

11.27 *Die Topologie der Kompakten Konvergenz und σ-kompakte Räume:*

Für viele Anwendungsgebiete reichen die Räume $C(X, \mathbb{R})$ mit kompaktem X nicht aus. So ist etwa $C(\mathbb{R}, \mathbb{R})$ kein solcher Raum. Versieht man diesen Raum der stetigen reellen Funktionen mit der Topologie der global-gleichmäßigen Konvergenz als Unterraum von $Abb_{ggl}(\mathbb{R}, \mathbb{R})$, so hat er wesentlich schlechtere Struktureigenschaften als etwa $C(I, \mathbb{R})$:

Nach 5.11(f) ist $C(\mathbb{R}, \mathbb{R})$ mit dieser Topologie kein topologischer Vektorraum. Ein weiterer Nachteil ist, daß der Satz von Stone-Weierstraß in diesem Raum falsch wird: Betrachtet man die Unteralgebra $K(\mathbb{R}, \mathbb{R}) := \{f \in C(\mathbb{R}, \mathbb{R}) \,/\, \text{es gibt } A \subset\subset \mathbb{R} \text{ mit } f|_{(\mathbb{R} \setminus A)} \equiv 0\}$, so trennt sie die Punkte von $\mathbb{R}$ und enthält zu jedem $t \in \mathbb{R}$ ein f mit $f(t) \neq 0$, obwohl $\overline{K(\mathbb{R}, \mathbb{R})} \neq C(\mathbb{R}, \mathbb{R})$ ist. (Vgl. Aufgabe (5) am Schluß dieses Abschnitts.)

Um diesen Nachteilen zu begegnen, versieht man die Räume $C(X, \mathbb{R})$ für nicht kompakte X mit einer anderen Topologie, die wir jetzt kurz behandeln wollen:

Ist $A \subset\subset X$, $\alpha \in \mathbb{R}_+$ und $f \in C(X, \mathbb{R})$, so setze man

$$U_{f, A, \alpha} := \{g \in C(X, \mathbb{R}) \,/\, \text{für alle } x \in A \text{ ist } |f(x) - g(x)| < \alpha\}.$$

(Diese Mengen werden kleiner, wenn A größer bzw. α kleiner wird!) Für T_2-Räume X ist mit $A, B \subset\subset X$ stets auch $A \cup B \subset\subset X$ (vgl. 11.7(b)), und die $U_{f, A, \alpha}$ bilden dann bei festem f eine Filterbasis. (Es ist

$$U_{f, A, \alpha} \cap U_{f, B, \beta} \supset U_{f, A \cup B, \min(\alpha, \beta)}.)$$

[1]) Springer, Berlin-Heidelberg-New York, 1975

Der erzeugte Filter $\mathcal{U}_{co}(f)$ liefert dann auf $C(X, \mathbb{R})$ die Struktur eines Umgebungsraumes. (Zu $U \in \mathcal{U}_{co}(f)$ gibt es $U_{f,A,\alpha} \subset U$ und $U_{f,A,\alpha}$ ist Umgebung jedes seiner Elemente: $g \in U_{f,A,\alpha}$, $\epsilon := \max_A |f(x) - g(x)| \Rightarrow U_{g,A,\alpha-\epsilon} \subset U_{f,A,\alpha}$.) Mit $C_{co}(X, \mathbb{R})$ bezeichnen wir den Raum $C(X, \mathbb{R})$ mit der von $\mathcal{U}_{co}$ erzeugten **Topologie der kompakten Konvergenz** (vgl. Abschnitt 14: kompakt-offene Topologie).

Für jedes $A \subset\subset X$ ist durch $d_A : (f, g) \to \max_A |f(x) - g(x)|$ eine Pseudometrik auf $C(X, \mathbb{R})$ gegeben. Die zum System $\Gamma := \{d_A \,/\, A \subset\subset X\}$ gehörige Uniformität auf $C(X, R)$ erzeugt offenbar die Topologie der kompakten Konvergenz (vgl. 7.9), d. h. $C_{co}(X, \mathbb{R})$ ist uniformisierbar. Ist X als Vereinigung abzählbar vieler $A_i \subset\subset X$ darstellbar und Hausdorffsch, so setze man

$B_n := \bigcup_1^n A_i$. Dann wird die Uniformität von $C_{co}(X, \mathbb{R})$ schon von dem System $\{d_{B_i} \,/\, i \in \mathbb{N}\}$ erzeugt, und $C_{co}(X, \mathbb{R})$ ist dann nach 7.11 metrisierbar.

Ist X hausdorffsch und abzählbare Vereinigung der Mengen $B_i \subset\subset X$ mit $B_i \subset \mathring{B}_{i+1}$, so gibt

$$d(x, x') := \sum_i \frac{1}{2^i} \min(1, d_{B_i}(x, x'))$$

eine Metrik für $C_{co}(X, \mathbb{R})$, wie man sich leicht überzeugt. (In diesem Fall ist $C_{co}(X, \mathbb{R})$ genau dann normierbar, wenn X kompakt ist.) Ist X überdies noch lokalkompakt, so ist $(C_{co}(X, \mathbb{R}), d)$ vollständig: Ist nämlich (f_i) eine Cauchy-Folge in diesem Raum, so ist für jedes B_k die Folge $(f_i|_{B_k})_{i \in \mathbb{N}}$ in $C(B_k, \mathbb{R})$ gleichmäßig gegen ein $f_k \in C(B_k, \mathbb{R})$ konvergent. Jedes $x \in X$ hat eine kompakte Umgebung K, die von den $\mathring{B}_i$ überdeckt wird., also schon von $\mathring{B}_1, \ldots, \mathring{B}_n$ für ein geeignetes $n \in \mathbb{N}$. Dann ist aber $K \subset B_n$. Da offensichtlich für $k \geq i$ stets $f_k|_{B_i} = f_i$ ist, kann man $f := \bigcup_{i \in \mathbb{N}} f_i$ setzen und sieht nun, daß es zu jedem x eine Umgebung K mit $f|_K$ stetig gibt. Folglich ist $f \in C(X, \mathbb{R})$. Daß auch $(f_i) \to (f)$ in $C_{co}(X, \mathbb{R})$ gilt, weise man als (leichte) Übung nach.

Definition und Satz: Ein topologischer Raum X heißt **σ-kompakt** oder **abzählbar im Unendlichen,** Wenn er lokalkompakt ist und als abzählbare Vereinigung kompakter Teilmengen darstellbar ist.

Ist X σ-kompakt, so ist $C_{co}(X, \mathbb{R})$ mit der Topologie der kompakten Konvergenz ein vollständig metrisierbarer topologischer Vektorraum. Eine Folge (f_i) in diesem Raum konvergiert dort genau dann, wenn für jedes $A \subset\subset X$ die Folge $(f_i|A)$ gleichmäßig konvergiert. (Da X lokalkompakt ist, nennt man $C_{co}(X, \mathbb{R})$ auch den Raum $C(X, \mathbb{R})$ mit der Topologie der lokal-gleichmäßigen Konvergenz.)

Zum Beweis: Wir wollen die Details hier nicht ausführen, sie sind leicht zu erhalten. Daß man einen σ-kompakten Raum X stets als $X = \bigcup_{i \in \mathbb{N}} B_i$ mit $B_i \subset B^0_{i+1} \subset \overline{B_{i+1}} \subset\subset X$ darstellen kann, sieht man so ein:

Zunächst ist $X = \bigcup_{\mathbb{N}} A_k$ mit $A_k \subset\subset X$. Man setze nun $C_i := \bigcup_1^i A_k$. Dann ist jedes C_i kompakt. Da X lokalkompakt ist, gibt es zu jedem C_i ein offenes C_i' mit $C_i \subset C_i' \subset \overline{C_i'} \subset\subset X$. (Man überdecke C_i mit offenen, relativ-kompakten Umgebungen und wähle die Vereinigung einer endlichen Teilüberdeckung.) Nun setze man $B_i := \overline{C_i'}$. Offenbar ist dann $\bigcup_{\mathbb{N}} B_i \supset \bigcup_{\mathbb{N}} C_i \supset \bigcup_{\mathbb{N}} A_i = X$.

Bemerkung: Die Bezeichnung „abzählbar im Unendlichen" erklärt sich aus der Tatsache, daß für ein nicht kompaktes, σ-kompaktes X der Umgebungsfilter von ∞ in der 1-Punkt-Kompaktifizierung eine abzählbare Basis hat.

σ-kompakte Räume spielen in der Maßtheorie und in der Theorie der topologischen Gruppen eine große Rolle. Wir begnügen uns mit den beiden folgenden wichtigen Anwendungen dieses Begriffes:

11.28 *Theorem von Stone-Weierstraß für σ-kompakte Räume:*

Sind X σ-kompakt und $A \subset C(X, \mathbb{R})$ eine punktetrennende Unteralgebra, so ist entweder A dicht in $C_{co}(X, \mathbb{R})$ oder es gibt ein

$x_0 \in X$ mit $\overline{A}^{C_{co}(X, \mathbb{R})} = D_{x_0} := \{f \in C(X, \mathbb{R}) / f(x_0) = 0\}$.

Beweis: Man wähle $B_i \subset\subset X$ mit $B_i \subset B_{i+1}$ und $X = \bigcup_{\mathbb{N}} B_i$. Dann setze man für jedes i $j_{B_i}: C_{co}(X, \mathbb{R}) \to C(B_i, \mathbb{R})$ durch $f \mapsto f|_{B_i}$ fest. Nach Satz 11.27 ist dann jedes j_{B_i} (folgen-)stetig. Außerdem ist für jedes i $j_{B_i}(A)$ eine punktetrennende Unteralgebra von $C(B_i, \mathbb{R})$.

1. Fall: Gibt es zu jedem $x \in X$ ein $f \in A$ mit $f(x) \neq 0$, so ist nach 11.20 für jedes i $j_{B_i}(A)$ dicht in $C(B_i \ \mathbb{R})$. Ist ein $g \in C(X, \mathbb{R})$ gegeben, so gibt es also zu jedem i eine Folge $(f_k^i)_{k \in \mathbb{N}}$ aus A mit $(j_{B_i}(f_k^i))_k \to j_{B_i}(g)$ in $C(B_i, \mathbb{R})$. Die Diagonalfolge $(f_i^i)_i$ konvergiert also nach 11.27 auf jedem B_j gegen g gleichmäßig, d.h. $g \in \overline{A}$. Folglich ist A dicht in $C_{co}(X, \mathbb{R})$.

2. Fall: Gibt es ein $x_0 \in B_{i_0} \subset X$ mit $f(x_0) = 0$ für alle $f \in A$, so ist für alle $i \geqslant i_0$ $\overline{j_{B_i}(A)} = \{h \in C(B_i, \mathbb{R}) / h(x_0) = 0\}$. Da j_{B_i} stetig ist, muß $j_{B_i}^{-1}(\overline{j_{B_i}(A)}) = D_{x_0}$ abgeschlossene Obermenge von A sein, folglich ist $\overline{A} \subset D_{x_0}$. Ist andererseits $g \in D_{x_0}$, so argumentiere man wie im 1. Fall, um zu zeigen, daß $D_{x_0} \subset \overline{A}$ ist.

Beispiel: $\mathbb{R}$, $\mathbb{R}^n$ und allgemeiner jede offene Teilmenge von $\mathbb{R}^n$ sind als abzählbare Vereinigung abgeschlossener Kugeln (mit rationalem Radius und Mittelpunkt) σ-kompakt. Jedes stetige $f: \mathbb{R}^n \to \mathbb{R}$ läßt sich also durch eine Folge – auf jeder kompakten Menge gleichmäßig konvergierender – Polynome in $x_1, \ldots, x_n$ approximieren.

11.29 Satz über lokalkompakte Gruppen: Sind G eine σ-kompakte, H eine lokalkompakte topologische Gruppe und $f: G \to H$ ein stetiger und surjektiver Homomorphismus, dann ist f auch offen und induziert einen topologisch-algebraischen Isomorphismus $\overline{f}: G/\text{Kern } f \to H$.

(Dieser Satz ist ein gruppentheoretisches Analogon zum Satz von Banach über offene lineare Operatoren zwischen Banach-Räumen. Der Beweis verläuft ganz ähnlich:)

Beweis: Nach 11.18 ist jeder lokalkompakte Raum ein Bairescher Raum. Analog zu 8.14 sieht man, daß ein solcher Raum nicht als abzählbare Vereinigung nirgends dichter Teilmengen darstellbar ist. Dies werden wir gleich ausnutzen.

Um zu zeigen, daß f offen ist, braucht man wegen 8.1 nur zu zeigen, daß für jedes $U \in \mathcal{U}_G(e)$ $f(U) \in \mathcal{U}_H(e')$ ist, wobei e bzw. e' die jeweiligen Einheitselemente bezeichnen. (Vergleiche auch den Beweis zu 11.22(a) $\Rightarrow$ (b).)

Sei nun ein $U \in \mathcal{U}_G(e)$ gegeben. Da G lokalkompakt und $(x, y) \mapsto x^{-1} \cdot y$ stetig sind, gibt es ein offenes, relativ-kompaktes $V \in \mathcal{U}_G(e)$ mit $\overline{V}^{-1} \cdot \overline{V} \subset U$. Es ist G σ-kompakt, also $G = \bigcup_{\mathbb{N}} A_i$ mit

$A_i \subset\subset G$. Da jedes A_i schon von endlich vielen Mengen der Form $x \cdot V$ mit $x \in G$ überdeckt wird, kann man also $G = \bigcup_{i \in \mathbb{N}} x_i \cdot V$ mit geeigneten $x_i \in G$ schreiben.

Da f surjektiv ist, folgt

$$H = f(\bigcup_{\mathbb{N}} x_i \cdot V) = \bigcup_{\mathbb{N}} f(x_i \cdot V) = \bigcup_{\mathbb{N}} f(x_i) \cdot f(V) \subset \bigcup_{\mathbb{N}} f(x_i) \cdot f(\overline{V}).$$

Da f stetig ist, ist $f(\overline{V}) \subset\subset H$, also abgeschlossen in H. Hätte $f(\overline{V})$ keine inneren Punkte, so hätte auch keines der $f(x_i) \cdot f(\overline{V})$ innere Punkte, denn die Translationen $y \mapsto f(x_i) \cdot y$ sind Homöomorphismen von H auf sich. Da also jedes $f(x_i) \cdot f(\overline{V})$ dann nirgends dicht wäre, könnte man H als abzählbare Vereinigung nirgends dichter Teilmengen darstellen, was der Lokalkompaktheit von H widerspräche. Also muß $f(\overline{V}) \subset f(U)$ innere Punkte haben. Es gibt folglich $y \in f(\overline{V})^0 \subset f(\overline{V}) \in \mathcal{U}_H(y)$. Wählt man $x \in \overline{V}$ mit $f(x) = y$, so ist dann

$$f(x^{-1} \cdot \overline{V}) = f(x^{-1}) \cdot f(\overline{V}) = y^{-1} \cdot f(\overline{V}) \in \mathcal{U}_H(e')$$

und andererseits

$$f(x^{-1} \cdot \overline{V}) \subset f(\overline{V}^{-1} \cdot \overline{V}) \subset f(U)$$

nach Wahl von V, also auch $f(U) \in \mathcal{U}_H(e')$. Damit ist die Offenheit von f gezeigt.

Der Rest der Behauptung folgt sofort aus 6.6.

11.30 *Bemerkung:* Es gibt eine Fülle weiterer Anwendungen der (globalen und lokalen) Kompaktheit. Besonders interessant sind vielleicht noch die folgenden Anwendungen:

a) Satz von *Pontrjagin:* Jeder zusammenhängende lokalkompakte Körper ist entweder zu $\mathbb{R}$, $\mathbb{C}$ oder zum Quaternionenkörper isomorph.[1])

b) Jede topologische Mannifgaltigkeit M^n ist lokalkompakt. Besonders die kompakten und zusammenhängenden Mannigfaltigkeiten („geschlossene Mannigfaltigkeiten") spielen in der Differentialgeometrie eine ausgezeichnete Rolle (vgl. Abschnitt 15).

c) In der Theorie der Differential- und Integralgleichungen spielen kompakte Operatoren die wichtigste Rolle. (Wir verweisen auf die einschlägige Literatur und auf Lehrbücher der Funktionalanalysis.)

Für unsere späteren Untersuchungen entnehmen wir wichtige Hinweise dem Absatz

11.31 *Kontinua:*

Im Zusammenhang mit dem Metrisationsproblem und bei der Untersuchung von Kurven, Themen, auf die wir in den nächsten Abschnitten eingehen, hat man seit Beginn der Allgemeinen Topologie besonders intensiv die „Kontinua" untersucht. Ein **Kontinuum** ist ein zusammenhängender, kompakter und metrischer Raum.

Wir haben in Abschnitt 10 davon gesprochen, daß *Cantor* eine eigentümliche und überholte Definition der Zusammenhangseigenschaft eines Raumes gegeben hat. Sie fällt interes santerweise in kompakten, metrischen Räumen mit der üblichen Definition zusammen:

Satz: Ein kompakter, metrischer Raum (K, d) ist genau dann zusammenhängend, wenn je zwei seiner Punkte **ϵ-verkettet** sind, d. h. zu x_0, $y \in K$ und $\epsilon \in \mathbb{R}_+$ gibt es stets $n \in \mathbb{N}, x_1, \ldots, x_n \in K$ mit $d(x_{i-1}, x_i) < \epsilon$ für $i = 1, \ldots, n+1$, wobei $x_{n+1} := y$.

---

[1]) Vgl. z. B. *L. S. Pontrjagin* „Topologische Gruppen", Bd. 1, Teubner, Leipzig, 1957.

Beweis dazu: Ist K zusammenhängend, so betrachte man zu festem $x \in X$, $\epsilon \in \mathbb{R}_+$ die Menge $M := \{y \in K / x$ und y sind ϵ-verkettet für dies feste $\epsilon\}$. Offenbar ist M nichtleer und offen. M ist aber auch abgeschlossen, wie man sofort nachprüft. Ist also K zusammenhängend, so muß $M = K$ sein, d. h. je zwei Punkte sind für jedes positive ϵ ϵ-verkettet. Ist K dagegen unzusammenhängend, so gibt es eine abgeschlossene Zerlegung (A, B) von K. Beide Mengen sind dann nichtleer und kompakt, haben also nach 11.7(c) einen positiven Abstand ϵ. Für $a \in A, b \in B$ gibt es dann aber keine „ϵ-Kette" in K.

Uns interessiert vor allem der folgende

11.32 Satz: Hat ein Kontinuum mehr als einen Punkt, so ist es bijektiv zu $\mathbb{R}$. (Daher die Bezeichnung „Kontinuum".)

Beweis: Da das Kontinuum K nach 11.1 total beschränkt ist, gibt es zu jedem $\frac{1}{n} > 0$ endlich viele Punkte $x_1^n, \ldots, x_{m_n}^n$ mit $K = \bigcup_{i=1}^{m_n} B_{\frac{1}{n}}(x_i^n)$. Die Vereinigung aller dieser Punkte ($n \in \mathbb{N}$) liegt dann dicht in K: Für $y \in K \setminus \{x_i^n / n, i \in \mathbb{N}, 1 \leqslant i \leqslant m_n\}$ gäbe es sonst eine $\frac{1}{n}$-Kugel, die nicht in der Vereinigung der $B_{\frac{1}{n}}(x_i^n)$ läge. K hat also eine abzählbare dichte Teilmenge $A = \{y_i / i \in \mathbb{N}\}$. Ist nun $O \underset{\circ}{\subset} K$ und $x \in O$, dann gibt es ein $\epsilon \in \mathbb{R}_+$ mit $B_\epsilon(x) \subset O$ und ein $y_i \in B^0_{\frac{1}{n}}(x)$ mit $\frac{3}{n} < \epsilon$. Dann ist $x \in B_{\frac{2}{n}}(y_i) \subset O$. Die Kugeln $B^0_{\frac{1}{n}}(y_i)$ mit $(n, i) \in \mathbb{N} \times \mathbb{N}$ bilden also eine abzählbare Basis der Topologie von K. Jede offene Menge von K kommt also zustande durch die Vereinigung höchstens abzählbar vieler solcher offenen Kugeln. Die Menge der abzählbaren Teilmengen einer abzählbaren Menge hat höchstens die Mächtigkeit von $\mathbb{R}$, es gibt also höchstens soviele offene Teilmengen von K wie Punkte in $\mathbb{R}$. Das gilt dann auch für deren Komplemente, die abgeschlossenen Mengen von K. Insbesondere gibt es also eine Injektion von K in $\mathbb{R}$, denn die einelementigen Teilmengen von K sind abgeschlossen.

Wenn man nun noch zeigt, daß es auch eine Injektion von $\mathbb{R}$ nach K gibt, so folgt die Behauptung aus dem Satz von *Schröder-Bernstein* über die Mächtigkeit vergleichbarer Mengen. Daß K mindestens die Mächtigkeit von $\mathbb{R}$ hat, ist aber schon in der Bemerkung zu 10.4 gezeigt worden.

Korollar 1: Jeder kompakte metrische Raum enthält eine abzählbare, dichte Teilmenge.

Korollar 2: Hat ein metrischer Raum eine abzählbare, dichte Teilmenge, so hat seine Topologie eine abzählbare Basis.

Korollar 3: Hat eine Topologie eine abzählbare Basis, so gibt es in dem betreffenden Raum höchstens *c* (= Mächtigkeit von $\mathbb{R}$) offene bzw. abgeschlossene Teilmengen. Handelt es sich dabei überdies um einen T_1-Raum, so hat er höchstens *c* Elemente.

Korollar 4: Die Topologie von $\mathrm{Abb}_{pw}(\mathbb{R}, \mathbb{R})$ bzw. $\mathrm{Abb}_{ggl}(\mathbb{R}, \mathbb{R})$ hat keine abzählbare Basis. (Es gibt nämlich mehr als *c* Elemente.)

Man könnte auf Grund des letzten Satzes vermuten, daß jedes Kontinuum stetiges Bild von I ist. Diese Vermutung wird uns in Abschnitt 13 beschäftigen.

Aufgaben:

1. Stetige Funktionen erhalten Abzählbar-Kompaktheit, Folgen- und Pseudokompaktheit.
2. Sind A, B disjunkte, nichtleere und kompakte Teilmengen in einem metrischen Raum (M, d), so gibt es $a \in A$, $b \in B$ mit $d(a,b) = \inf_{\substack{a' \in A \\ b' \in B}} d(a',b') = d(A,B)$ (vgl. 11.7(c)).
3. Es sei ein $f: \mathbb{R} \to \mathbb{K}$ mit $\mathbb{K} = \mathbb{R}$ oder $\mathbb{K} = \mathbb{C}$ gegeben. Man zeige: f ist genau dann stetig und 2π-periodisch, wenn es ein $\overline{f} \in C(S^1, \mathbb{K})$ mit $f(t) = \overline{f}(e^{it})$ für alle $t \in \mathbb{R}$ gibt.
4. **Der Satz von Tietze für lokalkompakte Räume:** Sind X lokalkompakt, $A \subset\subset X$ und $f: A \to \mathbb{R}$ stetig, so gibt es eine stetige Forsetzung von f auf ganz X. (Man benutze die 1-Punkt-Kompaktifizierung und die Normalität der kompakten Räume.)
5. Es seien X lokalkompakt, $K(X, \mathbb{R}) := \{f \in C(X, \mathbb{R}) \,/\, f(x) = 0$ außerhalb einer kompakten Teilmenge von $X\}$ und $C_0(X, \mathbb{R}) := \{f \in C(X, \mathbb{R}) \,/\,$ zu jedem $\epsilon \in \mathbb{R}_+$ gibt es ein $K \subset\subset X$ mit $|f(x)| < \epsilon$ für $x \in X \setminus K\}$. Man zeige:
   a) Es ist $\overline{K(X, \mathbb{R})}^{C_{ggl}(X, \mathbb{R})} = C_0(X, \mathbb{R})$.
   b) Ist $\emptyset \neq X \underset{\circ}{\subseteq} \mathbb{R}^n$, $n \geq 1$, so ist $C_0(X, \mathbb{R}) \neq C(X, \mathbb{R})$.
7. Man führe den Beweis zu Satz 11.27 aus (vgl. den Beweis von 12.9(a)).
8. Sind X kompakt, $f: X \to X$ stetig, so gibt es ein nichtleeres $A \subset X$ mit $f(A) = A$. (Man betrachte die Folge $X, f(X), f \circ f(X)$ usw.)
9. Sind X, Y kompakt und $f: X \to Y$ gegeben, so gilt Graph $f \subset\subset X \times Y$ genau wenn f stetig ist. (pr_1: Graph $f \to X$ ist eine stetige Bijektion!)
10. Jeder metrische lokalkompakte Raum mit abzählbarer, dichter Teilmenge ist σ-kompakt.
11. Es seien (M, d) ein kompakter metrischer Raum und $j: M \to M$ eine isometrische Abbildung von M *in* M. Man zeige, daß j dann auch ein Homöomorphismus von M *auf* sich ist. (*Hinweis:* Für $x \in M \setminus j(M)$ betrachte man die Folge $x, f(x), f \circ f(x), \ldots$)
12. Ist der Raum von Beispiel 9.18 lokalkompakt?

12. Metrisierung und Abzählbarkeit

Durch welche bequem nachprüfbare topologische Eigenschaften läßt sich ein Raum charakterisieren, dessen Topologie von einer Metrik erzeugt werden kann? Welche topologischen Räume sind metrisierbar? Dieses sogenannte Metrisationsproblem hat die Topologen lange beschäftigt bis es um 1950 unabhängig von *R. H. Bing*[1], *J. Nagata*[2] und *Y. M. Smirnow*[3] befriedigend gelöst werden konnte. Mit diesem Metrisationsproblem

---

1) Can. J. Math., 3 (1951)

2) J. Inst. Polytech. Osaka City Univ., Ser. A1 (1950)

3) Dokl. Akad. Nauk, 77 (1951)

ist es ähnlich wie mit dem Fermatschen Problem der Zahlentheorie oder mit der 4-Farben-Vermutung der Graphentheorie gewesen, bei den vielen Lösungsversuchen wurden oft Teilergebnisse erzielt, die in viel fruchtbarere Richtungen wiesen. Wir werden uns daher vor allem mit diesen Teilergebnissen befassen und auf einen Beweis des Hauptsatzes verzichten.

Kehren wir zunächst zurück zu den Anfängen der Allgemeinen Topologie bei *Fréchet, Riesz* und *Hausdorff. Fréchet* war in den Rend.Palermo (Bd. 22, 1906) im Begriff der metrischen Räume ein großer Wurf gelungen, denn diese Räume bilden nach wie vor die wichtigste und am weitesten analysierte Klasse topologischer Räume. Ihr entscheidender Vorzug liegt darin, daß man ihnen mit den abzählbaren, aus der Analysis gewohnten Methoden beikommen kann. (Sie erfüllen das 1. Abzählbarkeitsaxiom und sind hausdorffsch.) Unglücklicherweise ist nicht jeder T_2-Raum, der das erste Abzählbarkeitsaxiom erfüllt, metrisierbar:

12.1 *Beispiel:* Wir betrachten auf $\mathbb{R}$ die Topologie $\mathcal{T}$, die als Basis die Intervalle der Form $[a, b[$ hat. In 9.18 haben wir schon gesehen, daß $(\mathbb{R}, \mathcal{T})$ ein $T_{3,5}$-Raum ist, dessen Produkt mit sich selbst nicht normal, also auch nicht metrisierbar ist. Folglich kann auch $(\mathbb{R}, \mathcal{T})$ selbst nicht metrisierbar sein. Dennoch erfüllt dieser Raum das erste Abzählbarkeitsaxiom: Ist $a \in \mathbb{R}$, so bilden die Intervalle $[a, b[$ mit $a < b \in \mathbb{Q}$ offenbar eine abzählbare Basis von $\mathcal{U}_{\mathcal{T}}(a)$.

Die um 1900 aufkeimende Funktionalanalysis war eine der Quellen der Allgemeinen Topologie. Die wichtigsten metrischen Räume waren aus dieser Disziplin geläufig und hatten noch eine zusätzliche Abzählbarkeitseigenschaft, auf die schon *Fréchet* hinwies:

12.2 **Definition:** Ein topologischer Raum X heißt **separabel**, wenn er eine abzählbare, dichte Teilmenge enthält.

12.3 *Beispiele und Bemerkungen:* Wir wollen diesen Begriff kurz studieren, bevor wie wieder zum Metrisationsproblem zurückkehren.

a) $\mathbb{R}^n$ und jede offene Teilmenge von $\mathbb{R}^n$ sind separabel, man kann nämlich als abzählbare Teilmenge die Punkte mit rationalen Koordinaten wählen.

b) $C(X, \mathbb{R})$ für $X \subset\subset \mathbb{R}^n$, $C_{co}(X, \mathbb{R})$ für $X \underset{\circ}{\subseteq} \mathbb{R}^n$ und $L(0, 1)$ sind nach dem Theorem von *Stone-Weierstraß* separabel (vgl. Abschnitt 11).

c) Offene Unterräume separabler Räume sind wieder separabel, wie man sich leicht überzeugt. Für beliebige Unterräume bleibt die Separabilität i.a. nicht erhalten (vgl. 12.6(e)).

d) Ist $f: X \to Y$ eine stetige Surjektion und ist X separabel mit abzählbarer, dichter Teilmenge A, so ist $f(X) = f(\bar{A}) \subset \overline{f(A)}$, also $Y = \overline{f(A)}$ separabel.

e) Man kann zeigen (vgl. z.B. *Engelking* [2]), daß das Produkt von bis zu $\mathcal{C}$ (= Mächtigkeit von $\mathbb{R}$) separablen Räumen wieder separabel ist. Wegen 5.8 ist also z.B. $Abb_{pw}(\mathbb{R}, \mathbb{R})$ ein separabler Raum, der nicht das erste Abzählbarkeitsaxiom erfüllt. Es gibt sogar Räume, die in keinem Punkt das erste Abzählbarkeitsaxiom erfüllen, aber überhaupt nur abzählbar viele Punkte enthalten (vgl. wieder *Engelking*).

f) Nicht jeder metrische Raum ist separabel: Wählt man auf $\mathbb{R}$ die triviale diskrete Metrik, so hat man ein primitives Gegenbeispiel. Wesentlich instruktiver ist etwa $B_{ggl}(M, \mathbb{R})$ für unendliches M (sup-Metrik), denn nach 5.4(h) läßt sich jeder metrische Raum in ein solches $B(M, \mathbb{R})$ isometrisch einbetten: Ist etwa $\{f_i \,/\, i \in \mathbb{N}\}$ eine abzählbare Teilmenge von $B(M, \mathbb{R})$ und ist M unendliche Menge, so kann man eine abzählbare Teilmenge $\{x_i \,/\, i \in \mathbb{N}\}$ von M wählen mit $x_i \neq x_j$ für $i \neq j$.

Setzt man nun

$$f(m) := \begin{cases} 0 & \text{für } m \in M \setminus \{x_i \,/\, i \in \mathbb{N}\} \\ 2 & \text{für } m = x_i \text{ mit } f_i(x_i) \leqslant 0, \\ -2 & \text{für } m = x_i \text{ mit } f_i(x_i) > 0 \end{cases}$$

so ist $f \in B(M, \mathbb{R})$ und die Kugel um f vom Radius 1 schneidet $\{f_i \,/\, i \in \mathbb{N}\}$ nicht, die letzte Menge kann also nicht dicht in $B(M, \mathbb{R})$ sein.

g) Eine für die Anwendungen wichtige Konsequenz der Separabilität haben wir in Aufgabe 10 zu Abschnitt 11 vorgestellt:

Ein metrischer, lokalkompakter und separabler Raum ist σ-kompakt.

h) Eine interessante Verallgemeinerung von 5.4(h) liefert leicht das folgende Resultat, das zuerst *Urysohn*[1]) entdeckte: Jeder separable metrische Raum ist isometrisch zu einem Unterraum von $B_{ggl}(\mathbb{N}, \mathbb{R})$. (Man übertrage als – leichte – Übung den Beweis von 5.4(h) mit $B(A, \mathbb{R})$ statt $B(M, \mathbb{R})$, wobei A eine abzählbare, dichte Teilmenge des metrischen und separablen Raumes M ist.)

i) Für geordnete Räume gibt es einen in gewisser Weise zu 11.22 analogen **Satz**:

Ist X eine unendliche, total geordnete Menge mit der Ordnungstopologie, so sind äquivalent:

(a) X ist ordnungstreu bijektiv zu einem Intervall von $\mathbb{R}$.

(b) X ist homöomorph zu einem Intervall von $\mathbb{R}$.

(c) X ist zusammenhängend und separabel.

Beweis dazu: (vgl. *Kowalsky* [3])

(a) ⇒ (b): Ist $j : X \to J$ eine ordnungstreue Bijektion auf ein Intervall J von $\mathbb{R}$, so entsprechen sich unter j für jedes $x \in X$ die Intervalle $]x, \infty[$ bzw. $]-\infty, x[$ und $]j(x), \infty[\, \cap J$ bzw. $]-\infty, j(x)[\, \cap J$. Diese Intervalle bilden jeweils eine Subbasis der Topologien von X und J. Nach 3.3(b) ist also j ein Homöomorphismus.

(b) ⇒ (c): Das ist klar.

(c) ⇒ (a): Hat X kein größtes Element, so füge man es als ∞ hinzu und vereinbare, daß ∞ größer als jedes Element von X sei. Der neugewonnene total geordnete Raum X_∞ enthält X als (bzgl. der Ordnungstopologie) dichten Unterraum. (Auf X stimmen die alte und die Ordnungstopologie von X_∞ überein.) Analog kann man X_∞ zu $X_{\infty, -\infty}$ ergänzen, wenn X_∞ bzw. X noch kein minimales Element enthält. In jedem Fall ist X topologischer Unterraum eines total geordneten Raumes Y mit minimalem Element $a_1 \in Y$ und maximalem Element $a_2 \in Y$ und $Y \setminus X \subset \{a_1, a_2\}$, $\overline{X} = Y$.

Mit X ist dann auch Y separabel und wegen 10.5(a) zusammenhängend. Sei A abzählbare, dichte Teilmenge von Y mit $a_1, a_2 \in A$. Nach Abschnitt 10, Aufg. 11 und 10.3(a) ist Y lückenlos, also gibt es zu $a, a' \in A$ stets ein $y \in Y$ mit $y \in \,]a, a'[\, \in \mathcal{U}_Y(y)$. Da A dicht in Y ist, muß $]a, a'[\, \cap A \neq \emptyset$ sein, also A lückenlos und damit unendlich.

Seien nun

$$D := \left\{ \frac{k}{2^n} \in I \,/\, k, n \in \mathbb{N}_0,\ 0 \leqslant k \leqslant 2^n \right\} = \{d_i \,/\, i \in \mathbb{N}\}, \text{ wobei } d_1 = 0, d_2 = 1 \text{ sind,}$$

$A_n := \{a_i \in A \,/\, i \leqslant n\}$, wobei $A = \{a_i \,/\, i \in \mathbb{N}\}$ ist,

und $D_n := \{d_i / i \leqslant n\}$. Man setze nun $f : A_2 \to D$ durch $f(a_1) := d_1 = 0$, $f(a_2) := d_2 = 1$ fest. Ist dann schon $f : A_n \to D$ als streng monoton wachsende Funktion definiert, so setze man $f(a_{n+1}) := d_i$, wenn $d_i \in \,]f(a_k), f(a_l)[$ mit minimalem Index i und $[a_k, a_l] \cap A_{n+1} = \{a_k, a_l, a_{n+1}\}$ ist. Offenbar wird dadurch $f : A \to D$ (induktiv) als streng monoton wachsende Funktion definiert.

---

1) Math. Ann., 92 (1924)

f ist auch surjektiv: Hätte man ein $d_i \in D \setminus f(A)$ mit minimalem Index i, so wähle man $d_k, d_l \in D_{i-1} \subset f(A)$ mit $]d_k, d_l[\, \cap D_i = \{d_i\}$. Wählt man dann $a_{k'}, a_{l'} \in A$ mit $f(a_{k'}) = d_k$, $f(a_{l'}) = d_l$, so gibt es wegen der Lückenlosigkeit von A ein $a_n \in A$ mit kleinstem Index, so daß $a_{k'} < a_n < a_{l'}$. Dafür ist aber nach Definition $f(a_n) = d_i \in f(A)$. Es muß also $f(A) = D$ sein und f folglich eine ordnungstreue Bijektion von A auf D.

Setzt man für $y \in Y$ $g(y) := \sup \{f(a) / a \in A, a \leqslant y\}$, so gibt es zu $y' > y$ ein $a \in A \cap\,]y, y'[$, so daß $g(y) < f(a) < g(y')$ folgt. g ist also eine ordnungstreue Injektion von Y in I. Zu $t \in I$ existiert aber nach 10.3(a) auch der Punkt $y := \sup f^{-1}(\{d \in D / d \leqslant t\}) = \sup \{a \in A / f(a) \leqslant t\}$. Dafür ist jedenfalls $g(y) \leqslant t$. Wäre $g(y) < t$, so könnte man ein $d \in D$ mit $g(y) < d < t$ und folglich ein $a = f^{-1}(d) \in A$ mit $y < a \leqslant \sup \{a \in A / f(a) \leqslant t\}$ wählen. Folglich muß doch $g(y) = t$ gelten. Damit ist g als ordnungstreue Bijektion von Y auf I erwiesen.

Da außerdem $g(a_1) = 0$ und $g(a_2) = 1$ ist, vermittelt g auch eine ordnungstreue Bijektion zwischen X und dem Teilintervall J von I, das durch Weglassung des einen und / oder anderen Endpunktes entsteht. Damit ist (a) gezeigt.

4 Wir fahren fort in unseren Betrachtungen zum Metrisationsproblem: Nach 12.3(f) gehört Separabilität sicher nicht zu den notwendigen Bedingungen der Metrisierbarkeit. Wegen der großen praktischen Bedeutung der separablen metrischen Räume haben sich die Topologen der zwanziger Jahre aber sehr um eine Lösung des Metrisationsproblems wenigstens für die Klasse der separablen topologischen Räume bemüht. Da diese Bemühungen sehr fruchtbar waren, wollen wir diesem eingeschränkten Problem noch etwas nachgehen.

Ist wenigstens jeder separable T_4-Raum, der das erste Abzählbarkeitsaxiom erfüllt metrisierbar? Wieder gibt 12.1 ein geeignetes Gegenbeispiel: $(\mathbb{R}, \mathcal{T})$ ist T_4-Raum, denn für zwei disjunkte, abgeschlossene und nichtleere Teilmengen A, B kann man für $a \in A$, $b \in B$

$$b_a := \begin{cases} a+1, & \text{falls kein } b \in B \text{ mit } b > a \text{ existiert} \\ \inf\limits_{a < b \in B} b, & \text{sonst} \end{cases} \quad \text{bzw.} \quad a_b := \begin{cases} b+1, & \text{falls kein } a \in A \text{ mit } a > b \text{ existiert} \\ \inf\limits_{b < a \in A} a, & \text{sonst} \end{cases}$$

definieren und hat dann in $\bigcup\limits_{a \in A} [a, b_a[$ bzw. $\bigcup\limits_{b \in B} [b, a_b[$ disjunkte Umgebungen von A bzw. B. Da überdies $\mathbb{Q}$ offenbar dicht in $(\mathbb{R}, \mathcal{T})$ ist, haben wir es nach 12.1 also mit einem separablen T_4-Raum zu tun, der das 1. Abzählbarkeitsaxiom erfüllt und nicht metrisierbar ist.

Warum reichen diese starken Voraussetzungen noch nicht zur Metrisierbarkeit aus? Unser Gegenbeispiel läßt zwei Mängel erkennen: Zum Einen müßte die Topologie $\mathcal{T}$ nach 11.32, Korollar 2 eine abzählbare Basis haben, wenn ein separabler Raum metrisierbar sein sollte. Dies ist in unserem Beispiel nicht der Fall. (Wäre nämlich $\mathcal{B}$ eine abzählbare Basis von $\mathcal{T}$, so müßte sich insbesondere jedes $[a, b[$ als (abzählbare) Vereinigung von Basiselementen darstellen lassen und umgekehrt jedes Basiselement als Vereinigung solcher Intervalle. Man dürfte also annehmen, daß $\mathcal{B}$ die Form $\mathcal{B} = \{[a_i, b_i[\, / i \in \mathbb{N}\}$ hat. Wählt man nun $a \in \mathbb{R} \setminus \{a_i / i \in \mathbb{N}\}$, so ist $[a, \infty[$ keinesfalls als Vereinigung aus $\mathcal{B}$ darstellbar.) Separable, metrisierbare Räume müssen also einer stärkeren Bedingung genügen, auf die zuerst *Hausdorff* aufmerksam machte, sie müssen eine abzählbare Basis der Topologie haben. Der zweite Mangel unseres Gegenbeispiels liegt darin, daß das Produkt $(\mathbb{R}, \mathcal{T}) \times (\mathbb{R}, \mathcal{T})$ nicht normal ist. Metrische Räume, Unterräume und abzählbare Produkte davon sind aber wieder metrisch und folglich normal. Diese zweite Beobachtung wird uns noch weiter beschäftigen, zunächst studieren wir kurz *Hausdorffs* Definition des zweiten Abzählbarkeitsaxioms:

12.5 **Definition:** Ein topologischer Raum X hat das **Gewicht** m, wenn es eine Basis der Mächtigkeit m für die Topologie von X gibt und keine andere Basis kleinere Mächtigkeit hat. Ein topologischer Raum X erfüllt das **zweite Abzählbarkeitsaxiom**, wenn seine Topologie eine (höchstens) abzählbare Basis hat.

12.6 *Beispiele und Bemerkungen:*

a) Jeder separable, metrisierbare Raum erfüllt das zweite Abzählbarkeitsaxiom. (Korollar 2 zu 11.32) Ein nicht metrisierbarer, separabler Raum braucht aber nicht das zweite Abzählbarkeitsaxiom zu erfüllen, wie wir oben sahen. Das 2. Abzählbarkeitsaxiom ist also i.a. stärker als Separabilität. Es ist auch stärker als das 1. Abzählbarkeitsaxiom, denn sind $x \in X$ und $\mathcal{B}$ eine abzählbare Basis der Topologie von X, so ist $\{O \,/\, x \in O \in \mathcal{B}\}$ eine abzählbare Basis von $\mathcal{U}_X(x)$. Unser Gegenbeispiel 12.1 zeigt wieder, daß aus dem 1. i.a. nicht das 2. Abzählbarkeitsaxiom folgt.

Die im Beweis von 11.32 gezeigte Tatsache, daß Räume mit dem 2. Abzählbarkeitsaxiom stets separabel sind, läßt sich wie folgt verallgemeinern: Ein topologischer Raum X mit unendlichem Gewicht m enthält eine dichte Teilmenge der Mächtigkeit $\leq m$. (Der Beweis verläuft analog; vgl. (12.8).)

b) Ein weiteres einfaches Beispiel eines separablen Raumes, der nicht das zweite Abzählbarkeitsaxiom erfüllt, gibt jede überabzählbare Menge mit der Komplement-endlich-Topologie. (Übung)

c) Im Korollar 3 zu 11.32 ist die Tatsache festgehalten, daß jeder T_1-Raum, der das 2. Abzählbarkeitsaxiom erfüllt, höchstens c Elemente hat (vgl. Beweis zu 11.32). Auch das läßt sich auf Räume mit Gewicht m entsprechend verallgemeinern (vgl. 12.8).

d) Ist A ein beliebiger Unterraum eines Raumes X mit 2. Abzählbarkeitsaxiom, dann ist jedes $O \underset{\circ}{\subset} A$ von der Form $O = A \cap U = A \cap \bigcup_{i \in \mathbb{N}} U_i = \bigcup_{i \in \mathbb{N}} (A \cap U_i)$ mit in X offenen U, U_i, also ist das 2. Abzählbarkeitsaxiom für beliebige Unterräume erblich.

e) Man überzeugt sich leicht, daß abzählbare Produkte von Räumen mit 2. Abzählbarkeitsaxiom wieder dieses Axiom erfüllen. Für überabzählbare Produkte braucht das nicht zu gelten, wie das Beispiel $\mathrm{Abb}_{pw}(\mathbb{R}, \mathbb{R}) = \prod_{t \in \mathbb{R}} \mathbb{R}$ nach (c) zeigt. Dieser Raum erfüllt nach 5.8 nicht einmal das 1. Abzählbarkeitsaxiom, ist aber nach 12.3(e) separabel. Der Unterraum $\{f_t \,/\, t \in \mathbb{R}, f_t(s) = 0$ für $t \neq s, f_t(t) = 1\}$ ist diskret und überabzählbar, also nicht mehr separabel.

f) Siehe 13.7(a, b).

Wie (d) zeigt, haben Räume mit dem 2. Abzählbarkeitsaxiom schönere Eigenschaften als separable. Das wird durch die folgenden Sätze noch deutlicher:

12.7 **Satz:** Erfüllt ein regulärer Raum das 2. Abzählbarkeitsaxiom, so ist er normal.

Beweis: X sei regulär und erfülle das 2. Abzählbarkeitsaxiom. A, B seien zwei nichtleere, disjunkte, abgeschlossene Teilmengen. Da X regulär ist, gibt es zu jedem $x \in A$ ein offenes V_x mit $x \in V_x \subset \overline{V}_x \subset X \setminus B$. Dafür ist $A \subset \bigcup_{x \in A} V_x$ und $\overline{V}_x \cap B = \emptyset$ für alle $x \in A$. Analog gibt es zu jedem $b \in B$ ein offenes $U_b \ni b$ mit $B \subset \bigcup_{b \in B} U_b$ und $\overline{U}_b \cap A = \emptyset$. Ist nun $\mathcal{B}$ eine abzählbare Basis für die Topologie von X, so ist jedes U_b, V_a jeweils als abzählbare Vereinigung von Elementen aus $\mathcal{B}$ darstellbar, wählt man zu jedem a ein $O_a \in \mathcal{B}$ mit $a \in O_a \subset V_a$, so erhält man insgesamt höchstens abzählbar viele solcher O_a, d.h. A wird schon von abzählbar vielen der V_a überdeckt. Ebenso wird B schon von abzählbar vielen U_b überdeckt: $A \subset \bigcup_{i \in \mathbb{N}} V_{a_i}$, $B \subset \bigcup_{j \in \mathbb{N}} U_{b_j}$.

Man setze nun $V_i' := V_{a_i} \setminus \bigcup_{j=1}^{i} \overline{U_{b_j}}$, $U_j' := U_{b_j} \setminus \bigcup_{i=1}^{j} \overline{V_{a_i}} = U_{b_j} \cap \left(X \setminus \bigcup_{1}^{j} \overline{V_{a_i}} \right)$. Dann sind alle V_i', U_j' offen in X, und für $V := \bigcup_{i \in \mathbb{N}} V_i'$, $U := \bigcup_{\mathbb{N}} U_j'$ sind $A \subset V$, $B \subset U$. U und V sind auch disjunkt: Für $j \leq i$ ist jedenfalls $V_i' \cap U_{b_j} = \emptyset$ nach Definition der V_i'. Analog ist für $i \leq j$ $U_j' \cap V_{a_i} = \emptyset$. Erst recht sind dann einerseits $V_i' \cap U_j' = \emptyset$ für $j \leq i$, $U_j' \cap V_i' = \emptyset$ für $i \leq j$ und folglich $U \cap V = \emptyset$. V bzw. U trennen also A und B.

12.8 **Satz:** Für einen metrisierbaren Raum X und unendliches m sind äquivalent:

(a) X hat ein Gewicht $\leq m$.

(b) Jede offene Überdeckung von X enthält eine Teilüberdeckung der Mächtigkeit $\leq m$.

(c) Es gibt eine dichte Teilmenge der Mächtigkeit $\leq m$.

Beweis:

(a) ⇒ (b): Das ist offensichtlich (vgl. den Beweis von 12.7).

(b) ⇒ (c): Für jedes $n \in \mathbb{N}$ wähle man eine Teilüberdeckung $\mathcal{U}_n = \{U_j \,/\, j \in J_n\}$ aus der Überdeckung $\{\overset{\circ}{B}_{1/n}(x) \,/\, x \in X\}$ mit Card $J_n \leq m$, $U_j \neq \emptyset$ f.a.j. Da m unendlich ist, muß $J := \bigcup_{\mathbb{N}} J_n$ die Mächtigkeit $\leq m$ haben. Offenbar ist aber $\{x \,/\, \overset{\circ}{B}_{1/n}(x) \in \mathcal{U}_n$ für ein $n \in \mathbb{N}\}$ von der Mächtigkeit $\leq$ Card $J \leq m$ und dicht in X (vgl. den Beweis von 11.32).

(c) ⇒ (a): Es sei A dicht in X mit Card $A \leq m$. Da m unendlich ist, hat $\mathcal{B} := \{\overset{\circ}{B}_r(a) \,/\, a \in A, r \in \mathbb{R}_+ \cap \mathbb{Q}\}$ die Mächtigkeit $\leq m$. Wir behaupten, daß $\mathcal{B}$ eine Basis der Topologie von X ist. Sind $x \in O \underset{\circ}{\subseteq} X$, so gibt es ein $\epsilon \in \mathbb{R}_+$ mit $B_\epsilon(x) \subset O$. Da A dicht ist, gibt es ein $a \in A \cap B_{\epsilon/3}(x)$. Für $r \in \mathbb{Q}$ mit $\epsilon/3 < r < 2\epsilon/3$ ist dann $x \in \overset{\circ}{B}_r(a) \subset B_\epsilon(x) \subset O$. Nach 2.8 ist also $\mathcal{B}$ Basis der Topologie von X.

Korollar: Jeder Raum mit 2. Abzählbarkeitsaxiom ist ein Lindelöf-Raum. Nach 11.9 ist ein T_1-Raum mit 2. Abzählbarkeitsaxiom genau dann quasikompakt, wenn er abzählbar-kompakt ist.

Ist ein T_4-Raum, der dem 2. Abzählbarkeitsaxiom genügt, metrisierbar? Es war eines der berühmtesten Ergebnisse von *P. Urysohn*, daß dem so ist. Wegen 12.7 braucht man jedoch nur das T_3-Axiom zu fordern:

12.9 **Metrisationssatz** *von Urysohn:*[1])

(a) Jeder T_3-Raum mit 2. Abzählbarkeitsaxiom ist metrisierbar.

(b) Ein kompakter Raum ist genau dann metrisierbar, wenn er dem 2. Abzählbarkeitsaxiom genügt.

(c) (*P. Alexandroff*) Ist X ein lokalkompakter Raum mit 2. Abzählbarkeitsaxiom, so ist X σ-kompakt, und X wie auch die 1-Punkt-Kompaktifizierung sind metrisierbar.

[1]) Math. Ann., 94 (1925)

Beweis: Wir beweisen zunächst, daß (b), (c) aus (a) folgen, und geben dann im wesentlichen *Urysohns* eleganten Beweis für (a) wieder.

b) Ist X kompakt mit 2. Abzählbarkeitsaxiom, so natürlich auch ein T_3-Raum, also nach (a) metrisierbar. Ist X kompakt und metrisierbar, so erfüllt X nach den Korollaren 1, 2 zu 11.32 das 2. Abzählbarkeitsaxiom.

c) Ist X ein lokalkompakter Raum mit 2. Abzählbarkeitsaxiom, so ist X auch separabel, also nach Abschnitt 11, Aufgabe 10 σ-kompakt. Ist X sogar kompakt, so folgt die Behauptung aus (b). Ist X nicht kompakt, so sind die offenen Mengen der 1-Punkt-Kompaktifizierung X_∞ entweder offen in X und damit als Vereinigungen aus einer abzählbaren Basis $\mathcal{B}$ von X darstellbar, oder sie enthalten den Punkt ∞ und haben kompaktes Komplement in X. Nach 11.27 ist der σ-kompakte Raum X als Vereinigung kompakter B_i mit $B_i \subset B_{i+1}$ darstellbar. Setzt man nun

$$\mathcal{B}' := \{O \subset X_\infty \;/\; O \in \mathcal{B} \quad \text{oder} \quad X_\infty \setminus O = B_i \text{ für ein } i \in \mathbb{N}\},$$

so ist offenbar $\mathcal{B}'$ eine abzählbare Basis für die kompakte Topologie von X_∞. Nach (b) ist dann X_∞ und folglich auch der Unterraum X metrisierbar.

a) Seien $\emptyset \neq O_i \underset{\circ}{\subset} X (i \in \mathbb{N})$ und $\mathcal{B} = \{O_i / i \in \mathbb{N}\}$ eine Basis der Topologie von X. Die Menge $\mathcal{R} := \{(O_i, O_j) / \overline{O}_i \subset O_j\}$ ist dann höchstens abzählbar. Da X ein T_3-Raum ist, bilden die abgeschlossenen Umgebungen jeweils eine Basis jedes Umgebungsfilters, insbesondere gibt es dann zu $x \in O_j \in \mathcal{B}$ stets ein $O_i \in \mathcal{B}$ mit $x \in O_i \subset \overline{O}_i \subset O_j$. (Ist X nicht leer, so ist es auch $\mathcal{R}$ nicht.) Man numeriere $\mathcal{R} = \{(U_i, U_i') / i \in \mathbb{N}\}$. Da X nach 12.7 normal ist, gibt es nach 9.22 zu jedem $(U_i, U_i') \in \mathcal{R}$ eine „Urysohn-Funktion" $f_i \in C(X, I)$ mit $f_i|_{\overline{U}_i} \equiv 0$ und $f|_{X \setminus U_i'} \equiv 1$. Man setze nun für $x, y \in X$

$$d(x,y) := \sum_{i=1}^{\infty} \min\left(\frac{1}{2^i}, |f_i(x) - f_i(y)|\right).$$

Für $x = y$ ist offenbar $d(x, y) = 0$. Ist dagegen $x \neq y$, so gibt es ein $O_j \in \mathcal{B} \cap \mathcal{U}(x)$ mit $y \notin O_j$, denn X ist T_1-Raum. Nach obiger Bemerkung gibt es dann noch ein $O_i \in \mathcal{B} \cap \mathcal{U}(x)$ mit $\overline{O}_i \subset O_j$, denn X ist T_3-Raum. Dann gibt es ein $k \in \mathbb{N}$ mit $(O_i, O_j) = (U_k, U_k') \in \mathcal{R}$, also $f_k(x) = 0 \neq f_k(y) = 1$, d.h. $d(x, y) \neq 0$.

Die Symmetrie von d ist offensichtlich, die Dreiecksungleichung gilt wegen

$$\min\left(\frac{1}{2^i}, |f_i(x) - f_i(z)|\right) \leqslant \min\left(\frac{1}{2^i}, |f_i(x) - f_i(y)|\right) + \min\left(\frac{1}{2^i}, |f_i(z) - f_i(y)|\right),$$

was man durch Fallunterscheidung leicht verifiziert. Damit ist d eine Metrik auf der Menge X.

Nun ist $\mathrm{id}: X \to (X, d)$ stetig, weil folgenstetig: Ist nämlich (x_k) eine Folge, die in X gegen x konvergiert, so ist für jedes i die Folge $(f_i(x_k))_k$ gegen $f_i(x)$ konvergent, denn die f_i sind stetig. Für $\epsilon \in]0, 1]$ wähle man nun $i_0 \in \mathbb{N}$ so groß, daß

$\sum_{i=i_0}^{\infty} \frac{1}{2^i} < \frac{\epsilon}{2}$ ist. Für jedes $i < i_0$ wähle man nun $k_i \in \mathbb{N}$ so groß, daß

$|f_i(x_k) - f_i(x)| < \frac{\epsilon}{2^{i+1}} < \frac{1}{2^i}$ für alle $k \geqslant k_i$ gilt. Für jedes $k \geqslant \max(k_1, \ldots, k_{i_0-1})$ gilt dann

$$d(x_k, x) = \sum_{i=1}^{i_0-1} \min\left(\frac{1}{2^i}, |f_i(x_k) - f_i(x)|\right) + \sum_{i=i_0}^{\infty} \min\left(\frac{1}{2^i}, |f_i(x_k) - f_i(x)|\right)$$

$$\leqslant \sum_{i=1}^{i_0-1} \frac{\epsilon}{2^{i+1}} \qquad + \sum_{i=i_0}^{\infty} \frac{1}{2^i} < \frac{\epsilon}{2} \sum_{1}^{i_0-1} \frac{1}{2^i} + \frac{\epsilon}{2} < \epsilon.$$

Also ist (x_k) in (X, d) gegen x konvergent und folglich id (folgen-)stetig in jedem Punkte $x \in X$.

Wir brauchen nur noch, daß auch $id : (X, d) \to X$ stetig ist: Zu $x \in V \in \mathcal{U}_X(x)$ wähle man $O_j \in \mathcal{B}$ mit $x \in O_j \subset V$. Gäbe es nun kein $\epsilon \in \mathbb{R}_+$ mit $B_\epsilon^d(x) \subset O_j$, so könnte man zu jedem $i \in \mathbb{N}$ ein $x_i \in \overset{\circ}{B}_{1/i}(x) \setminus O_j$ wählen und ein $O_l \in \mathcal{B}$ mit $(O_l, O_j) = (U_n, U_n') \in \mathcal{R}$ und $x \in O_l$, denn X ist T_3-Raum. Für das so gefundene n wäre dann aber $f_n(x) = 0$ und $f_n(x_n) = 1$, also $d(x_n, x) \geqslant \frac{1}{2^n}$ im Widerspruch zur Wahl von x_n. Es muß also doch ein $\epsilon \in \mathbb{R}_+$ mit $B_\epsilon(x) \subset O_j \subset V$ geben, d.h. id ist auch in dieser Richtung stetig.

Damit ist also $id : (X, d) \to X$ ein Homöomorphismus, d.h. die von d vermittelte Topologie auf X ist die Ausgangstopologie, und X ist folglich metrisierbar.

Damit ist *Urysohns* Metrisierungssatz vollständig bewiesen. Für die Anwendungen ist dieser Satz oft viel nützlicher als der unten angeführte Hauptsatz. Für topologische Gruppen und Vektorräume ist dagegen der Satz 7.12 das wichtigste Metrisationsergebnis.

12.10 *Bemerkung und Definition:*

Durch *Urysohns* Metrisationssatz war also schon 1925 das Metrisationsproblem für die praktisch besonders wichtige Klasse der separablen Räume gelöst: Ein T_3-Raum ist offenbar genau dann zu einem separablen metrischen Raum homöomorph, wenn er das 2. Abzählbarkeitsaxiom erfüllt, denn in metrischen Räumen fällt ja dieses Axiom mit der Separabilität zusammen. Betrachten wir nochmals unser Gegenbeispiel 12.1, so haben wir dort also einen separablen T_3-Raum vor uns, in dem der scheinbar kleine Mangel des 2. Abzählbarkeitsaxioms für die Nichtmetrisierbarkeit verantwortlich ist!

In 12.4 haben wir schon darauf aufmerksam gemacht, daß die Nichtmetrisierbarkeit dieses Raumes sich auch an den schlechten Permanenzeigenschaften der Normalität zeigt: In 12.1 haben wir ja die Nichtmetrisierbarkeit damit gezeigt, daß schon das „Quadrat" dieses normalen Raumes nicht mehr normal ist. So etwas kann bei metrischen (also auch metrisierbaren) Räumen nicht passieren, bei ihnen bleibt die Normalität unter abzählbaren Produktbildungen nach 5.9 erhalten, und auch alle Unterräume erben die Normalitätseigenschaft (mit der Metrik). Es liegt daher nahe, solche Räume auf Metrisierbarkeit zu untersuchen, die ihre Normalität auf alle Unterräume und abzählbaren Produkte vererben. Man nennt einen Raum, der T_1-Raum und samt aller Unterräume normal ist, einen T_5-Raum oder **erblich-normalen** T_1-Raum. Diese Räume hat schon *Urysohn* 1925 untersucht, unglücklicherweise verhalten sie sich nicht „vernünftig" bei Produktbildungen und lösen auch das Metrisationsproblem nicht. (Man kann zeigen, daß die Ordnungstopologie auf einer total geordneten Menge stets eine T_5-Topologie liefert (vgl. Beispiel 9.20, man beachte jedoch, daß die Ordnungstopologie nicht erblich ist: Als Unterraum von $\mathbb{R}$ trägt $[0, 1[\cup \{2\}$ nicht die Ordnungstopologie!). Bezeichnet Ω die erste überabzählbare Ordinalzahl, dann ist $[0, \Omega[$ mit der Ordnungstopologie ein T_5-Raum mit 1. Abzählbarkeitsaxiom, der folgenkompakt, aber nicht kompakt ist. Nach 11.1 kann dieser Raum also auch nicht metrisierbar sein. (Der Beweis ist nicht schwierig, erfordert aber Kenntnisse aus der Ordinalzahltheorie, die wir nicht voraussetzen wollen. In dem Buch von *Conover* [2] findet man eine sehr anschauliche Einführung in diese Theorie und eine Reihe erstaunlicher Eigenschaften dieses Raumes $[0, \Omega]$; vgl. auch 15.4.)

Die Forschungen über das Metrisationsproblem für allgemeine topologische Räume blieben nach *Urysohns* Erfolg noch lange fruchtlos. (*Alexandroff* und *Urysohn* hatten zwar schon 1923 in den Compt. Rend., Bd. 177 eine notwendige und hinreichende Bedingung angeben können, aber Urysohn gab selbst zu, daß diese Lösung viel zu kompliziert war.) Ein wesentlicher Fortschritt wurde erst erzielt, als man begann, normale Räume als Verallgemeinerungen der kompakten Räume zu begreifen und durch Überdeckungseigenschaften zu charakterisieren. Dies liegt vielleicht auf Grund von 12.8(b) und 12.9(a) nicht so fern, ist aber keineswegs leicht. *J. W. Tukey*[1]) gelang 1940 der erste Erfolg in dieser Richtung. Er führte einen verschärften Normalitätsbegriff („fully normal") ein und konnte zeigen, daß jeder metrisierbare Raum diese Eigenschaft haben muß. Eleganter – und für die Anwendungen nützlicher (vgl. 12.12) – war dann der von *J. Dieudonné* 1944[2]) geschaffene Begriff „parakompakt", der die Normalitätseigenschaft verschärft. Leider konnte Dieudonné noch nicht zeigen, daß jeder metrische Raum parakompakt ist. Dies gelang dann erst 1948 *A. H. Stone*[3]), indem er die Äquivalenz von „voll normal" und „parakompakt" zeigen konnte. Nun war man dicht vor einer Lösung. Zwar ist noch nicht jeder parakompakte Raum metrisierbar (unser Beispiel 12.1 ist wiederum ein geeignetes Gegenbeispiel, s. u.), wir werden aber sehen, daß das gesuchte notwendige und hinreichende Kriterium für die Metrisierbarkeit eines topologischen Raumes nicht sehr weit von der Parakompaktheit entfernt ist, so daß der dreifache Erfolg von *Bing, Nagata* und *Smirnov* um 1950 nicht mehr allzu sehr überrascht. Wegen der für die Anwendungen in der Analysis bedeutenden Eigenschaft 12.12(b) parakompakter Räume gehen wir auf diesen Begriff noch kurz ein, bevor wir den „Hauptsatz" formulieren.

12.10 Definition: Ein topologischer Raum X heißt **parakompakt**, wenn es zu jeder offenen Überdeckung $\mathcal{U}$ von X eine lokalendliche, offene Verfeinerungsüberdeckung $\mathcal{V}$ gibt. Dabei heißt die lokalendliche (vgl. Def. 4.5), offene Überdeckung $\mathcal{V}$ eine **Verfeinerung** von $\mathcal{U}$, wenn es zu jedem $V \in \mathcal{V}$ ein $U \in \mathcal{U}$ mit $V \subset U$ gibt.

(Oft nimmt man noch die T_2-Eigenschaft in die Definition der Parakompaktheit hinein.)

---

1) Ann. Math. Studies, Bd. 2

2) J. Math. Pures Appl., 23

3) Bull. AMS, 54

Beispiele: Bevor wir ernsthafte Beispiele in 12.13 erhalten, wollen wir die beiden folgenden trivialen Beispiele geben:

a) Jeder (in-)diskrete Raum ist parakompakt. Folglich braucht ein präkompakter Raum keineswegs kompakt zu sein.

b) Der Raum $(\mathbb{R}, \mathcal{T})$ aus Beispiel 12.1 ist parakompakt: Ist nämlich $\mathcal{U}$ eine offene Überdeckung von $(\mathbb{R}, \mathcal{T})$, so hat $\mathcal{U}$ sicherlich eine offene Verfeinerungsüberdeckung $\mathcal{V}'$ von der Form $\{[a_j, b_j[\ /\ j \in J\} = \mathcal{V}'$ mit einer geeigneten Indexmenge J. Dann ist $A := \mathbb{R} \setminus \bigcup_{j \in J}]a_j, b_j[$ höchstens abzählbar. (Zu $t \in A$ gibt es $[a_t, b_t[\ \in \mathcal{V}'$ mit $t \in [a_t, b_t[$. Folglich ist $a_t = t < b_t$, und es gibt ein $r_t \in \mathbb{Q} \cap [t, b_t[$. Zu jedem $t \in A$ wähle man so ein r_t. Wegen $[t, b_t[\ \cap A = \{t\}$ gibt dann $t \mapsto r_t$ eine Injektion von A in $\mathbb{Q}$, also ist A abzählbar.) Nach 12.6(d) ist das 2. Abzählbarkeitsaxiom erblich. $\mathcal{V}'$ ist in der natürlichen Topologie offene Überdeckung von $\mathbb{R} \setminus A$, hat also eine Verfeinerungsüberdeckung aus Elementen einer abzählbaren Basis der natürlichen Topologie von $\mathbb{R} \setminus A$. Folglich hat $\mathcal{V}'$ eine abzählbare Teilüberdeckung von $\mathbb{R} \setminus A$, also auch von $\mathbb{R}$. Sei $\mathcal{V}'' = \{[a_j, b_j[\ /\ j \in \mathbb{N}\}$ abzählbare Teilüberdeckung aus $\mathcal{V}'$. Setze

$$W_1 := [a_1, b_1[,\quad W_{i+1} := [a_{i+1}, b_{i+1}[\ \setminus \bigcup_{j=1}^{i} W_j = \bigcap_{j=1}^{i} ([a_{i+1}, b_{i+1}[\ \setminus W_j).$$

Die Intervalle $[a, b[$ sind in $(\mathbb{R}, \mathcal{T})$ zugleich offen und abgeschlossen, dies gilt also auch für alle W_i (Induktionsschluß). Offenbar ist dann $\mathcal{W} := \{W_i\ /\ i \in \mathbb{N}\}$ eine offene Verfeinerungsüberdeckung von $\mathcal{V}''$ und $\mathcal{U}$, die aus paarweise disjunkten, offenen Mengen besteht, also erst recht lokalendlich ist.

$(\mathbb{R}, \mathcal{T})$ ist also nicht metrisierbar, aber parakompakter Lindelöf-Raum, der das 1. Abzählbarkeitsaxiom erfüllt und separabel ist.

12.11 Satz: Jeder parakompakte T_2-Raum ist normal.

Beweis: Seien A, B nichtleere, abgeschlossene und disjunkte Teilmengen des parakompakten Raumes X und sei $a_0 \in A$. Dann wähle man zu jedem $b \in B$ offene Umgebungen U_b bzw. V_b von a_0 bzw. b mit $U_b \cap V_b = \emptyset$. Die offene Überdeckung $\mathcal{U} := \{X \setminus B, V_b\ /\ b \in B\}$ hat eine lokalendliche, offene Verfeinerungsüberdeckung $\mathcal{V} = \{O_j\ /\ j \in J\}$ mit passender Indexmenge J. Sei $J_1 := \{j \in J\ /\ O_j \subset V_b \text{ für ein } b \in B\}$, dann ist $B \subset \bigcup_{j \in J_1} O_j$, denn $\mathcal{V}$ ist Überdeckung von X. Da außerdem $a_0 \notin \overline{O}_j \subset \overline{V}_b \subset X \setminus U_b$ gilt, und mit $\mathcal{V}$ auch $\{\overline{O}_j\ /\ j \in J_1\}$ lokalendlich ist. muß $a_0 \notin \bigcup_{j \in J_1} \overline{O}_j \,\overline{\subset}\, X$ sein (vgl. 4.5). Dann sind $X \setminus \bigcup_{J_1} \overline{O}_j$ bzw. $\bigcup_{J_1} O_j$ disjunkte, offene Umgebungen von a_0 bzw. B.

Zu jedem $a_0 \in A$ existieren also disjunkte, offene Umgebungen U_{a_0} bzw. V_{a_0} von B bzw. a_0. Derselbe Schluß wie oben zeigt dann, daß es auch disjunkte Umgebungen von A bzw. B gibt, also ist X normal.

Korollar: Das Produkt zweier parakompakter Räume braucht nicht parakompakt zu sein (Beispiel 12.1).

(Es gibt auch normale Räume, die nicht parakompakt sind [1].)

---

[1] Vgl. z. B. *McAuley* in Proc. AMS, 7 (1956).

Für die Anwendungen in der Analysis und Geometrie ist das folgende Theorem wichtig:

12.12 *Theorem:* Für jeden T_1-Raum X sind äquivalent:

(a) X ist parakompakt und T_2-Raum.

(b) Zu jeder offenen Überdeckung U von X gibt es eine passende **Zerlegung der Eins**, d.h. eine Familie stetiger Funktionen $f_j : X \to I \; (j \in J)$, wobei $\{f_j^{-1}(]0,1]) \,/\, j \in J\}$ eine lokalendliche, offene Verfeinerungsüberdeckung zu U ist und für jedes $x \in X$ die (endliche!) Summe $\sum_{j \in J} f_j(x) = 1$.

Beweis: (vgl. *Engelking* [2])

1. Schritt: Ist U eine offene Überdeckung eines normalen Raumes X, wobei jedes $x \in X$ nur endlich viele Elemente von U trifft, dann gibt es eine offene Verfeinerungsüberdeckung V von $U = \{U_j \,/\, j \in J\}$ mit $V = \{V_j \,/\, j \in J\}$ und $\overline{V}_j \subset U_j$ für alle j.

Beweis dazu: Seien T die Topologie von X, $\gamma := \{G : J \to T \,/$ für alle j ist $G(j) = U_j$ oder $\overline{G(j)} \subset U_j$, und es ist G(J) eine Überdeckung von X$\}$ und $\leqslant$ die folgende (partielle) Ordnung auf $\gamma : G_1 \leqslant G_2 :\Leftrightarrow (G_1(j) \neq U_j \Rightarrow G_1(j) = G_2(j))$. (Für $G_1 \leqslant G_2$ hat also G_2 mindestens soviele von U_j verschiedene Werte wie G_1.) Ist nun γ_0 eine total geordnete Teilmenge von γ, so definiere man $G_0(j) := \bigcap_{G \in \gamma_0} G(j)$ für alle $j \in J$.

Da γ_0 total geordnet ist, stimmen die G(j) immer von einem G an überein, also sind alle $G_0(j)$ offen mit $G_0(j) = U_j$ oder $\overline{G_0(j)} \subset U_j$. Wenn wir noch zeigen, daß $G_0(J)$ eine Überdeckung von X ist, so ist offenbar G_0 eine obere Schranke von γ_0 in $(\gamma, \leqslant)$.

Sei dazu $x \in X$ gegeben. Da U punktendlich ist, d.h. nur endlich viele $U_{j_1}, \ldots, U_{j_n} \in U$ das x treffen, gibt es nur zwei Alternativen: Entweder ist $G_0(j_i) = U_{j_i}$ für ein $i \in \{1, \ldots, n\}$ und folglich $x \in \bigcup_J G_0(j)$, oder es gibt zu jedem $i = 1, \ldots, n$ ein $G_i \in \gamma_0$ mit $G_i(j_i) \neq U_{j_i}$. Da γ_0 total geordnet ist, gibt es ein $i_{max} \in \{1, \ldots, n\}$ mit $G_i \leqslant G_{i_{max}}$ für $i = 1, \ldots, n$. Da $G_{i_{max}}(J)$ eine Überdeckung von X ist, muß für ein $i \in \{1, \ldots, n\}$ $x \in G_{i_{max}}(j_i) = G_0(j_i)$ sein, d.h. $x \in \bigcup_J G_0(j)$.

Also hat jede total geordnete Teilmenge von $(\gamma, \leqslant)$ eine obere Schranke. Nach dem Lemma von Zorn gibt es dann ein maximales Element G_∞ in γ. Wir behaupten, daß dafür $\overline{G_\infty(j)} \subset U_j$ für alle j gilt:

Angenommen es ist für ein j_0 $\overline{G_\infty(j_0)} \cap (X \setminus U_{j_0}) \neq \emptyset$. Die Menge $A := X \setminus \bigcup_{j \neq j_0} G_\infty(j)$ ist abgeschlossen und enthalten in $G_\infty(j_0)$, denn $G_\infty(J)$ ist Überdeckung. Da X normal ist, gibt es ein $O \overset{\circ}{\subset} X$ mit $A \subset O \subset \overline{O} \subset G_\infty(j_0)$. Da notwendig bei unserer Annahme $G_\infty(j_0) = U_{j_0}$ ist, wird durch $G(j_0) := O$ und $G(j) := G_\infty(j)$ für $j \neq j_0$ ein echt größeres Element von $(\gamma, \leqslant)$ als G_∞ definiert, was natürlich der Maximalität von G_∞ widerspricht.

$G_\infty(J)$ ist also die gesuchte offene Verfeinerungsüberdeckung zu U.

2. *Schritt:* Ist U eine offene Überdeckung eines topologischen Raumes X und ist $\{f_i / i \in J\} \subset C(X, I)$ mit $\bigcup_J f_j^{-1}(]0,1]) = X$, $f_j^{-1}(]0,1]) \subset U_j \in U$ für jedes j und $\{f_j / f_j(x) \neq 0\}$ abzählbar für jedes $x \in X$ und mit $\sum_J f_j(x) \to 1$ für jedes x, dann hat U eine lokalendliche, offene Verfeinerungsüberdeckung.

Beweis dazu: Ist $f \in C(X, I)$ mit $f(x_0) > 0$, dann gibt es ein $U_0 \in U(x_0)$ und ein endliches $J_e \subset J$ mit $f_j|_{U_0} < f|_{U_0}$ für alle $j \in J \setminus J_e$: Man betrachte ein endliches

$$J_e \subset J \text{ mit } g(x_0) := 1 - \sum_{J_e} f_j(x_0) < f(x_0).$$

Ist $J_e \neq \emptyset$, so setze man $U_0 := \{x / g(x) < f(x)\}$.

Zu jedem $x \in X$ gibt es ein $j_x \in J$ mit $f_{j_x}(x) > 0$. Nach dem eben Gesehenen verlaufen fast alle f_j auf einer festen Umgebung von x unterhalb f_{j_x}, daher ist $h := \sup_J f_j$ (lokal) stetig und überall größer als null. Für jedes $j \in J$ ist daher $V_j := \{x / f_j(x) > \frac{1}{2} f(x)\}$ offen, und das System dieser V_j ist lokalendlich (fast alle f_j verlaufen um x unterhalb von $\frac{1}{2}$ f für jedes x). Offenbar ist $\{V_j / j \in J\}$ Überdeckung, und zu jedem j ist $V_j \subset f_j^{-1}(]0,1]) \subset U \in U$.

3. *Schritt: Beweis des Theorems:*

(a) ⇒ (b): Zu U (offene Überdeckung) gibt es eine lokalendliche, offene Verfeinerungsüberdeckung V von X. Da X nach 12.11 normal ist, gibt es nach dem 1. Schritt noch eine offene Verfeinerungsüberdeckung W von V mit $\overline{W} \subset V_W$ für jedes $W \in W$ und ein dazu passendes $V_W \in V$. Mit V ist auch W lokalendlich. Nach 9.21 kann man zu jedem $W \in W$ ein $f'_W \in C(X, I)$ mit $f'_W|_{\overline{W}} \equiv 1$ und $f'_W|_{X \setminus V_W} \equiv 0$ wählen. Da V lokalendlich ist, ist $f := \sum_{W \in W} f'_W$ (punktweise) wohldefiniert und stetig. Nun setze man $f_W := \frac{f_W}{f}$ für alle $W \in J := W$, dann ist (b) gezeigt.

(b) ⇒ (a): Wir nutzen nur die Voraussetzungen des 2. Schrittes aus, um die noch fehlende T_2-Eigenschaft zu zeigen: Da X T_1-Raum ist, braucht man nur zu zeigen, daß zu $x \in X \setminus A$ mit $A \,\overline{\subset}\, X$ stets ein $f \in C(X, I)$ mit $f(x) = 1$, $f|_A \equiv 0$ existiert. (Dann ist X sogar $T_{3,5}$-Raum.) Nach (b) gibt es zur offenen Überdeckung $U := \{X \setminus A, X \setminus \{x\}\}$ eine passende Zerlegung der Eins wie im 2. Schritt. Dazu gehört ein $f_j \in C(X, I)$ mit $f_j(x) > 0$ und folglich $f_j^{-1}(]0,1]) \subset X \setminus A$. Die Funktion $f := \min\left(1, \frac{f_j}{f_j(x)}\right)$ leistet das Gewünschte, und die Behauptung folgt nun aus dem 2. Schritt.

12.13 *Theorem von A. H. Stone:*

(a) Jeder metrische Raum ist parakompakt.
(b) Jeder T_3-Lindelöf-Raum ist parakompakt, insbesondere jeder kompakte Raum.

Beweis:

a) Wir zeigen, daß es zu jeder offenen Überdeckung $\mathcal{U}$ von (X, d) eine Familie $\{f_i \,/\, i \in J\} \subset C(X, I)$ gibt, die den Voraussetzungen des 2. Schrittes im Beweis von 12.12 entspricht. (Daraus folgt schon die Parakompaktheit.) Wir definieren ein Teilmengensystem $\mathcal{F}$ von C(X, I) durch folgende Bedingung: Es ist $F \in \mathcal{F}$ genau dann, wenn

(1) $F \subset C(X, I)$,

(2) zu jedem $f \in F$ ex. ein $U \in \mathcal{U}$ mit $f^{-1}(]0, 1]) \subset U$,

(3) für jedes $x \in X$ ist $\{f \,/\, f \in F$ und $f(x) \neq 0\}$ (höchstens) abzählbar mit

$$f_F(x) := \sum_{f \in F} f(x) \leqslant 1,$$

(4) für jedes Paar $x, y \in X$ ist $|f_F(x) - f_F(y)| \leqslant d(x, y)$.

Da das System F_0, das nur die Nullfunktion enthält, zu $\mathcal{F}$ gehört, ist also $\mathcal{F}$ nicht leer.

Auf $\mathcal{F}$ wird durch $F \leqslant F' :\Leftrightarrow F \subset F'$ eine (partielle) Ordnung definiert. Ist nun $\mathcal{F}_0$ eine total geordnete Teilmenge von $\mathcal{F}$ bzgl. dieser Ordnung, so sei $F_0 := \bigcup_{F \in \mathcal{F}_0} F$. Offenbar erfüllt F_0 die Bedingungen (1) und (2). Um (3) für F_0 nachzuweisen, benutzen wir den zum Auswahlaxiom und Zornschen Lemma äquivalenten Wohlordnungssatz von Zermelo. (Jede Menge läßt sich wohlordnen, d. h. mit einer Totalordnung versehen, in der jede Teilmenge ein kleinstes Element hat.) Nach diesem Satz können wir die Menge F_0 mit einer Wohlordnung $\leqslant$ versehen. In $(F_0, \leqslant)$ betrachten wir $\{f \in F_0 \,/\, \{g | g \leqslant f$ und $g(x) \neq 0\}$ ist überabzählbar oder es ist $\sum_{g \leqslant f} g(x) > 1\}$, dann ist entweder diese Menge leer und F_0 erfüllt (3), oder es gibt ein kleinstes Element f. Wäre dafür die Menge $\{g \,/\, g \leqslant f$ und $g(x) \neq 0\}$ überabzählbar, dann wäre wegen der Minimalität von f allerdings $\{g \,/\, g < f$ und $g(x) \neq 0\}$ abzählbar, und dies änderte sich nicht, wenn man f hinzufügte. Es muß also diese Menge abzählbar sein mit $\sum_{g < f} g(x) \leqslant 1$ und $\sum_{g \leqslant f} g(x) > 1$. Sei dann $\epsilon := f(x)$. Wegen der Totalordnung von $\mathcal{F}_0$ gibt es ein $F \in \mathcal{F}_0$ mit $\sum_{g \in F} g(x) > 1 - \epsilon$ und ein $F' \in \mathcal{F}_0$ mit $f \in F'$. Für das größere der beiden F, F' ist dann aber $\sum_{g \in \ldots} g(x) > 1$ im Widerspruch zu (3). Es muß also auch für F_0 die Bedingung (3) gelten. Analog kann man (4) zeigen. Damit hat $\mathcal{F}_0$ eine obere Schranke in $(\mathcal{F}, \leqslant)$, und es muß nach dem Lemma von Zorn ein maximales $F_\infty \in \mathcal{F}$ geben.

Wir wollen nun zeigen, daß es zu $x \in X$ stets ein $f \in F_\infty$ mit $f(x) \neq 0$ gibt: Angenommen es ist $f(x_0) = 0$ für alle $f \in F_\infty$. Indem man notfalls ein solches U zu $\mathcal{U}$ hinzufügt, kann man $U \in \mathcal{U}$ mit $x_0 \in U \neq X$ finden. Wir dürfen überdies annehmen, daß für $x, y \in X$ stets $d(x, y) \leqslant 1$ ist (andernfalls ersetze man d durch $d' := \min(1, d)$: Die ϵ-Kugeln für $\epsilon < 1$ sind dieselben). Nach 3.5(n) sind dann $d_{X \setminus U} \in C(X, I)$ und

$|d_{X \setminus U}(x) - d_{X \setminus U}(y)| \leqslant d(x,y)$ für alle $x, y \in X$. Da $F_\infty \in \mathcal{F}$ ist, gilt nach (4) ebenfalls $|f_{F_\infty}(x) - f_{F_\infty}(y)| \leqslant d(x,y)$ für alle $x, y \in X$. Man setze nun $F := F_\infty \cup \{\max(f_{F_\infty}, d_{X \setminus U}) - f_{F_\infty}\}$. Dann gilt sicherlich (1) für F. Da für $x \in X \setminus U$ stets

$$\max(f_{F_\infty}(x), d_{X \setminus U}(x)) - f_{F_\infty}(x) = f_{F_\infty}(x) - f_{F_\infty}(x) = 0$$

ist, gilt auch (2) für F. Trivialerweise gilt auch (3). Wegen $f_F = \max(f_{F_\infty}, d_{X \setminus U})$ zeigt eine leichte Fallunterscheidung, daß auch (4) für F gilt. (Ist z. B.

$$|f_F(x) - f_F(y))| = |f_{F_\infty}(x) - d_{X \setminus U}(y)| = d_{X \setminus U}(y) - f_{F_\infty}(x),$$

so kann man nach oben Gesagtem abschätzen:

$$|f_F(x) - f_F(y)| \leqslant d_{X \setminus U}(y) - d_{X \setminus U}(x) \leqslant d(y,x).)$$

Wegen

$$\max(f_{F_\infty}(x_0), d_{X \setminus U}(x_0)) - f_{F_\infty}(x_0) = d_{X \setminus U}(x_0) \neq 0$$

ist dann also F ein echt größeres Element von $(\mathcal{F}, \leqslant)$, was der Maximalität von F_∞ widerspricht. Es muß also doch zu jedem x ein $f \in F_\infty$ mit $f(x) \neq 0$ geben.

Es ist also $f_{F_\infty}(x) \in \,]0,1]$ für alle $x \in X$. Wegen (4) ist f_{F_∞} überdies stetig. Folglich sind es die Funktionen $f' := f / f_{F_\infty}$ für $f \in F_\infty$. Die Menge

$$\mathcal{U}' := \{f'^{-1}(]0,1]) \,/\, f \in F_\infty\} = \{f^{-1}(]0,1]) \,/\, f \in F_\infty\}$$

ist eine offene Verfeinerungsüberdeckung für $\mathcal{U}$, die nach dem 2. Schritt im Beweis von 12.12 eine lokalendliche, offene Verfeinerungsüberdeckung hat. Folglich ist X parakompakt.

b) Analog zu 12.7 zeigt man, daß ein T_3-Lindelöf-Raum normal ist. Also existiert zu jedem $x \in X$ ein $f_x \in C(X, I)$ mit $f_x(x) = 1$ und $V_x := f_x^{-1}(]0,1]) \subset U$ für ein passendes U aus der vorgegebenen offenen Überdeckung $\mathcal{U}$. Aus der Verfeinerungsüberdeckung $\mathcal{V} := \{V_x \,/\, x \in X\}$ wähle man eine abzählbare Teilüberdeckung $\{V_{x_i} \,/\, i \in \mathbb{N}\}$ und setze $f_i' := \frac{f_{x_i}}{2^i}$ bzw. $f_i := \frac{f_i'}{\sum_{j \in \mathbb{N}} f_j'}$, dann sind wieder die Voraussetzungen des 2. Schrittes im Beweis von 12.12 erfüllt. Folglich ist X parakompakt.

Der Hauptsatz der Metrisationstheorie lautet nun:

12.14 *Theorem von Bing, Nagata und Smirnov:* Ein topologischer Raum X ist genau dann metrisierbar, wenn er T_3-Raum ist und seine Topologie eine Basis hat, die sich als abzählbare Vereinigung lokalendlicher Teilsysteme schreiben läßt.

(Für den Beweis verweisen wir auf *Engelking* [2], Kap. 4.4 bzw. *Querenburg* [2], Kap. 10.B.)

Bemerkung: Ein parakompakter T_2-Raum ist genau dann metrisierbar, wenn er lokal metrisierbar ist (*Smirnov*; s. 15.6).

Aufgaben

1. Man zeige: Ein σ-kompakter metrischer Raum erfüllt das 2. Abzählbarkeitsaxiom.
2. Man führe den Beweis von 12.8(b)⇒(c) bzw. 12.6(b) aus.
3. Ein total geordneter Raum mit der Ordnungstopologie ist ein T_5-Raum (vgl. 12.10).
4. Welche in Abschnitt 12 diskutierten Eigenschaften hat der Raum $\mathbb{R}$ mit der Komplement-abzählbar-Topologie?
5. Man zeige analog zu 12.7: Jeder T_3-Lindelöf-Raum ist normal.
6. Man zeige: Jeder Raum, der dem 2. Abzählbarkeitsaxiom genügt, ist ein Lindelöf-Raum (vgl. den Beweis in 12.10(b)).
7. Es sei X eine total geordnete Menge mit der Ordnungstopologie.
   a) Eine monotone Bijektion von X auf eine total geordnete Menge Y mit der Ordnungstopologie ist homöomorph.
   b) Ein Homöomorphismus von I *in* X ist streng monoton.
   c) Ist X separabel und zusammenhängend, so ist X homöomorph zu einem Intervall von $\mathbb{R}$.
   d) Enthält X weder ein Maximum noch ein Minimum, ist aber separabel und zusammenhängend, so ist X ordnungstreu homöomorph zu $\mathbb{R}$ (vgl. 12.3(i)).

Kapitel III: Stetigkeitsgeometrie

In diesem Kapitel soll die bisher entwickelte Theorie auf ausgewählte Beispiele aus der Stetigkeitsgeometrie angewandt werden. Abgesehen von dem eigenständigen Interesse, das diesen Beispielen sicherlich zukommt, ergeben sich dabei zwangsläufig anregende Hinweise auf weitere Disziplinen der Topologie.

13. Kurven

Als *G. Cantor* 1877[1]) gezeigt hatte, daß I und I^n bzw. $\mathbb{R}^n$ gleichviele Elemente haben, geriet der Kurvenbegriff in die Diskussion. Was ist eine Kurve? Es lag nahe, eine Punktmenge des $\mathbb{R}^n$ dann als Kurve zu betrachten, wenn sie stetig durchlaufbar ist, d.h. stetiges Bild eines Intervalls von $\mathbb{R}$. (Eine solche Definition gab z.B. *C. Jordan* um 1880). Zum Erstaunen der Fachwelt zeigten dann *G. Peano*[2]) und *D. Hilbert*[3]), daß I^2 in diesem Sinne eine Kurve wäre.

13.1 **Definition:** Eine **Peano-Kurve** auf einem topologischen Raum X ist eine stetige Surjektion $f: I \to X$.

13.2 *Beispiel:*

Es ist klar, daß jeder indiskrete Raum X, der höchstens e (= Mächtigkeit von I) Elemente hat, eine Peano-Kurve zuläßt. Daß I^2 und allgemeiner jeder Würfel I^n in $\mathbb{R}^n$ eine Peano-Kurve zuläßt, widerspricht in höchstem Maße jeder naiven Anschauung von Stetigkeit. Wir geben zunächst die folgende Konstruktion von *Hilbert:*

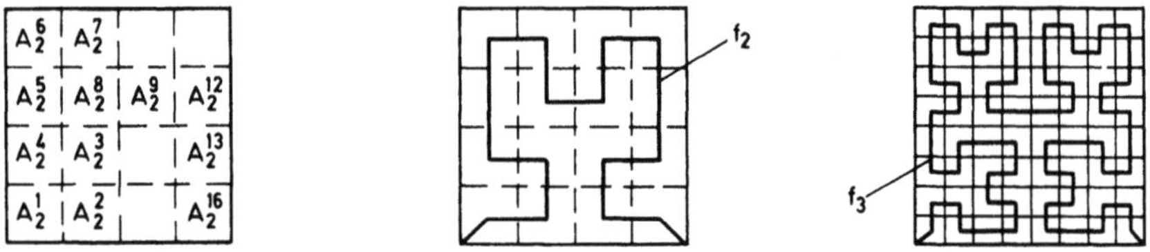

Für jedes $i \in \mathbb{N}$ zerschneide man das Quadrat $I \pi I = I^2$ in 4^i gleichgroße Teilquadrate A_i^k $(1 \leqslant k \leqslant 4^i)$ der Kantenlänge $\frac{1}{2^i}$. Die numeriere man so, daß aus $\left[\frac{k-1}{4^i}, \frac{k}{4^i}\right] \subset \left[\frac{l-1}{4^j}, \frac{l}{4^j}\right]$ sets $A_i^k \subset A_j^l$ folgt und $A_i^k \cap A_i^{k+1}$ stets eine gemeinsame Seite ist.

---

1) J. f. Math., 84.

2) Math. Ann., 36 (1890).

3) Math. Ann. 38 (1891).

(Daß das möglich ist, sieht man an folgender induktiven Konstruktion: Für i = 1 setze man $A_1^1 := [0, 1/2]^2$, $A_1^2 := [0, 1/2] \times [1/2, 1]$, $A_1^3 := [1/2, 1] \times [1/2, 1]$ und $A_1^4 := [1/2, 1] \times [0, 1/2]$. Hat man nun die A_i^k mit den gewünschten Eigenschaften schon für alle $i \leq n$ und alle $1 \leq k \leq 4^i$ konstruiert, so zerlege man zunächst A_n^1 in vier gleiche Teilquadrate B^1, B^2, B^3, B^4. Da $A_n^1 \cap A_n^2$ eine gemeinsame Seite ist, enthält es eine Seite eines der B^k. Für ein solches B^k setze man $A_{n+1}^4 := B^k$. Die anderen B^l wähle man in der Weise als A_{n+1}^1, A_{n+1}^2 bzw. A_{n+1}^3, daß die Seitenbedingung erfüllt ist. Nun zerlege man A_n^2 in vier gleiche Teilquadrate C^i (i = 1, ..., 4), wobei $C^1 \cap A_{n+1}^4$ eine gemeinsame Seite, $C^i \cap C^{i+1}$ (i = 1, ..., 3) jeweils gemeinsame Seiten und $C^4 \cap A_n^3$ eine Hälfte der Seite $A_n^2 \cap A_n^3$ sind. Man setze dann $A_{n+1}^{4+i} := C^i$ (i = 1, ..., 4) und fahre analog fort.)

Für jedes $i \in \mathbb{N}$ konstruiere man nun ein stetiges $f_i : I \to I^2$ in folgender Weise: Man wähle zunächst $f_i | \left[0, \frac{1}{4^i}\right] : \left[0, \frac{1}{4^i}\right] \to A_i^1$ stetig mit $f_i\left(\frac{1}{4^i}\right) \in A_i^1 \cap A_i^2$. Ist dann schon f_i stetig auf $\left[0, \frac{k}{4^i}\right]$ fortgesetzt und $k < 4^i$, so wähle man ein $p \in A_i^{k+1} \cap A_i^{k+2}$ und ein

$f_i | \left[\frac{k}{4^i}, \frac{k+1}{4^i}\right]$ als (stetigen) Weg in A_i^{k+1} von $f_i\left(\frac{k}{4^i}\right)$ nach p. (Für $k = 4^i - 1$ wähle man

$p \in A_i^{4^i}$ beliebig.) Nach dem Korollar (b) von 6.5 ist dann $f_i : I \to I^2$ stetig konstruiert mit $f_i\left(\left[\frac{k-1}{4^i}, \frac{k}{4^i}\right]\right) \subset A_i^k$ für $k = 1, \ldots, 4^i$.

Die Folge (f_i) konvergiert in $C(I, I^2) = C_{ggl}(I, I^2)$: Für $\epsilon \in \mathbb{R}_+$, $\frac{1}{2^{i_0}} < \frac{\epsilon}{2}$ und $i \geq i_0$ gilt $d_{sup}(f_i, f_{i_0}) \leq \epsilon$, d. h. (f_i) ist Cauchy-Folge. Ist nämlich $t \in I$, so wähle man k, l mit $t \in \left[\frac{k-1}{4^i}, \frac{k}{4^i}\right] \subset \left[\frac{l-1}{4^{i_0}}, \frac{l}{4^{i_0}}\right]$, dann sind $f_i(t) \in A_i^k \subset A_{i_0}^l$ und $f_{i_0}(t) \in A_{i_0}^l$. Wegen des Durchmessers von $A_{i_0}^l$ hat man daher $|f_i(t) - f_{i_0}(t)| \leq \sqrt{2} \cdot \frac{1}{2^{i_0}} < \epsilon$, also $d_{sup}(f_i, f_{i_0}) \leq \epsilon$.

Sei $f := \lim_i f_i$, dann ist $f \in C(I, I^2)$. Wir behaupten, daß f surjektiv ist. Da f(I) kompakt und damit abgeschlossen in I^2 ist, reicht es, wenn wir zeigen, daß f(I) dicht in I^2 ist. Seien dazu $(s, t) \in I^2$ und $\epsilon \in \mathbb{R}_+$ gegeben. Ist dann i_0 so groß, daß $\frac{1}{2^{i_0}} \leq \frac{\epsilon}{8}$ ist, so gibt es ein $k \leq 4^{i_0}$ mit $A_{i_0}^k \cap B_{\epsilon/2}(s, t) \neq \emptyset$ und folglich $A_{i_0}^k \subset B_{\epsilon/2}(s, t)$. Man wähle $f_{i_0}(r_0) \in A_{i_0}^k$ und für jedes $i > i_0$ ein $r_i \in \left[\frac{k_i - 1}{4^i}, \frac{k_i}{4^i}\right] \subset \left[\frac{k_{i-1} - 1}{4^{i-1}}, \frac{k_{i-1}}{4^{i-1}}\right]$. Dann ist für jedes $i \geq i_0$ $A_i^{k_i} \subset A_{i_0}^k \subset B_{\epsilon/2}(s, t)$ und für $j \geq i$ stets $f_i(r_j) \in A_i^{k_i}$. Offenbar konvergieren die r_i gegen ein $r \in I$ (vgl. 11.9 (b) oder Aufg. 7 von Abschnitt 8). Wählt man nun ein $i \geq i_0$ mit $d_{sup}(f, f_i) < \epsilon/4$ und ein $j \geq i$ mit $|f_i(r) - f_i(r_j)| < \epsilon/4$, dann ist

$$|f(r) - (s, t)| \leq |f(r) - f_i(r)| + |f_i(r) - f_i(r_j)| + |f_i(r_j) - (s, t)| < \frac{\epsilon}{4} + \frac{\epsilon}{4} + \frac{\epsilon}{2} = \epsilon$$

wegen $f_i(r_j) \in A_i^{k_i} \subset B_{\epsilon/2}(s, t)$. Folglich ist $f(r) \in B_\epsilon(s, t)$. Jedes $(s, t) \in I^2$ ist also Berührpunkt von f(I). Demnach ist f surjektiv.

Eine stetige Surjektion $h : I \to I^3$ erhält man nun z. B. in $h := g \circ f$, wobei f wie eben und $g : I^2 \to I^3$ durch $g := pr_1 \times (f \circ pr_2)$ definiert sind.

13.3 Wie die obigen Zeichnungen für f_2 bzw. f_3 andeuten, kann man die Hilbertsche Konstruktion so einrichten, daß jede approximierende Funktion f_i eine stetige Injektion mit $f_i(0) = (0, 0)$, $f_i(1) = (1, 0)$ ist. Jedes f_i ist dann also eine topologische Einbettung von I in I^2, d. h. ein Homöomorphismus auf einen abgeschlossenen Teil von I^2. Wegen 11.7(e) kann f nicht injektiv sein. (Interessant ist, daß die stetige Surjektion $g := pr_1 \circ f: I \to I$ jeden ihrer Werte c-fach annimmt. Durch die überabzählbaren Mengen $g^{-1}(\{t\})$ erhält man eine Zerlegung von I in überabzählbar viele kompakte, disjunkte und überabzählbare Teilmengen! Nach 9.21 gibt es stetige Funktionen h, k: $I \to I$ mit $h|_{g^{-1}(0)} = 1$, $h|_{g^{-1}(1)} = 0$ und $k \equiv 0$. Setzt man nun $l|_{I \cap \mathbb{Q}} := h|_{I \cap \mathbb{Q}}$ und $l|_{I \setminus \mathbb{Q}} := k|_{I \setminus \mathbb{Q}}$, so ist $l: I \to I$ genau in den Punkten von I stetig, in denen h und k übereinstimmen: Für $h(t) = k(t)$ und $\epsilon \in \mathbb{R}_+$ gibt es $\delta \in \mathbb{R}_+$ mit

$$h(]t-\delta, t+\delta[) \cup k(]t-\delta, t+\delta[) \subset]l(t)-\epsilon, l(t)+\epsilon[,$$

also

$$l(]t-\delta, t+\delta[) \subset]l(t)-\epsilon, l(t)+\epsilon[.$$

Für $h(t) \neq k(t)$ wähle man $\epsilon := |h(t)-k(t)|/3$, dann gibt es kein $\delta \in \mathbb{R}_+$ mit $l(]t-\delta, t+\delta[) \subset]l(t)-\epsilon, l(t)+\epsilon[$. Auf $g^{-1}(1)$ ist also l stetig und auf $g^{-1}(0)$ unstetig. **l ist also eine Funktion mit überabzählbar vielen Stetigkeits- und Unstetigkeitsstellen.**)

Die Beschreibung der Kurven als stetige Bilder von Intervallen aus $\mathbb{R}$ ist also offenbar unzureichend. (Auch die volkstümliche Behauptung, man könne stetige Funktionen von I nach I durchzeichnen, ohne abzusetzen, unterstellt bei obiger Funktion g erhebliche Geduld!) Man könnte nun, dem Beispiel *Jordans* folgend, Kurven als topologische Intervalle definieren, d. h. als topologische Räume, die homöomorph zu Intervallen von $\mathbb{R}$ sind. Aber auch diese Definition hat gewisse Nachteile: Es können dann keine Doppelpunkte auftreten, obwohl man die Figur „8“ (Lemniskate) sicherlich als Kurve bezeichnen würde. (Wäre die Leminiskate 8 vermöge $h: 8 \to J$ zu einem Intervall $J \subset \mathbb{R}$ homöomorph, so induzierte h einen Homöomorphismus $k: \chi \to h(\chi)$, wobei χ eine „Kugelumgebung“ des Doppelpunktes von 8 bezeichnet. $h(\chi)$ wäre zusammenhängend, also ein Intervall. Entfernt man aus χ noch den Doppelpunkt p, so hat $\chi \setminus \{p\}$ vier Komponenten, $h(\chi) \setminus \{h(p)\}$ aber höchstens zwei.) Der Jordansche Kurvenbegriff ist also spezieller als der allgemeine Kurvenbegriff. Allgemeiner, aber immer noch in gewisser Hinsicht unzureichend[1]), ist die folgende Verallgemeinerung des Jordanschen Kurvenbegriffs:

13.4 **Definition:** Eine **Jordan-Kurve** mit **Endpunkten** a, b ist ein topologischer Raum X, zu dem es einen Homöomorphismus $h: I \to X$ mit $h(0) = a, h(1) = b$ gibt.

(Man nennt dann auch a bzw. b den Anfangs- bzw. Endpunkt bzgl. h. Da Umgebungen von a bzw. b homöomorph zu $[0, 1/2[$ sein müssen, sind die Endpunkte dadurch eindeutig bestimmt, daß $X \setminus \{a\}$ und $X \setminus \{b\}$ zusammenhängend und $X \setminus \{c\}$ für $c \neq a, b$ unzusammenhängend sind.)

Eine **geschlossene Jordan-Kurve** ist eine topologische 1-Sphäre, d. h. ein topologischer Raum, der homöomorph zu S^1 ist.

Eine **Kurve** ist ein zusammenhängender T_2-Raum X, der sich als abzählbare Vereinigung $X = \bigcup_{i \in \mathbb{N}} X_i$ von Unterräumen X_i schreiben läßt, die Jordan-Kurven sind und paarweise höchstens Endpunkte gemein haben.

---

[1]) Vgl. *K. Menger*, „Kurventheorie“, Chelsea, 1967.

Beispiele:

a) Ein zusammenhängender Raum X, der sich als endliche Vereinigung von Unterräumen X_i schreiben läßt, die Jordan-Kurven sind und höchstens Endpunkte gemein haben, braucht nicht hausdorffsch zu sein. (Man modifiziere das Beispiel von 10.9.)

b) Die ebenen Figuren 8 und $\{(t, \sin 1/t) \,/\, t \in \mathbb{R} \setminus \{0\}\}$ sind Kurven.

c) Der Kamm-Raum aus 10.9 ist eine Kurve.

d) Eine geschlossene Jordan-Kurve als Unterraum eines $\mathbb{R}^n$ heißt ein **Knoten** in $\mathbb{R}^n$. Zwei Knoten J, J' in $\mathbb{R}^n$ heißen äquivalent, wenn es einen Homöomorphismus $h : \mathbb{R}^n \to \mathbb{R}^n$ mit $h(J) = J'$ gibt. Ein Knoten J in $\mathbb{R}^n$ heißt trivial, wenn er äquivalent zu $S^1 = \{(x, 0) \in \mathbb{R}^2 \times \mathbb{R}^{n-2} \,/\, x \in S^1\}$ ist. Jeder Knoten in $\mathbb{R}^2$ ist trivial (vgl. 13.16). In $\mathbb{R}^3$ ist die Kleeblattschleife (s. Einleitung zu Abschnitt 10, Figur L) nichttrivial (vgl. 14.14). Die Knotentheorie beschäftigt sich mit der Bestimmung aller Äquivalenzklassen von Knoten in $\mathbb{R}^n$. Dieses Problem ist nicht einmal im $\mathbb{R}^3$ gelöst. Eine ausgezeichnete Einführung in dieses Gebiet ist das Buch "Introduction to Knot Theory" von *R. H. Crowell* und *R. H. Fox* (Blaisdell, 1963).

Wir wollen hier noch einige der wichtigsten Resultate über Kurven und die (pathologischen) Peano-Kurven angeben. Dazu brauchen wir einen eigenartigen Unterraum von I, dessen Entdeckung auf *G. Cantor* zurückgeht:

13.5 **Definition:** Mit P werde der folgende topologische Raum bezeichnet:
Es sei $P_i := (\{0; 2\}, \text{diskrete Topologie})$ für alle $i \in \mathbb{N}$, dann ist $P := \prod_{\mathbb{N}} P_i$.
Mit $h : P \to h(P) \subset I$ sei die folgende Abbildung bezeichnet:

$$h : (n_i)_{i \in \mathbb{N}} \mapsto \sum_{i=1}^{\infty} \frac{n_i}{3^i}.$$

Dann heißt $D := h(P)$ **Cantorsches Diskontinuum.**

Bemerkung:

Man kann sich D leicht „vorstellen", wenn man beachtet, daß $t \in D$ genau dann, wenn es eine triadische Entwicklung $t = \sum_{i=1}^{\infty} \frac{n_i}{3^i}$ gibt, in der kein n_i gleich 1 ist.
Man definiere nun induktiv: $D_1 := I \setminus]1/3, 2/3[$ ist genau die Menge der Punkte von I, die eine triadische Entwicklung mit $n_1 \neq 1$ haben. $\left(\text{Für } 1/3 \text{ schreibe man } 1/3 = \sum_{i=2}^{\infty} \frac{2}{3^i}.\right)$
D_m gewinnt man dann jeweils,

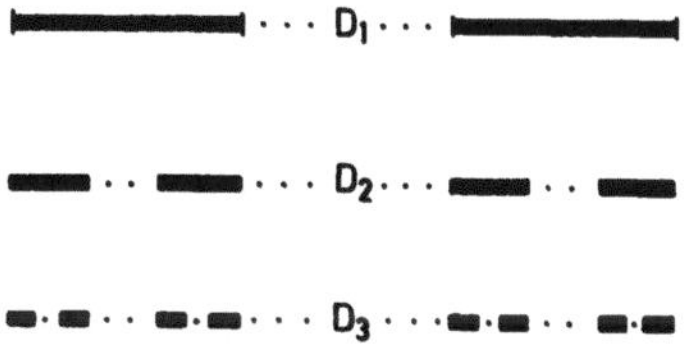

indem man aus den abgeschlossenen Intervallen, die D_{m-1} bilden, jeweils die (offenen) mittleren Drittel entfernt. Dann besteht D_m aus den Punkten von I, die eine triadische Entwicklung mit $n_1 \neq 1, \ldots, n_m \neq 1$ haben. Offenbar ist $D = \bigcap_{i \in \mathbb{N}} D_i$. Die Gesamt„länge" (= Lebesgue-Maß) der dabei entfernten mittleren Drittelintervalle ist.

$$\lambda(I \setminus D) = \frac{1}{3} + \frac{2}{9} + \frac{4}{27} + \ldots = \frac{1}{3} \cdot \sum_{i=0}^{\infty} \left(\frac{2}{3}\right)^i = 1 = \lambda(I).$$

Daher ist D (als stetiges Bild von P) kompakt und nirgends dicht in I. Also ist $I \setminus D$ dicht in I.

13.6 Satz: $h: P \to D$ ist ein Homöomorphismus. D ist folglich kompakt, überabzählbar, nirgends dicht in I, erfüllt beide Abzählbarkeitsaxiome, ist separabel und total unzusammenhängend.

Beweis:

h ist injektiv: Seien (n_i), (m_i) verschiedene Punkte von P und i_0 der kleinste Index mit $n_i \neq m_i$. Dann ist

$$|h((m_i)) - h((n_i))| = \left|\sum_{i \geqslant i_0} \frac{m_i - n_i}{3^i}\right| \geqslant \frac{2}{3^{i_0}} - \left|\sum_{i > i_0} \frac{m_i - n_i}{3^i}\right| \geqslant \frac{2}{3^{i_0}} - \sum_{i > i_0} \frac{2}{3^{i_0}} = \frac{1}{3^{i_0}} > 0.$$

h ist stetig: Seien $(n_i) \in P$, $\epsilon \in \mathbb{R}_+$ und i_0 so groß, daß $\sum_{i \geqslant i_0} \frac{2}{3^i} < \epsilon$ ist. Die offene Menge $O = \underset{i \in \mathbb{N}}{\times} O_i$ sei durch $O_i := \{0, 2\}$ für $i \geqslant i_0$ und $O_i := \{n_i\}$ für $i < i_0$ definiert. Dann ist $O \in \mathcal{U}_P((n_i))$ mit $h(O) \subset]h((n_i)) - \epsilon; h((n_i)) + \epsilon[$.

Als stetige Bijektion zwischen den kompakten Räumen P und D ist damit h ein Homöomorphismus.

Daß D überabzählbar ist, gilt wegen Card P = Card Abb $(\mathbb{N}, \{0; 1\}) = c$. (2. Cantorsches Diagonalverfahren oder Darstellung durch Dualbrüche.) Daß D nirgends dicht in I ist, haben wir schon in obiger Bemerkung gesehen. Daß D beide Abzählbarkeitsaxiome erfüllt und damit separabel ist, folgt z. B. aus Kompaktheit und Metrisierbarkeit von P. Daß P keine mindestens zweielementige, zusammenhängende Teilmenge hat, ist trivial.

13.7 Lemma: Es sei X ein topologischer Raum, dann gelten:

(a) Hat die Topologie von X eine abzählbare Subbasis, dann hat sie auch eine abzählbare Basis, d. h. X erfüllt dann das 2. Abzählbarkeitsaxiom.

(b) Sind X kompakt mit 2. Abzählbarkeitsaxiom und $f: X \to Y$ eine stetige Surjektion auf einen Hausdorff-Raum Y, so ist Y kompakt mit 2. Abzählbarkeitsaxiom, also metrisierbar.

(c) Ist X lokal zusammenhängend und trägt Y die finale Topologie bzgl. $f: X \to Y$, dann ist auch Y lokal zusammenhängend.

Beweis:

(a) Es sei $\mathcal{S}$ eine abzählbare Subbasis der Topologie von X. Die erzeugte Basis $\mathcal{B}(\mathcal{S})$ besteht aus allen endlichen Durchschnitten von Elementen von $\mathcal{S}$, hat also höchstens soviele Elemente wie es endliche Teilmengen von $\mathcal{S}$ gibt. Es sei T die Menge aller endlichen Teilmengen von $\mathcal{S}$. Für $n \in \mathbb{N}$ sei $T_n := \{S' \subset \mathcal{S} \,/\, S' \text{ hat genau n Elemente}\}$.

Dann ist durch $h: T_n \to \overset{n}{\underset{1}{\times}} S, \{s_1, \dots, s_n\} \to (s_1, \dots, s_n)$ (gewählte Reihenfolge) eine Injektion gegeben. Da $\overset{n}{\underset{1}{\times}} S$ nach dem 1. Cantorschen Diagonalverfahren abzählbar ist, muß es also jedes T_n sein. Folglich gibt es zu jedem n eine Injektion $j_n: T_n \to [n, n+1[\cap \mathbb{Q}$, und durch $j: T \to \mathbb{R}_+ \cap \mathbb{Q}$, $j|_{T_n} := j_n$ wird eine Injektion von T in $\mathbb{Q}$ definiert. Folglich ist auch T und damit $B(S)$ abzählbar.

(b) Es sei B eine abzählbare Basis der Topologie von X. Dann ist für $O \in B$ $\overline{O} \mathrel{\overline{\subset}} X$, also $\overline{O}$ quasikompakt. Folglich ist

$$f(\overline{O}) \subset\subset Y \quad \text{und} \quad Y \setminus f(\overline{O}) \underset{\circ}{\subset} Y. \text{ Sei } S := \{Y \setminus f(\overline{O}) \,/\, O \in B\},$$

dann ist S abzählbares System offener Mengen von Y. Wir zeigen, daß S sogar Subbasis der Topologie von Y ist (nach (a) sind wir dann fertig):
Seien $y \in U \underset{\circ}{\subset} Y$. Wir müssen zeigen, daß es $U_1, \dots, U_n \in S$ mit $y \in \cap U_i \subset U$ und $n \in \mathbb{N}$ gibt. Da f stetige Surjektion ist, ist $f^{-1}(\{y\})$ nichtleer und kompakt. Es gibt daher $O_1, \dots, O_n \in B$ mit $f^{-1}(\{y\}) \cap \bigcup_1^n \overline{O_i} = \emptyset$ und $X \setminus f^{-1}(U) \subset \bigcup_1^n O_i$. (Die abgeschlossenen, disjunkten Mengen $f^{-1}(\{y\})$ und $X \setminus f^{-1}(U)$ können in X durch offene Umgebungen V bzw. $W = \bigcup_{\mathbb{N}} O_i$ getrennt werden. Da $X \setminus f^{-1}(U)$ kompakt ist, gibt es $n \in \mathbb{N}$ mit den gewünschten Eigenschaften.)

Man setze nun $U_i := Y \setminus f(\overline{O_i}) \in S$ und $V := \bigcap_1^n U_i$. Dann ist

$$V = Y \setminus \bigcup_1^n f(\overline{O_i}) \subset Y \setminus \bigcup_1^n f(O_i) = Y \setminus f\left(\bigcup_1^n O_i\right) \subset Y \setminus f(X \setminus f^{-1}(U)) = Y \setminus (f(X) \setminus U) = U.$$

Wäre $y \notin V$, so wäre außerdem $y \in f(\overline{O_i})$ für ein i und folglich $f^{-1}(\{y\}) \cap \overline{O_i} \neq \emptyset$ im Widerspruch zur Annahme über die O_i. Also muß $y \in V \subset U$ sein. Damit ist gezeigt, daß $B(S)$ eine Basis von Y ist.

Nach dem Metrisierungssatz von *Urysohn* 12.9 ist Y metrisierbar.

(c) Nach 10.6(g) ist ein topologischer Raum genau dann lokal zusammenhängend, wenn alle Komponenten offener Unterräume wieder offen sind. Für $y \in O \underset{\circ}{\subset} Y$ sei $K(y)$ die Komponente von y in O. Ist $y \in Y \setminus f(X)$, so ist $K(y) = \{y\} \underset{\circ}{\subset} Y$, denn $f^{-1}(\{y\}) = \emptyset \underset{\circ}{\subset} X$ und Y trägt die finale Topologie bzgl. f. Ist $y \in f(X)$ und $x \in f^{-1}(K(y))$, so sei $K(x)$ die (offene) Komponente von x in $f^{-1}(O)$. Da f stetig und $K(y)$ die maximale zusammenhängende Obermenge von y in O sind, muß für jedes $x \in f^{-1}(K(y))$ $f(K(x)) \subset K(y)$ und folglich $x \in K(x) \subset f^{-1}(K(y))$ sein. Dann ist aber $f^{-1}(K(y)) = \bigcup_{x \in f^{-1}(K(y))} K(x)$ offen in X und folglich $K(y)$ offen in Y. Alle Komponenten von O sind also offen.

13.8 **Satz:** Ein Hausdorff-Raum X ist genau dann stetiges Bild des Cantorschen Diskontinuums D, wenn X kompakt und metrisierbar ist.

Beweis: Ist $f : D \to X$ stetig und surjektiv, so ist X nach 13.7(b) kompakt und metrisierbar.

Es sei nun X kompakt und metrisierbar. Nach 12.9 gibt es dann eine Basis $\{O_i \,/\, i \in \mathbb{N}\}$ der Topologie von X. Für jedes $i \in \mathbb{N}$ sei f_i die folgende Abbildung von $P_i = (\{0,2\}$, diskret) in die Potenzmenge von X: Setze $f_i(0) := \overline{O_i}$ und $f_i(2) := X \setminus O_i$. Für jede Folge $(n_i) \in P$ sei dann $F((n_i)) := \bigcap_{j \in \mathbb{N}} f_j(n_j)$. $F((n_i))$ kann höchstens ein Element haben, denn zu zwei verschiedenen Elementen x, x' gäbe es disjunkte Umgebungen $O_j, O_{j'}$. Wäre dann $f_j(n_j) = \overline{O_j}$, so müßte $x' \in \bigcap f_i(n_i) \subset \overline{O_j}$ sein, x' ist aber sicher kein Berührpunkt von O_j, denn $O_{j'}$ trennt x' davon. Wäre aber $f_j(n_j) = X \setminus O_j$, dann würde x in $\bigcap f_i(n_i) \subset X \setminus O_j$ fehlen. $F((n_i))$ ist also höchstens einelementig. Ist aber $x \in X$, so definiere man $n_i := 0$ falls $x \in O_i$ und $n_i := 2$ falls $x \notin O_i$, dann ist $x \in F((n_i))$, also $F((n_i)) = \{x\}$. Zu jedem $x \in X$ gibt es also mindestens ein $p \in P$ mit $F(p) = \{x\}$. Es sei $P' := \{p \in P \,/\, F(p) \neq \emptyset\}$ und $g : P' \to X$ durch $g(p) \in F(p)$ definiert, dann ist g wohldefiniert und surjektiv. Außerdem ist g in jedem $p \in P'$ stetig: Ist $V \in \mathcal{U}(g(p))$ gegeben, so gibt es ein j mit $g(p) \in O_j \subset \overline{O_j} \subset V$. Dafür ist $p_j = pr_j(p) = 0$, sonst wäre $g(p) \in F(p) \subset X \setminus O_j = f_j(p_j) = f_j(2)$. Sei nun $U := \bigtimes_{\mathbb{N}} U_i = pr_j^{-1}(\{0\})$, dann ist U offene Umgebung von p in P mit $g(U \cap P') \subset \overline{O_j} \subset V$. Also ist g stetig (in p).

P' ist abgeschlossen in P: Man metrisiere P mit einer vollständigen Metrik. Ist dann (p^k) Cauchy-Folge aus P', so konvergiert sie gegen ein $p \in P$. Da P die Produkttopologie trägt, muß für jedes i die Folge $(p_i^k)_k$ gegen p_i im diskreten Raum $\{0, 2\}$ konvergieren, also stationär sein. Wäre $F(p) = \bigcap_{\mathbb{N}} f_i(p_i) = \emptyset$, so wäre $\{X \setminus f_i(p_i) \,/\, i \in \mathbb{N}\}$ offene Überdeckung von X, also gäbe es $n \in \mathbb{N}$ mit $\bigcap_1^n f_i(p_i) = \emptyset$. Andererseits ist wegen der Stationarität für genügend großes k

$$g(p^k) \in F(p^k) = \bigcap_{\mathbb{N}} f_i(p_i^k) \subset \bigcap_{i=1}^{n} f_i(p_i^k) = \bigcap_{i=1}^{n} f_i(p_i) \neq \emptyset.$$

Also muß $p \in P'$ und P' damit abgeschlossen sein.

Ist A eine abgeschlossene, nichtleere Teilmenge von P, so hat $id_A : A \to A$ eine stetige Fortsetzung $h_A : P \to A$: Für $p \in P$ seien induktiv definiert: $h_1(p) := p_1$, falls es ein $p' \in A$ mit $p'_1 = p_1$ gibt, und $h_1(p) := 2 - p_1$ im anderen Fall. Für $i \leqslant n$ sei $h_i(p)$ schon konstruiert, dann setze man $h_{n+1}(p) := p_{n+1}$, falls es ein $p' \in A$ mit $h_i(p) = p'_i \, (i \leqslant n)$ und $p_{n+1} = p'_{n+1}$ gibt, und $h_{n+1}(p) := 2 - p_{n+1}$ sonst. Man setze nun $h_A(p) := (h_i(p))_{i \in \mathbb{N}}$, dann gibt es eine Folge (p'^k) aus A mit $p_i'^k = h_i(p)$ für alle $i \leqslant k \in \mathbb{N}$, also $(p'^k) \to h_A(p)$ in $\overline{A}$ und folglich $h_A(p) \in A$. Für $p \in A$ ist offenbar $p = h_A(p)$, also ist h_A Fortsetzung von id_A auf ganz P. Außerdem ist h_A stetig, denn alle h_i sind es: Ist nämlich (p^k) eine konvergente Folge in P, so ist $(p_i^k)_k$ stationär, also

$$h_i(\lim p^k) = h_i(\lim p_1^k, \ldots, \lim p_i^k, \ldots) = h_i(p_1^{k_0}, \ldots, p_i^{k_0}, \ldots)$$

für alle genügend hohen k_0. Folglich ist $h_i(\lim p^k) = \lim_k h_i(p^{k_0})$. h_i ist also folgenstetig und – da P metrisierbar ist – stetig.

Setzt man nun P' an die Stelle von A, so gibt es also eine stetige Fortsetzung $h_{P'} : P \to P'$ von $id_{P'}$. Nimmt man noch den Homöomorphismus $h : P \to D$ aus 13.5 hinzu, so gibt $g \circ h_{P'} \circ h^{-1} =: f$ eine stetige Surjektion von D auf X.

13.9 **Satz** *von Banach-Mazur:* **Bis auf Normisomorphie ist jeder separable normierte $\mathbb{K}$-Vektorraum ein linearer Unterraum von $C(I, \mathbb{K})$.**

Beweis: Wie im Beweis von 11.24 (Theorem von Alaoglu-Bourbaki) sei B' die Einheitskugel in $\mathbb{K}$ und $B := \{x \in E \,/\, \|x\| \leq 1\}$ = Einheitskugel im separablen $\mathbb{K}$-Vektorraum E. Nach 11.24 ist $X := \{e'|_B \,/\, e' \in E' \text{ mit } \sup_{x \in B} |e'(x)| \leq 1\}$ kompakte Teilmenge von $\prod_{x \in B} B'$. Da B stetiges Bild von E ist $\left(x \mapsto \min\left(1, \frac{1}{\|x\|}\right) \cdot x\right)$, ist auch B separabel mit abzählbarer, dichter Teilmenge A. Die Abbildung $g: \prod_{x \in B} B' \to \prod_{x \in A} B'$, $(\alpha_x)_{x \in B} \mapsto (\alpha_x)_{x \in A}$ hat als Komponenten Projektionen, ist also stetig. Da jedes $e'|_B \in X$ stetig auf B ist, ist es durch die Werte auf der dichten Teilmenge A eindeutig bestimmt, also ist $g|_X$ injektiv. Folglich ist $g: X \to g(X) \subset \prod_A B'$ ein Homöomorphismus auf einen kompakten Unterraum eines metrisierbaren Raumes (X ist kompakt!) Nach 13.8 gibt es also eine stetige Surjektion $f: D \to X$. Für $e \in E$ sei nun $\varphi_e \in C(I, \mathbb{K})$ durch $\varphi_e|_D := j_e \circ f$ (s. Bew. von 11.24) und $\varphi_e(t) := s\,\varphi_e(a) + (1-s)\,\varphi_e(b)$ für $t = s \cdot a + (1-s) \cdot b \in \,]a, b[\, \subset I \setminus D$ mit $a, b \in D$ definiert. (Nach der Bemerkung zu 13.5 ist $I \setminus D = \bigcup_{i \in \mathbb{N}}]a_i, b_i[$. Folglich ist φ_e auf ganz I wohldefiniert. $\{D, [a_i, b_i] \,/\, i \in \mathbb{N}\}$ ist dabei ein lokalendliches System abgeschlossener Mengen aus I. Nach dem Korollar (b) zu 6.5 ist φ_e stetig.) Man prüft nun leicht nach, daß $\varphi: E \to C(I, \mathbb{K})$, $e \mapsto \varphi_e$ linear und normtreu ist.

13.10 Nach dieser unmittelbaren Anwendung von 13.8 kehren wir wieder zu unserem Problem zurück, die in 13.1 und 13.4 definierten Kurven unabhängig von einer speziellen Parametrisierung durch topologische Eigenschaften ihres Bildraumes zu charakterisieren. Was die Räume betrifft, die eine Peano-Kurve zulassen, können wir nun folgende Vermutung aussprechen: Gibt es auf dem Hausdorff-Raum X eine Peano-Kurve, so muß X wegen 13.7(b) kompakt und metrisierbar sein. Da auch der Zusammenhang von I erhalten bleibt, muß also X ein Kontinuum sein (vgl. 11.31/11.32). Läßt jedes Kontinuum eine Peano-Kurve zu?

Der Kamm-Raum aus 10.9 ist als beschränkte, abgeschlossene Teilmenge von $\mathbb{R}^2$ kompakt und außerdem zusammenhängend und metrisierbar. Gäbe es eine stetige Surjektion $f: I \to K :=$ Kamm-Raum, so induziert f nach 11.6 einen Homöomorphismus $\bar{f}: I/f \to K$. $O \subset K$ ist also genau dann offen, wenn $\bar{f}^{-1}(O) \underset{\circ}{\subset} I/f$ ist, und letzteres ist genau dann der Fall, wenn $\nu^{-1}(\bar{f}^{-1}(O)) = (\bar{f} \circ \nu)^{-1}(O) = f^{-1}(O) \underset{\circ}{\subset} I$ ist. Also trägt K schon die finale Topologie bzgl. I und f. Nach 13.7 (c) müßte K auch lokal zusammenhängend sein, was im Fall des Kamm-Raumes falsch ist.

Diese Überlegung zeigt: Ein Hausdorff-Raum X läßt höchstens dann eine Peano-Kurve $f: I \to X$ zu, wenn X ein lokal zusammenhängendes Kontinuum ist, denn X trägt automatisch die finale Topologie bzgl. f. Man kann also vermuten, daß ein lokal zusammenhängendes Kontinuum stets als Bild einer Peano-Kurve auftritt. Man mache sich aber klar, welche Vielfalt an solchen Räumen allein schon durch Teile der Ebene gegeben ist! Würfel, Kugeln, Tori, projektive Räume, ... sind solche Kontinua, allgemeiner jede geschlossene topologische Mannigfaltigkeit (mit oder ohne Rand; vgl. Abschnitt 15).

Man kann sicherlich sagen, daß man die stetigen Funktionen, die auf I möglich sind, erst richtig begreifen konnte, als unsere Vermutung von *H. Hahn*[1], *S. Mazurkiewicz*[2]) und *W. Sierpinski*[2]) bestätigt wurde.

Wir beginnen mit einer – wesentlich einfacheren – Charakterisierung der Jordan-Kurven:

13.11 *Theorem:* Ein topologischer Raum X ist genau dann Bild einer Jordan-Kurve $f: I \to X$, wenn X ein lokal zusammenhängendes Kontinuum ist und wenn es zwei verschiedene Punkte $a, b \in X$ gibt, die niemals zugleich in einer echten zusammenhängenden Teilmenge von X liegen. (X ist die einzige zusammenhängende Teilmenge von X, die a und b enthält.)

Bemerkung:

Der Beweis wird zeigen, daß die Forderung nach Kompaktheit und Metrisierbarkeit durch die scheinbar schwächere „separabler T_1-Raum" ersetzt werden kann. Überdies werden wir allgemeiner folgendes Korollar zeigen:

Korollar: Ein topologischer Raum ist genau dann zu einem Teilintervall von $\mathbb{R}$ homöomorph, wenn er zusammenhängend, lokal zusammenhängend, separabel und T_1-Raum ist und wenn es keine drei verschiedenen zusammenhängenden und echten Teilmengen von X gibt, von denen je zwei das X überdecken. (Die letzte Bedingung schließt z. B. Doppelpunkte aus.)

Beweis: (Vgl. *Kowalsky* [3])

Wir werden das Korollar beweisen, daraus folgt dann leicht das Theorem. Die Beweisidee ist im wesentlichen, die Topologie von X als Ordnungstopologie darzustellen und 12.3(i) anzuwenden.

1. Schritt: Offenbar ist jedes Intervall J von $\mathbb{R}$ zusammenhängend, lokal zusammenhängend, separabel und T_1-Raum. Ist $J = [t, t] = \{t\}$, so gibt es überhaupt keine drei verschiedenen echten Teilmengen. Sind A, B, C drei verschiedene zusammenhängende und echte Teilmengen von J, so muß es ein nichtüberdeckendes Paar geben: Wäre nämlich $J = A \cup B = B \cup C = C \cup A$, so gäbe es ein $t \in J \setminus \{\inf J, \sup J\}$, das in einer der Menge A, B, C nicht liegt. Sei etwa $t \in J \setminus A$, dann ist $J \cap]-\infty, t[\subset A$ oder $J \cap]t, +\infty[\subset A$ (sonst hätte man eine offene Zerlegung von A), aber nicht beides (sonst wäre A unzusammenhängend). Sei etwa $J \cap]t, \infty[\subset A$, dann muß wegen $t \notin A$ $A = J \cap]t, \infty[$ sein. Wegen $A \cup B = A \cup C = J$ muß $J \cap]-\infty, t]$ sowohl in B als auch C liegen. Da $J \setminus B$ und $J \setminus C$ nicht leer sind, gibt es $r, s \in J$ mit $r > B$, $s > C$, dann ist aber $\max(r, s) \in J \setminus (B \cup C)$, also überdeckt das Paar B, C doch nicht. Ist X homöomorph zu J, so hat X dieselben Eigenschaften, sie sind also notwendige Bedingungen für die Homöomorphie. Ist X homöomorph zu I, so ist X ein lokal zu-

[1]) Sitzungsber. Akad. Wiss. Wien, 123 (1914).

[2]) Fund. Math. 1 (1920).

sammenhängendes Kontinuum. Ist dann $h : I \to X$ ein Homöomorhismus mit $a := h(0)$, $b := h(1)$ und ist Y Teilmenge von X, die a, b enthält und zusammenhängend ist, so ist $h^{-1}(Y) = I$ (Zwischenwertsatz) und $Y = hh^{-1}(Y) = h(I) = X$.

Da ein einelementiger Raum X stets homöomorph zum Intervall $[0, 0]$ ist, brauchen wir nur noch zu zeigen:

Ist X ein zusammenhängender, lokalzusammenhängender, separabler T_1-Raum, der mindestens zwei Elemente x_1, x_2 enthält und keine drei verschiedenen echten zusammenhängenden Teilmengen, von denen je zwei überdecken, so ist X homöomorph zu einem Intervall. Gibt es außerdem zwei verschiedene Punkte $a, b \in X$, die in keiner echten zusammenhängenden Teilmenge von X liegen, so ist X sogar homöomorph zu einem abgeschlossenen Intervall von $\mathbb{R}$.

2. *Schritt:* X enthalte mindestens zwei Punkte x_1, x_2 und erfülle die Bedingungen des Korollars. Dann ist X sogar unendlich, sonst hätte man in $(\{x_1, \ldots, x_{n-1}\}, \{x_n\})$ eine abgeschlossene Zerlegung des zusammenhängenden T_1-Raumes X. Wir behaupten zunächst, daß es ein $a \in X$ geben muß, für das $X \setminus \{a\}$ genau zwei Komponenten hat.
Beweis dazu: Sei $x \in X$, dann ist $X \setminus \{x\}$ nichtleer und offen in X. Da X lokal zusammenhängend ist, hat $X \setminus \{x\}$ offene Komponenten, mindestens eine: K_1. In $X \setminus \{x\}$ ist K_1 (als Komplement der anderen Komponenten) abgeschlossen, also ist $\overline{K}_1^{X \setminus \{x\}} = A \cap (X \setminus \{x\})$ mit abgeschlossenem $A \subset X$. Dann muß $\overline{K}_1^X \subset K_1 \cup \{x\}$ sein. Es gilt sogar $K_1 = K_1 \cup \{x\}$, sonst wäre $(K_1, K \setminus K_1)$ offene Zerlegung des zusammenhängenden Raumes X. Diese Beobachtung werden wir wiederholt ausnutzen.

Ist nun K_2 eine weitere Komponente von $X \setminus \{x\}$, so ist $\overline{K}_1 \cup \overline{K}_2 = (K_1 \cup \{x\}) \cup (K_2 \cup \{x\})$ nach 10.5(a), (d) zusammenhängend. Gäbe es weitere Komponenten K_i $(i \in J, J \neq \emptyset)$, so wären $L_1 := K_1 \cup K_2 \cup \{x\}$, $L_2 := K_1 \cup \{x\} \cup \bigcup_J K_i$ und $L_3 := K_2 \cup \{x\} \cup \bigcup_J K_i$ wieder nach 10.5 verschiedene echte und zusammenhängende Teilmengen von X, von denen je zwei überdecken. Da so etwas in der Voraussetzung ausgeschlossen wurde, kann $X \setminus \{x\}$ nur höchstens zwei Komponenten haben. Hätten die drei verschiedenen Punkte x_1, x_2, x_3 jeweils nur eine Komplement-Komponente, so hätte man in $L_i := X \setminus \{x_i\}$ wiederum einen Widerspruch zur Voraussetzung. Außer höchstens zwei Punkten hat also das Komplement jedes Punktes von X genau zwei Komponenten. Die Menge der Ausnahmepunkte sei mit E bezeichnet.

3. *Schritt:* (Voraussetzungen wie beim 2. Schritt) Wir wollen jetzt die Komponenten von $X \setminus \{x\}$ bei variablem x ordnen. Dazu wähle man ein festes $a \in X \setminus E$ und eine Komponente K_a von $X \setminus \{a\}$ (mit K_a' sei die andere bezeichnet). Wir behaupten: Zu jedem $x \in X \setminus E$ gibt es genau eine Komponente K_x von $X \setminus \{x\}$ mit $K_x \subset K_a$ oder $K_a \subset K_x$. (Mit K_x' bezeichnen wir dann wieder die andere Komponenten von $X \setminus \{x\}$.)
Beweis dazu: Gäbe es zwei Komponenten K, K' von $X \setminus \{x\}$ mit dieser Eigenschaft, so wären vier Fälle denkbar: (1) $K \cup K' \subset K_a$ (unmöglich, weil $K \cup K' = X \setminus \{x\}$ das Komplement von K_a schneidet), (2) $K_a \subset K$ und $K_a \subset K'$ (unmöglich, weil $\emptyset \neq K_a$ und $K \cap K' = \emptyset$), (3) $K \subset K_a \subset K'$ bzw. (4) $K' \subset K_a \subset K$ (beides unmöglich, da $K \not\subset K'$ und $K' \not\subset K$). Es gibt also höchstens so ein K_x, das mit K_a vergleichbar ist.

Für $x = a$ hat natürlich $K_a = K_x$ die gewünschte Eigenschaft. Ist $x \in X \setminus (E \cup \{a\})$, so sei K die Komponente von $X \setminus \{x\}$, die a enthält, und K' die andere. Dann ist also $a \notin K'$, also $K' \subset K_a \cup (X \setminus \overline{K_a}) = K_a \cup K'_a = X \setminus \{a\}$. Da K' zusammenhängend ist, $X \setminus \{a\}$ aber nicht, muß $K' \subset K_a$ oder $K' \subset K'_a$ sein. Für $K' \subset K_a$ können wir $K_x := K'$ setzen. Ist aber $K' \subset K'_a$, so gelten $\overline{K'} \subset \overline{K'_a}$ und folglich

$$X \setminus \overline{K'} = X \setminus (\{x\} \cup K') = K \supset X \setminus \overline{K'_a} = X \setminus (\{a\} \cup K'_a) = K_a.$$

Wegen $K \supset K_a$ können wir dann $K_x := K$ setzen.

4. *Schritt:* Für $x \in X \setminus E$ gibt also K_x die mit K_a vergleichbare Komponente von $X \setminus \{x\}$ an. K_a und K_x sollen Prototypen von Ordnungsintervallen der Form $]-\infty, a[$ bzw. $]-\infty, x[$ sein. Um noch die Ausnahmepunkte von E (höchstens zwei!) einzubeziehen, setze man für $b \in E$ mit $K_a \subset X \setminus \{b\}$ $K_b := X \setminus \{b\}$ und für $c \in E$ mit $K_a \not\subset X \setminus \{c\}$ $K_c := \emptyset$. (b bzw. c spielen die Rolle des größten bzw. kleinsten Elements von X.) Offenbar gibt es höchstens ein $c \in X$ mit $K_c = \emptyset$: Für $K_c = \emptyset = K_{c'}$ hat man $c, c' \in K_a$, und $L_1 := X \setminus \{c\}$, $L_2 := X \setminus \{c'\}$, $L_3 := K_a$ bilden dann drei echte zusammenhängende Teilmengen von X. Da nach Voraussetzung nicht alle drei verschieden sein können und $L_1, L_2 \not\subset L_3$ ist, muß $c = c'$ sein.

5. *Schritt:* (Voraussetzungen wie im 2. Schritt)

Wir behaupten, daß durch $x \leqslant y :\Leftrightarrow K_x \subset K_y$ eine totale Ordnung auf X definiert wird.

Beweis dazu: $x \leqslant x$ und $x \leqslant x' \leqslant x'' \Rightarrow x \leqslant x''$ sind klar. Hat man $x \leqslant y \leqslant x$, so auch $K_x = K_y$ und folglich $\{x\} = \overline{K_x} \setminus K_x = \overline{K_{x'}} \setminus K_{x'} = \{x'\}$, falls $K_x \neq \emptyset$. Für $K_x = \emptyset$ haben wir die Eindeutigkeit des Index schon im 4. Schritt gesehen. Also ist $\leqslant$ eine Ordnungsrelation auf X.

Gäbe es $x, y \in X$ die bzgl. $\leqslant$ unvergleichbar sind, dann gelten $\emptyset \neq K_x \not\subset K_y \neq X$ und $\emptyset \neq K_y \not\subset K_x \neq X$. Man setze $L_1 := K_x \cup (X \setminus K_y)$, $L_2 := K_y \cup (X \setminus K_x)$. Dann ist z.B. $(X \setminus K_y)$ gleich $\{y\}$ oder dem Abschluß der zweiten Komponente $\overline{K'_y}$, also in jedem Fall zusammenhängend. Da es wegen $K_x \not\subset K_y$ auch ein $z \in K_x \cap (X \setminus K_y)$ gibt, ist L_1 und analog L_2 zusammenhängend. Wäre z.B. $L_1 = X$, so wäre doch $K_y \subset K_x$, also handelt es sich bei L_1, L_2 um echte und zusammenhängende Teilmengen von X. Nach Definition der K_z müßte einer der folgenden vier Fälle eintreten: (1) $K_x \subset K_a$ und $K_y \subset K_a$ (unmöglich, weil mit $L_3 := K_a$ ein Widerspruch zur Voraussetzung folgt), (2) $K_a \subset K_x$ und $K_a \subset K_y$ (unmöglich, weil mit $L_3 := X \setminus K_a = \overline{K'_a} \neq \emptyset$, X ein Widerspruch folgt), (3) $K_x \subset K_a \subset K_y$ bzw. (4) $K_y \subset K_a \subset K_x$ (unmögliche Inklusionen). Es kann also keine unvergleichbaren Punkte geben.

6. *Schritt:* (Voraussetzungen wie bisher)

Für $K_c = \emptyset$ bzw. $K_b = X \setminus \{b\}$ ist c bzw. b minimales bzw. maximales Element von $(X, \leqslant)$. Ist umgekehrt z ein extremes Element von $(X, \leqslant)$, so ist $K_z \subset K_x$ oder $K_z \supset K_x$ für alle x. Wäre $\overline{K_z} = L_1$ echte Teilmenge von X, so hätte man in $L_1 := \overline{K_z}$, $L_2 := \overline{K'_z}$ und $L_3 := K_z \cup K_x$ bzw. $K'_z \cup K'_x$ für $x \in X \setminus (E \cup \{z\})$ einen Widerspruch zur Voraussetzung über drei echte und zusammenhängende Teilmengen von X. Die extremen Elemente von $(X, \leqslant)$ sind also genau die Elemente von E.

Sei nun $x \in X \setminus E$. Sind dann $w < x < y$ gewählt ($X \setminus \{x\}$ hat zwei Komponenten!), so ist $]w, y[$ offene Umgebung in der Ordnungstopologie. Da K'_w und K_y als Komponenten der offenen Teilmengen $X \setminus \{w\}$ bzw. $X \setminus \{y\}$ offen in X sind, ist $K'_w \cap K_y$ ebenfalls offen in X. Für $w \in X$ ist aber $K_w =]-\infty, w[$ ($z \in K_w \Rightarrow z \neq w$, wäre $K_z \supset K_w$, so wäre $z \in K'_z \cup \{z\} = X \setminus K_z \subset X \setminus K_w$, also muß $z < w$ sein; ist umgekehrt $z < w$, also $K_z \subset K_w$ mit $z \neq w$, so ist auch $K_z \cup \{z\} = \overline{K_z} \subset (K_w \cup \{w\}) \cap K_w$, insbesondere $z \in K_w$). Folglich ist $K'_w = X \setminus (\{w\} \cup K_w) =]w, \infty[$ und entsprechend $]w, y[= K'_w \cap K_y$. Letzteres ist also eine in X offene Umgebung von x. Ist $x \in E$, so ist entweder $x = \min X$ oder $x = \max X$. Die kleinen Umgebungen von x in der Ordnungstopologie haben dann die Form $]-\infty, y[= K_y$ bzw. $]y, \infty[= K'_y$ mit $y \in X \setminus E$, und diese Mengen sind offen in X.

Ist nun $x \in X \setminus E$ und U eine offene, zusammenhängende Umgebung von x (X ist lokal zusammenhängend!), dann ist x Berührpunkt von K_x und K'_x, folglich gibt es $w \in K_x \cap U$, $y \in K'_x \cap U$. Wäre nun $]w, y[\not\subset U$, so gäbe es $z \in]x, y[\setminus U$ und man hätte in $(K_z, K'_z) = (]-\infty, z[,]z, \infty[)$ eine offene Zerlegung von U. Als Obermenge von $[w, y[$ ist U also auch in der Ordnungstopologie Umgebung von x.

Damit trägt X schon die Ordnungstopologie bzgl. $\leqslant$. Nach 12.3(i) gibt es also eine ordnungstreue Bijektion $f: X \to J$, wobei J ein Intervall von $\mathbb{R}$ ist. Damit ist das Korollar gezeigt. Man beachte jedoch, daß f die Menge E in die Endpunktmenge von J abbildet.

7. *Schritt:* Es sei nun X ein lokal zusammenhängendes Kontinuum, und es gebe zwei Punkte $a, b \in X$, die in keiner echten zusammenhängenden Teilmenge von X liegen. Sind dann A, B, C drei echte zusammenhängende Teilmengen von X, so liegen a, b nicht gleichzeitig in einer von ihnen. Ist nun $A \cup B = X = A \cup C = B \cup C$, so liegt a in A oder B und in B oder C, also in zwei Mengen, ebenso b, also muß es doch eine der drei Mengen geben, die zugleich a und b enthält. X erfüllt also die Bedingungen des Korollars und trägt die Topologie einer totalen Ordnung $\leqslant$. Bzgl. dieser Ordnung muß $X = [a, b]$ oder $X = [b, a]$ sein: Eines der Intervalle ist unendlich, denn $a \neq b$. Wäre dieses Intervall von X verschieden, so würde es unter f (ordnungstreuer Isomorphismus von X auf J) auf ein Intervall von $\mathbb{R}$ abgebildet. f ist nach dem Beweis von 12.3(i) (a) $\Rightarrow$ (b) ein Homöomorphismus, unser Intervall wäre also eine echte zusammenhängende Teilmenge von X, die a und b enthält. Folglich sind a, b die Endpunkte von X und $f(a), f(b)$ die von J. J ist also ein abgeschlossenes mehrelementiges Intervall von $\mathbb{R}$. Also ist J und damit X homöomorph zu I, wobei die Punkte a, b den Punkten 0, 1 entsprechen.

Für den Beweis des Theorems von Hahn-Mazurkiewicz-Sierpinski benötigt man noch den folgenden, auch für sicher sehr interessanten Satz. (Wir beschränken und hier – wie auch im folgenden – auf eine Beweisskizze, die Details findet man z. B. im Buch [3] von *Kowalsky*.)

13.12 *Theorem von R. L. Moore:*[1] Es seien K ein kompakter, lokal zusammenhängender, metrischer Raum, O ein Gebiet von K (d. h. offen und zusammenhängend), dann gibt es zu je zwei Punkten $a, b \in O$ eine Jordan-Kurve, die a und b in O verbindet.

---

[1] Trans. AMS, 17 (1916).

Beweisidee: Eine Verbindungskette zwischen a und b ist ein endliches System $(U_0, \ldots, U_n)$ von Gebieten mit $a \in U_0, b \in U_n$ und $U_{i-1} \cap U_j \neq \emptyset$ genau dann, wenn $j \in \{i-2, i-1, i\}$ ist. Man beginnt nun mit der Verbindungskette $(U_0) = (O)$. Um diese „viel zu dicke" Verbindung von a und b zusammenzuquetschen, verschafft man sich eine schmalere Verbindungskette: Es sei $C := \{c \in O \mid$ es gibt eine Verbindungskette von a nach c, deren Elemente kleineren Durchmesser als 1/2 haben und in O liegen$\}$. Da mit K auch O lokal zusammenhängend ist, gibt es eine offene Komponente $U \in \mathcal{U}(a)$ von $B^0_\epsilon(a) \subset O$, wobei $\epsilon < \frac{1}{4}$. Also ist $a \in C \neq \emptyset$ und C offen. C ist in O auch abgeschlossen, denn für $x \in \overline{C}^O$ gibt es eine offene, zusammenhängende Umgebung $U \subset O$ mit Durchmesser $< 1/2$. U schneidet C, sei etwa $c \in U \cap C$ und $(U_0, \ldots, U_n)$ eine Verbindungskette von a und c in O mit diam $(U_i) < 1/2$. U schneidet U_n. Sei i der kleinste Index mit $U_i \cap U \neq \emptyset$, dann ist $(U_0, \ldots, U_i, U)$ eine Verbindungskette von a mit x in O mit passenden Durchmessern, also $x \in C$. C ist nichtleer, offen und abgeschlossen in O, also $C = O$ wegen des Zusammenhangs von O. Es gibt also eine Verbindungskette $(U_0, \ldots, U_n)$ von a mit b in O mit diam $(U_i) < 1/2$. Diese Kette quetscht man nun weiter zusammen, indem man $x_0 := a, x_{n+1} := b, x_i \in U_{i-1} \cap U_i$ wählt und x_i mit x_{i+1} innerhalb U_i verbindet. Vom Durchschnitt aller (immer schmaler gewählten) Verbindungsketten weist man nun nach, daß er die Voraussetzungen von Theorem 13.12 erfüllt.

13.13 *Korollar:* Gibt es zu zwei Punkten a, b ind einem Hausdorff-Raum X einen verbindenden Weg $f: I \to X$ mit $f(0) = a, f(1) = b$, so gibt es auch eine verbindende Jordan-Kurve von a nach b.

Beweis: Man betrachte $C := \{c \in f(I) \mid$ es gibt eine Jordan-Kurve in f(I) von a nach c$\}$. Nach 13.7 ist f(I) lokal zusammenhängendes Kontinuum. Ist O offene Umgebung von a in X, so enthält $O \cap f(I)$ noch eine offene zusammenhängende f(I)-Umgebung von a, etwa U. Da $f^{-1}(U) \neq \{0\}$ ist, gibt es $x \in U \setminus \{a\}$, und a und x sind durch eine Jordan-Kurve in U verbindbar (nach 13.12). Also ist C nichtleer und (wie man analog sieht) offen in f(I). Ist $x \in \overline{C}^{f(I)}$, so wähle man eine Gebietsumgebung U von x in f(I) und verbinde x mit $y \in U \cap C$ durch eine Jordan-Kurve. Dann verbinde man y mit a durch eine Jordan-Kurve in f(I). Der Schnitt der beiden Bilder ist kompakt. Man wähle einen „ersten" Schnittpunkt und setze eine passende Jordan-Kurve von x nach a aus den beiden gegebenen zusammen. Also ist auch $x \in C$. Da C nichtleer, abgeschlossen und offen in der zusammenhängenden Menge f(I) ist, muß $b \in C$ sein.

13.14 *Theorem von Hahn-Mazurkiewicz-Sierpinski:* Auf einem Hausdorff-Raum X gibt es genau dann eine Peano-Kurve, wenn X ein lokal zusammenhängendes Kontinuum ist.

Beweisidee: Gibt es auf X eine Peano-Kurve, so müssen die Bedingungen nach 13.10 erfüllt sein. Sei nun umgekehrt X ein lokal zusammenhängendes Kontinuum. Nach 13.8 gibt es eine stetige Surjektion $f: D \to X$. Es ist nach der Bemerkung zu 10.5 $I \setminus D = \dot{\bigcup}_{i \in \mathbb{N}}]a_i, b_i[$.

Nach 13.12 ist X wegzusammenhängend (sogar Jordan-Kurven-zusammenhängend), also kann man $f(a_i)$ stets in X mit $f(b_i)$ verbinden. Um die Stetigkeit einer solchen Fortsetzung nachweisen zu können, muß man noch eine gewisse Minimalitätsforderung an die Verbindungskurve stellen. (Die Details findet man wieder bei *Kowalsky.*)

13.15 Ebene Kurven

Wir wollen hier nicht weiter in die allgemeine Kurventheorie eindringen. Dem interessierten Leser sei das Buch „Kurventheorie" von *K. Menger*[1]) empfohlen. Es gibt auch eine Reihe von Untersuchungen, die sich auf höherdimensionale Verallgemeinerungen der Kurventheorie beziehen[2]). Wir schließen diesen Abschnitt mit einigen äußerst erstaunlichen Ergebnissen aus der Theorie der ebenen Kurven:

Beispiel: Man könnte zu der Annahme neigen, daß wenigstens die Jordan-Kurven der Ebene anschauliche und „harmlose" Gebilde sind. So besagt z. B. der Jordansche Kurvensatz, daß geschlossene Jordan-Kurven die Ebene in genau zwei Gebiete zerlegen, was völlig mit der Anschauung übereinstimmt.[3]) *W. F. Osgood*[4]) entdeckte, daß es (geschlossene) Jordan-Kurven in der Ebene gibt, die eine „Fläche" überdecken. Nach 10.6(a) liegen die Bildmengen natürlich nirgends dicht in der Ebene, so daß mit Fläche hier nur gemeint sein kann, daß die Bildmengen ein positives (Lebesguesches) Maß haben. Wir geben das folgende elegante Beispiel von *K. Knopp*[5]):

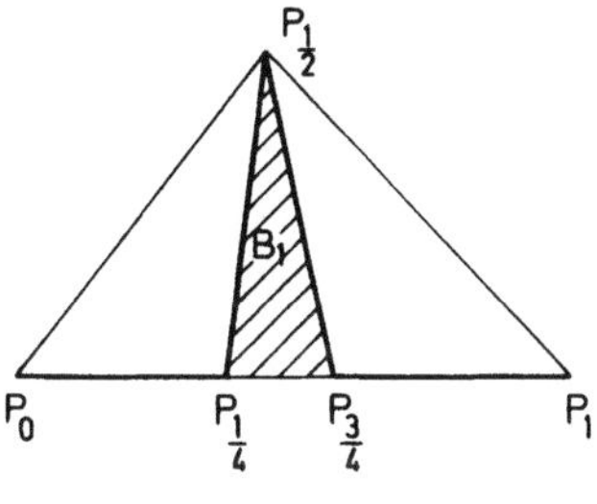

Man wähle ein gleichseitiges Dreieck $A \subset \mathbb{R}^2$ der Seitenlänge 2 und eine Folge $(\beta_i)_{i \in \mathbb{N}}$ aus $]0; 1[$. Nun wähle man eine Seite $[P_0, P_1]$ von A, bezeichne die dritte Ecke mit $P_{1/2}$, den Mittelpunkt von $[P_0; P_1]$ mit M und den Punkt von $[P_0; M]$ bzw. $[M; P_1]$ mit $P_{1/4}$ bzw. $P_{3/4}$, der von M die Entfernung β_1 hat. Wegen $\beta_1 < 1$ sind die Punkte P_i voneinander verschieden. $f_1 : I \to A \setminus (B_1)$, wobei B_1 das Innere des Dreiecks $(P_{1/4}, P_{3/4}, P_{1/2})$ bezeichnet, sei der Streckenzug $(P_0, P_{1/4}, P_{1/2}, P_{3/4}, P_1)$, d. h. $f_1 \big|\left[\frac{i-1}{4}, \frac{i}{4}\right]$ ist für $i = 1, \ldots, 4$ ein Homöomorphismus auf $\left[P_{\frac{i-1}{4}}; P_{\frac{i}{4}}\right]$ mit entsprechenden Endpunkten. Offenbar ist f_1 eine Jordan-Kurve, und $A \setminus (B_1)$ hat den Flächeninhalt $\sqrt{3}\,(1 - \beta_1)$.

Nun konstruiert man f_2 wie folgt: Auf den schon konstruierten Punkten $\frac{i}{4} \in I$ $(i = 0, 1, \ldots, 4)$ stimme f_2 mit f_1 überein. Für $P_{1/8}$ wähle man den Punkt von $[P_0; P_{1/2}]$, der vom Mittelpunkt dieser

---

1) Chelsea, 1967.

2) Vgl. z. B. *Wilder,* „Topology of Manifolds" (AMS Coll. Publ.) oder *Blumenthal-Menger* „Studies in Geometry" (San Francisco, 1970).

3) Vgl. 14.20.

4) *W. F. Osgood* (AMS Trans., 4 (1903).

5) Arch. Math. Phys., III. Reihe, 26 (1917).

Strecke um $\frac{\beta_2}{2} \cdot |P_{1/2} - P_0| = \beta_2$ entfernt ist und zwischen P_0 und diesem Mittelpunkt liegt. Analog wähle man $P_{3/8}, P_{5/8}, P_{7/8}$ (die letzten beiden Punkte natürlich aus $[P_{1/2}; P_1]$) und bestimme nun $f_2(t) := P_t$ für $t = k/8, k = 0, 1, \ldots, 8$. Nun sei f_2 die offensichtliche stückweise lineare Fortsetzung. Offenbar ist f_2 wieder eine Jordan-Kurve. Bezeichnet B_2 die Vereinigung der Inneren der beiden Dreiecke $(P_{1/8}, P_{3/8}, P_{1/4})$ bzw. $(P_{5/8}, P_{3/4}, P_{7/8})$, so ist offenbar $f_2(I) \subset A \setminus (B_1 \cup B_2)$, und die letztgenannte Menge hat einen Flächeninhalt $\lambda_2 \geqslant \sqrt{3}\,(1 - \beta_1 - \beta_2)$.

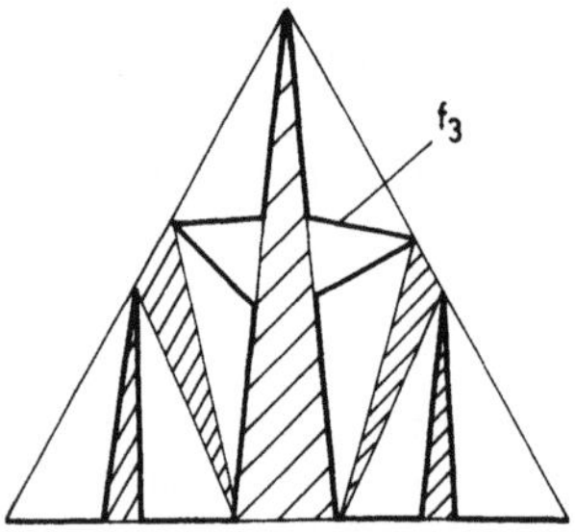

Ist $f_n : I \to A \setminus \left(\bigcup_1^n B_i\right)$ mit $\lambda_n \geqslant \sqrt{3}\left(1 - \sum_1^n \beta_i\right)$ schon konstruiert, so setze man $f_{n+1}(t) := f_n(t)$ für $t = \frac{0}{2^{n+1}}, \ldots, \frac{2^{n+1}}{2^{n+1}}$ und bestimme wieder $P_{1/2^{n+1}}$ als den Punkt der Strecke $\left[P_0; f_n\left(\frac{4}{2^{n+2}}\right)\right]$, der näher an P_0 liegt und vom Mittelpunkt dieser Strecke der Länge l um $l\beta/2^n$ entfernt ist. Analog bestimme man die anderen Punkte $P_{k/2^{n+2}}$ und f_{n+1} als „die" stückweise lineare Fortsetzung mit $f_{n+1}(t) := P_t$ für $t = k/2^{n+1}$. Bezeichnet dann B_{n+1} wieder die Vereinigung der Inneren der Dreiecke $\left(P_{\frac{2k-1}{2^{n+2}}}, P_{\frac{2k}{2^{n+2}}}, P_{\frac{2k+1}{2^{n+2}}}\right)$, so hat jedes dieser Dreiecke einen Flächeninhalt $\leqslant \sqrt{3} \cdot \frac{\beta_{n+1}}{2^{n+1}}$ und B_{n+1} einen Gesamtinhalt $\leqslant \sqrt{3} \cdot \beta_{n+1}$. Offenbar bildet f_{n+1} in $A \setminus \left(\bigcup_1^{n+1} B_i\right)$ ab, und der Flächeninhalt von $A \setminus \left(\bigcup_1^{n+1} B_i\right)$ beträgt $\lambda_{n+1} \geqslant \sqrt{3}\left(1 - \sum_1^{n+1} \beta_i\right)$. Damit kann induktiv für jedes $i \in \mathbb{N}$ ein f_i konstruiert werden. Da sich die Abänderung von f_i zu f_{i+1} für jedes $k = 1, \ldots, 2^i$ auf $\left[\frac{2(k-1)}{2^{i+1}}, \frac{2k}{2^{i+1}}\right]$ innerhalb des Dreiecks $\left(f_i\left(\frac{2(k-1)}{2^{i+1}}\right), f_i\left(\frac{2k-1}{2^{i+1}}\right), f_i\left(\frac{2k}{2^{i+1}}\right)\right)$ abspielt, dessen Durchmesser mit i gegen null geht, ist die Folge der f_i gleichmäßig konvergent. Setzt man $f : I \to A$ als den (stetigen) Grenzwert dieser Folge und $B := A \setminus \bigcup_1^\infty B_i$, so hat B das Maß $\lambda \geqslant \sqrt{3}\left(1 - \sum_1^\infty \beta_i\right)$. Wir behaupten, daß $f(I) = B$ und f injektiv ist:

Nach Konstruktion ist $f|_{I \cap \left\{\frac{k}{2^i} / k, i \in \mathbb{N}_0\right\}}$ injektiv, denn dort ist für jedes t die Folge $(f_i(t))$ stationär. Sind s, t zwei Punkte von I, so gibt es zwei Teildreiecke D_s, D_t von A, die höchstens eine Ecke gemein haben, mit $f_i(s) \in D_s$, $f_i(t) \in D_t$ und $D_s \cap D_t \subset f\left(\left\{\frac{k}{2^i} / i, k \in \mathbb{N}_0\right\}\right)$. Für $s \neq t$ und genügend hohes i bleiben die $f_i(s)$, $f_i(t)$ in D_s bzw. D_t, also auch $f(s)$ und $f(t)$. Folglich ist f injektiv. Da offenbar $f\left(\left\{\frac{k}{2^i} / i, k \in \mathbb{N}_0\right\}\right)$ dicht in B ist $\left(\text{Stationarität der } f_j\left(\frac{k}{2^i}\right)!\right)$, muß $f(I)$ als Bild einer kompakten Menge gleich B sein, also f surjektiv auf B.

(Wählt man die β_i alle als null, so ist B = A, also f eine Peano-Kurve auf A. Natürlich gilt dann der Injektivitätsbeweis nicht mehr.) Wählt man die β_i so, daß $\beta_i > 0$ und $\sum_1^\infty \beta_i = \alpha < 1$, so hat B ein Maß $\lambda \geqslant \sqrt{3}(1-\alpha) > 0$. (Die Meßbarkeit folgt aus der Kompaktheit von B.)

Es gibt also Jordan-Kurven f *in der Ebene, deren Bild ein beliebig großes Maß hat.* Da man in unserer Konstruktion f(0) mit f(1) durch einen Halbkreis verbinden kann, der B nur in diesen Punkten schneidet, gibt es also auch geschlossene Jordan-Kurven in der Ebene mit beliebig großem Bildmaß. Auf Grund des folgenden Satzes kann man so eine geschlossene Jordan-Kurve $f: S^1 \to \mathbb{R}^2$ zu einem Homöomorphismus $F: \mathbb{R}^2 \to \mathbb{R}^2$ fortsetzen. Da S^1 in $\mathbb{R}^2$ das Maß 0 hat, ist also das Lebesguesche Maß keine topologische Invariante, und *nicht einmal Mengen vom Maß 0 sind topologisch invariant.* (Daß etwa ein Würfel durch Homöomorphismen vergrößert werden kann, ist natürlich trivial. Daß auch Lebesguesche Nullmengen zerstört werden können, ist keineswegs trivial!)

13.16 *Theorem von Schoenflies:*[1] Jede geschlossene Jordan-Kurve $f: S^1 \to \mathbb{R}^2$ läßt sich zu einem Homöomorphismus $F: \mathbb{R}^2 \to \mathbb{R}^2$ fortsetzen.

Beweisidee: Nach dem Jordanschen Kurvensatz (vgl. 14.20) hat $\mathbb{R}^2 \setminus f(S^1)$ genau zwei (offene) Komponenten K_0, K_∞, deren Rand $f(S^1)$ ist. Sei K_0 die beschränkte Komponente (das „Innere" von $f(S^1)$). Es reicht zu zeigen, daß f eine homöomorphe Fortsetzung $f': B^2 \to K_0 \cup f(S^1)$ zuläßt. (Mittels stereographischer Projektionen kann man dann B_0 mit B_∞ vertauschen und die beiden Homöomorphismen zusammensetzen.) Man wähle nun einen inneren Punkt P von K_0 und setze $f'(0,0) := P$. Um P gibt es noch ein kleines Quadrat $q_1 \subset K_0$. Dies ist nach 5.7(e) homöomorph zu $B_{1/2}(0,0) = B_{1/2}$, wobei noch der Rand von $B_{1/2}$ (stückweise differenzierbar) auf den Rand von q_1 geht. Sei $g_1: B_{1/2} \to q_1$ so ein Homöomorphismus. Nun wähle man q_2 als geschlossenes Polygon mit $q_1 \subset \mathring{q}_2 \subset q_2 \subset K_0$ und eine homöomorphe Fortsetzung $g_2: B_{2/3} \to q_2$ von g_1 mit $g_2(\partial B_{2/3}) = \partial q_2$ und $|g_2(t) - f(\frac{3}{2}t)| < \frac{1}{2}$ für alle $t \in \partial B_{2/3}$. Daß solche q_2 und g_2 existieren, ist etwas langwierig, aber im Prinzip einfach zu zeigen. Zu schon konstruiertem $g_n: B_{n/n+1} \to q_n$ mit $\left|g_n(t) - f\left(\frac{n+1}{n}t\right)\right| < \frac{1}{n}$ für alle $t \in \partial B_{n/n+1}$ und den anderen Eigenschaften kann man dann wieder ein Polygon q_{n+1} mit $q_n \subset \mathring{q}_{n+1} \subset q_{n+1} \subset K_0$ und eine homöomorphe Fortsetzung $g_{n+1}: B_{(n+1)/(n+2)} \to q_{n+1}$ von g_n konstruieren, die die Ränder aufeinander abbildet mit $\left|g_{n+1}(t) - f\left(\frac{n+2}{n+1}t\right)\right| < \frac{1}{n+1}$ für alle $t \in \partial B_{(n+1)/(n+2)}$. Als Vereinigung aller g_i ($i \in \mathbb{N}$) erhält man dann einen Homöomorphismus $g: \mathring{B}^2 \to K_0$. Man definiere nun $f'|_{\mathring{B}^2} := g$ und $f'|_{S^1} := f$, dann kann man zeigen, daß $f' := B^2 \to K_0 \cup f(S^1)$ ein Homöomorphismus ist.[2]

[1] Math. Ann., 62 (1906); man vgl. den Riemannschen Abbildungssatz der Funktionentheorie!

[2] Die etwas mühseligen Details kann man z. B. in dem Buch von *B. v. Kerekjarto* „Vorlesungen über Topologie" (Springer, Berlin, 1923) nachlesen. Einen anderen Beweis findet man in *Newman*, „Elements of the Topology of Plane Sets" (Cambridge, 1964).

13.17 *Bemerkung:* Interessanterweise gibt es keine höherdimensionale Verallgemeinerung dieses Satzes: Ist z. B. $f: S^2 \to \mathbb{R}^3$ eine stetige Injektion, so zerlegt $f(S^2)$ wieder den $\mathbb{R}^3$ in genau zwei (offene) Gebiete K_0, K_∞, deren Rand es ist (Satz von Jordan-Brouwer, s. 14.19). Gäbe es einen Homöomorphismus $F: \mathbb{R}^3 \to \mathbb{R}^3$, der f fortsetzt, dann würde F beschränkte Mengen auf beschränkte werfen, also könnte F als Homöomorphismus zu $G: \mathbb{R}^3_\infty = S^3 \to S^3$ fortgesetzt werden, wobei f die Einschränkung von G auf den „Äquator" $\{x \in S^3 / x_4 = 0\}$ ist. Nun haben *L. Antoine*[1]) und *J. W. Alexander*[2]) Beispiele für solche Abbildungen f angegeben, wo die beiden Komponenten von $S^3 \setminus f(S^2)$ nicht „einfach zusammenhängend" (vgl. Abschnitt 14) sind, also auch nicht homöomorph zu $\mathring{B}^3$, das ja homöomorph zu den beiden Komponenten von $S^3 \setminus S^2$ ist (stereographische Projektion!)[3]). Um 1960 gelang eine mehrdimensionale Verallgemeinerung von 13.16 für den Fall, daß f eine Fortsetzung als Einbettung von $S^2 \times [-\epsilon, \epsilon]$ in $\mathbb{R}^3$ zuläßt (S^2 ist als „verdickbare" topologische Sphäre eingebettet.[4])

13.18 *Bemerkung:*

Von *Schoenflies* stammt noch ein anderer berühmter Satz, der die ebenen geschlossenen Jordan-Kurven $f: S^1 \to \mathbb{R}^2$ durch Eigenschaften ihres Bildes in $\mathbb{R}^2$ charakterisiert[5]). Um ihn formulieren zu können, braucht man den Begriff „erreichbar". Dazu betrachte man das folgende Kontinuum in $\mathbb{R}^2$:

$$K = (\{0\} \times [0;2]) \cup \left(\left[0;\tfrac{1}{\pi}\right] \times \{2\}\right) \cup \left(\left\{\tfrac{1}{\pi}\right\} \times [0;2]\right) \cup \left\{(t, \sin 1/t) \,/\, t \in \left[\tfrac{1}{\pi};\infty\right[\right\}$$

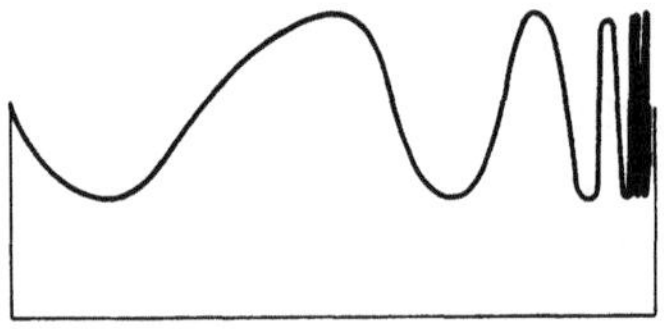

Da K nicht lokal zusammenhängend ist, kann es keine Peano-Kurve, erst recht keine geschlossene Jordan-Kurve auf K geben (s. 13.7(3)). Im Sinne unserer Definition 13.4 ist K aber eine Kurve, sogar eine – in gewissem Sinne – geschlossene Kurve, denn $\mathbb{R}^2 \setminus K$ hat genau zwei (Weg-)Komponenten und diese sind offen, also Gebiete. K zerlegt also $\mathbb{R}^2$ in genau zwei Gebiete, deren Rand K ist (vgl. den Jordanschen Kurvensatz!). *Schoenflies* bemerkte, daß in einer solchen Situation nicht jeder Punkt von K mit jedem Punkt der Komplementärgebiete stetig verbindbar ist, ohne K wiederholt zu schneiden.

Mit einem etwas speziellen Begriff der Erreichbarkeit, den wir hier nicht behandeln wollen, hat nun Schoenflies zeigen können:

Ein ebenes Kontinuum K ist genau dann Bild einer geschlossenen Jordan-Kurve, wenn $\mathbb{R}^2 \setminus K$ zwei Komponenten hat und jeder Punkt von K aus beiden Komponenten erreichbar ist.[6])

---

1) Compt. Rend., 171 (1920).

2) Proc. Nat. Acad. Sci., 10 (1924); „Alexander-Horn-Sphäre"

3) Weitere schöne Beispiele solcher wilden Sphären findet man bei *Artin-Fox*, Ann. Math., 49 (1948).

4) Vgl. *B. Mazur*, Bull. AMS, 65 (1959), *M. Morse*, Bull. AMS, 66 (1960), *M. Brown*, ebenda und Ann. Math., 75 (1962).

5) Die Entwicklung der Lehre von den Punktmannigfaltigkeiten, II. Teil, 2. Ergänzungsband zu Bd. 8 der Jahresber. DMV (Leipzig, 1908).

6) Für Details und Verallgemeinerungen ähnlicher Resultate auf höherdimensionale Räume verweisen wir auf *Wilder*, „Topology of Manifolds" (AMS Coll. Publ.).

13.19 *Bemerkung:*

Es sei noch erwähnt, daß man auch eine (sogar mehrere) topologische Dimensionstheorie entwickelt hat, die es erlaubt, Kurven und höherdimensionale Analoga durch Dimensionseigenschaften zu charakterisieren, die topologisch invariant sind. Unglücklicherweise ergibt sich nur für separable metrische Räume eine einigermaßen handliche Theorie. Wir gehen hier nicht darauf ein und verweisen auf *Hurewicz-Wallman,* „Dimension Theory" (Princeton, 1948), *Engelking* [2] oder *J. Nagata,* „Modern Dimension Theory" (North Holland, Amsterdam, 1965).

14. Homotopie

Das älteste topologische Problem ist vermutlich das berühmte „Königsberger Brückenproblem", das 1736 von *L. Euler* gestellt und gelöst wurde. Es gibt zwei Schritte bei der Lösung: Einen ersten, der topologischer Natur ist und dem naiven Betrachter meist entgeht, und einen zweiten, der rein kombinatorischer Art ist und mit Topologie kaum etwas zu tun hat. Beginnen wir mit dem zweiten, „wesentlichen" Lösungsschritt:

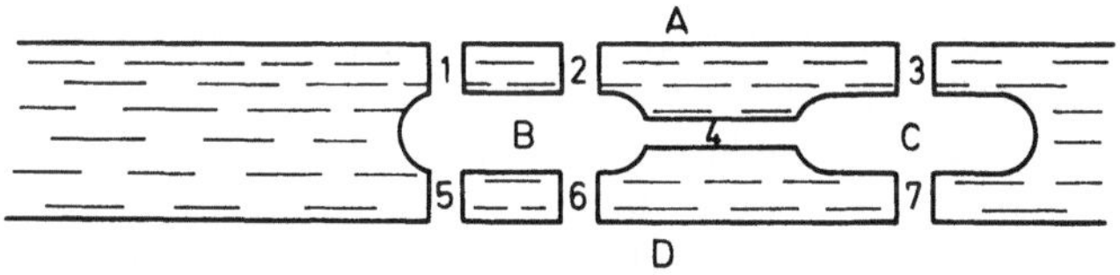

Königsberg bestand damals aus vier Stadtteilen, A, B, C, D, die von dem Fluß „Pregel" getrennt waren, einem nördlichen Teil A, einem südlichen D und zwei Inseln B, C. Die Inseln waren durch sechs Brücken mit dem Festland verbunden, und eine Brücke „4" führte von B nach C. *Eulers* Frage lautete etwa: Gibt es einen Königsberger Bürger, der auf einem Spaziergang jede Brücke genau einmal passieren kann, bevor er nach Hause zurückkehrt? Offenbar ist es uninteressant, wie sich der Spaziergänger auf A, B, C, D und den Brücken bewegt, daher darf man seinen Spaziergang durch folgende Kurve symbolisieren:

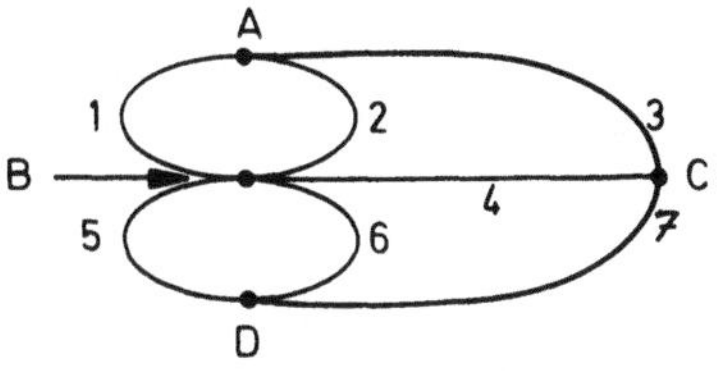

(Die Bögen stehen für die Brücken, die Verzweigungspunkte für die Stadtteile.) Die Lösungsidee ist nun die folgende: Nehmen wir an, unser Spaziergänger wohnt in A.

Kommt er einmal in B an, so muß er von dort auch wieder fort, also sind zwei von B ausgehende Brücken für ihn verloren. Kommt er ein zweites Mal nach B, so sind zwei weitere Brücken verloren. Es gibt fünf von B ausgehende Brücken, d. h. beim dritten Aufenthalt auf B kann unser Spaziergänger nicht mehr nach A zurück. (Entsprechendes gilt für C und D.) Wohnt er aber in B, so muß er zweimal in A sein, kann aber beim zweiten Mal nicht zurück nach B. Es gibt also gar keinen solchen Spaziergänger!

Was hat das mit Topologie zu tun? Erst bei genauerem Hinsehen stellt man fest, daß wir eine unbewiesene Annahme unterstellt haben, nämlich, daß es uninteressant sei, wie sich unser Spaziergänger auf den Brücken und in den Stadtteilen bewegt hat. Wie kann man überhaupt seine Bewegung beschreiben? Da er sich in einer gewissen Zeit $t \in [0; 1]$ bewegt, muß man wohl an eine stetige Funktion $f: I \to X \subset \mathbb{R}^2$ denken, wobei X der in der ersten Zeichnung beschriebene (kompakte, zusammenhängende und lokal zusammenhängende) Teil der Ebene ist. (Nach 13.14 gibt es sogar eine Peano-Kurve auf X, so daß von f sicherlich noch mehr verlangt werden muß: Mindestens, daß der Spazierweg f eine endliche Länge hat und in jedem Punkt eine Tangente!) Nun haben wir bei der Lösung X durch eine Kurve ersetzt. Warum war das zulässig? Das Problem setzt voraus, daß unser „Spaziergänger" $f(t)$ sich zunächst eine Weile ($t \in [0; t_1]$) in seinem Stadtteil aufhält, bis er in t_1 auf der ersten Brücke ist, dort bleibt er bis t_2, kommt zu diesem Zeitpunkt im zweiten Stadtteil an und verläßt ihn zum ersten Mal in t_3 usw. Das heißt also: Es gibt eine endliche Unterteilung $t_0 = 0 < t_1 < t_2 < \ldots < t_n = 1$ von I, so daß sich $f(t)$ in $[t_{i-1}; t_i]$ innerhalb eines „Stadtteils" oder einer „Brücke" bewegt. Für $t \in [t_{i-1}; t_i]$ ist nur interessant, wo sich $f(t)$ in den Endpunkten befindet: Löste nämlich f das Brückenproblem, so löste es auch die stetige Funktion $g: I \to X$, die auf den t_i mit f übereinstimmt und stets $f(t_{i-1})$ mit $f(t_i)$ *geradlinig* verbindet – man kann $f|_{[t_{i-1}; t_i]}$ *geradeziehen,* ohne den $f([t_{i-1}; t_i])$ betreffenden Teil der Stadt (Brücke oder Stadtteil) zu verlassen oder einen anderen neu zu betreten. Es wird uns gleich noch beschäftigen, was das „Geradeziehen" mathematisch bedeutet. Für den Moment wollen wir also einen stückweise linearen Spazierweg g annehmen. g kann sich nur im Inneren einer Brücke oder eines Stadtteils selbst überschneiden. Eine einfache Anwendung des Zwischenwertsatzes zeigt nun, daß g homöomorph zu unserer Kurve im zweiten Bild ist, d.h. die Überschneidungspunkte von g genau den Punkten A, B, C und D dieser Kurve zugeordnet werden können. Bis auf das Geradeziehen ist nun alles geklärt.

Was bedeutet es, daß sich eine stetige Funktion $h: I \to Y \subset \mathbb{R}^2$ innerhalb Y geradeziehen läßt? Stellt man sich für einen Moment $h(I)$ als ein in Y zwischen $h(0)$ und $h(1)$ verspanntes Gummiband vor, so werden beim Geradeziehen einfach alle anderen Befestigungen außer (je einmal) die in $h(0)$ und $h(1)$ gelöst, das Gummiband schnellt dann innerhalb einer kurzen Zeit $t \in [0; \epsilon]$ zur kürzesten, d.h. geradlinigen Verbindung von $h(0)$ und $h(1)$ zusammen. Zu jeder Zeit $t \in [0; \epsilon]$ bildet unser Gummiband eine stetige Funktion $h_t: I \to Y$ mit $h_0 = h$ und h_ϵ gerade.

Man beachte, daß h so unglücklich zwischen $h(0)$ und $h(1)$ verspannt sein kann, daß sich beim Zusammenschnellen (furchtbar viele) Verknotungen ergeben können, die man dann natürlich als Punkte aufzufassen hat. Da wir es nicht mit Gummibändern, sondern stetigen Funktionen zu tun haben, sind auch während der Deformation neue Verknotungen denkbar und es können ganze Stücke von $h(I)$

zu Punkten zusammenschrumpfen oder aus solchen entstehen. Dies ist der Grund, warum man in der folgenden Definition statt „Deformation" das Wort „Homotopie" wählt.

Daß die einzelnen h_t stetig sind, ist nicht die einzige Zusammenhangsbedingung beim Zusammenschnellen unseres Gummibandes: Für jedes feste $s_0 \in [0; 1]$ durchläuft ja der Punkt $h(s_0)$ stetig die Menge $\{h_t(s_0) / t \in [0; \epsilon]\}$, um zur Zeit ϵ bei $h_\epsilon(s_0)$ auf unserer Verbindungsgeraden anzukommen.

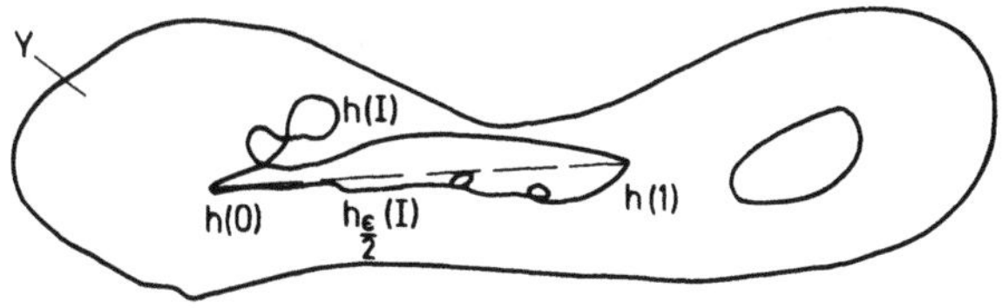

Man nennt das, was $h_t(s_0)$ in der Zeitspanne $[0; \epsilon]$ beschreibt, den **Deformationsweg** $h_{(\cdot)}(s_0): [0; \epsilon] \to Y$. (Wie Abschnitt 13 deutlich gezeigt hat, ist es bei Wegen, Kurven, Bögen usw. wesentlich bequemer, wenn man mit fest gegebenen Funktionen, statt mit ihren Bildmengen arbeiten kann. Daher ist der Deformationsweg nicht die Menge $\{h_t(s_0) / t \in [0; \epsilon]\}$ sondern eine Abbildung!)

Unser Zusammenschnellen eines Gummibandes wird also durch eine Funktion $H: I \times [0; \epsilon] \to Y$ beschrieben, wobei für jedes $s \in I$ der Deformationsweg $H(s, \cdot)$ und für jedes $t \in [0; \epsilon]$ das „Deformat" $H_t(\cdot) := H(\cdot, t)$ stetig sind. (Leider hat sich hier die inkonsequente Bezeichnung „Deformation" doch gehalten.) Aus der Analysis ist bekannt, daß H nicht bzgl. der Produkttopologie stetig zu sein braucht. $\left(\text{Beispiel: } H(0,0) := (0,0),\ H(s,t) := \left(0, \frac{st}{s^2+t^2}\right) \text{ sonst.}\right)$ Aus technischen Gründen fordert man dies zusätzlich.
Ersetzt man nun I bzw. Y durch allgemeine Räume, die Endpunkte $0, 1 \in I$ durch irgendeine Teilmenge A des Ausgangsraumes X und $[0; \epsilon]$ (das Zeitintervall) durch I, so erhält man folgenden wichtigen Begriff:

14.1 **Definition:** Es seien X, Y topologische Räume, $A \subset X$ und $f_0, f_1 \in C(X, Y)$. f_0, f_1 heißen **homotop modulo A** (in Zeichen: $f_0 \simeq f_1$ (mod A)), wenn es eine „**Homotopie**" $H: X \pi I \to Y$ stetig gibt mit $H(\cdot, 0) = f_0$ und $H(\cdot, 1) = f_1$ und $H(a, \cdot)$ konstant für alle $a \in A$.

Eine Homotopie von X nach Y ist eine stetige Abbildung $H: X \pi I \to Y$. Für jedes $x \in X$ heißt $H(x, \cdot): I \to Y$ der **Deformationsweg** von $H(x, 0)$ bzgl. H. Die „Zwischenabbildungen" $H(\cdot, t): X \to Y$ werden häufig mit h_t oder H_t bezeichnet, man hat dafür keinen besonderen Namen. (Man könnte sie etwa die Deformate von f_0 nennen, aber das ist nicht üblich.)

Statt $f_0 \simeq f_1$ (mod $\emptyset$) schreibt man $f_0 \simeq f_1$ und sagt, f_0 und f_1 seien homotop.

Eine Homotopie $H: X \pi I \to Y$ heißt **Isotopie** und H_0, H_1 dann **isotop**, wenn die „Deformate" H_t für jedes $t \in I$ topologische Einbettungen sind, d. h. Homöomorphismen auf Unterräume von Y.

Bemerkung:

Der anschauliche Begriff von Topologie als Lehre vom Strecken, Stauchen, Verbiegen und Verzerren geometrischer Figuren im Anschauungsraum wird im wesentlichen durch den Isotopiebegriff beschrieben: Verknotungen eines Gummibandes sind eben doch keine Punkte und auch keine topologischen Scheiben oder Kugeln, das „Deformat" eines Gummibandes im Anschauungsraum bleibt ein eingebettetes Gummiband. (Berührungen sind dabei allerdings auszuschließen: Ein bischen Luft muß zwischen je zwei Stücken des Gummibandes sein, sonst kann man es nicht durch eine topologische Einbettung in $\mathbb{R}^3$ beschreiben!)

Um den Unterschied zwischen Homotopie und Isotopie zu verdeutlichen, betrachte man die folgenden Unterräume von $\mathbb{R}^2$:

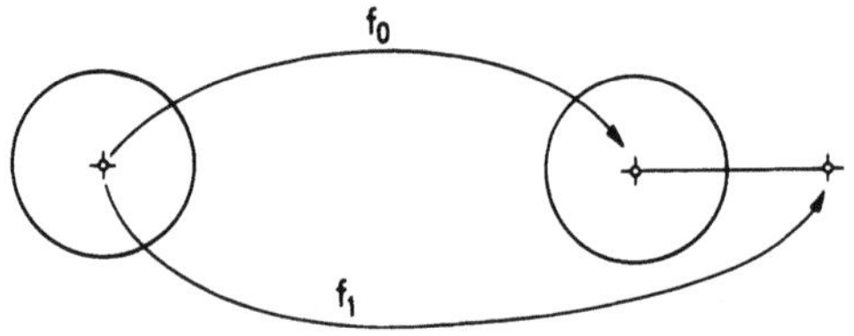

$X := \{(0;0)\} \cup S^1$, $Y := ([0;2] \times \{0\}) \cup S^1$. Die Inklusion $f_0 := id_X$ und $f_1 : X \to Y$, $f_1|_{S^1} := f_0|_{S^1} = id_{S^1}$, $f_1(0;0) := (2;0)$ sind (mod S^1) homotope Abbildungen: Man setze $H(s,t) := s$ für $s \in S^1$, $H((0,0),t) := (2t, 0)$ für alle $t \in I$. Gäbe es eine Isotopie $K : X \times I \to Y$ mod $\emptyset$, so könnte man den Deformationsweg von (0, 0) betrachten. Er hat das (zusammenhängende) Bild $K(\{(0,0)\} \times I) \subset [0;2] \times \{0\}$. Nach Aufgabe 2, Abschnitt 10 muß diese Menge $S^1 = \partial B^2$ schneiden, es muß also $t_0 \in I$ mit $K((0,0), t_0) \in S^1$ geben. Da andererseits jedes $K_t = K(\cdot, t)$ eine Einbettung von X in Y sein sollte, muß für jedes t $K_t|_{S^1} : S^1 \to Y$ eine geschlossene Jordan-Kurve sein. Wegen des Zwischenwertsatzes muß dann $K_t(S^1) = S^1 \subset Y$ sein. Insbesondere gibt es daher ein $s_0 \in S^1$ mit $K_{t_0}(s_0) = K((0,0), t_0) = K_{t_0}((0,0))$. Dann kann aber K_{t_0} nicht injektiv, also auch keine Einbettung sein. (Man kann mit mehr Aufwand auch zeigen, daß dies für $Y = \mathbb{N}^2$ unmöglich ist.)

Da der Homotopiebegriff allgemeiner ist als der Isotopiebegriff, hat er mehr Anwendungen in der Topologie gefunden. Wir werden also hauptsächlich den ersten Begriff behandeln.

14.2 *Satz:* Es seien X, Y zwei topologische Räume, dann gelten:

(a) Für $A \subset X$ ist „homotop mod A" eine Äquivalenzrelation auf $C(X,Y)$.

(b) Die von „homotop (mod $\emptyset$)" in $C(X,Y)$ gebildeten Äquivalenzklassen von Abbildungen („Homotopieklassen") sind für lokalkompaktes X genau die Wegkomponenten in $C_{co}(X,Y)$, wobei $C_{co}(X,Y)$ den Raum $C(X,Y)$ mit der **kompakt-offenen Topologie** bezeichnet, die von der Subbasis $S := \{\langle K, O\rangle \mid K \subset\subset X, O \underset{o}{\subseteq} Y\}$ mit $\langle K, O\rangle := \{f \in C(X,Y) \mid f(K) \subset O\}$ gebildet wird. Der Homotopieklasse [f] von f entspricht dabei die Wegkomponente von f in $C_{co}(X,Y)$.

Beweis:

(a): Es ist $f \simeq f$ (mod A) vermöge $H(x,t) := f(x)$ für alle $x \in X, t \in I$. (Da $H = f \circ pr_1$ ist, gilt die Stetigkeit für H.) Ist $f \simeq g$ (mod A), so sei $H : X \pi I \to Y$ eine Homotopie mod A von f nach g, d.h. $H_0 = f$, $H_1 = g$. Setzt man nun $K : X \pi I \to Y$ durch $K(x,t) := H(x, 1-t) = H \circ (id \times h)$ mit $h : I \to I$, $t \mapsto 1-t$, fest, so ist K eine

Homotopie von g nach f mod A. Sind H, K Homotopien von f nach g bzw. g nach h mod A, so setze man für $t \in [0; 1/2]$ und alle $x \in X$ $L(x, t) := H(x, 2t)$, für $t \in [1/2; 1]$ und alle $x \in X$ $L(x, t) := K(x, 2t - 1)$. Dann ist $L : X \pi I \to Y$ wohldefiniert, denn auf $X x \{1/2\}$ stimmen $H(\cdot, 2t)$ und $K(\cdot, 2t - 1)$ mit g überein. Offenbar sind $L|_{X \times [0; 1/2]}$ und $L|_{X \times [1/2; 1]}$ stetig. Nach dem Korollar zu 6.5, das bei der Konstruktion von Homotopien immer wieder benutzt wird, ist L eine Homotopie von f nach h. Die (mod A)-Eigenschaft ist offensichtlich. Damit ist (a) gezeigt.

(b): Es sei zunächst $H : X \pi I \to Y$ eine Homotopie (mod $\emptyset$) von f nach g. Dann ist $\varphi : I \to C(X, Y)$, $t \mapsto H_t$ jedenfalls eine Abbildung mit $\varphi(0) = f$, $\varphi(1) = g$. Wir wollen zeigen, daß φ ein Weg von f nach g in $C_{co}(X, Y)$ ist. Für $t_0 \in I$ suchen wir ein $V \in \mathcal{U}_I(t_0)$ mit $\varphi(V) \subset \langle K, O \rangle$, wobei $\langle K, O \rangle \in \mathcal{S} \cap \mathcal{U}_{co}(\varphi(t_0))$ beliebig gegeben sei. (Nach 3.3(b) reicht das aus für die Stetigkeit von φ.) Wegen $H_{t_0} = \varphi(t_0) \in \langle K, O \rangle$ ist $K \times \{t_0\} \subset H^{-1}(O)$, und letzteres ist eine offene Teilmenge von $X \pi I$. Wegen der Kompaktheit von $K \times \{t_0\}$ gibt es endlich viele $U_i \times W_i \overset{\circ}{\subset} H^{-1}(O)$ mit $K \subset \bigcup U_i =: V'$ und $t_0 \in \bigcap W_i =: V''$, also ist $K \times \{t_0\} \subset V' \overset{\circ}{\times} V'' \overset{\circ}{\subset} H^{-1}(O)$. Für $t \in V''$ und $x \in V'$ ist folglich $\varphi(t)(x) = H_t(x) = H(x, t) \in O$, also $\varphi(t)(V') \subset O$, erst recht $\varphi(t)(K) \subset O$, d. h. $\varphi(t) \in \langle K, O \rangle$ und $\varphi(V'') \subset \langle K, O \rangle$.

Also ist φ ein Weg von f nach g in $C_{co}(X, Y)$. (Die Lokalkompaktheit von X wurde noch nicht benutzt, die Homotopieklasse eines jeden f liegt also grundsätzlich in der betreffenden Wegkomponente von $C_{co}(X, Y)$!)

Nun sei umgekehrt $\varphi : I \to C_{co}(X, Y)$ ein Weg von f nach g. Dann sei $H(x, t) := \varphi(t)(x)$ für jedes $x \in X$, $t \in I$. Offenbar ist H eine Abbildung von $X \times I$ in Y mit $H(\cdot, 0) = \varphi(0) = f$ und $H(\cdot, 1) = \varphi(1) = g$. Es ist also nur noch die Stetigkeit von H nachzuweisen: Seien dazu $(x_0, t_0) \in X \times I$ und $H(x_0, t_0) = \varphi(t_0)(x_0) \in O \overset{\circ}{\subset} Y$ gegeben. Gesucht ist eine Umgebung von (x_0, t_0) in $X \pi I$, die unter H in O abgebildet wird. Da X lokalkompakt ist und $\varphi(t_0) \in C(X, Y)$, gibt es ein kompaktes $K \in \mathcal{U}_X(x_0)$ mit $\varphi(t_0)(K) \subset O$, also $\varphi(t_0) \in \langle K, O \rangle \in \mathcal{U}_{co}(\varphi(t_0))$. Da auch $\varphi : I \to C_{co}(X, Y)$ stetig ist, ist $W := \varphi^{-1}(\langle K, O \rangle)$ offene Umgebung von t_0 in I. Man setze $V := \mathring{K} \times W$, dann ist $V \in \mathcal{U}_{X \pi I}(x_0, t_0)$, und für $(k, w) \in V$ hat man $H(k, w) = \varphi(w)(k) \in \langle K, O \rangle(k) \subset O$, also $H(V) \subset O$. Folglich ist H in (x_0, t_0) stetig, also eine Homotopie von f nach g.

Bemerkung: Die in 11.27 definierte Topologie der kompakten Konvergenz auf $C(X, \mathbb{R})$ (für hausdorffsches X) stimmt mit der kompakt-offenen Topologie überein: Sind $f \in C(X, \mathbb{R})$, $U_{f, A, \alpha}$ mit $A \subset\subset X$, $\alpha \in \mathbb{R}_+$ gegeben, dann wähle man eine endliche Überdeckung von A durch Mengen der Form

$$V_i := f^{-1}\left(\left] f(a_i) - \tfrac{\alpha}{5}, f(a_i) + \tfrac{\alpha}{5} \right[\right) \text{ mit } a_i \in A \ (i = 1, \ldots, n),$$

setze

$$K_i := \overline{V}_i \cap A, \quad O_i := \left] f(a_i) - \tfrac{\alpha}{4}, f(a_i) + \tfrac{\alpha}{4} \right[\quad \text{und } W := \bigcap_1^n \langle K_i, O_i \rangle .$$

Dann ist für

$$k \in K_i \ f(k) \in f(\overline{V_i}) \subset \overline{f(V_i)} \subset O_i,$$

also $f \in W$, und für $g \in W$, $a \in A$ ist $a = k_i$ für ein passendes $k_i \in K_i$, d. h.

$$|f(a) - g(a)| \leqslant |f(k_i) - f(a_i)| + |f(a_i) - g(a_i)| + |g(a_i) - g(k_i)| \leqslant \frac{\alpha}{5} + \frac{\alpha}{4} + \frac{2\alpha}{4} < \alpha,$$

d. h. $W \subset U_{f,A,\alpha}$.

Ist umgekehrt zu f eine Umgebung der Form $\langle K, 0\rangle$ gegeben, so ist für $\alpha := d(f(K), \mathbb{R} \setminus O) = d(f(K), \partial O) > 0$ (o. B. d. A. ist $O \neq \mathbb{R}$) $U_{f,K,\alpha} \subset \langle K, O\rangle$. (Offenbar kann man die Topologie der kompakten Konvergenz auch für einen metrischen Bildraum statt $\mathbb{R}$ definieren und erhält wieder die kompakt-offene Topologie.)

Die Topologie der kompakten Konvergenz ist also unabhängig von der Wahl der Metrik auf $\mathbb{R}$, sie hängt (als kompakt-offene Topologie) nur von den Topologien auf X bzw. $\mathbb{R}$ ab.

14.3 *Korollar:* Für $A \subset X$, $f \in C(X, Y)$ versehe man $W_{f,A}(X, Y) := \{g \in C(X,Y) / f|_A = g|_A\}$ mit der Topologie als Unterraum von $C_{co}(X, Y)$.

Ist dann X lokalkompakt, so ist die Homotopieklasse von f mod A genau die Wegkomponente von f in $W_{f,A}$.

Beweis: Man vertausche $H(x, t)$ mit $\varphi(t)(x)$ wie im Beweis von 14.2.

14.4 *Einfache Beispiele:*

a) Sind X ein beliebiger topologischer Raum, $A \subset X$ und Y ein konvexer Unterraum eines topologischen $\mathbb{K}$-Vektorraumes E, so sind je zwei $f, g \in W_{f,A}(X, Y)$ homotop mod A. (Man setze $H(x, t) := (1 - t) f(x) + tg(x)$.)

b) Als Spezialfall von (a) betrachten wir noch einmal das Königsberger Brückenproblem: Brücken und Stadtteile lassen sich als konvexe Mengen der Ebene darstellen. Befindet sich unser Spaziergänger in dem Zeitintervall $[s_{i-1}; s_i]$ etwa im „Stadtteil" $C \subset \mathbb{R}^2$, so interessieren ja nur die Standorte $f(s_{i-1})$ bzw. $f(s_i)$. Da $f: [s_{i-1}; s_i] \to C$ homotop „bei festgehaltenen Endpunkten", d. h. mod $\{s_{i-1}, s_i\}$, zur geradlinigen Verbindung g_i von $f(s_{i-1})$ mit $f(s_i)$ ist, kann man den Spazierweg $f|_{[s_{i-1}; s_i]}$ also getrost entzerren, ohne topologisch Wesentliches zu beeinträchtigen.

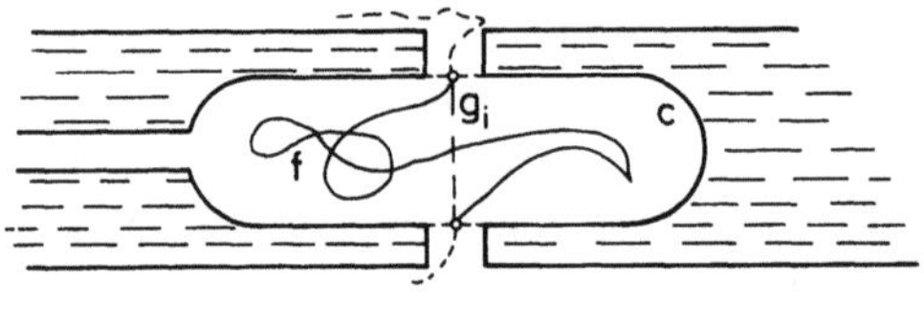

c) Sind $f, g \in C(X, Y)$ homotop, so ist jeder Deformationsweg $H(x, \cdot): I \to Y$ eine Abbildung auf eine zusammenhängende Teilmenge von Y, denn $H(x, \cdot) = H \circ j_x$, wobei $j_x: I \to X \times I$, $t \mapsto (x, t)$ und H stetig sind. Ist Y nicht zusammenhängend, so gibt es nicht-homotope Abbildungen von $X (\neq \emptyset)$ nach Y: Man wähle konstante Abbildungen in verschiedene Komponenten von Y.

d) Um ein nicht ganz triviales Beispiel homotoper Abbildungen zu geben, betrachten wir die geschlossenen Wege $C(S^1, S^n)$ in der n-Sphäre S^n für $n \geqslant 2$: Nach Abschnitt 13 gibt es durchaus surjektive, geschlossene Wege auf jeder S^n. (Die obere und untere abgeschlossene Hemisphäre lassen nach 13.14 oder – direkter – nach 13.2 Peanokurven zu, die man aneinanderheften kann.) Diese Wege lassen sich aber extrem gut entzerren: Es sei $f \in C(S^1, S^n)$ gegeben. Ist f nicht surjektiv, so zeigt die stereographische Projektion von einem Nicht-Bildpunkt auf $\mathbb{R}^n$ (konvex!), daß $f \simeq j_{f(1)}$ mod $\{1\}$ mit $j_{f(1)}(e^{it}) := e^{i \cdot 0} = 1$ für alle $t \in [0; 2\pi]$ ist. Wir wollen zeigen, daß das auch gilt, wenn f surjektiv ist:

Um freier beweglich zu sein, verdicken wir die S^n etwas. Dazu fassen wir etwa f auf als Abbildung $f: S^1 \to S^n \subset D := \{x \in \mathbb{R}^{n+1} / 1/2 \leqslant |x| \leqslant 1\}$. Da f gleichmäßig stetig ist (vgl. 11.13(b)) bzw.

S^1 kompakt, gibt es endlich viele Teilpunkte $0 = s_0 < s_1 < \ldots < s_k = 2\pi$ des Parameterintervalls $[0, 2\pi]$ von S^1, so daß für jedes $i = 1, \ldots, k$ $\{f(e^{is}) / s \in [s_{i-1}; s_i]\}$ in einer Kugel vom Radius $< 1/2$ um einen geeigneten Punkt von S^n enthalten ist. Ist wiederum $s \in [s_{i-1}; s_i]$, so wähle man $g_i(s)$ als den Teilpunkt von $[f(e^{is_{i-1}}); f(e^{is_i})]$, der s entspricht, d. h. $g_i(s) := \frac{s_i - s}{s_i - s_{i-1}} f(s_{i-1}) +$
$+ \frac{s - s_{i-1}}{s_i - s_{i-1}} f(s_i)$. ($e^{is}$ sei wie üblich mit s identifiziert, wenn es um den Parameter 2π-periodischer Funktionen geht; vgl. Aufgabe 3, Abschnitt 11.) Offenbar liegen dann $g_i(s)$ und $f(s) = f(e^{is})$ in einer gemeinsamen Kugel vom Radius $< 1/2$ um einen geeigneten Punkt von S^n. Daher ist dann $H: [0; 2\pi] \pi I \to D$, $(s, t) \mapsto (1 - t) f(s) + t g_i(s)$ für $s \in [s_{i-1}; s_i]$ nach Korollar (b) zu 6.5 eine stetige Abbildung. (Daß H in D abbildet, liegt an der Konvexität der oben gewählten Kugeln mit Radius $< 1/2$.) H ist offenbar eine Homotopie mod $\{f(0)\} = \{f(e^{i \cdot 0})\} = \{f(1, 0)\}$ mit dem stückweise linearen $g := H(\cdot, 1)$. Da $g([0; 2\pi])$ aus endlich vielen Strecken in $\mathbb{R}^{n+1}$ mit $n \geq 2$ besteht, gibt es einen Strahl von $0 \in \mathbb{R}^{n+1}$ nach S^n, der Bild g nicht schneidet. Projiziert man nun g und d.e ganze Homotopie H von 0 zentral auf S^n, $H'(x, t) := \frac{H(x, t)}{|H(x, t)|}$, so ist also f mod $\{1\}$ homotop zu einem nicht surjektiven $g' \in C(S^1, S^n)$, und dies ist wiederum nach der eingangs gemachten Bemerkung homotop mod $\{1\}$ zur konstanten Abbildung $j_{f(1)}$. Nach 14.2(a) ist damit gezeigt, daß jedes $f \in C(S^1, S^n)$ für $n > 1$ homotop (mod $\{1\}$) zu einer konstanten Abbildung ist.
(Den besonders wichtigen Fall $S^n = S^1$ werden wir unten behandeln.)

e) Man nennt eine Abbildung $f \in C(X, Y)$, die homotop zu einer konstanten Abbildung ist, **nullhomotop**. Jeder Weg $w \in C(I, Y)$ ist nullhomotop: $H(s, t) := w((1 - t) s)$. Die Homotopietheorie von Wegen ist also solange uninteressant, wie man kein „mod A" mit $A \neq \emptyset$ vorschreibt. Dasselbe gilt auch, wenn man statt $X = I$ den Raum $X = I^n$ oder $X = B^n$ wählt: $H(x, t) := f((1 - t) \cdot x)$. Allgemeiner gilt das für sogenannte **kontrahierbare** Räume X, d. h. Räume, in denen id_X homotop zu einer konstanten Abbildung ist: Ist K eine Homotopie von id_X nach $c_{x_0} = \mathrm{const.}$, so definiere man $H(x, t) := f \circ K(x, t)$.

f) Allgemeiner als eben benutzt gilt: Sind $g, g' \in C(X, Y)$ homotop mod A, $f, f' \in C(Y, Z)$ homotop mod B mit $B \supset g(A) = g'(A)$, so sind $f \circ g, f' \circ g'$ homotop mod A. (Sind nämlich $K: X \pi I \to Y$ bzw. $H: Y \pi I \to Z$ Homotopien mod A bzw. mod B von g nach g' bzw. f nach f', so definiert $L(x, t) := H(K(x, t), t)$ eine Homotopie mod A von $f \circ g$ nach $f' \circ g'$.) Speziell für $f = f'$ (oder $g = g'$) erhält man: Stetige Abbildungen werfen Homotopieklassen in Homotopieklassen, die Anzahl (und Größe) der Homotopieklassen eines Raumpaares (X, Y) ist also eine topologische Invariante!

14.5 *Verknüpfung von Wegen und singulären Sphären:*

Sind $f, g: I \to Y$ Wege mit passenden Endpunkten, d. h. $f(1) = g(0)$, so kann man sie nacheinander durchlaufen und erhält zunächst eine stetige Abbildung $h': [0; 2] \to Y$ mit $h'(t) := f(t)$ für $t \leq 1$ bzw. $h'(t) := g(t - 1)$ für $t \geq 1$. h' kann nun leicht zu einem Weg $h: I \to Y$ modifiziert werden, indem man das Intervall $[0; 2]$ durch $j: I \to [0; 2], j(t) := 2t$ auf I bezieht und $h' \circ j$ setzt. (Durchläuft t das Intervall I, so durchläuft $j(t)$ das Intervall $[0; 2]$ mit doppelter Geschwindigkeit.) Durch $f * g := h$ (mit $h(t) = f(2t)$ für $t \leq 1/2$ und $h(t) = g(2t - 1)$ für $t \geq 1/2$) wird ein Produkt von Wegen definiert, das allerdings algebraisch noch recht unhandlich ist: Einerseits können nur Wege mit passenden Endpunkten aneinandergehängt werden, andererseits ist dieses Produkt i. a. nicht einmal assoziativ (es ist $(f * g) * h = k$, $f * (g * h) = l$ mit $k|_{[0;1/4]}(t) = f(4t)$ und $l|_{[0;1/2]} = f(2t)$ usw.).

Dem ersten Mangel hilft man nun, wenigstens zum Teil, dadurch ab, daß man von vornherein nur Wege verknüpft, die sich im selben Punkt $y_0 \in Y$ schließen: Auf $C_{y_0}(I, Y) := \{f \in C(I, Y) / f(0) = f(1) = y_0\}$ ist das Produkt $*$ stets bildbar.

Dem zweiten Mangel kann man durch Übergang zu den Homotopieklassen abhelfen (wegen 14.4(e): Homotopieklassen mod $\{0;1\}$.). Bevor wir das näher untersuchen, wollen wir noch eine allgemeinere Verknüpfung definieren:

Daß man überhaupt an der Verknüpfung (von Homotopieklassen) in y_0 geschlossener Wege interessiert ist, liegt daran, daß nicht-nullhomotope geschlossene Wege in einem Raum Y ein Indiz für eine geometrische Störung des Zusammenhangs von Y sind. Wir werden sehen, daß schon in S^1 solche geschlossenen Wege existieren, es handelt sich im wesentlichen um die Wege, die das „Loch" $\mathring{B}^2$ mindestens einmal umrunden. Ist nun z. B. Y eine konvexe Teilmenge der Ebene, so kann es nach Beispiel 14.4(a) keine solchen Wege geben, enthält die ebene Menge Y aber das Bild S einer geschlossenen Jordan-Kurve, die ein Loch von Y umrundet (d. h. es gibt ein $z \in \mathbb{R}^2 \setminus Y$, das von S umrundet wird), so gibt es schon auf S geschlossene Wege, die in Y nicht nullhomotop sind. (Man wende z. B. 13.16 an!) Die Verknüpfung geschlossener Wege macht nun algebraische Hilfsmittel zur Untersuchung solcher geometrischen Störungen verfügbar.

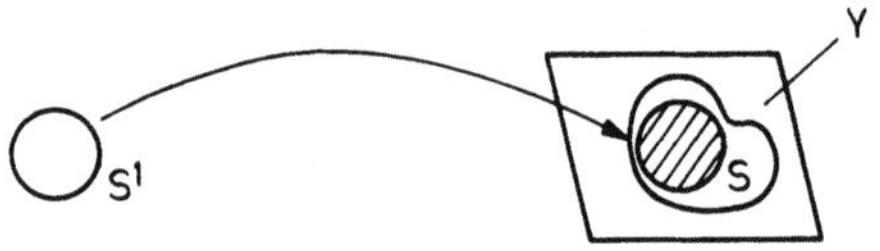

Ist nun Y ein „höherdimensionales" Objekt (z. B. eine S^n mit $n \geqslant 2$), so reichen geschlossene Wege nicht aus, um Kanäle, Kammern, Ausbohrungen und andere Störungen der geometrischen Gestalt von Y zu identifizieren (vgl. Beispiel 14.4(d)). Es ist daher nützlich, außer geschlossenen Wegen noch höherdimensionale Analoga heranzuziehen. Ist ein geschlossener Weg injektiv (= geschlossene Jordan-Kurve), so gibt er – topologisch gesehen – eine 1-Sphäre, ist er nicht injektiv, so kann man sein Bild als „singuläre" 1-Sphäre bezeichnen. Ist $g \in C(B^n, Y)$ mit $g(S^{n-1}) = \{y_0\}$ und $g|\mathring{B}^n$ topologische Einbettung, so induziert g einen Homöomorphismus $\bar{g}: B^n / S^{n-1} \to g(B^n) \subset Y$, nach 11.7(f) ist also $g(B^n)$ eine topologische n-Sphäre. (Stellt man sich $g(\mathring{B}^n)$ als Gummituch vor, so wird dessen „Rand" $g(\partial B^n) = g(S^{n-1})$ in y_0 zusammengezogen, $g(B^n)$ ist dann gewissermaßen ein n-dimensionaler Gummibeutel, der an y_0 angeheftet ist und ganz in Y liegt.) I. a. wird $g|_{\mathring{B}^n}$ nicht injektiv sein, und wir können allgemein von einer „singulären" n-Sphäre sprechen, die an y_0 in Y (mittels g) geheftet ist. (Anschaulich leuchtet ein, daß so ein (singulärer) Gummibeutel nicht über ein n-dimensionales Loch von Y zusammengezogen werden kann. Die singulären n-Sphären diagnostizieren also im nicht-nullhomotopen Fall geometrische Störungen von Y.)

Es ist technisch manchmal nützlich, an Stelle von B^n und $\partial B^n = S^{n-1}$ die Quader $I^n = \prod_1^n I$ und ihre Ränder in $\mathbb{R}^n$ $\partial I^n = \{(x_i) \in I^n \, / \text{ mindestens ein } x_i \in \{0; 1\}\}$ zu wählen. In 5.7(e) haben wir den „Folklore-Satz" bewiesen, daß es einen Homöomorphismus $h: B^n \to I^n$ gibt, der S^{n-1} auf ∂I^n abbildet. Unter h entsprechen sich natürlich auch die kompakten Mengen von B^n und I^n, daher induziert h einen Homöomorphismus $h': C_{co}(I^n, Y) \to C_{co}(B^n, Y), f \mapsto f \circ h$ $(h'^{-1}(f) = f \circ (h^{-1}))$. Mit den Bezeichnungen von 14.3, $A := \partial I^n$, $A' := S^{n-1}$, f_0, f_0' die konstanten Abbildungen von I^n bzw. B^n auf $y_0 \in Y$, hat man dann durch h' einen Homöomorphismus zwischen

$$C_{y_0}(I^n, Y) := \{f \, / \, f(\partial I^n) = \{y_0\}\} = W_{f_0, A}(I^n, Y)$$

und

$$C_{y_0}(B^n, Y) := \{f \, / \, f(S^{n-1}) = \{y_0\}\} = W_{f_0', A'}(B^n, Y)$$

Nach 14.3 entsprechen sich also die Homotopieklassen mod ∂I^n bzw. mod S^{n-1} der singulären n-Sphären $f \in C(I^n, Y)$ bzw. $C(B^n, Y)$ auf natürliche Weise. Wie schon in Beispiel 14.4(d) benutzt, schreibt man einfach $C_{y_0}(I^n, Y) = C_{y_0}(B^n, Y)$ eingedenk der topologischen Ununterscheidbarkeit. Wegen 11.7(f) kann man jedes $f \in C_{y_0}(B^n, Y)$ als Element von

$$C_{y_0}(S^n, Y) := \{f \, / \, f(N) = f\begin{pmatrix}1\\0\\ \vdots \\0\end{pmatrix} = y_0\}$$

auffassen und umgekehrt, daher kann man (analog) schreiben: $C_{y_0}(B^n, Y) = C_{y_0}(S^n, Y)$. (Letzteres ist der Raum aller singulären n-Sphären an y_0.) Als Topologien wählt man natürlich immer die kompakt-offenen (wegen 14.3).

Wie kann man nun die an y_0 gehefteten singulären Sphären $f, g \in C_{y_0}(I^n, Y)$ aneinanderhängen? Formal geschicht das ganz analog zum Vorgehen bei den „singulären 1-Sphären" (geschlossenen Wegen bei y_0): Zunächst erhält man ein $h: [0; 2] \times I^{n-1} \to Y$, indem man zwei Würfel I^n bzw. $[1; 2] \times I^{n-1}$ nebeneinander legt und h auf I^n gleich f setzt und auf dem zweiten Würfel (im wesentlichen) gleich g. Nach dem Korollar zu 6.5 ist h wieder stetig mit $h(\partial([0; 2] \times I^{n-1})) = \{y_0\}$. Nun verkleinert man den Würfel, auf dem h definiert ist, mittels $j: I \to [0; 2]$ zu I^n und erhält $h' = f * g$ als Element von $C_{y_0}(I^n, Y)$. In Formeln:

$$f * g((x_i)_{i=1}^n) := \begin{cases} f((y_i)_1^n) \text{ für } x_1 \leqslant 1/2 \\ g((y_i)_1^n) \text{ für } x_1 \geqslant 1/2 \end{cases}$$

mit $y_i := x_i$ für $i > 1$ und $y_1 := 2x_1$ für $x_1 \leqslant 1/2$ bzw. $y_1 := 2x_1 - 1$ für $x_1 \geqslant 1/2$.

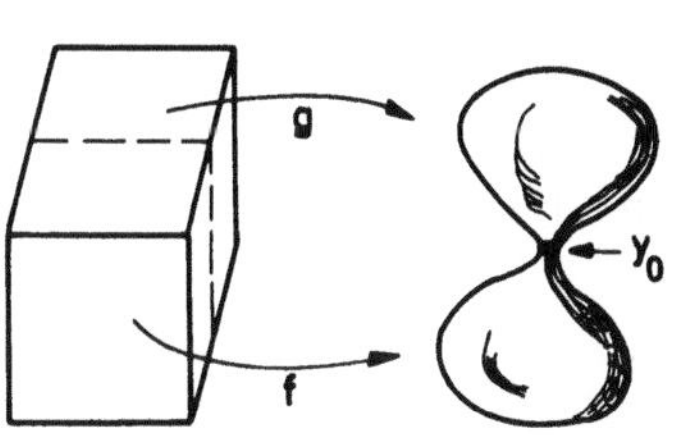

Faßt man f, g als Elemente von $C_{y_0}(B^n, Y)$ bzw. $C_{y_0}(S^n, Y)$ auf, so entspricht $f * g$ die mit doppelter Geschwindigkeit durchlaufene singuläre „Doppelsphäre" $f(B^n) \cup g(B^n)$. Sind f, g Einbettungen von S^n in Y, die den „Nordpol" $N \in S^n$ auf y_0 werfen, so kann man sich die Entstehung von $f * g$ wie folgt vorstellen: Erst schnüre man S^n am Meridian $S^{n-1} \times \{0\}$ zu einem Punkt zusammen: $X' := S^n / S^{n-1} \times \{0\}$. Dann besteht X' (bis auf Homöomorphie) aus zwei verschiedenen n-Sphären mit gemeinsamem Nordpol $N' = N''$:

$$X' = (S^{n'} \amalg S^{n''})/(N' = N'') = S^n \cup \left(\partial B^{n+1}_{1/2} \begin{pmatrix} 1/2 \\ 0 \\ \vdots \\ 0 \end{pmatrix} \right).$$

Ist dann $\nu : S^n \to X'$ die Quotientenabbildung, $f' := f$, g' die g entsprechende Abbildung von $\partial B^{n+1}_{1/2}(\ldots)$, so ist $f * g = (f' \cup g') \circ \nu$, d. h. $f * g$ entsteht aus f und g, indem man S^n am Äquator einschnürt, h' auf der einen Hälfte der erhaltenen Doppelsphäre gleich f und auf der anderen Hälfte gleich g setzt. (Dabei entspricht N dem einzigen gemeinsamen Punkt beider Hälften, so daß f und g stetig zusammenpassen.)

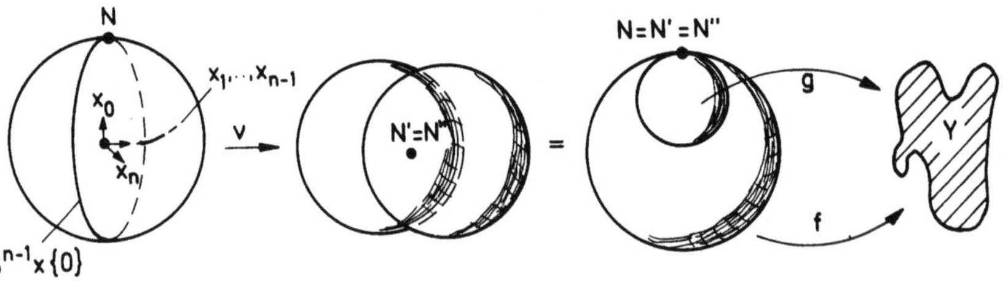

14.6 *Theorem:* Ist Y ein topologischer Raum und gibt man ein $y_0 \in Y$ vor, so sei

$$C_{y_0} := \{f \in C(I^n, Y) \,/\, f(\partial I^n) = \{y_0\}\} = C_{y_0}(I^n, Y)$$

mit der kompakt-offenen Topologie versehen. Für $f, g \in C_{y_0}$ definiere man wie in 14.5

$$f * g \begin{pmatrix} x_1 \\ \vdots \\ x_n \end{pmatrix} = \begin{cases} f \begin{pmatrix} 2x_1 \\ x_2 \\ \vdots \\ x_n \end{pmatrix} & \text{für } x_1 \leqslant 1/2 \\ g \begin{pmatrix} 2x_1 - 1 \\ x_2 \\ \vdots \\ x_n \end{pmatrix} & \text{für } x_1 \geqslant 1/2. \end{cases}$$

Dann ist $* : C_{y_0} \pi C_{y_0} \to C_{y_0}$ eine Abbildung mit folgenden Eigenschaften:

(a) $*$ ist stetig. Sind also f und f' bzw. g und g' in C_{y_0} homotop, so ist auch $f' * g'$ in C_{y_0} zu $f * g$ homotop.

(b) Bezeichnet $\pi_n(Y, y_0)$ die Menge der Wegkomponenten von $C_{y_0} = C_{y_0}(I^n, Y)$, so induziert $*$ durch $[f] * [g] := [f * g]$ eine Abbildung

$$* : \pi_n(Y, y_0) \times \pi_n(Y, y_0) \to \pi_n(Y, y_0).$$

(c) Für jedes $n \in \mathbb{N}$ ist $(\pi_n(Y, y_0), *)$ eine Gruppe. Für $n > 1$ ist diese Gruppe kommutativ.

14.7 **Definition:** $\pi_n(Y, y_0)$ heißt **n. Homotopiegruppe** von Y bei y_0. Für n = 1 heißt $\pi_1(Y, y_0)$ auch die **Fundamentalgruppe von Y bei y_0**.

(Der Begriff der Fundamentalgruppe stammt von *H. Poincaré*[1]), die höheren Homotopiegruppen führte *W. Hurewicz* ein[2]).)

Beweis des Theorems:

(a): Ist $(f_0, g_0) \in C_{y_0} \times C_{y_0}$ und ist $\langle K, O\rangle$ mit $K \subset\subset I^n$, $O \underset{\circ}{\subset} Y$ und $f_0 * g_0 \in \langle K, O\rangle$ gegeben, so setze man die Homöomorphismen

$$j' : [0, 1/2] \pi I^{n-1} \to I^n \quad \text{bzw.} \quad j'' : [1/2, 1] \pi I^{n-1} \to I^n$$

durch

$$j'(x) := \begin{pmatrix} 2x_1 \\ x_2 \\ \vdots \\ x_n \end{pmatrix} \quad \text{bzw.} \quad j''(x) := \begin{pmatrix} 2x_1 - 1 \\ x_2 \\ \vdots \\ x_n \end{pmatrix}$$

fest. Nun setze man $L' := K \cap [0, 1/2] \times I^{n-1}$, $K' := j'(L')$, $L'' := K \cap [1/2, 1] \times I^{n-1}$ und $K'' := j''(L'')$. Dann ist $(f_0, g_0) \in V := \langle K', O\rangle \times \langle K'', O\rangle$, denn zu $k' \in K'$, $k'' \in K''$ gibt es $l' \in L'$, $l'' \in L''$ mit $j'(l') = k'$, $j''(l'') = k''$, also

$$f_0(k') = f_0(j'(l')) = f_0 * g_0(l') \in f_0 * g_0(K) \subset O \quad \text{und} \quad g_0(k'') = g_0(j''(l'')) =$$
$$= f_0 * g_0(l'') \in O.$$

Setzt man nun $U := V \cap (C_{y_0} \times C_{y_0})$, so ist also $U \in \mathcal{U}(f_0, g_0)$. Außerdem ist $*(U) \subset \langle K, O\rangle$, denn für $k \in K$ ist entweder die erste Komponente $\leqslant 1/2$ oder $> 1/2$. Im ersten Fall ist $k \in L'$ und für $(f, g) \in U$ folglich $f * g(k) = f(j'(k)) \in f(K') \subset O$, und im zweiten Fall $k \in L''$, also $f * g(k) = g(j''(k)) \in g(K'') \subset O$ für alle $(f, g) \in U$. Also ist $*(U) \subset \langle K, O\rangle$. Nach 3.3(b) ist $*$ stetig in jedem $(f_0, g_0) \in C_{y_0} \times C_{y_0}$. Der zweite Satz in der Behauptung (a) gilt wegen 14.3.

(b): Das folgt mit (a) aus 14.3 sofort.

(c): *Assoziativität:* Zu zeigen ist $([f] * [g]) * [h] = [f] * ([g] * [h])$. Nach Definition von $*$ und nach 14.3 ist also $(f * g) * h \simeq f * (g * h) \bmod \partial I^n$ zu zeigen. Nun ist

$$(f * g) * h(x) = \begin{cases} f\begin{pmatrix} 4x_1 \\ x_2 \\ \vdots \end{pmatrix} & \text{für } x_1 \leqslant \frac{1}{4} \\ g\begin{pmatrix} 4x_1 - 1 \\ x_2 \\ \vdots \end{pmatrix} & \text{für } \frac{1}{4} \leqslant x_1 \leqslant \frac{1}{2} \quad \text{und} \\ h\begin{pmatrix} 2x_1 - 1 \\ x_2 \\ \vdots \end{pmatrix} & \text{für } \frac{1}{2} \leqslant x_1 \end{cases}$$

[1]) J. Ecole polytech., 1 (1895) und Rend. Palermo, 18 (1904).

[2]) Proc. Akad. Wetensch. Amsterdam, 38 (1935).

$$f * (g * h)(x) = \begin{cases} f\begin{pmatrix} 2x_1 \\ x_2 \\ \vdots \end{pmatrix} & \text{für } x_1 \leqslant \frac{1}{2} \\ g\begin{pmatrix} 4x_1 - 2 \\ x_2 \\ \vdots \end{pmatrix} & \text{für } \frac{1}{2} \leqslant x_1 \leqslant \frac{3}{4} \\ h\begin{pmatrix} 4x_1 - 3 \\ x_2 \\ \vdots \end{pmatrix} & \text{für } \frac{3}{4} \leqslant x_1 \end{cases}$$

Daher betrachten wir die folgende Zerlegung des Quadrats I × I in drei Teil-Vierecke:

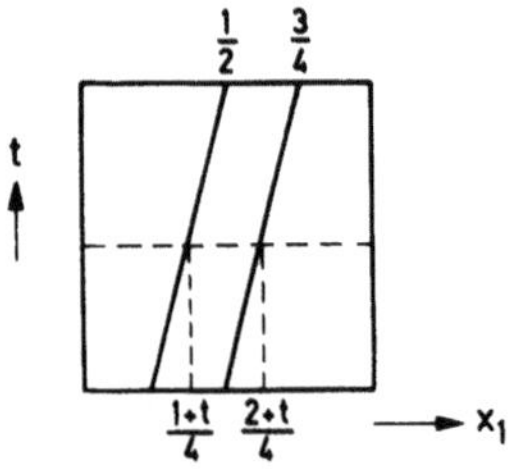

Auf dem linken Viereck soll f zur Definition der gesuchten Homotopie so benutzt werden, daß f genau einmal gleichförmig durchlaufen wird, wenn (x_1, t) die horizontale Strecke auf der Höhe t durchläuft. Analog verfährt man mit g und h bei den anderen Vierecken und erhält:

$$H(x, t) := \begin{cases} f\left(\frac{4x_1}{1+t}, x_2, \ldots, x_n\right) & \text{für } x_1 \leqslant \frac{1+t}{4} \\ g(4x_1 - 1 - t, x_2, \ldots, x_n) & \text{für } \frac{1+t}{4} \leqslant x_1 \leqslant \frac{2+t}{4} \\ h\left(\frac{4x_1 - 2 - t}{2-t}, x_2, \ldots, x_n\right) & \text{für } \frac{2+t}{4} \leqslant x_1 \end{cases}$$

Offenbar ist $H : I^n \pi I \to Y$ stetig, denn auf den Rändern der Teilvierecke stimmen f und g überein, bzw. g und h. Außerdem ist H eine Homotopie mod ∂I^n, denn für $x_i = 0{,}1$ $(i = 2, \ldots, n)$ sind $f(\ldots, x_i, \ldots) = g(\ldots) = h(\ldots) = y_0$, für $x_1 = 0$ ist $H(x, t) = f(0, x_2, \ldots) = y_0$ und für $x_1 = 1$ ist $H(x, t) = h(1, x_2, \ldots) = y_0$ für alle t. Schließlich ist $H(\cdot, 0) = (f * g) * h$ und $H(\cdot, 1) = f * (g * h)$.

Einheitselement: Das neutrale Element ist die Klasse $[c_{y_0}]$ der konstanten Abbildung $c_{y_0} : I^n \to Y$ auf y_0, den $H(x, t) := f(\min((2 - t) x_1; 1), x_2, \ldots)$ liefert eine Homotopie von $f * c_{y_0}$ nach f für jedes $f \in C_{y_0}$. Nach 14.3 $[f] * [c_{y_0}] = [f]$, denn H ist sogar Homotopie mod ∂I^n.

Inverse: Eine Rechtsinverse zu [f] erhält man als Homotopieklasse mod ∂I^n von f' mit $f'(x) := f(1 - x_1, x_2, \ldots, x_n)$. Es ist nämlich durch

$$H(x, t) := \begin{cases} f(2(1-t)\, x_1, x_2, \ldots, x_n) & x_1 \leqslant \frac{1}{2} \\ f(2(1-t)(1-x_1), x_2, \ldots, x_n) & x_1 \geqslant \frac{1}{2} \end{cases}$$

eine Homotopie mod ∂I^n von $f * f'$ nach c_{y_0} gegeben.

Kommutativität für n > 1:

Wir bringen einen Beweis, der an die anschauliche Interpretation von $*$ in 14.5 anknüpft:

Man setze zunächst

$Q := [-1,1]\,\pi\, I^{n-1}$, $h : I^n \to Q$,
$h(x) := (2x_1 - 1, x_2, \ldots, x_n)$, $Q_1 := [-1,0]\,\pi\, I^{n-1}$,
$k(x) := (x_1 + 1, x_2, \ldots, x_n)$

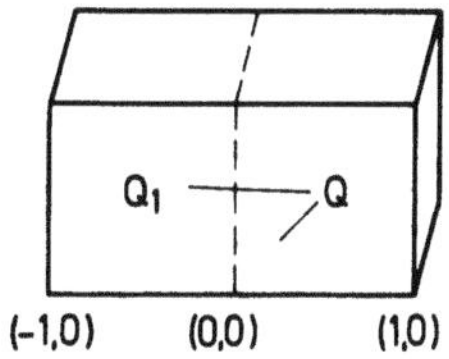

und für

$f, g \in C_{y_0}(I^n, Y)$ $\bar{f} := f \circ k$.

Dann ist $(\bar{f} \cup g)$ eine wohldefinierte stetige Abbildung von Q nach Y mit $(\bar{f} \cup g)(\partial Q \cup \{0\} \times I^{n-1}) = \{y_0\}$. Außerdem ist für $x \in I^n$ $(\bar{f} \cup g) \circ h(x) = f * g(x)$, wie man nachrechnen kann. (h verdoppelt den ersten Faktor von I^n und $(\bar{\cdot})$ versetzt f in der „richtigen Weise" nach „links".)

Konstruiert man nun einen Homöomorphismus $\varphi : [-1,1]\,\pi\, I \to B^2_{1/2}(0, 1/2)$ wie in 5.7(e), d.h. für $x \in \partial([-1,1] \times I)$ bildet φ die Strecke $[(0,1/2), x]$ linear und monoton auf

$$\left[(0, 1/2); \frac{x - (0, 1/2)}{2\,|x - (0, 1/2)|} + (0, 1/2)\right]$$

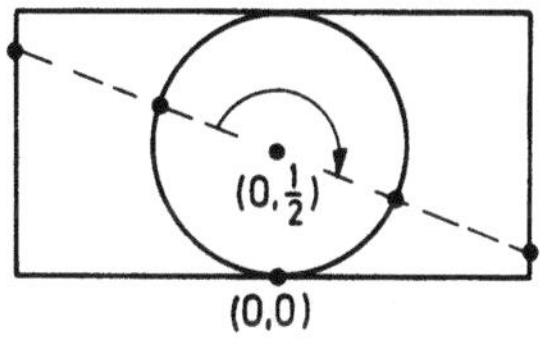

ab, und setzt für $t \in I$ als D_t die Drehung von $B^2_{1/2}(0, 1/2)$ um den Mittelpunkt und mit dem Winkel $t \cdot \pi$, so gibt

$$H(x, t) := (\bar{f} \cup g)(\varphi^{-1} \circ D_t \circ \varphi(x_1, x_2), x_3, \ldots, x_n)$$

eine Homotopie mod ∂Q von $(\bar{f} \cup g)$ nach

$(\bar{f} \cup g)'$ mit $(\bar{f} \cup g)'(x) := (\bar{f} \cup g)(-x_1, 1 - x_2, x_3, \ldots, x_n)$.

Wir setzen nun

$(\bar{f} \cup g)''(z) = (\bar{f} \cup g)'(\operatorname{sign}(z_1) - z_1, 1 - z_2, z_3, \ldots, z_n)$

und behaupten, daß es eine Homotopie $K : Q\,\pi\, I \to Y$ gibt, die mod ∂Q das $(\bar{f} \cup g)'$ nach $(\bar{f} \cup g)''$ bringt:

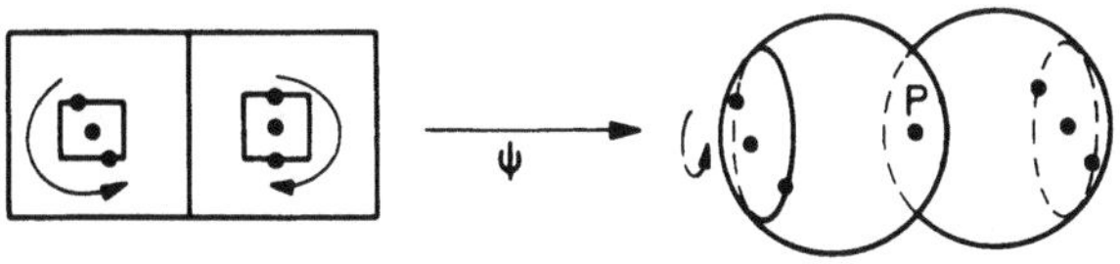

Dazu betrachte man die Doppelsphäre $S := S^2_{1/2}(-1/2, 1/2) \cup S^2_{1/2}(1/2, 1/2)$. Der Doppelpunkt $P := (0, 1/2)$ trennt die linke und rechte Sphäre von S. Da $(\overline{f} \cup g)$ und damit auch $(\overline{f} \cup g)'$ sowohl ∂Q als auch die Mittel„ebene" $\{0\} \times I^{n-1}$ auf y_0 abbilden, ist es sinnvoll, eine stetige Abbildung $\psi : [-1, 1] \times I \to S$ so zu konstruieren, daß den Quadraten um $(\pm 1/2, 1/2)$ eineindeutig die Kreise auf $S^2_{1/2}(\pm 1/2, 1/2)$ entsprechen, die senkrecht auf der Verbindungslinie der Sphärenmittelpunkte stehen. (s. Abb.) Den Quadraten $[-1, 0] \times I$ bzw. I^2 wird dabei P zugeordnet, während die „Quadrate" $\{(-1/2, 1/2)\}$ bzw. $\{(1/2, 1/2)\}$ auf $(-1, 1/2)$ bzw. $(1, 1/2)$ gehen. Das so konstruierte ψ induziert einen Homöomorphismus

$$\tilde{\psi} : ([-1,1] \times I) / (\partial([-1,1] \times I) \cup \{0\} \times I) \to S.$$

Wählt man nun wieder für $t \in I$ als D_t die Drehung von S um die Verbindungslinie der Mittelpunkte und um den Winkel $t \cdot \pi$, so erhält man durch

$$K(x, t) := \begin{cases} (\overline{f} \cup g)'(\tilde{\psi}^{-1} \circ D_t \circ \psi(x_1, x_2), x_3, \ldots, x_n)) & \text{für } (x_1, x_2) \in [-1, 1] \times I \setminus (\partial \ldots \cup \{0\} \times I) \\ y_0 \text{ für } (x_1, x_2) \in \partial([-1, 1] \times I) \cup \{0\} \times I \end{cases}$$

eine Homotopie $K : Q \times I \to Y$ mod ∂Q, die die „kleinen" Quadrate in ihre Diametrallage wandern läßt, bevor für $t = 1$ $(\overline{f} \cup g)'$ angewandt wird. Damit ist K die gesuchte Homotopie mod ∂Q.

Nun sind wegen 14.2(a) $(\overline{f} \cup g)$ und $(\overline{f} \cup g)''$ homotop mod ∂Q und folglich

$$(\overline{f} \cup g) \circ h \simeq (\overline{f} \circ g)'' \circ h \bmod \partial I^n$$

(vgl. 14.4(f)). Ist nun $x \in I^n$ mit $x_1 < 1/2$, so ist $h(x) = (2x_1 - 1, x_2, \ldots)$ mit $2x_1 - 1 < 0$, also

$$(\overline{f} \cup g)'' \circ h(x) = (\overline{f} \cup g)'(-1 - 2x_1 + 1, 1 - x_2, x_3, \ldots) =$$
$$= (\overline{f} \cup g)(2x_1, 1 - 1 + x_2, x_3, \ldots) = g(2x_1, x_2, \ldots).$$

Ist $x \in I^n$ mit $x_1 = 1/2$, so ist

$$(\overline{f} \cup g)'' \circ h(x) = y_0 = g(2x_1, x_2, \ldots) = f(2x_1 - 1, x_2, \ldots).$$

Ist schließlich $x \in I^n$ mit $x_1 > 1/2$, so ist $2x_1 - 1 > 0$, also

$$(\overline{f} \cup g)'' \circ h(x) = (\overline{f} \cup g)'(1 - 2x_1 + 1, 1 - x_2, x_3, \ldots) = (\overline{f} \cup g)(2x_1 - 2, x_2, \ldots) =$$
$$= \overline{f}(2x_1 - 2, x_2, \ldots) = f \circ k(\ldots) = f(2x_1 - 1, x_2, \ldots).$$

Insgesamt ist also $(\overline{f} \cup g) \circ h = f * g$ homotop mod ∂I^n zu $(\overline{f} \cup g)'' \circ h = g * f$, d.h. $[f] * [g] = [g] * [f]$. Damit ist gezeigt, daß $\pi_n(Y, y_0)$ für $n > 1$ kommutativ ist.

14.8 **Satz:** Es seien X, Y topologische Räume, $x_0 \in X$ und $\varphi : X \to Y$ eine stetige Abbildung. Dann wird durch $[f] \mapsto [\varphi \circ f]$ ein Gruppenhomomorphismus $\pi_n(\varphi) : \pi_n(X, x_0) \to \pi_n(Y, \varphi(x_0))$ induziert. Die Zuordnung $\varphi \mapsto \pi_n(\varphi)$ hat die folgenden Eigenschaften:

(a) Für $\varphi = id_X$ ist $\pi_n(id_X) = id_{\pi_n(X, x_0)}$.

(b) Ist $\psi : Y \to Z$ eine weitere stetige Abbildung, so ist $\pi_n(\psi \circ \varphi) = \pi_n(\psi) \circ \pi_n(\varphi)$.

(c) Ist $\psi : X \to Y$ homotop mod $\{x_0\}$ zu φ, so ist $\pi_n(\psi) = \pi_n(\varphi)$.

(Die Eigenschaften (a), (b) faßt man mit der Aussage „π_n ist ein **Funktor**" zusammen.)

Beweis: Sind $f, f' \in C_{x_0}(I^n, X)$ homotop mod ∂I^n, so ist nach 14.4(f) $\varphi \circ f \simeq \varphi \circ f'$ mod ∂I^n, also ist $[\varphi \circ f] = [\varphi \circ f']$ und $\pi_n(\varphi)$ damit unabhängig von der Auswahl $f \in [f]$ wohldefiniert. $\pi_n(\varphi)$ ist auch homomorph, denn es ist sogar $\varphi \circ (f * g) = (\varphi \circ f) * (\varphi \circ g)$, also

$$\pi_n(\varphi)([f] * [g]) = \pi_n(\varphi)([f * g]) = [\varphi \circ (f * g)] = \pi_n(\varphi)([f]) * \pi_n(\varphi)([g]).$$

Offenbar ist (a) richtig. Wegen

$$\pi_n(\psi \circ \varphi)([f]) = [\psi \circ \varphi \circ f] = \pi_n(\psi)([\varphi \circ f]) = \pi_n(\psi) \circ \pi_n(\varphi)([f])$$

gilt auch (b). Sind $H : X \pi I \to Y$ eine Homotopie mod $\{x_0\}$ von φ nach ψ und $f \in C_{x_0}(I^n, X)$, dann ist nach 14.4(f) $\varphi \circ f \simeq \psi \circ f$ mod ∂I^n, also $\pi_n(\varphi)([f]) = \pi_n(\psi)([f])$ und es gilt (c).

14.9 *Definition und Korollar:* Zwei „topologische Räume mit Basispunkt" (X, x_0), (Y, y_0) heißen **H-äquivalent** oder **homöotop** oder **vom selben H-Typ**, wenn es stetige Abbildungen

$$\varphi : X \to Y, \quad \psi : Y \to X$$

mit

$$\varphi(x_0) = y_0, \ \psi(y_0) = x_0, \ \psi \circ \varphi \simeq id_X \text{ mod } \{x_0\} \text{ und}$$
$$\varphi \circ \psi \simeq id_Y \text{ mod } \{y_0\}$$

gibt. (φ heißt dann **H-Äquivalenz** und ψ eine **H-Inverse** zu φ.)

Haben (X, x_0), (Y, y_0) denselben H-Typ, so sind die n. Homotopiegruppen $\pi_n(X, x_0)$, $\pi_n(Y, y_0)$ für alle $n \in \mathbb{N}$ vermöge $\pi_n(\varphi)$ isomorph, wobei φ irgendeine H-Äquivalenz sei.

Beweis: Ist ψ H-Inverse zu φ, so ist nach 14.8(c) $\pi_n(\psi \circ \varphi) = \pi_n(id_X)$ und $\pi_n(\varphi \circ \psi) = \pi_n(id_Y)$. Nach 14.8(b) und (a) ist $\pi_n(\varphi)$ surjektiv und injektiv, also ein Isomorphismus.

14.10 *Die Rolle des Basispunktes:*

Für $f \in C_{y_0}(I^n, Y)$ ist $f(I^n)$ wegzusammenhängender Teil von Y, liegt also in der Wegkomponente von y_0. Für jedes n ist also $\pi_n(Y, y_0) = \pi_n(K_{y_0}, y_0)$, wobei K_{y_0} die Wegkomponente von y_0 in Y bezeichnet. Die Homotopiegruppen sind also nur für wegzusammenhängende Räume interessant, da sie ohnehin nur Informationen über Wegkomponenten vermitteln.

Ist Y wegzusammenhängend, so sind alle $\pi_n(Y, y)$ für festes n und beliebiges $y \in Y$ (als Gruppen) isomorph. Jeder Weg $\alpha : I \to Y$ von y_0 nach y_1 vermittelt einen Isomorphismus $\bar{\alpha} : \pi_n(Y, y_1) \to \pi_n(Y, y_0)$. Für n = 1 kann man z. B. $\bar{\alpha}([f]) := [(\alpha * f) * \alpha^{-1}]$ $(\alpha^{-1}(t) := \alpha(1 - t))$ setzen. Der Isomorphismus $\bar{\alpha}$ kann so definiert werden, daß er nur von der Homotopieklasse von α mod $\{0; 1\}$ abhängt. Leider ergeben sich für verschiedene solcher Homotopieklassen i. a. verschiedene Isomorphismen, so daß Vorsicht geboten ist, wenn von „der"n. Homotopiegruppe des wegzusammenhängenden Raumes Y die Rede ist. (Für Details verweisen wir auf *S. T. Hu*, "Homotopy Theory", Academic Press, New York, 1959.) Für wegzusammenhängende Y ist aber demnach der Isomorphietyp der Gruppen $\pi_n(Y, y_0)$ topologisch invariant. Ist Y wegzusammenhängend und $\pi_1(Y, y_0)$ einelementig (trivial), so heißt Y **einfach zusammenhängend.**

14.11 *Theorem:* Für jedes $n \in \mathbb{N}$ und jedes $y_0 \in S^n$ ist $\pi_n(S^n, y_0)$ isomorph zu $\mathbb{Z}$.

Beweis: Wir zeigen diese Behauptung nur für $n = 1$. Für $n > 1$ findet man einen eleganten elementaren Beweis bei *J. Dugundji* [2] („Theorem von *H. Hopf*").

Um eine bequeme Schreibweise zu haben, fassen wir S^1 als Teilmenge von $\mathbb{C} \cong \mathbb{R}^2$ auf und setzen $e : \mathbb{R} \to S^1$ durch $e(s) := e^{2\pi is}$ ($\hat{=}$ $(\cos 2\pi s, \sin 2\pi s)$) fest. Lokal ist e eine topologische Einbettung, insbesondere ist $e|_{]-\frac{1}{2}, \frac{1}{2}[}$ ein Homöomorphismus auf $S^1 \setminus \{e^{\pi i}\} = S^1 \setminus \{(-1, 0)\}$. Wir nutzen nun noch aus, daß S^1 bzgl. der komplexen Multiplikation eine Gruppe ist. Nun beweisen wir die Behauptung in zwei Schritten:

1. Schritt: Ist $f : X \to Y$ stetig mit $f(x_0) = y_0$, so schreibt man vorteilhaft kurz: $f : (X, x_0) \to (Y, y_0)$. Wir behaupten nun: Ist $f : (I, 0) \to (S^1, 1)$ ein Weg in S^1 mit Anfangspunkt $1 = e(0) = e^{2\pi i \cdot 0}$ und ist $H : f \simeq g \bmod \partial I$ eine Homotopie von f nach g, so gibt es genau eine Homotopie $H' : I \pi I \to \mathbb{R}$ mit folgenden Eigenschaften: H' ist Homotopie mod ∂I mit $H'(0, 0) = 0$, und es ist $e \circ H' = e^{2\pi i H'} = H$.

$$\begin{array}{ccc} & (\mathbb{R}, 0, x) & \\ & {\scriptstyle H'} \nearrow \qquad \searrow {\scriptstyle e} & \\ (I \pi I, \{0\} \times I, \{1\} \times I) & \xrightarrow[H]{} & (S^1, 1, f(1)) \\ \uparrow & & \uparrow \\ (I \pi \{0\}, (0, 0)) & \xrightarrow[f]{} & (S^1, 1) \end{array}$$

Beweis dazu: Da $I \pi I$ kompakt ist, gibt es ein $n \in \mathbb{N}$, $n > 1$, so daß für $|(s, t) - (s', t')| \leq \frac{2}{n}$ stets $|H(s, t) - H(s', t')| < 1$ ist. (H ist gleichmäßig stetig.) Für solche $(s, t), (s', t')$ kann also $H(s', t')$ nicht der Diametralpunkt von $H(s, t)$ sein, d. h.

$$H(s, t) \neq -H(s', t') = e^{\pi i} \cdot H(s', t')$$

und folglich

$$\frac{H(s, t)}{H(s', t')} \in S^1 \setminus \{e^{\pi i}\}.$$

Für jedes $(s, t) \in I$ ist daher

$$e^{\pi i} \neq H\left(\frac{n-k}{n} \cdot (s, t)\right) \Big/ H\left(\frac{n-k-1}{n} \cdot (s, t)\right) \qquad (k = 1, \ldots, n-1),$$

denn es ist

$$\left|\frac{n-k}{n} \cdot (s, t) - \frac{n-k-1}{n} \cdot (s, t)\right| = \frac{1}{n} \cdot |(s, t)| \leq \frac{2}{n}.$$

Da S^1 eine topologische Gruppe ist, ist die durch diesen Quotienten definierte Abbildung $\alpha_k : I \pi I \to S^1 \setminus \{e^{\pi i}\}$ stetig für $k = 1, \ldots, n-1$. Für $(s, t) \in I \times I$ setze man nun $H' : I \pi I \to \mathbb{R}$ durch $H'(s, t) := \sum_{k=1}^{n-1} e|^{-1}_{]-\frac{1}{2}, \frac{1}{2}[} \circ \alpha_k(s, t)$ fest, dann ist auch H' stetig.

Es ist für $t \in I$ $H'(0,t) = \Sigma\, e|^{-1}_{\cdots}\left(\frac{H(0,\ldots)}{H(0,\ldots)}\right) = \Sigma\, e|^{-1}_{\cdots}\left(\frac{f(0)}{f(0)}\right) = 0$, denn H ist Homotopie mod ∂I. Analog sieht man, daß $H'(1,\cdot)$ konstant ist, also ist H' eine Homotopie mod ∂I mit $H'(0,0) = 0$. Außerdem ist

$$e \circ H'(s,t) = e^{2\pi i \cdot \Sigma\, e|^{-1}_{\cdots} \circ \alpha_k(s,t)}$$

$$= \prod_{k=1}^{n-1} e^{2\pi i \cdot e|^{-1}_{]-\frac{1}{2},\frac{1}{2}[}(\alpha_k(s,t))} =$$

$$= \prod_{k=1}^{n-1} \alpha_k(s,t) = \frac{H(s,t)}{H(0,0)} = H(s,t).$$

Es existiert also eine Homotopie H' von der behaupteten Form. Ist nun $H'': I \pi I \to \mathbb{R}$ eine Homotopie der behaupteten Form, so ist $\beta := H' - H'': I \pi I \to \mathbb{R}$ eine Abbildung mit

$$e^{2\pi i\beta} = \frac{e \circ H'}{e \circ H''} = \frac{H}{H} \equiv 1,$$

das heißt Bild $\beta \subset$ Kern $e = \mathbb{Z}$. Da. $I \pi I$ zusammenhängend und β stetig ist, muß β konstant sein, also $H' = H'' + \text{const}$. Wegen

$$H'(0,0) = 0 = H''(0,0) = H''(0,0) + \text{const},$$

muß const = 0 und folglich $H' = H''$ sein.

2. *Schritt:* Ist $[f] \in \pi_1(S^1, 1)$ und ist $f' \in [f]$, so gibt es also eine Homotopie mod ∂I $H: I\pi I \to S^1$ von f nach f'. Nach dem ersten Schritt gibt es nun genau einen „Lift" $H': I\pi I \to \mathbb{R}$ mit $H'(0,0) = 0$ und $e \circ H' = H$. H' ist ebenfalls Homotopie mod ∂I, also ist $\{x\} := H'(\{1\} \times I)$ einelementig. Wegen $e(x) = e^{2\pi i x} = H(1,0) = H(1,t) = 1$ für alle $t \in I$, ist $x \in \mathbb{Z}$ = Kern e. Setzt man $\varphi([f]) := x$, so ist eine wohldefinierte Abbildung $\varphi: \pi_1(S^1, 1) \to \mathbb{Z}$ erklärt, denn x hängt nur von [f] ab, nicht vom Repräsentanten f'.

φ ist Homomorphismus: Seien $[f], [g] \in \pi_1(S^1, 1)$, $H_1: f \overset{\sim}{\to} f$ bzw. $H_2: g \overset{\sim}{\to} g$ die trivialen Homotopien, d.h. $H_1(s,t) := f(s)$, $H_2(s,t) := g(s)$. Dann ist offenbar H_1' bzw. H_2' jeweils die triviale Homotopie mit $e \circ H_1' = H_1$, $e \circ H_2' = H_2$, d.h. $H_1'(\cdot,t) = f_1'$, $H_2'(\cdot,t) = g_2'$ mit

$$f_1', g_2': I \to \mathbb{R},\ f_1'(0) = g_2'(0) = 0,\ f_1'(1) = \varphi([f]),\ g_2'(1) = \varphi([g]).$$

Man setze nun $h'(s) := f_1'(2s)$ für $s \leqslant 1/2$ und $h'(s) := g_2'(2s-1) + \varphi([f])$ und $H_3'(\cdot,t) := h'$ für $t \in I$, dann ist $e \circ H_3' = H_3$ die triviale Homotopie von $f * g$ auf sich. $H_3'(1,t) = \varphi([g]) + \varphi([f])$ ist also der Endpunkt des eindeutig zu H_3 bestimmten Lifts, d.h. $H_3'(1,1) = \varphi([f] * [g])$.

φ ist surjektiv: Für $z \in \mathbb{Z}$ sei $h'(s) := z \cdot s$, $H'(\cdot,t) := h'$, dann ist $z = \varphi([e \circ H'(\cdot,1)]) = \varphi([e \circ h'])$. φ ist injektiv: Ist $[f] \in$ Kern φ, so setze man $H: f \overset{\sim}{\to} f$ die triviale Homotopie, dann ist H' wiederum trivial, also $H'(\cdot,t) = f'$ für alle t mit $f'(1) = H'(1,\cdot) = \varphi([f]) = 0 = f'(0)$. f' ist also in $\mathbb{R}$ ein bei 0 geschlossener Weg. Dieser ist homotop mod ∂I zu c_0, dem konstanten „Nullweg". Sei $K: I\pi I \to \mathbb{R}$ eine Homotopie mod ∂I von f' nach

c_0, dann ist $e \circ K : I \pi I \to S^1$ eine Homotopie mod ∂I von f nach c_1. Also ist $[f] = [c_1]$ das einzige Element von Kern φ.

Nach 14.10 ist $\pi_1(S^1, y_0) \cong \pi_1(S^1, 1) \cong \mathbb{Z}$.

Bemerkung: Nach unserer Konstruktion ist $\varphi([\mathrm{id}_{S^1}]) = \varphi([e|_I]) = 1$. Das gilt auch für die entsprechend konstruierten Gruppenisomorphismen $\varphi_n : (\pi_n(S^n, N) \to (\mathbb{Z},+)$. Faßt man die $[f] \in \pi_n(S^n, N)$ wie in 14.5 als Klassen von Selbstabbildungen der S^n auf, so erhält $\pi_n(S^n, N)$ durch $[f] \cdot [g] := \pi_n(f)([g])$ nach Definition von $*$ und nach 14.8(b) die Struktur eines Ringes $(\pi_n(S^n, N), \cdot, *)$ mit $[\mathrm{id}_{S^n}]$ als multiplikativem Einselement und $[c_N]$ als Nullelement. Wegen $\varphi_n([\mathrm{id}_{S^n}]) = 1$ ist φ_n sogar ein Ringisomorphismus auf $(\mathbb{Z}, \cdot, +)$.

14.12 Satz: Es sei $x_0 \in S^n$ und Y ein topologischer Raum, dann sind für jedes stetige $f : S^n \to Y$ die folgenden Aussagen äquivalent:

(a) f ist nullhomotop.

(b) Es gibt eine stetige Fortsetzung $F : B^{n+1} \to Y$ von f.

(c) f ist nullhomotop mod $\{x_0\}$.

Beweis:

(a) ⇒ (b): Sei $H : f \simeq c_y$ eine Nullhomotopie. Man definiere $F : B^{n+1} \to Y$ durch $F(x) := y$ für $|x| \leqslant 1/2$ und $F(x) := H\left(\frac{x}{|x|}, 2 - 2|x|\right)$ für $|x| \geqslant \frac{1}{2}$. Für $|x| = 1/2$ ist $H(2x, 1) = c_y(x) = y$, also ist F stetig. Für $x \in S^n$ ist außerdem $F(x) = H(x, 0) = f(x)$, also ist F Fortsetzung von f.

(b) ⇒ (c): Es sei $F : B^{n+1} \to Y$ mit $F|_{S^n} = f$ gegeben. Man setze $H(x, t) := F((1-t)x + tx_0)$ für $x \in S^n$, $t \in I$. Dann ist $H : S^n \pi I \to Y$ stetig mit $H(x_0, t) = F(x_0)$ und $H(x, 0) = F(x) = f(x)$ für alle $x \in S^n$, $t \in I$. Also ist H Homotopie mod $\{x_0\}$ von f nach $c_{f(x_0)}$.

(c) ⇒ (a): Offensichtlich.

Korollar: Für $n \in \mathbb{N}$ ist id_{S^n} nicht nullhomotop, denn $[\mathrm{id}_{S^n}] \neq [c_{y_0}] \in \pi_n(S^n, y_0)$. id_{S^n} läßt auch keine stetige Fortsetzung $f : B^{n+1} \to S^n$ zu.

14.13 *Verallgemeinerte Zwischenwertsätze:*

(a) Ist A Teilmenge eines topologischen Raumes X, so heißt A **Retrakt** von X, wenn es eine stetige Fortsetzung $f : X \to A$ von $\mathrm{id}_A : A \to A$ gibt. Das letzte Korollar besagt also:

S^n ist nicht Retrakt von B^{n+1}. (Man kann also B^{n+1}, die Vollkugel, nicht stetig auf ihren Rand ziehen und dabei die Randpunkte fest lassen.)

Ist A Retrakt von X mit einer „Retraktion" $f : X \to A$, $f|_A = \mathrm{id}_A$, so betrachte man die Inklusion $j : A \hookrightarrow X$. Ist dann $a \in A$, so ist $f \circ j : A \to A$ die Identität und folglich nach 14.8 $\pi_n(f \circ j) = \pi_n(f) \circ \pi_n(j) = \mathrm{id}_{\pi_n(A, a)}$. Es muß also insbesondere $\pi_n(j) : \pi_n(A, a) \to \pi_n(X, a)$ injektiv und $\pi_n(f) : \pi_n(X, a) \to \pi_n(A, a)$ surjektiv sein. Hat (A, a) als n.Homotopiegruppe (bei a) eine nichttriviale Gruppe und ist $\pi_n(X, a)$ zugleich trivial, so kann es keine Retraktion von X auf A geben. Diese Beobachtung liefert eine Reihe von höherdimensionalen Gegenstücken zum Zwischenwertsatz:

(b) Ist Y kontrahierbar, so gibt es nach Definition (vgl. 14.4(e)) eine Homotopie $H : Y \pi I \to Y$ mit $H(\cdot, 0) = \mathrm{id}_Y$ und $H(\cdot, 1) = c_{y_0} = \text{const}$. Ist dann $f \in C_{y_0}(S^n, Y)$, so gibt $K(s, t) := H(f(s), t)$ eine Homotopie $K : S^n \pi I \to Y$ von f nach c_{y_0} (diesmal als konstante Abbildung von S^n nach Y aufgefaßt). Diese Homotopie K braucht nicht mod {N} zu sein, kann aber wegen 14.12(a) ⇒ (c) durch eine Homotopie $K' : f \stackrel{\sim}{\to} c_{y_0}$ mod {N} ersetzt werden, daher ist $[f] = [c_{y_0}]$ das einzige Element von $\pi_n(Y, y_0)$. Da ein kontrahierbares Y natürlich wegzusammenhängend ist ($H(x, \cdot)$ ist ein Weg von $x \in Y$ nach y_0), hat es nach 14.10 nur isomorphe n. Homotopiegruppen, daher gilt:

Ein kontrahierbares Y hat nur triviale Homotopiegruppen.

Als ein erstes Beispiel für einen verallgemeinerten Zwischenwertsatz betrachten wir folgende Situation: Es sei $Y \subset \mathbb{R}^n$ kontrahierbar (z. B. konvex oder homöomorph zu einer konvexen Menge, vgl. (14.9)). Ist dann $S^{n-1}_\epsilon(x) \subset Y$ so, daß Y auf $B^n_\epsilon(x) \cap Y$ retrahierbar ist, so ist schon $B^n_\epsilon(x) \subset Y$. (Sonst könnte man Y auf $S^{n-1}_\epsilon(x)$ retrahieren, indem man die erste Retraktion außerhalb $B^n_\epsilon(x)$ läßt, aber innerhalb dieser Kugel durch die Zentralprojektion von $x_0 \in \mathring{B}^n_\epsilon(x) \setminus Y$ auf $S^{n-1}_\epsilon(x)$ ersetzt. Da $S^{n-1}_\epsilon(x)$ homöomorph zu S^{n-1} ist, hat jedes $\pi_{n-1}(S^{n-1}_\epsilon(x), \ldots)$ unendlich viele Elemente (14.9 und 14.11). Wegen (a) müßte dann $\pi_{n-1}(Y, \ldots)$ unendlich sein. Dieses Argument gilt, wenn $n - 1 \geqslant 1$ ist. Für $n - 1 = 0$ folgt die Behauptung aus dem Zwischenwertsatz, denn $S^{n-1}_\epsilon(x)$ wäre dann gleich $\{x - \epsilon, x + \epsilon\}$.)

(c) Ein anderer verallgemeinerter Zwischenwertsatz lautet:

Ist $f : B^n \to \mathbb{R}^n$ *stetig mit* $f(S^{n-1}) \subset B^n$ *dann hat* f *mindestens einen Fixpunkt*[1].

(Wäre nämlich für alle $x \in B^n$ $f(x) \neq x$, so wäre für $|x| = 1$ und $t \in [0, 1/2]$ $(x - 2t\,f(x)) \neq 0$. Für $t \geqslant 1/2$ und $|x| = 1$ wäre auch $(2 - 2t)\,x \neq f((2 - 2t) \cdot x)$, sonst wäre ja $(2 - 2t)\,x$ ein Fixpunkt von f. Setzt man für $x \in \mathbb{R}^n \setminus \{0\}$ $\varphi(x) := x/|x|$, für $(x, t) \in S^{n-1} \times I$, $H(x, t) := \varphi(x - 2t\,f(x))$ für $t \leqslant 1/2$ und $H(x, t) := = \varphi(2x - 2tx - f(2x - 2tx))$ sonst, so ist $H : S^{n-1} \pi I \to S^{n-1}$ eine Homotopie von $id_{S^{n-1}}$ nach $\varphi \circ f(0)$. Nach dem Zwischenwertsatz ist $id_{S^0} = id_{\{\pm 1\}}$ nicht nullhomotop. Für $n - 1 > 0$ ist $id_{S^{n-1}}$ nach dem Korollar zu 14.12 nicht nullhomotop. Es muß also doch einen Fixpunkt von f geben.)

Ein Korollar ist der berühmte Fixpunktsatz von *L. E. J. Brouwer*[2]:

Jedes stetige $f : B^n \to B^n$ *hat mindestens einen Fixpunkt.*

(d) Wie in 14.4(d) sieht man leicht ein, daß $\pi_n(S^{n+k}, N)$ für alle $n, k \in \mathbb{N}$ die triviale Gruppe ist. Das liefert das folgende Analogon zu 10.6(a):

Satz von der Invarianz der Dimension: Sind $U \underset{\circ}{\subseteq} \mathbb{R}^n$, $V \underset{\circ}{\subseteq} \mathbb{R}^m$ *homöomorph, so ist* $U = V = \emptyset$ *oder* $n = m$.

---

1) Fixpunktsatz von *Knaster, Kuratowski* und *Mazurkiewicz*, Fund. Math. 14 (1929).

2) Math. Ann. 69 (1910).

Beweis dazu: Es sei $m = n + k \geqslant n > 1$, $U \neq \emptyset$, dann ist auch $V \neq \emptyset$. Seien nun $h: V \to U$ ein Homöomorphismus und $v \in V$, $u = h(v)$. Da U und V offen sind, gibt es $\alpha, \beta, \gamma \in \mathbb{R}_+$ mit $B^n_\alpha(u) \subset h(B^m_\beta(v)) \subset B^n_\gamma(u)$. Da $S^{n-1}_\alpha(u)$ eine nichttriviale $(n-1)$. Homotopiegruppe hat, gibt es ein nicht-nullhomotopes $f: S^{n-1} \to S^{n-1}_\alpha(u)$. Wäre $k \geqslant 1$, so wäre

$$\pi_{n-1}(S^{n+k-1}, \ldots) \cong \pi_{n-1}(B^m_\beta(v) \setminus \{v\}) \cong \{0\},$$

denn $S^{m-1}_\beta(v) \cong S^{n+k-1}$ ist Retrakt von $B^m_\beta(v) \setminus \{v\}$. Dann wäre mit $h^{-1} \circ f$ aber auch $h \circ h^{-1} \circ f = f$ zu einer stetigen Fortsetzung auf B^n fähig (vgl. 14.12). Folglich müßte f doch nullhomotop sein. Es kann also kein nicht-nullhomotopes $f: S^{n-1} \to S^{n-1}_\alpha(u)$ geben, es sei denn, $k = 0$.

(e) Für Abschnitt 15 ist folgendes Ergebnis wichtig:

Satz von der Invarianz der Randpunkte:

Für $n \in \mathbb{N}$ sein $\mathbb{H}^n := \{x \in \mathbb{R}^n \,/\, x_n \geqslant 0\}$ als topologischer Unterraum von $\mathbb{R}^n$. Sind dann $U \underset{\circ}{\subset} \mathbb{H}^n$, $V \underset{\circ}{\subset} \mathbb{H}^m$ homöomorph, so sind entweder $U = V = \emptyset$ oder $n = m$. *Sind* U, V *nichtleer und ist* $h: V \to U$ *ein Homöomorphismus, dann ist* $h(V \cap \partial \mathbb{H}^m) = U \cap \partial \mathbb{H}^n$.

Beweis dazu: Die Dimensionsgleichheit beweist man analog zu (d). Es bleibt die Invarianz der Randpunkte zu zeigen: Sei $u \in U \setminus \partial \mathbb{H}^n$. Wäre dann $v := h^{-1}(u) \in \partial \mathbb{H}^m = \partial \mathbb{H}^n$, so gäbe es $\alpha, \beta, \gamma \in \mathbb{R}_+$ mit $B^n_\alpha(u) \subset h(B^n_\beta(v) \cap V) \subset B^n_\gamma(u)$ und $B^n_\beta(v) \cap V = B^n_\beta(v) \cap \mathbb{H}^n$. Wählt man nun wieder ein nicht-nullhomotopes $f: S^{n-1} \to S^{n-1}_\alpha(u)$, so ist $h^{-1} \circ f: S^{n-1} \to B^n_\beta(v) \cap (\mathbb{H}^n \setminus \{v\})$ stetig auf B^n fortsetzbar, denn der Bildraum ist kontrahierbar (s. 14.12). Damit ist aber auch $h \circ h^{-1} \circ f = f: S^{n-1} \to B^n_\gamma(u) \setminus \{u\}$ stetig auf B^n fortsetzbar. Ist $g: B^n \to B^n_\gamma(u) \setminus \{u\}$ stetige Fortsetzung von f, so ist $g'(x) := u + \alpha \frac{g(x) - u}{|g(x) - u|}$ stetige Fortsetzung von $f: S^{n-1} \to S^{n-1}_\alpha(u)$ auf ganz B^n. Nach 14.12 muß f also doch nullhomotop sein. Es kann also v nicht in $\partial \mathbb{H}^n$ liegen. Folglich gilt $h(V \cap \partial \mathbb{H}^m) \subset U \cap \partial \mathbb{H}^n$ und mit h^{-1} statt h die umgekehrte Inklusion.

Korollar: Das kompakte Möbiusband M ist nicht homöomorph zu $S^1 \pi I$, dem kompakten Zylinder. (Der geometrische Rand von M, d. h. die Menge der Punkte, die keine zu $\mathbb{R}^2$ homöomorphe Umgebung in M haben, ist zusammenhängend. Der geometrische Rand von $S^1 \pi I$ hat dagegen zwei Komponenten. Ein Homöomorphismus zwischen M und $S^1 \pi I$ müßte aber die geometrischen Ränder aufeinander abbilden.)

14.14 *Zur Berechnung von Homotopiegruppen:*

(a) Unterräume: Es sei X topologischer Unterraum von Y, $x_0 \in X$. Wir haben schon gesehen (14.13(a)), daß jede Retraktion $f: Y \to X$ einen surjektiven Homomorphismus $\pi_n(f): \pi_n(Y, x_0) \to \pi_n(X, x_0)$ induziert. (Die Inklusion von X in Y liefert im Fall des Retraktes einen injektiven Homomorphismus.)

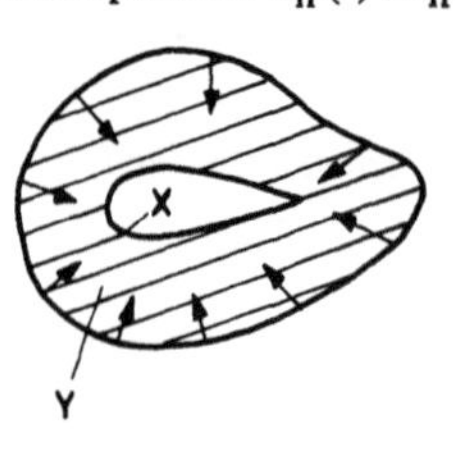

Von besonderem Interesse ist natürlich der Fall, daß die Retraktion $f: Y \to X$ schon einen Isomorphismus vermittelt. Wegen 14.8 ist dazu hinreichend, daß $f \simeq id_Y \pmod{\{x_0\}}$. Oft lassen sich solche Homotopien nur schwer nachweisen. Man hat daher vor allem zwei Retraktionsbegriffe geschaffen, die diese Bedingung abschwächen bzw. verschärfen:

X heißt **Deformationsretrakt** von Y, wenn id_Y homotop zu einer Retraktion auf X ist. X heißt **starker Deformationsretrakt** von Y, wenn id_Y homotop mod X zu einer Retraktion von Y auf X ist.

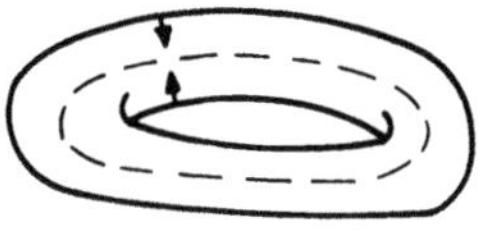

Torus

Ist X starker Deformationsretrakt von Y, so stimmen natürlich alle Homotopiegruppen vermöge $\pi_n(f)$ überein. $\{0\}$ ist starker Deformationsretrakt von $\mathbb{R}^n$, $\{-N\}$ ist starker Deformationsretrakt von $S^n \setminus \{N\}$, die Seele $S^1 \pi \{0\}$ des Volltorus $S^1 \pi B^2$ ist starker Deformationsretrakt des Volltorus. $S^1 \pi \{1\}$, der Äquator des Torus $S^1 \pi S^1$, ist nicht starker Deformationsretrakt des Torus. (vgl. (b)) Der Äquator des Torus ist nicht einmal Retrakt des Torus. (Warum?) Der Punkt $\{(0, 1)\}$ des Kamm-Raumes $X := (\{0, 1/n \mid n \in \mathbb{N}\} \times I) \cup (I \times \{0\}) \subset \mathbb{R}^2$ ist Deformationsretrakt, aber nicht starker Deformationsretrakt von X. (Da X kontrahierbar ist, stimmen dennoch alle Homotopiegruppen überein!) Ein Raum X ist nach Definition genau dann kontrahierbar, wenn ein Punkt von X Deformationsretrakt von X ist. Für eine große Klasse von Räumen stimmen beide Begriffe jedoch überein[1]).

(b) Produkte: Kartesische Produkte von Gruppen $\underset{j \in J}{\times} G_j$ sind durch $(g_j) \cdot (g'_j) := (g_j \cdot g'_j)$ wieder in natürlicher Weise Gruppen. Ist $X = \underset{j \in J}{\prod} X_j$ Produkt topologischer Räume und ist $x = (x_j) \in X$, so wird durch $[f] \mapsto ([pr_j \circ f])_{j \in J}$ ein Gruppenisomorphismus

$$\varphi_n : \pi_n(X, x) \to \underset{j \in J}{\times} \pi_n(X_j, x_j)$$

gegeben. Das Produkt n. Homotopiegruppen ist also in natürlicher Weise isomorph zur n. Homotopiegruppe des Produkts.

So hat z. B. der Torus $S^1 \pi S^1$ die Fundamentalgruppe $\pi_1(S^1 \pi S^1) \cong \mathbb{Z} \times \mathbb{Z}$. Da kein Homomorphismus $h: \mathbb{Z} \to \mathbb{Z} \times \mathbb{Z}$ surjektiv ist, kann $S^1 \pi \{1\}$ nicht starker Deformationsretrakt von $S^1 \pi S^1$ sein. (Wäre $S^1 \pi S^1$ durch f auch nur auf $S^1 \pi \{1\}$ retrahiert, so hätte man in $f|_{\{1\} \pi S^1} : \{1\} \pi S^1 \to \{(1, 1)\}$ eine Retraktion der S^1 auf einen ihrer Punkte. Das ist unmöglich!)

(c) Für finale Konstruktionen hat man leider nur sehr spezielle Berechnungsverfahren entwickeln können. (Einen ersten Eindruck von den Schwierigkeiten gibt (d).) Wenigstens für die Fundamentalgruppe der Vereinigung zweier Unterräume $X_1, X_2 \subset X$ hat man ein äußerst leistungsfähiges Resultat, das wir hier nur formulieren können[2]).

Bevor wir den Satz formulieren können, referieren wir noch ein paar Definitionen aus der Gruppentheorie: Die einfachsten Gruppen nach den kommutativen sind die freien Gruppen F(A) mit Alphabet A. Dabei ist A eine nichtleere Menge und F(A) bezeichnet die Äquivalenzklassen aller endlichen Folgen $(a_1^{z_1}, \ldots, a_n^{z_n})$ mit $a_i \in A$, $z_i \in \mathbb{Z}$ bezüglich folgender Äquivalenzrelation: Zwei „Wörter" der Form

$$(a_1^{z_1}, \ldots, a_i^{z_i}, a^z, a^{z'}, a_{i+1}^{z_{i+1}}, \ldots, a_n^{z_n}) \quad \text{bzw.} \quad (a_1^{z_1}, \ldots, a_i^{z_i}, a^{z+z'}, a_{i+1}^{z_{i+1}}, \ldots, a_n^{z_n})$$

---
[1]) Vgl. z. B. *R. H. Fox*, Ann. Math., 44 (1943).
[2]) Für einen Beweis sei auf *Crowell-Fox*, „Introduction to Knot Theory", Blaisdell, 1963, oder *Seifert-Threlfall*, „Lehrbuch der Topologie", Chelsea, Nachdruck von 1934, verwiesen.

seien äquivalent, ebenso zwei Wörter der Form

$$(a_1^{z_1}, \ldots, a_i^{z_i}, a^0, a_{i+1}^{z_{i+1}}, \ldots, a_n^{z_n}) \quad \text{bzw.} \quad (a_1^{z_1}, \ldots, a_i^{z_i}, a_{i+1}^{z_{i+1}}, \ldots, a_n^{z_n}).$$

(Man darf also Exponenten bei gleicher Basis addieren und Silben der Form a^0 weglassen.) Die Multiplikation in F (A) wird dann durch Aneinanderschreiben der jeweiligen Repräsentanten definiert, dabei wirkt die Äquivalenzklasse von (a^0) als Einheit.

Eine Gruppe G heißt frei, wenn sie (gruppen-) isomorph zu einer Gruppe der Form F (A) ist. G heißt frei vom Rang c, wenn G isomorph zu einem F (A) ist, wo A genau c Elemente hat. Eine Darstellung der Gruppe G ist ein Isomorphismus $\varphi : F(A) / N(R) \to G$, wobei $R \subset F(A)$ und N (R) der in F (A) erzeugte Normalteiler ist. Jede Gruppe G hat eine Darstellung: Man setze $A := G$, $f : F(A) \to G$ die homomorphe Fortsetzung der Inklusion und $\varphi : F(A) / \text{Kern } f \to G$ den induzierten Homomorphismus.

Es gilt nun das folgende

Theorem von H. Seifert[1] *und E. R. van Kampen*[2]:

X_1, X_2 *seien offene, wegzusammenhängende Unterräume von* $X = X_1 \cup X_2$ *und* $X_0 := X_1 \cap X_2$ *sei nichtleer und wegzusammenhängend, dann ist für* $x_0 \in X_0$ $\pi_1(X, x_0)$ *eine Faktorgruppe des „freien Produkts" von* $\pi_1(X_1, x_0)$ *und* $\pi_1(X_2, x_0)$. *Man erhält* $\pi_1(X, x_0)$ *aus diesem freien Produkt, indem man Elemente von* $\pi_1(X_1, x_0)$ *bzw.* $\pi_1(X_2, x_0)$, *die in* X_1 *bzw.* X_2 *homotop* mod ∂I *zu demselben Element von* $\pi_1(X_0, x_0)$ *sind, identifiziert.*

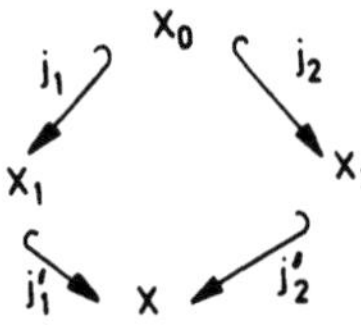

Präziser: Es seien $\varphi_i : F(A_i) / N(R_i) \to \pi_1(X_i, x_0)$ Darstellungen mit $A_1 \cap A_2 = \emptyset$. Man setze nun

$A := A_1 \cup A_2$, $R := R_1 \cup R_2 \cup (\pi_1(j_1) \circ \varphi_0(A_0)) \cdot (\pi_1(j_2) \circ \varphi_0(A_0))$ ($j_i : X_0 \hookrightarrow X_i$ die Inklusionen),

$\psi|A_1 := \pi_1(j_1') \circ \varphi_1$, $\psi|A_2 := \pi_1(j_2') \circ \varphi_2$ ($j_i' : X_i \hookrightarrow X$ die Inklusionen),

$\psi : F(A) \to \pi_1(X, x_0)$ die homomorphe Fortsetzung.

Dann ist Kern $\psi = N(R)$ und der induzierte Homomorphismus $\varphi = \bar{\psi} : F(A) / \text{Kern } \psi \to \pi_1(X, x_0)$ eine Darstellung. (Man kann sich das freie Produkt so vorstellen: Man schreibe Erzeugende und Relationen der einzelnen Gruppen nach den oben gegebenen „Wörterregeln" zusammen, dann hat man Erzeugende bzw. Relationen des freien Produkts.)

Beispiele dazu: Die Fundamentalgruppe der **n-blättrigen Rose** im $\mathbb{R}^2$ (Bild 1) ist frei vom Rang n, d. h. isomorph zum n-fachen *freien* Produkt von $\mathbb{Z}$ mit sich selbst. (Für n = 2 setze man für X_1 das eine, für X_2 das andere Blatt, dann ist $X_0 = X_1 \cap X_2$ genau der Doppelpunkt der Lemniskate. Ist der geschlossene Weg f in X_1 nullhomotop (zum Doppelpunkt), so repräsentiert er in $\pi_1(X_1, x_0)$ schon das Einheitselement. Da analoges für einen geschlossenen Weg in X_2 gilt, besteht R nur aus dem konstanten Weg $[c_{x_0}]$. Für $n \geq 2$ schließe man induktiv.)

1) Ber. Sächs. Akad. Wiss., 83 (1931)

2) Am. J. Math., 54/55 (1932/33).

Bild 1

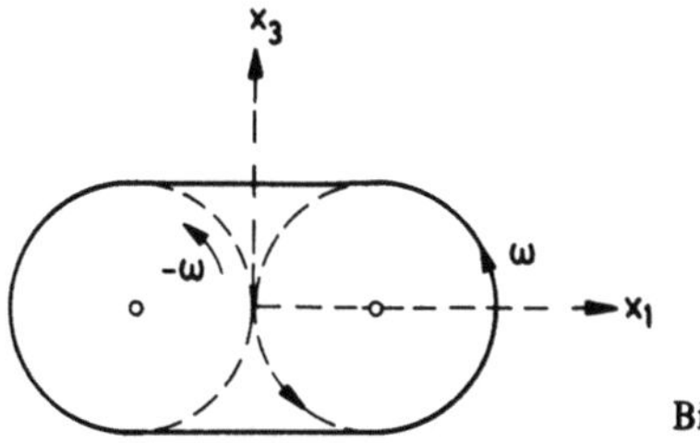

Bild 2

Da die n-blättrige Rose starker Deformationsretrakt einer n-fach gelochten Kreisscheibe in $\mathbb{R}^2$ bzw. der n + 1-fach gelochten S^2 ist, haben diese Räume also freie Fundamentalgruppen vom Rang n.

Die Fundamentalgruppe von $\mathbb{R}^3 \setminus S^1 := \mathbb{R}^3 \setminus S^1 \times \{0\}$ hat große Bedeutung in der Knotentheorie (vgl. 13.4, Beispiel d), wir können sie wie folgt berechnen: Man setze $X := (S^1 \times B^2 \cup B^2 \times [-1, 1]) \setminus S^1 \times \{0\}$ (als Teilmenge von $\mathbb{R}^3$ aufgefaßt), dann ist X homöomorph zum Vollzylinder $(B^2 \pi [-1, 1]) \setminus S^1_\epsilon$, aus dem ein kleiner Kreis S^1_ϵ gebohrt wurde. Offenbar ist X starker Deformationsretrakt von $\mathbb{R}^3 \setminus S^1$, hat also dieselben Fundamentalgruppen (bis auf Isomorphie). Nun setze man $X_1 := \{x \in X \,/\, x_2 \geq 0\}$, $X_2 := \{x \in X \,/\, x_2 \leq 0\}$, dann hat $X_1 \cap X_2 = X_0$ den H-Typ der 2-blättrigen Rose (= Lemniskate), während X_1, X_2 homöomorph zum Zylinder $S^1 \pi I$ sind, also Homotopiegruppen isomorph zu $\mathbb{Z}$ haben. Wählt man als Erzeugendes Element von $\pi_1(X_i, 0)$ mit $x_1 := (2, 0, 0)$ dasselbe $[\omega]$, wobei $\omega : I \to X_0$, $\omega(t) := (\cos 2\pi t, 0, \sin 2\pi t) + x_1$ ist, so gibt das Paar $([\omega], [-\omega])$ zugleich ein Erzeugendensystem von $\pi_1(X_0, 0)$. Indem man ω in X_1 um die x_3-Achse dreht, erhält man eine Homotopie mod ∂I von ω nach $-\frac{1}{\omega}$, wobei letzteres die Inverse bzgl. $*$ von $-\omega$ ist. Man hat also im freien Produkt $\pi_1(X_1, 0) \asymp \pi_1(X_2, o)$ $[\omega]$ mit $\left[\frac{1}{-\omega}\right]$ zu identifizieren. Schreibt man das freie Produkt als $F(\{a, b\})$, so ist also $a \cdot \frac{1}{b} \in R$. Die Wörter der Form

$$(a^{z_1}, b^{z_2}) \text{ und } (a^{z_1}, b^{-z_1}, b^{z_2 - z_1}) = (b^{z_2 - z_1}) \text{ und } (a^{z_1 - z_2}, a^{-z_2}, b^{z_2}) = (a^{z_1 - z_2})$$

sind also zu identifizieren, d. h. $F(\{a, b\}) / N(R) \cong F(\{a\}) \cong \mathbb{Z}$. Die Fundamentalgruppe des „Außenraumes" des trivialen Knotens S^1 ist also (bis auf Isomorphie) gleich $\mathbb{Z}$ (Bild 2).

Mit einer ähnlichen Überlegung kann man zeigen, daß die Fundamentalgruppe von $\mathbb{R}^3 \setminus K$, wobei K die Kleeblattschleife ist (s. Einleitung Abschnitt 10), isomorph zu $F(\{a, b\}) / N(R)$ mit $R := \{a \cdot b \cdot a, b \cdot a \cdot b\}$ ist. Diese Gruppe kann homomorph auf die nicht-kommutative symmetrische Gruppe γ_3 abgebildet werden, kann also selbst nicht kommutativ sein, insbesondere nicht isomorph zu $\mathbb{Z}$. Wäre K ein trivialer Knoten, so gäbe es einen Homöomorphismus $h : \mathbb{R}^3 \to \mathbb{R}^3$ mit $h(S^1) = K$. Dann hätte man aber mit $h|_{\mathbb{R}^3 \setminus S^1}$ einen Homöomorphismus von $\mathbb{R}^3 \setminus S^1$ auf $\mathbb{R}^3 \setminus K$ und folglich einen Isomorphismus ihrer Fundamentalgruppen. Da die „Knotengruppen", das heißt Fundamentalgruppen der Außenräume, nicht isomorph sind, können S^1 und K nicht (als Knoten) äquivalent sein, d. h. K ist nicht-trivialer Knoten. Entsprechend mühsam kann man auch zeigen, daß $S^1 \subset \mathbb{R}^3$ und $K \subset \mathbb{R}^3$ nicht isotop sind (die Außenräume laufen bei der Isotopie mit), was anschaulich natürlich trivial ist. (Vgl. 13.4(d) und die dort angegebene Literatur.)

(d) Wie eben schon gesehen, gestaltet sich die Berechnung von Homotopiegruppen schon für n = 1 schwierig. Für n > 1 steht man vor vielen äußerst schwierigen Problemen. So ist es z. B. bis heute nicht gelungen, alle Homotopiegruppen der Sphären für n > 1 zu berechnen. Man weiß allerdings eine Unzahl von Details, so findet man z. B. in dem Buch von *S. T. Hu*, „Homotopy Theory"[1]) eine Liste der Homotopiegruppen $\pi_{n+k}(S^n)$ für alle n und $5 \leq k \leq 15$ sowie die Berechnungsverfahren für $k \leq 4$. Immerhin hat sich herausgestellt, daß die Folgen $(\pi_{n+k}(S^n))_{n \in \mathbb{N}}$ (bis auf Gruppenisomorphie) stationär sind (ab $n \geq k + 2$), also $\pi_{n+k}(S^n)$ für genügend große n nur noch von k abhängt[2]). Die Berechnung der Homotopiegruppen der Sphären ist eines der großen unge-

---

1) Academic Press, 1959.

2) Stabilitätstheorem von *H. Freudenthal*, Comp. Math., 5 (1937).

lösten Probleme, mit denen sich die Homotopietheorie befaßt. (Neben dem Buch von Hu gibt es eine Reihe von elementaren Einführungen, so z. B. *F. W. Bauer*, „Homotopietheorie", BI, Mannheim, 1971).

14.15 Der lokale Abbildungsgrad

Wir wollen hier nicht tiefer in die Homotopietheorie eindringen, die auch nur *ein* Zweig der Algebraischen Topologie ist. Statt dessen wollen wir noch eine sehr interessante Anwendung des Isomorphismus $\varphi_n : (\pi_n(S^n, N), \cdot, *) \to (\mathbb{Z}, \cdot, +)$ behandeln, die für die Behandlung nichtlinearer Probleme der Analysis und auch für die Topologie selbst von großer Bedeutung ist. Den Isomorphismus φ_n mit $\varphi_n([\mathrm{id}_{S^n}]) = 1$ nennt man auch einen **Abbildungsgrad** (engl. „degree") und schreibt deg statt φ_n (vgl. die Bemerkung zu 14.11).

Es sei $f: U \to \mathbb{R}^n$ stetig gegeben. Ein Gleichungssystem $f_i(x) = p_i$ $(i = 1, \ldots, n)$ hat dann die Lösungsmenge $f^{-1}(p)$, wobei $p := (p_1, \ldots, p_n)$ ist. Da f sehr unhandlich sein kann, ist es nützlich, eine Information über die Lösungsmenge zu erhalten, die nur von der Homotopieklasse von f abhängt (man kann f dann – einigermaßen – geradebiegen).

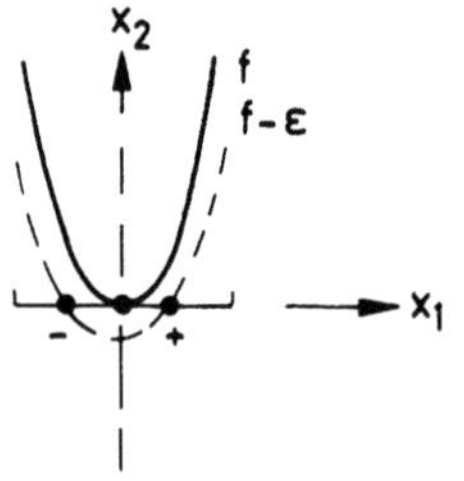

Es liegt nahe, die Anzahl der Lösungen von $f(x) = p$ als eine solche Information zu vermuten. Unglücklicherweise ändert sich diese Information z. B. schon bei Verschiebung von f in Richtung der x_2-Achse, wenn man $f(x_1) := x_1^2$ und $p := 0$, $U := [-1, 1]$ wählt. Dieses Beispiel legt aber die Vermutung nahe, die „algebraische Anzahl" der Lösungen von $f(x) = p$ ändere sich nicht, wenn man f „ein wenig verbiegt". Die algebraische Anzahl der Lösungen erhält man, wenn man die Orientierung von f in der Umgebung einer Lösung betrachtet: Positive Lösungen sind solche, wo f eine kleine Sphäre um die Lösung x_0 auf eine kleine (topologische) Sphäre um p abbildet, die bis auf Translation „wie die erste" aussieht, d. h. wo f (bis auf Translation) in der Homotopieklasse der Identität der ersten Sphäre liegt. Von der Anzahl der positiven Lösungen ziehe man nun die Anzahl der negativen Lösungen ab. Man erhält so die algebraische Anzahl der Lösungen. (Negative Lösungen: f liegt bis auf Translation in der Homotopieklasse von $\frac{1}{\mathrm{id}_S}$, wobei S die kleine Sphäre um die Lösung ist und $\frac{1}{\mathrm{id}_S}$ die Inverse von id_S bzgl. $*$.)

Dieses Konzept setzt natürlich voraus, daß f um jede Lösung topologisch ist und daß man die kleine Sphäre mit ihrer Bildsphäre so einfach identifizieren kann. Um sich von diesen gravierenden Einschränkungen zu befreien, schränkt man die Ausgangssituation etwas ein: f sei Element von $C(\overline{U}, \mathbb{R}^n)$, $p \in \mathbb{R}^n \setminus f(\partial U)$ und $\emptyset \neq U \underset{\circ}{\subseteq} \mathbb{R}^n$. Es geht nun also darum, die algebraische Anzahl der Lösungen von $f(x) = p$ im Inneren U zu finden, wenn auf ∂U mit Sicherheit keine Lösungen liegen. Tatsächlich hängt diese algebraische

Anzahl nur davon ab, wie oft f das ∂U gewissermaßen um p „herumwickelt", und das ist bis auf Homotopie mod ∂U solange unabhängig von f, wie die Homotopie nicht „über p läuft". Aber welchen Sinn hat diese algebraische Anzahl, wenn $f(x) = p$ unendlich viele oder unendlich-fache Lösungen hat? Es gibt eine Antwort, die mit dem Isomorphismus $\deg = \varphi_{n+1}$ zusammenhängt.

Um das zu erläutern, setzen wir zusätzlich voraus, daß U beschränkt ist, also $\overline{U} \subset\subset \mathbb{R}^n$. Dann kann man nämlich $f: \overline{U} \to \mathbb{R}^n$ auch als Abbildung von S^{n+1} in sich auffassen, die N fest läßt: Vermöge der stereographischen Projektion von N aus ist $\mathbb{R}^n \cong S^{n+1} \setminus \{N\}$, und die 1-Punkt-Kompaktifizierung $\mathbb{R}^n_\infty = \mathbb{R}^n \cup \{\infty\}$ ist homöomorph zu S^{n+1}, wobei ∞ dem Punkt N entspricht (vgl. 11.16 und 11.7(f)). Nach 9.21 kann man f auf ganz $\mathbb{R}^n$ stetig fortsetzen, aber eine solche Fortsetzung braucht nicht stetig so auf $\mathbb{R}^n_\infty$ fortsetzbar zu sein, daß $\infty = N$ wieder nach $\infty = N$ geht. Um dies zu erreichen, wähle man $u \in U$ und projiziere $\mathbb{R}^n_\infty \setminus \{u\} = S^n \setminus \{u\}$ stereographisch auf $\mathbb{R}^n$ und $\mathbb{R}^n_\infty \setminus \{p\} = S^n \setminus \{p\}$ ebenfalls. Dann kann man $f|_{\partial U}$ wegen $p \notin f(\partial U)$ als Abbildung $f': S^n \setminus \{u\} \to S^n \setminus \{p\}$ stetig fortsetzen, wobei noch $f'(N) = N$ ist. Nun setze man $f|_{\overline{U}} = \overline{f}|_{\overline{U}}$ und $\overline{f}|_{S^n \setminus U} := f'|_{S^n \setminus U}$. Nach dem Korollar (b) zu 6.5 ist $\overline{f}: S^n \to S^n$ stetige Fortsetzung von f mit $\overline{f}(N) = N$ und $\overline{f}^{-1}(p) = f^{-1}(p)$, d.h. $f(x) = p$ und $\overline{f}(x) = p$ haben dieselbe Lösungsmenge. Wir wollen $\overline{f}: S^n \to S^n$ eine **„lösungsfreie" Fortsetzung** nennen, wenn $\overline{f}$ stetig ist, N nach N abbildet, f fortsetzt und die gleiche Lösungsmenge ergibt.

Natürlich ist $\overline{f}$ nicht eindeutig als lösungsfreie Fortsetzung von (f, p) bestimmt. Immerhin sind je zwei lösungsfreie Fortsetzungen $\overline{f}, \overline{\overline{f}}$ von (f, p) mod {N} homotop: Man setze $H(x,t) := f(x) = \overline{f}(x) = \overline{\overline{f}}(x)$ für $(x,t) \in \overline{U} \times I$, $H(x,t) := \overline{f}(x)$ für $(x,t) \in S^n \times \{0\}$, $H(x,t) := \overline{\overline{f}}(x)$ für $(x,t) \in S^n \times \{1\}$ und $H(N,t) := N = \overline{f}(N) = \overline{\overline{f}}(N)$ für alle $(x,t) \in \{N\} \times I$. Kann man H nun stetig auf ganz $S^n \pi I$ fortsetzen, so ist die Behauptung bewiesen. Tatsächlich kann man H sogar derart stetig fortsetzen, daß alle $H(\cdot, t)$ dieselbe Lösungsmenge $H(\cdot, t)^{-1}(p)$ wie f liefern: Man projiziere wieder von $u \in U$ bzw. p stereographisch, dann erhält man ein stetiges $H': (S^n \setminus \{u\}) \pi I \to S^n \setminus \{p\}$, das $H|_{(\partial U \cup \{N\}) \times I \cup (S^n \setminus U) \times \{0,1\}}$ stetig fortsetzt (9.21). Nun setze man $H|_{(S^n \times I) \setminus (U \times I)} := H'|_{(S^n \setminus U) \times I}$.

Damit ist folgende Definition sinnvoll:

14.16 Definition: Für $n \in \mathbb{N}$ sei $\deg: (\pi_n(S^n, N), \cdot, *) \to (\mathbb{Z}, \cdot, +)$ ein fest gewählter Isomorphismus mit $\deg([\mathrm{id}_{S^n}]) = 1$. Es sei für

$$\emptyset \neq U \underset{\circ}{\subseteq} \mathbb{R}^n, \overline{U} \subset\subset \mathbb{R}^n$$

$$D(U) := \{(f,p) \mid f \in C(\overline{U}, \mathbb{R}^n), p \in \mathbb{R}^n \setminus f(\partial U)\}$$

mit der Unterraumtopologie von $C_{co}(\overline{U}, \mathbb{R}^n) \pi \mathbb{R}^n$. (Da $C_{co}(\overline{U}, \mathbb{R}^n)$ für kompaktes $\overline{U}$ gleich $C_{ggl}(\overline{U}, \mathbb{R}^n)$ ist, vgl. die Bemerkung zu 14.2, wird D(U) durch

$$d((f,p),(f',p')) := d_{sup}(f,f') + |p - p'|$$

metrisiert.)

Die Funktion $\deg: D(U) \to \mathbb{Z}$, $(f,p) \mapsto \deg(\overline{f})$, wobei $\overline{f}$ eine lösungsfreie Fortsetzung von f ist, heißt (ein) **lokaler Abbildungsgrad auf D(U).**

14.17 *Eigenschaften des lokalen Abbildungsgrades:*

(a) $\deg : D(U) \to \mathbb{Z}$ ist stetig.

Offenbar ist $D(U)$ lokal (weg-)zusammenhängend. Wir brauchen also nur zu zeigen, daß deg auf den (offenen) Wegkomponenten von $D(U)$ konstant ist. Ist $\varphi : I \to D(U)$ ein Weg, so ist $pr_1 \circ \varphi$ ein Weg in $C_{co}(\bar{U}, \mathbb{R}^n)$ mit $pr_1 \circ \varphi(t)(u) \neq pr_2 \circ \varphi(t)$ für alle $u \in \partial U$. Die Homotopie $H(u, t) := pr_1 \circ \varphi(t)(u)$ bildet für eine Umgebung J von $t = 0$ $\partial U \times J$ in $S^n \setminus pr_2 \circ \varphi(J)$ ab, analog für $t = \sup J$ usw. Dieselbe Projektionstechnik wie in 14.15 zeigt,, daß $H : \bar{U} \pi I \to S^n$ eine stetige Fortsetzung $H' : S^n \pi I \to S^n$ hat, wobei für jedes $t \in I$ $H'(\cdot, t)$ lösungsfreie Fortsetzung von $\varphi(t)$ ist. Insbesondere ist H' eine Homotopie mod $\{N\}$, so daß für alle $t \in I$

$$\deg(\varphi(t)) = \deg([H'(\cdot, t)]) = \deg([H'(\cdot, 0)]) = \deg(\varphi(0)) \text{ ist.}$$

(b) Für $p \in U$ ist $\deg(id_{\bar{U}}, p) = 1$. ($id_{S^n}$ ist lösungsfreie Fortsetzung, und es gilt $\deg([id_{S^n}]) = 1$.)

(c) Für $p \in \mathbb{R}^n \setminus f(\bar{U})$ ist $\deg(f, p) = 0$. (Ist $\bar{f}$ lösungsfreie Fortsetzung, so ist $p \in S^n \setminus \bar{f}(S^n)$, $\bar{f}$ also nicht surjektiv. Mittels einer stereographischen Projektion von p aus, sieht man, daß $\bar{f} \simeq c_N$ mod $\{N\}$ und folglich $\deg(f, p) = \deg([\bar{f}]) = \deg([c_N]) = 0$ ist.)

(d) Für $\emptyset \neq V \underset{\circ}{\subseteq} U$ mit $f^{-1}(p) \subset V$ ist $\deg(f, p) = \deg(f|_{\bar{V}}, p)$. (Jede lösungsfreie Fortsetzung von $(f|_{\bar{V}}, p)$ taugt auch für (f, p).)

(e) *Additionssatz für Gebiete:* Es seien $(f, p) \in D(U)$, U_1, U_2 disjunkte, nichtleere, offene Teilmengen von U mit $f^{-1}(p) \subset U_1 \cup U_2 = U$. Dann ist

$$\deg(f, p) = \deg(f|_{U_1}, p) + \deg(f|_{U_2}, p).$$

Beweis dazu: Es seien $\bar{f}_1$, $\bar{f}_2$ lösungsfreie Fortsetzungen von $(f|_{\bar{U}_1}, p)$ bzw. $(f|_{\bar{U}_2}, p)$. Da $\deg(f|_{\bar{U}_1}, p) + \deg(f|_{\bar{U}_2}, p) = \deg([\bar{f}_1]) + \deg([\bar{f}_2]) = \deg([\bar{f}_1] * [\bar{f}_2])$ ist, brauchen wir nur zu zeigen, daß in $[\bar{f}_1] * [\bar{f}_2] = [\bar{f}_1 * \bar{f}_2]$ eine lösungsfreie Fortsetzung $\bar{f}$ von (f, p) liegt. Das $*$-Produkt ist definiert durch die Identifikation von S^n mit $I^n / \partial I^n = \mathring{I}^n \cup \{\partial I^n\}$, wobei N dem Element ∂I^n von $\mathring{I}^n_\infty = \mathring{I}^n \cup \{\infty\} = \mathring{I}^n \cup \{\partial I^n\}$ entspricht. Bei dieser Identifikation entsprechen U_1, U_2 relativ-kompakten Teilmengen von $\mathring{I}^n$, ebenso U. Wir dürfen $\bar{f}_1$, $\bar{f}_2$ als Abbildungen von I^n nach S^n mit $\bar{f}_i(\partial I^n) = \{N\}$ auffassen. Dann ist

$$\bar{f}_1 * \bar{f}_2(x) = \begin{cases} \bar{f}_1(2x_1, x_2, \ldots) \text{ für } x_1 \leq 1/2 \\ \bar{f}_2(2x_1 - 1, x_2, \ldots) \text{ für } x_1 \geq 1/2 \end{cases}.$$

Für $(x_1, t) \in [0, 1/2] \times I$ sei $H_1(x_1, t) := x_1 / (1 + t)$ und für $(x_1, t) \in I \times I$ mit $x_1 = 1$ oder $t = 0$ sei $H_1(x_1, t) := x_1$. Dann existiert nach 9.22 ein stetiges $H_1 : I \pi I \to I$ mit der vorgegebenen Einschränkung. Ebenso gibt es ein stetiges $H_2 : I \pi I \to I$ mit $H_2(x_1, t) = (x_1 + t) / (1 + t)$ für $x_1 \geq 1/2$ und $H_2(x_1, t) = x_1$ für $x_1 = 0$ oder $t = 0$. Für $i = 1, 2$ ist dann $K_i(x, t) := \bar{f}_i(H_i(x_1, t), x_2, \ldots, x_n)$ eine Homotopie mod ∂I^n. Man setze $\bar{f} := K_1(\cdot, 1) * K_2(\cdot, 1)$. Dann ist $\bar{f}(x) = \bar{f}_1(x_1, x_2, \ldots, x_n)$ für $x_1 \leq 1/2$ und $\bar{f}(x) = \bar{f}_2(x)$ für $x_1 \geq 1/2$, insbesondere ist $\bar{f}(u) = f(u)$ für $u \in \bar{U}$ und $\bar{f}(x) \neq p$ für $x \in I^n \setminus U$. $\bar{f}$ ist also lösungsfreie Fortsetzung von (f, p) mit $\bar{f} = K_1(\cdot, 1) * K_2(\cdot, 1) \in [\bar{f}_1] * [\bar{f}_2]$.

(f) *Produktsatz:* Es seien $(g, p) \in D(V)$, $\emptyset \neq U = \mathring{U} \subset \overline{U} \subset\subset \mathbb{R}^n$, $f: \overline{U} \to \overline{V}$ stetig und $p \notin g \circ f(\partial U)$.

Aus jeder Komponente K_j $(j \in J)$ von $V \setminus f(\partial U)$ wähle man ein $k_j \in K_j$, dann ist

$$\deg_U (g \circ f, p) = \sum_{j \in J} \deg_{K_j}(g, p) \cdot \deg_U (f, k_j),$$

wobei $\deg_{K_j}(g, p) := \deg(g|_{K_j}, p)$ ist.

Beweis dazu: Da $\mathbb{R}^n$ lokal zusammenhängend ist, sind die K_j offen. Sie bilden eine offene Überdeckung der kompakten Menge $g^{-1}(p)$, folglich sind nur endlich viele $\deg_{K_j}(g, p) \neq 0$, und die Summe ist definiert. Seien $K_1, \ldots, K_m$ die Komponenten, die $g^{-1}(p)$ schneiden, $U_1, \ldots, U_m$ deren Urbilder unter f. Wegen des Additionssatzes (e) ist die Behauptung bewiesen, sobald

$$\deg_{U_i}(g \circ f, p) = \deg_{K_i}(g, p) \cdot \deg_{U_i}(f, k_i) \quad \text{für} \quad i = 1, \ldots, m$$

gezeigt ist.

Dazu setze $f_i := f|_{\overline{f^{-1}(K_i)}}$, $g_i := g|_{\overline{K_i}}$ und wähle lösungsfreie Fortsetzungen $\overline{f}_i, \overline{g}_i$ von (f_i, k_i) bzw. (g_i, p). Dann ist $\overline{g}_i \circ \overline{f}_i$ lösungsfreie Fortsetzung von $(g \circ f|_{\overline{U}_i}, p)$, denn $(\overline{g}_i \circ \overline{f}_i)^{-1}(p) = \overline{f}_i^{-1}(\overline{g}_i^{-1}(p)) \subset \overline{f}_i^{-1}(K_i) = U_i$. Da $[id_{S^n}]$ die Gruppe $(\pi_n(S^n, N), *)$ erzeugt (deg ist Isomorphismus und $\deg([id]) = 1$), kann man jedes $[h] \in \pi_n(S^n, N)$ in der Form $[h] = z\,[id_{S^n}]$ mit $z \in \mathbb{Z}$ schreiben (z-faches $*$-Produkt von [id] mit sich). Wegen der in der Bemerkung zu 14.11 gezeigten Distributivgesetze gilt daher:

$$\deg_{U_i}(g \circ f, p) = \deg([\overline{g}_i \circ \overline{f}_i]) = \deg([\overline{g}_i] \cdot [\overline{f}_i]) = \deg((z \cdot [id]) \circ (z' \cdot [id])) =$$
$$\deg(z \cdot z' \cdot [id]) = z \cdot z' = \deg([\overline{g}_i]) \cdot \deg([\overline{f}_i]) = \deg(g_i, p) \cdot \deg(f_i, k_i) =$$
$$= \deg_{K_i}(g, p) \cdot \deg_{U_i}(f, k_i).$$

Das war zu zeigen.

(g) Ist $f|_{\partial U} = id_{\partial U}$, so ist $\deg(f, p) = \deg(id_{\overline{U}}, p)$. (Man setze $\varphi: I \to D(U)$ durch $\varphi(t)(x) := ((1-t) f(x) + tx, p)$ fest, dann ist φ ein Weg von (f, p) nach $(id_{\overline{U}}, p)$ innerhalb $D(U)$. Nach (a) ist deg auf diesem Weg konstant.)

Wir geben zwei Anwendungsbeispiele, weitere Anwendungen findet man in *Dugundji* [2] und *K. Deimling*, „Nichtlineare Gleichungen und Abbildungsgrade", Springer, 1974.

14.18 Satz von d'Alembert (Fundamentalsatz der Algebra):

Jedes nichtkonstante Polynom $\sum_{i=0}^{n} a_i x^i$ mit komplexen Koeffizienten hat mindestens eine (komplexe) Nullstelle.

Beweis: Es sei

$$p(z) := \sum_{i=0}^{n} \frac{a_i}{a_n} z^n, q(z) := z^n.$$

Angenommen $p(z) \neq 0$ für alle $z \in \mathbb{C}$, dann ist nach 14.17(c) $\deg(p|_{\mathring{B}^2}, 0) = 0$. Außerdem ist $id_{S^2} * id_{S^2} * id_{S^2} * \ldots * id_{S^2}$ (n Summanden) lösungsfreie Fortsetzung von $(q|_{\mathring{B}^2}, 0)$, also $\deg(q|_{\mathring{B}^2}, 0) = n$. Für

$$\alpha := 1 + \sum_{i=0}^{n-1} \left|\frac{a_i}{a_n}\right|, \; q_\alpha(z) := q(\alpha \cdot z) \text{ und } p_\alpha(z) := p(\alpha \cdot z) \text{ mit } z \in B^2$$

ist wegen 14.17(a)

$$\deg(q_\alpha, 0) = \deg(q|_{B^2}, 0) = n \text{ und } \deg(p_\alpha, 0) = \deg(p|_{B^2}, 0) = 0.$$

Für $t \in I$ setze man $\varphi_t := (1-t) \cdot q_\alpha + t \cdot p_\alpha$ und $\varphi(t) := (\varphi_t, 0)$, dann ist $\varphi: I \to D(B^2)$ ein Weg von $(q_\alpha, 0)$ nach $(p_\alpha, 0)$, denn für $t \in I$, $s \in \partial B^2 = S^1$ ist

$$|\varphi_t(s) - 0| = |q_\alpha(s) - (tq_\alpha(s) - tp_\alpha(s))| \geqslant |q_\alpha(s)| - t \cdot |q_\alpha(s) - p_\alpha(s)| =$$

$$= \alpha^n - t \cdot \left|\sum_{i=0}^{n-1} \frac{a_i}{a_n} \alpha^i s^i\right| \geqslant \alpha^n - t \cdot \alpha^{n-1} \cdot \sum_{0}^{n-1} \left|\frac{a_i}{a_n}\right| > \alpha^n - t \cdot \alpha^n > 0.$$

Da deg auf den Wegkomponenten von $D(B^2)$ konstant ist, mußte $n = 0$ sein, d. h. $p(z) = \text{const}$, $a_i = 0$ für $i > 0$.

Bemerkung: Sind alle a_i reell und ist n ungerade ($a_n \neq 0$), dann hat das Polynom nach dem Zwischenwertsatz mindestens eine reelle Nullstelle. (Man schreibe für $x \neq 0$

$$p(x) = \sum_{0}^{n} a_i x^i = x^n \left(a_n + \sum_{0}^{n-1} a_i \frac{1}{x^{n-i}}\right).$$

Der zweite Faktor konvergiert für $x \to \infty$ gegen a_n. Da n ungerade ist, hat x^n für negative x negatives Vorzeichen, für positive x positives Vorzeichen, folglich nimmt p(x) negative und positive Werte an. Nach dem Zwischenwertsatz muß eine reelle Nullstelle existieren.)

14.19 *Theorem von L. E. J. Brouwer:*[1]) Sind K, L homöomorphe kompakte Teilmengen des $\mathbb{R}^n$, so haben $\mathbb{R}^n \setminus K$ und $\mathbb{R}^n \setminus L$ gleiche Anzahl von Komponenten.

Beweis: (*J. Leray*, 1950)

Es sei B^n_α eine (genügend große) Kugel um 0 mit $K \cup L \subset \mathring{B}^n_\alpha$. Da $\mathbb{R}^n \setminus K$ und $\mathbb{R}^n \setminus L$ genau eine unbeschränkte (Weg-)Komponente haben, muß $\partial B^n_\alpha = S^{n-1}_\alpha$ in diesen beiden Komponenten liegen. Durch die zentrische Streckung $x \mapsto \frac{1}{\alpha} \cdot x$ bilde man K, L und B^n_α ab, dann reicht es offenbar, wenn man die folgende Behauptung beweist:

1) Math. Ann., 71 (1912).

Für $K, L \subset \mathring{B}^n$ mit $K \cong L$ haben $B^n \setminus K$ und $B^n \setminus L$ dieselbe Komponentenanzahl.

1. Schritt: Es seien $h: K \to L$ ein Homöomorphismus, $H, H': B^n \to B^n$ stetige Fortsetzungen von $h \cup \mathrm{id}_{S^{n-1}}$ bzw. $h^{-1} \cup \mathrm{id}_{S^{n-1}}$ (vgl. 9.21). Weiter seien $K_i\ (i \in J_K)$ bzw. $L_j\ (j \in J_L)$ die (offenen) Komponenten von $\mathring{B}^n \setminus K$ bzw. $\mathring{B}^n \setminus L$. Man wähle je ein $k_i \in K_i$ bzw. $l_j \in L_j$. Wegen $\partial K_i \subset K \cup S^{n-1}$ ist $H' \circ H|_{\partial K_i} = \mathrm{id}_{\partial K_i}$, und nach 14.17(g) gilt:

$$\deg_{K_i}(H' \circ H, k_{i'}) = \delta_{ii'}\ (= 1 \text{ für } i = i', \text{sonst} = 0). \tag{1}$$

Leider können wir auf die linke Seite von (1) nicht den Produktsatz 14.17(f) anwenden, um

$$\deg_{K_i}(H' \circ H, k_{i'}) = \sum_{j \in J_L} \deg_{L_j}(H', k_{i'}) \cdot \deg_{K_i}(H, l_j) = \delta_{ii'} \tag{2}$$

zu erhalten, denn die L_j brauchen nicht die Komponenten von $B^n \setminus H(\partial K_i)$ zu sein. Wir werden im zweiten Schritt des Beweises zeigen, daß (2) tatsächlich gilt. Unterstellt man (2) und analog

$$\deg_{L_j}(H \circ H', l_{j'}) = \sum_{i \in J_K} \deg_{K_i}(H, l_{j'}) \cdot \deg_{L_j}(H', k_i) = \delta_{jj'}, \tag{3}$$

so sind zwei Fälle möglich: Entweder ist eine der beiden Mengen J_K, J_L unendlich, dann muß es nach (2), (3) auch die andere sein, und als offene, disjunkte Teilmengen des $\mathbb{R}^n$ gibt es dann abzählbar viele K_i bzw. L_j. Oder beide Mengen sind endlich, d. h.

$$J_K = \{1, \ldots, \kappa\},\quad J_L = \{1, \ldots, \lambda\} \text{ mit } \kappa, \lambda \in \mathbb{N}.$$

Setzt man dann für A, B die Matrizen

$$A := ((\deg_{K_i}(H, l_j)))_{\substack{i = 1, \ldots, \kappa \\ j = 1, \ldots, \lambda}},\quad B := ((\deg_{L_j}(H', k_i)))_{\substack{j = 1, \ldots, \lambda \\ i = 1, \ldots, \kappa}}$$

dann werden (2) und (3) durch $A \cdot B = I$, $B \cdot A = I$ ausgedrückt, d. h. die zugehörigen linearen Abbildungen zwischen $\mathbb{R}^\kappa$ und $\mathbb{R}^\lambda$ sind zueinander invers. Das kann nur sein, wenn $\kappa = \lambda$. Ist (2) bewiesen ((3) folgt analog), so gilt also der Satz.

2. Schritt: Nachweis von (2). Wegen $\partial K_i \subset K \cup S^{n-1}$ ist

$$L_j \cap H(\partial K_i) \subset L_j \cap (L \cup S^{n-1}) = \emptyset,$$

also liegt jedes L_j in einer Komponente von $\mathring{B}^n \setminus H(\partial K_i)$. Seien $M_k\ (k \in J)$ die Komponenten von $\mathring{B}^n \setminus H(\partial K_i)$. Wegen

$$\mathring{B}^n \setminus L = \dot{\bigcup} L_j \subset \mathring{B}^n \setminus H(\partial K_i) = \dot{\bigcup} M_k$$

läßt sich J_L in disjunkte Teile $J_{L_k} := \{j \in J_L \mid L_j \subset M_k\}$ zerlegen, d. h. $J_L = \dot{\bigcup}_{k \in J} J_{L_k}$. Für jedes $m_k \in M_k$ ist dann für alle $j \in J_{L_k}$

$$\deg_{K_i}(H, m_k) = \deg_{K_i}(H, l_j). \tag{4}$$

Man setze nun $L_k := \bigcup_{j \in J_{L_k}} L_j \subset M_k$ für alle $k \in J$. Dann ist $(\overline{M}_k \setminus L_k) \subset L$, so daß für $x \in \overline{M}_k \setminus L_k$ stets $H'(x) = h^{-1}(x) \in K = K \setminus K_{i'}$ (alle $i' \in J_K$) gilt. Daher ist $k_{i'}$ nicht im Bild von $\overline{M}_k \setminus L_k$ unter H'. Wegen 14.17(d, e) ist daher

$$\deg_{M_k}(H', k_{i'}) = \deg_{L_k}(H', k_{i'}) = \sum_{j \in J_{L_k}} \deg_{L_j}(H', k_{i'}). \tag{5}$$

Aus (4) und (5) folgt nun mit dem Produktsatz 14.17(f):

$$\deg_{K_i}(H' \circ H, k_{i'}) = \sum_{k \in J} \deg_{M_k}(H', k_{i'}) \cdot \deg_{K_i}(H, m_k) =$$

$$= \sum_{k \in J} \sum_{j \in J_{L_k}} \deg_{L_j}(H', k_{i'}) \cdot \deg_{K_i}(H, L_{j'}) \quad (\text{mit } j' \in J_{L_k} \text{ beliebig})$$

$$= \sum_{k \in J} \sum_{j \in J_{L_k}} \deg_{L_j}(H', k_{i'}) \cdot \deg_{K_i}(H, l_j)$$

$$= \sum_{j \in J_L} \deg_{L_j}(H', k_{i'}) \cdot \deg_{K_i}(H, l_j) \quad (\text{wegen } J_L = \dot{\bigcup} J_{L_k}).$$

Das ergibt aber die Gleichung (2).

Damit ist das Theorem bewiesen.

14.20 *Korollar:* **Der Jordansche Kurvensatz**: Jede geschlossene Jordan-Kurve in $\mathbb{R}^2$ zerlegt diesen in zwei Gebiete und bildet jeweils den Rand dieser Gebiete.

14.21 **Satz von der Invarianz offener Mengen**: Ist $U \underset{\circ}{\subset} \mathbb{R}^n$, $f: U \to \mathbb{R}^n$ injektiv und stetig, so ist $f(U)$ offen und $f: U \to f(U)$ homöomorph.

Beweis: Es sei $p \in B_\epsilon^n(p) \subset U$, dann ist $f: B_\epsilon^n(p) \to f(B_\epsilon^n(p))$ als stetige Bijektion zwischen kompakten Mengen homöomorph. $\mathbb{R}^n \setminus f(\partial B_\epsilon^n(p))$ hat nach 14.19 genau zwei Komponenten, wovon genau eine beschränkt ist. Sei q ein Punkt der beschränkten Komponente von $\mathbb{R}^n \setminus f(S_\epsilon^{n-1}(p))$, dann ist q nicht in $\mathbb{R}^n \setminus f(B_\epsilon^n(p))$, sonst könnte man einen Weg von q nach der unbeschränkten Komponente von $\mathbb{R}^n \setminus f(S_\epsilon^{n-1}(p))$ finden, der $f(S_\epsilon^{n-1}(p))$ nicht träfe. Folglich ist $q \in f(B_\epsilon^n(p))$. Da $q \notin f(S_\epsilon^{n-1}(p))$ muß $q \in f(\mathring{B}_\epsilon^n(p))$ sein. Die (offene) beschränkte Komponente von $\mathbb{R}^n \setminus f(S_\epsilon^{n-1}(p))$ ist also in $f(\mathring{B}_\epsilon^n(p))$ enthalten, d. h. $f(\mathring{B}_\epsilon^n(p))$ ist genau diese beschränkte Komponente, also offen.

15. Mannigfaltigkeiten

Mannigfaltigkeiten bilden die für die Topologie interessanteste Klasse von Räumen: Da es sich im wesentlichen um lokal euklidische, d. h. lokal zu offenen Mengen des $\mathbb{R}^n$ homöomorphe Räume handelt, stehen sie der geometrischen Anschauung noch recht nahe, dennoch gibt es eine Fülle ungelöster Probleme, die gerade den Reiz dieses Gebietes ausmachen. Wir müssen uns hier darauf beschränken, einige grundlegende Erzeugungsprinzipien für solche Mannigfaltigkeiten einzuführen und tiefere Probleme nur anzureißen, denn zum näheren Studium der Mannigfaltigkeiten gehören Hilfsmittel aus vielen anderen Gebieten wie Analysis, Differentialgeometrie (sogenannte „Differentialtopologie") oder Algebra (sogenannte „Algebraische Topologie"). Ziel der bescheidenen Einführung in diesem Abschnitt soll lediglich eine intuitive Vorstellung von den möglichen geometrischen Gestalten der Mannigfaltigkeiten und ihren topologischen Eigenschaften sein.

Definition und einfache Eigenschaften von Mannigfaltigkeiten:

In der Einleitung zu diesem Buch wurde bereits geschildert, daß *Riemann* – vermutlich von *Gauß* angeregt – schon in seiner Habilitationsschrift von 1856 und danach in einem nachgelassenen Fragment versucht hatte, die Techniken seiner Flächentheorie auf n-dimensionale Mannigfaltigkeiten auszudehnen. Da diese Techniken vorwiegend auf Zerschneidungen der fraglichen Räume in elementare Stücke (i. a. zu Kugeln homöomorphe Teile) beruhten, die Möglichkeit solcher Zerschneidungen aber nicht leicht durch topologische Eigenschaften der Räume garantiert werden konnte, blieb eine wirklich befriedigende Definition der n-dimensionalen Mannigfaltigkeit lange problematisch. Zunächst legte der Erfolg der Zerschneidungstechniken in den Arbeiten von *Betti* (1871), *Dyck* (1890) und *Poincaré* (1895) nahe, Mannigfaltigkeiten als schon zerschnittene und auf bestimmte, algebraisch faßliche Weise zusammengeklebte Räume zu definieren. (So gingen z. B. *H. Weyl* (1913) bzw. *L. E. J. Brouwer* (1912) für Flächen bzw. n-dimensionale Mannigfaltigkeiten vor.) Leider ist die erhaltene Definition recht kompliziert und von algebraischen, d. h. nichttopologischen Aussagen durchsetzt, ein Umstand, der schon von *Brouwer, Tietze* u. a. als unbehaglich empfunden wurde. Glücklicherweise gab die weitere Entwicklung der Topologie Gelegenheit, sich von den lästigen Voraussetzungen weitgehend zu befreien: Die kombinatorischen Zerschneidungstechniken wurden zur „singulären" Homologietheorie verallgemeinert, so daß die Algebraische Topologie auch für allgemeinere Räume verfügbar wurde, und die von *Morse* und *Whitney* außerordentlich erfolgreich entwickelten Analysis-Techniken erlaubten neue Ansätze, die dann im letzten Vierteljahrhundert förmlich zur Explosion des Gebietes der „differenzierbaren Mannigfaltigkeiten" geführt haben (vgl. 15.10). Von der oben erwähnten Bedingung, eine Mannigfaltigkeit in elementare Bausteine zerschneiden zu können, („Triangulierbarkeit") macht man möglichst sparsam Gebrauch: Zwar konnte die Triangulierbarkeit der 2-dimensionalen Mannigfaltigkeiten („Flächen") als Folge des 2. Abzählbarkeitsaxioms nachgewiesen werden, doch liegen die Dinge in den höheren Dimensionen ungleich komplizierter. Für differenzierbare Mannigfaltigkeiten läßt sich die Triangulierbarkeit dagegen stets nachweisen, so daß dieser Theorie sowohl die oben erwähnten Analysis-Techniken als auch die der Algebraischen Topologie zur Verfügung stehen. Die tieferen Resultate in der Theorie der Mannigfaltigkeiten beziehen sich hauptsächlich auf differenzierbare. (Triangulierung der Flächen: *T. Radó*[1]), *J. Gawehn*[2]).)

---

[1]) Math. Ann., **90** (1923) und Acta litt. ac. scient. Szeged, **2** (1925).

[2]) Math. Ann., **98** (1928). Triangulierung der diff. Mannigf.: z. B. *J. R. Munkres*, „Elementary Diff. Top.", Princeton, 1966, Thm. 10.6.

Wir werden uns hier auf den gemeinsamen Bestand in den Grundlagen beschränken und die heute übliche Definition der topologischen Mannigfaltigkeit behandeln. Dabei fordert man i. a. über die lokale (euklidische) Struktur hinaus noch die Gültigkeit des 2. Abzählbarkeits- und des T_2-Axioms, wir werden sehen warum.

15.1 **Definition:** (a) Eine **m-Karte** für einen topologischen Raum X ist ein Tripel $U \overset{h}{\to} U'$, wobei $U \underset{\circ}{\subseteq} X$, $U' \underset{\circ}{\subseteq} \mathbb{R}^m$ oder $U' \underset{\circ}{\subseteq} \mathbb{H}^m := \{x \in R^m \,/\, x_m \geqslant 0\}$ und h ein Homöomorphismus sind.

(Man denke etwa an eine Karte Europas, die einen Teil der Erdoberfläche X topologisch abbildet.)

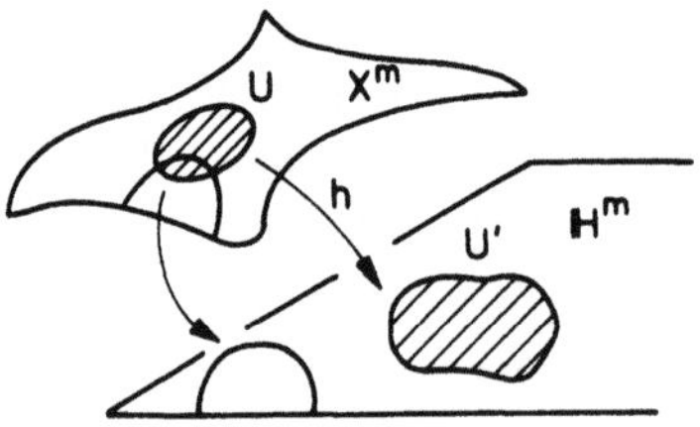

(b) Ein **lokal m-dimensionaler** Raum X^m ist ein topologischer Raum, zu dem ein **Atlas** $\{U_i \overset{h_i}{\longrightarrow} U'_i \,/\, i \in J\}$ aus m-Karten existiert, d. h. eine Menge von m-Karten, deren Definitionsbereiche U_i das X^m überdecken ($X = \bigcup_{i \in J} U_i$).

(c) Ist X^m lokal m-dimensional und ist $x \in X^m$, so heißt x **Randpunkt** von X^m, wenn es eine m-Karte

$$h : U \to U' \underset{\circ}{\subseteq} \mathbb{H}^m \text{ mit } h(x) = \begin{pmatrix} x_1 \\ \vdots \\ x_{m-1} \\ 0 \end{pmatrix}$$

gibt, d. h. h bildet x in die „Randebene" von $\mathbb{H}^m$ ab.

Die Menge der Randpunkte von X^m sei mit $Bd(X^m)$ bezeichnet.

(Von „boundary"; in der Literatur wird meist ∂X^m geschrieben, obwohl dies i. a. vom topologischen Rand verschieden ist: X^m ist ja in sich selbst zugleich offen und abgeschlossen, also randlos.)

15.2 *Bemerkungen und Beispiele:*

a) Die Definition (c) deutet schon an, warum man auch offene Teilmengen von $\mathbb{H}^m$ als Bilder der Karten zuläßt: Man würde sonst so offensichtlich lokal euklidische Räume wie die Einheitskugel B^m ausschließen (vgl. 14.13(e)). Im Gegensatz zum topologischen Rand $\partial X = \overline{X} \setminus \mathring{X}$ nennt man Bd (X) auch den **geometrischen Rand.**

Man beachte, daß die Dimension m eines lokal m-dimensionalen Raumes X^m und auch sein Rand unter Homöomorphismen invariant sind! (s. 14.13(d, e))

b) X^m ist genau dann lokal m-dimensional, wenn es zu jedem $x \in X^m$ eine zu $\mathbb{H}^m$ oder $\mathbb{R}^m$ homöomorphe Umgebung gibt.

(Ist $x \in Bd(X^m)$ und X^m lokal m-dim., so wähle man eine m-Karte $h : U \to U' \subset \mathbb{H}^m$ um x und eine offene Kugel $B \subset \mathbb{R}^m$ um $h(x)$ mit $B \cap \mathbb{H}^m \subset \overset{\circ}{U'}$. Ist $k : B \cap \mathbb{H}^m \to \mathbb{H}^m$ ein Homöomorphismus, so liefert

$$k \circ h|_{h^{-1}(B \cap \mathbb{H}^m)} : h^{-1}(B \cap \mathbb{H}^m) \to \mathbb{H}^m$$

die gewünschte Karte auf $\mathbb{H}^m$. Ist $x \in X^m \setminus Bd(X^m)$, so argumentiere man analog, um eine zu $\mathbb{R}^m$ homöomorphe Umgebung von x zu finden.

Gibt es umgekehrt zu jedem x eine zu $\mathbb{R}^m$ oder $\mathbb{H}^m$ homöomorphe Umgebung U, so ist $\overset{\circ}{U} \subset X^m$, und die entsprechende Einschränkung des Homöomorphismus nach $\mathbb{R}^m$ oder $\mathbb{H}^m$ auf $\overset{\circ}{U}$ liefert die gewünschte m-Karte.)

c) Die in (b) nahegelegte Definition des lokal m-dimensionalen Raumes ist zwar eleganter, beim praktischen Nachweis jedoch etwas unhandlicher.

d) Die einfachsten Beispiele von lokal m-dim. Räumen bilden natürlich die offenen Teilmengen von $\mathbb{R}^m$ oder $\mathbb{H}^m$. Die einfachsten nichttrivialen Beispiele liefern die Kugeln und ihre Randsphären: Für $\overset{\circ}{B}{}^m = \{x \in \mathbb{R}^m \,/\, |x| < 1\}$ wähle man $id_{\overset{\circ}{B}{}^m}$ als m-Karte. Für die Randpunkte der „nördlichen Hemisphäre" nehme man als Definitionsbereich einer m-Karte etwa $\{x \in B^m \,/\, x_m > 0\}$ und als m-Karte die durch

$$h(x) := \begin{pmatrix} x_1 \\ \vdots \\ x_{m-1} \\ 1 - |x|^2 \end{pmatrix}$$

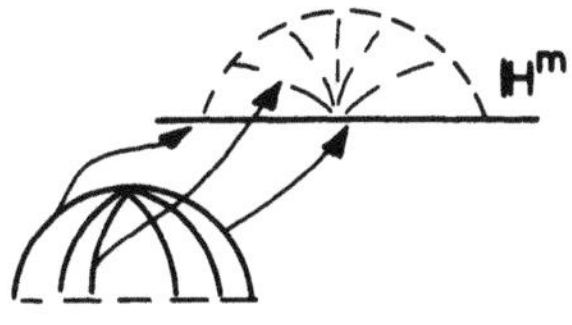

gegebene Abbildung mit ihrer Bildmenge in $\mathbb{H}^m$. (Nach 14.21. ist h ein Homöomorphismus, dies kann auch leicht direkt nachgeprüft werden.) Die noch fehlenden Karten erhält man bequem dadurch, daß man B^m erst einer Drehung unterwirft und dann h hinterherschaltet.

Die Einschränkungen der Karten(abbildungen) von B^m auf $\partial B^m = Bd(B^m) = S^{m-1}$ liefern sofort einen Atlas aus m-1-Karten für die Randsphäre:

B^m *ist ein lokal* m-*dimensionaler kompakter Raum mit (geometrischem) Rand* S^{m-1}. S^{m-1} *ist ein lokal* m-1-*dimensionaler kompakter und randloser Raum.* (Nach 11.7(f) kann man für S^{m-1} auch einen m-1-Atlas aus nur zwei Karten angeben.)

e) $B^m \pi I$, der Zylinder über B^m, ist ein lokal m + 1-dimensionaler Raum. Um dies einzusehen, bilde man zunächst $\mathbb{H}^1 \pi \mathbb{H}^1$ vermöge k homöomorph auf $\mathbb{H}^2$ ab: Es ist

$$\mathbb{H}^1 \pi \mathbb{H}^1 = \left\{ r \begin{pmatrix} \cos s \\ \sin s \end{pmatrix} / r \geqslant 0, 0 \leqslant s \leqslant \frac{\pi}{2} \right\},$$

man kann daher

$$k\left(r \begin{pmatrix} \cos s \\ \sin s \end{pmatrix} \right) := r \begin{pmatrix} \cos 2s \\ \sin 2s \end{pmatrix}$$

setzen. Nun stelle man Karten für I zur Verfügung: $h_1 : [0, 3/4[\to [0, 3/4[\subsetneq \mathbb{H}^1$ sei die Identität und als $h_2 :]1/4, 1] \to [0, 3/4[$ wähle man $h_2(t) := 1 - t$. Ist nun $(x, t) \in \overset{\circ}{B}{}^m \pi I$, so wähle man eine m-Karte h um x in B^m und h_i passend zu t, dann gibt $h \times h_i$ einen Homöomorphismus einer offenen Umgebung von (x, t) auf eine offene Teilmenge von $\mathbb{R}^m \pi \mathbb{H}^1 = \mathbb{H}^{m+1}$ oder von $\mathbb{H}^m \pi \mathbb{H}^1 = \mathbb{R}^{m-1} \pi \mathbb{H}^1 \pi \mathbb{H}^1 \cong \mathbb{R}^{m-1} \pi \mathbb{H}^2 = \mathbb{H}^{m+1}$.

Es gilt demnach auch allgemein:

Sind M^m bzw. N^n lokal m- bzw. n-dimensionale Räume, so ist $M^m \pi N^n$ lokal m + n-dimensional mit $Bd(M^m \pi N^n) = Bd(M^m) \pi N^n \cup M^m \pi Bd(N^n)$. (Vgl. die Produktregel bei der Differentiation!)

f) Das Möbiusband (6.4d) ist lokal 2-dimensional, sein geometrischer Rand ist homöomorph zu S^1. Damit kann das Möbiusband nach der Bemerkung (a) nicht homöomorph zum Zylinder $S^1 \pi I$ sein.

g) GL (n; IR), der Unterraum der nichtsingulären Matrizen von $\mathbb{R}^{n^2}$, ist als offene Teilmenge $\det^{-1}(\mathbb{R} \setminus \{0\})$ randlos und n^2-dimensional.

h) Die ebenen Figuren T bzw. 8 (Lemniskate) sind nicht lokal 1-dimensional, vermöge $\varphi(s) = \binom{\sin 2s}{\sin s}$ für $0 < s < 2\pi$ kann man jedoch 8 so mit einer finalen Topologie versehen, daß ein lokal 1-dimensionaler Raum entsteht (dieser hat natürlich nicht die übliche Unterraumtopologie des $\mathbb{R}^2$).

i) In 10.9 wurde ein Beispiel eines lokal 1-dimensionalen Raumes gegeben, der nicht hausdorffsch ist. (Man wähle $Y := \{(s, t) \in \mathbb{R}^2 \,/\, t = \pm 1\}$ als Unterraum von $\mathbb{R}^2$ und bilde den Quotienten bzgl. der Relation $(s, t) \sim (s', t')$, falls $(s, t) = (s', t')$ oder $s = s' > 0$.)

j) In 6.7(b) wurde $\mathbb{P}^m$, der reelle projektive Raum der Dimension m, als Quotient von S^m durch Identifikation der Antipodalpunkte definiert. Die natürliche Quotientenabbildung $f: S^m \to \mathbb{P}^m$ ist ein lokaler Homöomorphismus: Ist nämlich $O \subsetneq_\circ S^m$ so gewählt, daß mit $x \in O$ niemals $-x \in O$ ist, so ist $f|_O$ stetig, injektiv und offen, also Homöomorphismus von O auf $f(O) \subsetneq_\circ \mathbb{P}^m$. Schaltet man nun hinter $(f|_O)^{-1}$ eine geeignete m-Karte von S^m, so erhält man eine m-Karte für $\mathbb{P}^m$. Auf diese Weise zeigt sich $\mathbb{P}^m$ als lokal m-dimensionaler Raum ohne geometrischen Rand.

15.3 *Beispiel:* Die für die Anwendungen z. B. in der Physik wichtigsten lokal m-dimensionalen Räume treten als Lösungsmengen von Gleichungssystemen auf. Es handelt sich dabei um die Verallgemeinerung der aus der Linearen Algebra geläufigen Tatsache, daß die Lösungsmenge eines linearen Gleichungssystems $l(x) = a$ (l lineare Abbildung von $\mathbb{R}^n$ nach $\mathbb{R}^m$) entweder leer oder ein (n − Dim Bild l) -dimensionaler affiner Unterraum des $\mathbb{R}^n$ ist. Ist l nun eine nichtlineare Abbildung von nicht allzu abenteuerlicher Gestalt, so kann man erwarten, daß die (nichtleere) Lösungsmenge eines Gleichungssystems $l(x) = a$ zwar schrecklich „verbeult", aber wenigstens lokal euklidisch ist. Bevor wir einige typische Situationen dieser Art angeben, geben wir ein Kriterium, mit dem sich eine Teilmenge M^m eines lokal n-dimensionalen Raumes N^n als lokal m-dimensional nachweisen läßt:

Es sei M^m topologischer Unterraum des lokal n-dimensionalen Raumes N^n. Zu jedem $y \in M^m$ gebe es eine Umgebung U_y in N^n und eine stetige Injektion:

$$j: U_y \hookrightarrow \mathbb{R}^n \text{ mit } U_y \cap M^m = j^{-1}(\{0\} \times \mathbb{R}^m) = \{x \in N^n \,/\, j_1(x) = \ldots = j_{n-m}(x) = 0\},$$

dann ist M^m lokal m-dimensional und randlos.

(Die Bedingung besagt, daß M^m lokal die Lösungsmenge eines zur Einbettung in $\mathbb{R}^n$ ergänzbaren Gleichungssystems $j_1(x) = \ldots = j_{n-m}(x) = 0$ ist.)

Beweis des Kriteriums: Seien y, U_y, j wie oben und $h: V_y \to \mathbb{R}^n$ eine n-Karte um y (vgl. 15.2(b)). $W_y := \mathring{V}_y \cap \mathring{U}_y$ ist offen in N^n und in V_y, also gibt h einen Homöomorphismus $h': W_y \to W_y' \subsetneq_\circ \mathbb{R}^n$. Da $j \circ h'^{-1}: W_y' \to \mathbb{R}^n$ injektiv und stetig ist, stellt sie nach 14.21 einen Homöomorphismus auf eine offene Teilmenge $W_y'' := j \circ h'^{-1}(W_y')$ des $\mathbb{R}^n$ dar. Folglich ist

$$j|_{W_y} = j \circ h'^{-1} \circ h'|_{W_y}: W_y \to W_y'' \subsetneq_\circ \mathbb{R}^n$$

eine n-Karte um y. Nun ist

$$W_y \cap M^m = W_y \cap U_y \cap M^m = (j|_{W_y})^{-1}(0 \times R^m \cap W_y'').$$

Setzt man nun $U'' := 0 \times \mathbb{R}^m \cap W_y''$, so gibt $j|_{W_y \cap M^m}$ einen Homöomorphismus auf die offene Menge U'' von $0 \times \mathbb{R}^m \cong \mathbb{R}^m$, man hat also eine m-Karte um y in M^m gefunden.

Die wichtigste Situation dieser Art wird auf Grund des aus der Analysis bekannten Satzes über inverse Funktionen garantiert: *Für* $U \underset{\circ}{\subset} \mathbb{R}^n$ *sei* $f: U \to \mathbb{R}^{n-m}$ *eine stetig differenzierbare Funktion, deren Differential* $Df(y)$ *für jedes* $y \in f^{-1}(0)$ *den maximalen Rang* $n-m$ *hat, dann ist* $M^m = \{y \in U \,/\, f(y) = 0\}$ *lokal* m*-dimensionaler randloser Unterraum von* U. (Man kann f nämlich lokal, etwa durch lineare Funktionen g, zu Abbildungen $(f, g): U_y \to \mathbb{R}^{n-m} \pi \mathbb{R}^m$ so ergänzen, daß deren Funktionaldeterminante um y von null verschieden ist. Damit wird unser obiges Kriterium anwendbar.)

Wir nennen einige konkrete Beispiele zu dieser Situation:

(a) Man betrachte $f: \mathbb{R}^n \to \mathbb{R}$ mit $f(x) := |x|^2 - 1$. Das Differential von f, nämlich der Gradient, hat die Form $Df(y) = 2y$, also auf $f^{-1}(0)$ den maximalen Rang 1. Daher ist $f^{-1}(0) = S^{n-1}$ auf Grund des obigen Kriteriums lokal n-1-dimensional.

(b) Man betrachte die Funktion $f: \mathbb{C}^5 \to \mathbb{R}^3 = \mathbb{C} \times \mathbb{R}$, die durch

$$f(z_1, \ldots, z_5) := (z_1^5 + z_2^3 + z_3^2 + z_4^2 + z_5^2, \; |z_1|^2 + \ldots + |z_5|^2 - 1)$$

definiert wird. Man zeigt wiederum leicht, daß $f^{-1}(0)$ lokal 7-dimensional ist. Tatsächlich kann man mit Hilfe der sogenannten Morse-Theorie nachweisen, daß $f^{-1}(0)$ homöomorph zur S^7 ist. (Darüberhinaus erbt $f^{-1}(0)$ vom $\mathbb{R}^{10}$ die Struktur einer differenzierbaren Mannigfaltigkeit, die aber als differenzierbare Mannigfaltigkeit nicht isomorph („diffeomorph") zur gewöhnlichen S^7 ist. Es war eine Sensation der Mathematik, als John Milnor 1956 solche **„exotischen" Sphären** nachweisen konnte!)

(c) Ist $p_r: \mathbb{R}^n \to \mathbb{R}$ ein homogenes Polynom vom Grade $r \geqslant 1$, d.h. $p_r(\alpha \cdot x) = \alpha^r \cdot p_r(x)$ mit mindestens einem positiven Wert $p_r(x_0) = t_0 > 0$, dann ist $p_r^{-1}(1)$ lokal n-1-dimensional. (Es ist $p_r(x_0 / \sqrt[r]{t_0}) = 1$, daher ist $p_r^{-1}(1) \neq \emptyset$. Der Gradient von p_r verschwindet aber höchstens dann, wie man durch Ausdifferenzieren des Polynoms feststellt, wenn $p_r(x) = 0$ ist.)

Als Beispiele dazu betrachte man etwa das Hyperboloid als Lösungsmenge der Gleichung $x_1^2 + x_2^2 - x_3^2 = 1$ oder das Ellipsoid als Lösungsmenge der Gleichung $(x_1/a)^2 + (x_2/b)^2 + (x_3/c)^2 = 1$.

15.4 *Die lange Gerade:* Wir bringen nun ein Beispiel eines lokal 1-dimensionalen Raumes, der nicht das 2. Abzählbarkeitsaxiom erfüllt. Leider müssen wir dazu bescheidene Vorkenntnisse aus der Theorie der Ordinalzahlen voraussetzen.

Es sei $[0, \Omega[$ die wohlgeordnete Menge der abzählbaren Ordinalzahlen, dann ist diese Menge überabzählbar. Zwischen je zwei aufeinanderfolgende Elemente fügen wir ein Intervall $[0, 1[$ ein, genauer: Wir betrachten $X := [0, \Omega[\times [0, 1[$ mit der lexikographischen Ordnung. Da X damit total geordnet ist, können wir ihn mit der Ordnungstopologie versehen und erhalten nach 9.21 und 10.3 einen zusammenhängenden T_4-Raum. Der Bequemlichkeit halber entfernen wir noch den Randpunkt (0, 0) und setzen $Y := X \setminus \{(0, 0)\}$ mit der Ordnungstopologie. Um zu jedem $(x, t) \in Y$ eine 1-Karte zu konstruieren, wähle man zunächst eine streng monotone Abbildung $f: [0, x + 2[\to \mathbb{R}$ mit $f(0) = 0$ (induktiv definieren! $[0, x + 2[\subset [0, \Omega[$ ist ja abzählbar). Ist dann $(y, s) \in \{(z, r) \in Y \,/\, (z, r) < (x + 1, 0)\}$, so setze man $F(y, s) := (1 - s) f(y) + s f(y + 1)$. Die zuletzt genannte Menge wird damit umkehrbar streng monoton, also homöomorph auf das Intervall $]0, f(x + 1)[\underset{\circ}{\subset} \mathbb{R}$ abgebildet, d.h. $F:](0, 0), (x + 1, 0)[\to]0, f(x + 1)[$ ist eine 1-Karte um (x, t).

Da $[0, \Omega[$ überabzählbar ist, gibt es überabzählbar viele paarweise disjunkte offene Teilmengen $](x, 0), (x + 1, 0)[$ in Y. Folglich kann Y nicht das zweite Abzählbarkeitsaxiom erfüllen.

(Man kann übrigens zeigen, daß Y sogar mit der Struktur einer reell-analytischen Mannigfaltigkeit versehen werden kann, die natürlich ebenfalls nicht dem zweiten Abzählbarkeitsaxiom genügt.)

Obwohl jeder Abschnitt $](0, 0), (x, t)[$ nach unseren obigen Überlegungen zu $\mathbb{R}$ homöomorph ist, ist es Y selbst nicht. Dies erklärt den Namen „lange Gerade".

15.5 Satz: Für jeden lokal m-dimensionalen T_2-Raum X sind äquivalent:

(a) X erfüllt das 2. Abzählbarkeitsaxiom.
(b) X ist metrisierbar.
(c) X ist parakompakt.
(d) X ist vollständig metrisierbar.

Beweis: Die Schlüsse (a) ⇒ (b) ⇒ (c) gelten nach 12.9(c) bzw. 12.13.
(c) ⇒ (d): X sei parakompakt. Mit Hilfe der m-Karten zeigt man, daß die offenen $O \underset{\circ}{\subset} X$, für die $\overline{O}$ vollständig metrisierbar ist, eine Basis der Topologie von X bilden. Nach Definition der Parakompaktheit (12.10) gibt es also eine lokalendliche offene Überdeckung $U = \{O_i \mid i \in J\}$ von X, so daß jedes $\overline{O}_i$ vollständig durch eine beschränkte Metrik d_i metrisierbar ist. Wir wollen d_i zu einer Pseudometrik auf ganz X umformen:
Man setze

$$p_i(x, y) := \begin{cases} \min(d_i(x, y), d_i(x, \partial O_i) + d_i(y, \partial O_i)), & \text{falls } x, y \in O_i \\ 0, & \text{falls } x, y \in X \setminus O_i \\ d_i(x, \partial O_i), & \text{falls } x \in O_i, y \in X \setminus O_i \\ d_i(y, \partial O_i), & \text{falls } y \in O_i, x \in X \setminus O_i \end{cases}$$

dann ist p_i eine Pseudometrik auf X:

Für $x = y$ ist offenbar $p_i(x, y) = 0$, überdies ist p_i symmetrisch. Für $x, y \in O_i$, $z \in X \setminus O_i$ ist $p_i(x, y) \leqslant d_i(x, \partial O_i) + d_i(y, \partial O_i) = p_i(x, z) + p_i(y, z)$. Für $x, y, z \in O_i$, $z' \in \partial O_i$ ist stets

$$d_i(x, \partial O_i) = \inf_{z'' \in \partial O_i} d_i(x, z'') \leqslant d_i(x, z') \leqslant d_i(x, z) + d_i(z, z').$$

Bildet man daher auf der rechten Seite der letzten Ungleichung das Infimum über alle $z' \in \partial O_i$, so erhält man

$$d_i(x, \partial O_i) \leqslant d_i(x, z) + d_i(z, \partial O_i).$$

Diese Ungleichung werden wir noch ausnutzen. Zunächst ergibt sich daraus für $x, y, z \in O_i$ die Dreiecksungleichung

$$p_i(x, z) + p_i(y, z) = \begin{cases} d_i(x, z) + d_i(y, z) \geqslant d_i(x, y) \geqslant p_i(x, y) \\ \text{oder} \\ d_i(x, z) + d_i(y, \partial O_i) + d_i(z, \partial O_i) \geqslant d_i(x, \partial O_i) + d_i(y, \partial O_i) \geqslant p_i(x, y) \\ \text{oder} \ldots \end{cases}$$

(die beiden noch offenen Fälle behandelt man wie den zweiten Fall, wenn sie nicht trivialerweise gelten.)

Für $x, y \in X \setminus O_i$, $z \in X$ gilt trivialerweise $0 = p_i(x, y) \leqslant p_i(x, z) + p_i(y, z)$. Es bleibt noch der Fall, wo x oder y aus O_i, der andere Punkt aber aus $X \setminus O_i$ ist: Sei etwa $x \in O_i$, $y \in X \setminus O_i$, dann ist für $z \in X \setminus O_i$ offenbar

$$p_i(x, y) = d_i(x, \partial O_i) \leqslant d_i(x, \partial O_i) + 0 = p_i(x, z) + p_i(y, z),$$

während für $z \in O_i$ entweder

$$p_i(x, z) + p_i(y, z) = d_i(x, z) + d_i(z, \partial O_i) \geqslant d_i(x, \partial O_i) = p_i(x, y)$$

nach der oben abgeleiteten Ungleichung gilt oder

$$p_i(x, z) + p_i(y, z) = d_i(x, \partial O_i) + d_i(z, \partial O_i) + d_i(z, \partial O_i) \geqslant d_i(x, \partial O_i) = p_i(x, y)$$

ist.

Damit ist p_i eine Pseudometrik auf ganz X, die auf $O_i \times O_i$ niemals größer als d_i ist. Sie hat außerdem folgende Eigenschaft: Ist $x \in O_i$ und $y \in X$ mit $p_i(x, y) < d_i(x, y)$, so muß $y \in O_i$ und $p_i(x, y) = \min(d_i(x, y), d_i(x, \partial O_i) + d_i(y, \partial O_i)) = d_i(x, y)$ sein, d. h. für kleine $p_i(x, y)$ stimmt p_i mit d_i überein.

Da $\mathcal{U}$ lokalendliche Überdeckung von X ist, kann man für $x, y \in X$ $p(x, y)$ durch $\sum_{i \in J} p_i(x, y)$ definieren, denn nur endlich viele O_i schneiden eine Umgebung von x bzw. y, und für die restlichen i ist stets $p_i(x, y) = 0$. Offenbar ist p eine Pseudometrik auf X. p ist sogar Metrik: Gilt nämlich $p(x, y) = 0$, $x \in O_i$, dann ist ja für kleine $p_i(x, y)$ stets auch $y \in O_i$ mit $p_i(x, y) = d_i(x, y) = 0$, d. h. $x = y$.

Wir müssen nun zeigen, daß p die Ausgangstopologie $\mathcal{X}$ von X liefert: Dazu zeigen wir, daß $\mathrm{id}: (X, \mathcal{X}) \to (X, p)$ in beiden Richtungen stetig ist. Für die Stetigkeit von id reicht die Stetigkeit auf den O_i hin. Ist daher (x_k) eine in O_i gegen x konvergente Folge, so liegen fast alle x_k in der d_i-Kugel vom Radius $d_i(x, \partial O_i)$ um x, d. h. für fast alle x_k ist $p_i(x_k, x) = d_i(x_k, x)$ Nullfolge. Liegt x außerhalb $\overline{O}_j$, so ist $p_j(x_k, x)$ für fast alle k gleich null, wenn (x_k) in X gegen x konvergiert. Liegt x auf einem ∂O_j und ist wieder (x_k) eine gegen x konvergente Folge, so interessieren nur die $x_k \in O_j$ (für die anderen ist $p_j(x_k, x) = 0$). Dafür ist $p_j(x_k, x) = d_j(x_k, \partial O_j) \leqslant d_j(x_k, x)$, und letztere Werte konvergieren mit $k \to \infty$ gegen null, denn d_j ist Metrisierung für $\overline{O}_j$. Ist also (x_k) eine in O_i gegen x konvergente Folge, so konvergiert $p(x_k, x) = \Sigma\, p_j(x_k, x)$ mit $k \to \infty$ gegen null, d. h. id ist auf jedem O_i (folgen-) stetig.

Um die Stetigkeit von id^{-1} zu zeigen, wählen wir eine Folge (x_k) aus X mit $p(x_k, x) \to 0$. Für $x \in O_i$ gibt es $\epsilon \in \mathbb{R}_+$ mit $p_i(y, x) < \epsilon \Rightarrow y \in O_i$ und $p_i(y, x) = d_i(y, x)$. Für genügend große k ist also $x_k \in O_i$ mit $p_i(x_k, x) = d_i(x_k, x) \to 0$. Da d_i Metrisierung für O_i ist, konvergiert also (x_k) (für genügend große k) in O_i und damit in X gegen x.

Damit ist p Metrisierung für X. Wir müssen noch dafür sorgen, daß (X, p) vollständig wird: Dazu muß p noch verbessert werden, denn unser letztes Argument sichert nur, daß p lokal vollständig ist. Es sei $\mathcal{V} = \{V_i \mid i \in J'\}$ lokalendliche offene Überdeckung von X, so daß jedes $\overline{V}_i$ mit p vollständig ist. Man wähle eine offene Überdeckung $\mathcal{W} = \{W_i \mid i \in J''\}$ als Verfeinerung mit (o. B. d. A.) $\overline{W}_i \subset V_i$. Dazu wähle man stetige Funktionen $\varphi_i: X \to I$ mit $\varphi_i | W_i = 1$ und $\varphi_i | X \setminus V_i = 0$ und setze

$$p'(x, y) := p(x, y) + \sum_{i \in J'} |\varphi_i(x) - \varphi_i(y)|.$$

Mit p ist offenbar auch p' Metrisierung für X. Ist nun (x_k) bzgl. p' Cauchy-Folge mit $p'(x_k, x_1) < 1$, $x_1 \in W_i$, dann ist $\varphi_i(x_1) = 1$ und damit wegen $|\varphi_i(x_k) - \varphi_i(x_1)| < 1$ auch

$x_k \in \overline{V}_i$ für alle k. Wegen $p \leqslant p'$ ist damit (x_k) Cauchy-Folge bzgl. p in $\overline{V}_i$, also gegen ein $x \in \overline{V}_i$ bzgl. p und p' konvergent. Damit ist (X, p') vollständig.

(d) ⇒ (a): Ist X kompakt, so folgt dies unmittelbar aus 12.9(b). Für den allgemeinen Fall vergleiche man etwa *Brickell / Clark,* „Differentiable Manifolds" (Van Nostrand, 1970), S. 50 f., Prop. 3.4.3 / 3.4.4.

15.6 *Korollar zum Beweisschritt (c) ⇒ (d):* Ein parakompakter T_2-Raum X ist genau dann (vollständig) metrisierbar, wenn er lokal (vollständig) metrisierbar ist.

15.7 **Definition:** Eine **m-dimensionale Mannigfaltigkeit** M^m ist ein lokal m-dimensionaler T_2-Raum, der dem 2. Abzählbarkeitsaxiom genügt. Eine 2-dimensionale Mannigfaltigkeit heißt auch **Fläche.** Eine kompakte, zusammenhängende und randlose Mannigfaltigkeit heißt **geschlossene** Mannigfaltigkeit.

15.8 *Bemerkungen und Beispiele:*

a) Die T_2-Eigenschaft wie das 2. Abzählbarkeitsaxiom sind erblich (vgl. 12.6d), daher sind alle lokal m-dimensionalen Räume, die als Unterräume eines $\mathbb{R}^n$ aufgefaßt werden können, automatisch Mannigfaltigkeiten. Wir werden später sehen, daß dies auch schon alle Mannigfaltigkeiten sind. Insbesondere sind die Beispiele 15.2d, e, f, g, j sowie 15.3 Mannigfaltigkeiten.

b) Da jede Mannigfaltigkeit eine abzählbare Basis der Topologie hat, gibt es offenbar stets einen (höchstens) abzählbaren Atlas. (Der Definitionsbereich einer Karte ist als abzählbare Vereinigung von Basiselementen darstellbar. Gibt man einen beliebigen Atlas vor, so definieren die zur Darstellung der Kartenbereiche nötigen Basiselemente einen neuen – abzählbaren – Atlas.) Eine kompakte Mannigfaltigkeit hat stets auch einen endlichen Atlas. Da jedoch keine offene Menge von $\mathbb{H}^m$ oder $\mathbb{R}^m$ kompakt ist, hat ein Atlas einer kompakten Mannigfaltigkeit mindestens zwei Elemente. (Für die S^m kann man so einen Atlas mit Hilfe zweier stereographischer Projektionen angeben. Auch für den Torus $S^1 \pi S^1$ kann man leicht einen zweielementigen Atlas mit Hilfe zweier ebener offener Kreisringe herstellen.)

c) Jede Mannigfaltigkeit ist metrisierbar, normal, parakompakt, σ-kompakt und erbt darüberhinaus alle lokalen Eigenschaften des $\mathbb{R}^m$ (lokalzusammenhängend, lokalwegzusammenhängend, lokalkompakt usw.). Die Zusammenhangskomponenten jeder Mannigfaltigkeit sind also offen und zugleich abgeschlossen. Sie sind insbesondere wieder Mannigfaltigkeiten. Da umgekehrt die Summe von (höchstens abzählbar vielen) Mannigfaltigkeiten wieder eine Mannigfaltigkeit ist, kann man sich in der Theorie der Mannigfaltigkeiten ganz auf zusammenhängende Mannigfaltigkeiten beschränken.

15.9 **Satz:** Jede kompakte Mannigfaltigkeit M^m läßt sich in einen (genügend hochdimensionalen) $\mathbb{R}^n$ abgeschlossen einbetten.

Beweis: Da M^m kompakt ist, reicht es, eine stetige Injektion $h: M^m \hookrightarrow \mathbb{R}^n$ zu finden. Lokal hat man in den Karten solche Injektionen: Es seien $U_i \xrightarrow{h_i} B_i$ $(i = 1, \ldots, r)$ Karten von M^m, wobei B_i entweder gleich $\overset{\circ}{B}_3(0)$ oder gleich $\overset{\circ}{B}_3(0) \cap \mathbb{H}^m$ in $\mathbb{R}^m$ ist. Außerdem sei $M^m = \bigcup_1^r h_i^{-1}(B^m)$. Nun wähle man ein stetiges $f: \mathbb{R}^m \to I$ mit $f|B^m = 1$, $f|B_2(0) > 0$ und $f|_{\mathbb{R}^m \setminus B_3(0)} = 0$ und setze auf U_i $f_i := f \circ h_i$ und auf $M^m \setminus U_i$ $f_i := 0$, dann liefert

$$g(x) := (h_1(x) f_1(x), \ldots, h_r(x) f_r(x), f_1(x), \ldots, f_r(x))$$

eine stetige Injektion von M^m in den $\mathbb{R}^{2r}$ mit kompaktem, also abgeschlossenem Bild.

15.10 *Bemerkung:* Über die kleinstmögliche Dimension, für die M^m in $\mathbb{R}^n$ einbettbar ist, wurde im obigen Satz nicht viel ausgesagt. Ein wesentlich schärferes, mit den Mitteln der Dimensionstheorie beweisbares Resultat[1]) lautet: Jedes Kompaktum der Dimension m kann homöomorph in den $\mathbb{R}^{2m+1}$ eingebettet werden. (Ein Kompaktum ist ein kompakter, metrisierbarer Raum. Die Dimension einer Mannigfaltigkeit ist auch ihre topologische Dimension.) Für den Fall differenzierbarer Mannigfaltigkeiten hat *Whitney*[2]) sogar die Einbettbarkeit in den $\mathbb{R}^{2m}$ zeigen können. (Nicht jede topologische Mannigfaltigkeit läßt sich mit einer differenzierbaren Struktur versehen[3]).) So kann man z. B. eine Einbettung des $\mathbb{P}^2$ in den $\mathbb{R}^4$ wie folgt konstruieren: Sei $f: S^2 \to \mathbb{R}^4$ durch $f(x_1, x_2, x_3) := (x_1^2 - x_2^2, x_1 x_2, x_1 x_3, x_2 x_3)$ definiert, dann identifiziert f Antipodalpunkte und induziert eine stetige Injektion $\bar{f}: \mathbb{P}^2 \to \mathbb{R}^4$. Mit den Mitteln der Algebraischen Topologie (charakteristische Klassen) zeigt man, daß $\mathbb{P}^2$ nicht in den $\mathbb{R}^3$ eingebettet werden kann, die o. g. Resultate also in gewisser Hinsicht optimal sind. *M. Hirsch*[4]) konnte für nichtkompakte differenzierbare Mannigfaltigkeiten M^m sogar die Einbettbarkeit in $\mathbb{R}^{2m-1}$ zeigen.

(**Differenzierbare Mannigfaltigkeiten** sind solche, die mit einem speziellen Atlas $\{h_i : U_i \to U_i' \,/\, i \in J\}$ versehen sind, für den alle „Kartentransformationen" $h_j \circ h_i^{-1} : h_i(U_i \cap U_j) \to h_j(U_i \cap U_j)$ stetig differenzierbar sind. Meist verlangt man sogar unendlich oftmalige Differenzierbarkeit, das ist aber keine besondere Einschränkung (s. das Buch von *Munkres*).)

1-dimensionale Mannigfaltigkeiten

Die zentrale Aufgabe der Theorien der Mannigfaltigkeiten besteht in der Strukturuntersuchung dieser Räume. Dabei ist man besonders an einem möglichst überschaubaren Katalog topologischer Invarianten interessiert, der es für jede Dimension m gestattet, die nicht-homöomorphen – also topologisch verschiedenen – Mannigfaltigkeiten ihren Strukturmerkmalen entsprechend aufzulisten. („*Klassifikationsproblem*") Natürlich kann man sich eine Mannigfaltigkeit viel besser „vorstellen", wenn man ihre charateristischen topologischen Daten kennt; gelegentlich kann man das Studium einer konkreten Mannigfaltigkeit auch wesentlich erleichtern, wenn man sie durch eine andere, übersichtlicher gebaute mit denselben charakteristischen Daten ersetzt.

Am einfachsten ist die Klassifikation der 1-dimensionalen Mannigfaltigkeiten: Sie sind entweder homöomorph zu einem Teilintervall von $\mathbb{R}$ oder zur S^1, wenn sie zusammenhängend sind – andernfalls hat man es einfach mit Summen von solchen topologisch harmlosen Räumen zu tun. Wir wollen die Klassifikation der zusammenhängenden 1-dim. Mannigfaltigkeiten hier einmal konkret durchführen, um einen ersten Eindruck von der Technik solcher Untersuchungen, die natürlich in den höheren Dimensionen sehr viel schwieriger werden, zu vermitteln. Dabei übertragen wir eine Beweisidee von *J. Milnor*[5])
auf den nichtdifferenzierbaren Fall.

15.11 *Lemma:* M^1 sei eine zusammenhängende 1-dim. Mannigfaltigkeit, $f: I \hookrightarrow M^1$ eine stetige Injektion. Dann gelten:

(a) f(t) ist genau dann innerer Punkt von f(I), wenn $f(t) \in f(]0,1[) \cup \mathrm{Bd}(M^1)$ ist.

---

1) Vgl. etwa *Franz* [3], Bd. I, Satz 35.2.

2) Ann. Math. 1944.

3) *M. A. Kervaire*, Comm. Math. Helv., 34 (1960).

4) Ann. Math., 73 (1961).

5) Topology from the Differentiable Viewpoint, Univ. Press Virginia, Charlottesville, 1965.

(b) Es gibt ein Intervall $J \supset I$ und eine stetige Injektion $f' : J \hookrightarrow M^1$ mit $f'|I = f$ und $f'(J) \underset{\circ}{\subsetneq} M^1$. (Ist $f(0) \in Bd(M^1)$, so ist $J \geqslant 0$, und ist $f(1) \in Bd(M^1)$, so ist $J \leqslant 1$.)

Beweis:

(a) Es sei $f(t)$ innerer Punkt von $f(I)$ mit $t = 0$ oder $t = 1$. Ist dann $h : U \to U' \underset{\circ}{\subsetneq} \mathbb{H}^1$ eine Karte um $f(t)$, so darf angenommen werden, daß $U \subset f(I)$ und $U \underset{\circ}{\subsetneq} M^1$ ist. Dann ist aber auch $h(U) = h \circ f(f^{-1}(U)) \underset{\circ}{\subsetneq} \mathbb{H}^1$, wobei $t \in f^{-1}(U) \underset{\circ}{\subsetneq} I$ ist. Da $h \circ f$ als Homöomorphismus streng monoton ist (U sei zusammenhängend), muß $h \circ f(t) = 0 \in Bd(\mathbb{H}^1)$ sein, d.h. $f(t) \in Bd(M^1)$.

Ist umgekehrt $f(t) \in Bd(M^1)$, so wähle man eine Karte $h : U \to [0, \epsilon[$ mit $h(f(t)) = 0$. Dann ist $f^{-1}(U) \underset{\circ}{\subsetneq} I$ und $h \circ f : f^{-1}(U) \to [0, \epsilon[$ stetige Injektion, also auf einem halboffenen Teilintervall I' von $f^{-1}(U)$ um t streng monoton. Folglich hat $h \circ f(I')$ die Form $[0, \epsilon'[$ mit $\epsilon' \leqslant \epsilon$. Daher ist $f(I') = h^{-1}(h \circ f(I')) \underset{\circ}{\subsetneq} M^1$, d.h. $f(t)$ ist innerer Punkt von $f(I)$.

Ist schließlich $t \in]0, 1[$, so wähle man eine Karte $h : U \to U'$ um $f(t)$. Wieder ist $h \circ f : f^{-1}(U) \to U'$ stetige Injektion von einer in I offenen Teilmenge $f^{-1}(U)$ nach U'. Wählt man $\delta \in \mathbb{R}_+$ mit $]t - \delta, t + \delta[\subset f^{-1}(U)$, so ist $h \circ f$ auf diesem Intervall stetig und streng monoton, also ist $h \circ f(]t - \delta, t + \delta[) \underset{\circ}{\subsetneq} \mathbb{R}$ und $f(]t - \delta, t + \delta[) = h^{-1} \circ h \circ f(\ldots) \underset{\circ}{\subsetneq} M^1$, d.h. $f(t)$ ist innerer Punkt von $f(I)$.

(b) Offenbar braucht wegen (a) f nur dann auf negativen Argumenten definiert zu werden, wenn $f(0) \notin Bd(M^1)$ ist. In diesem Fall wähle man eine Karte $h : U \to]-1, 1[$ um $f(0)$ mit $h(f(0)) = 0$. Wieder ist $h \circ f$ auf $f^{-1}(U)$ lokal streng monoton, und es gibt ein $[0, \delta[\subset f^{-1}(U)$, das auf ein halboffenes Intervall mit Endpunkt 0 abgebildet wird. Sei etwa $h \circ f([0, \delta[) = [0, \epsilon[$. Dann gibt es ein $\epsilon' \in \mathbb{R}_+$ mit $]-\epsilon', 0[\subset]-1, 1[\setminus h \circ f(I)$, sonst hätte man eine außerhalb $[0, \delta[$ in I konvergente Folge (t_k) mit $(h \circ f(t_k)) \to 0$, was der Injektivität von $h \circ f$ widerspräche. Man setze nun $f'|I := f$ und $f'|]-\epsilon', 0] := h^{-1}|\ldots$, dann ist f' eine stetige Injektion, die f fortsetzt. Nach (a) ist $f'(]-\epsilon', 1[)$ offen in M^1. Ist $f(1) = f'(1)$ innerer Punkt von $f(I)$, so gilt (b) für f'. Ist $f(1) = f'(1)$ Randpunkt von M^1, so wiederhole man den eben geschilderten Fortsetzungsprozeß, um ein geeignetes $f' :]-\epsilon', 1 + \epsilon''[\hookrightarrow M^1$ zu finden.

15.12 *Lemma:* Es seien J, J' zwei Teilintervalle von $\mathbb{R}$ mit Endpunkten a, b bzw. a', b' und $f : J \hookrightarrow M^1$, $g : J' \hookrightarrow M^1$ zwei stetige Injektionen auf offene Teilmengen der zusammenhängenden 1-dim. Mannigfaltigkeit M^1. ($a < b$, $a' < b'$). Dann gelten:

(a) $f(J) \cap g(J')$ hat höchstens zwei Komponenten.

(b) Hat $f(J) \cap g(J')$ zwei Komponenten, so ist M^1 homöomorph zu S^1.

(c) Hat $f(J) \cap g(J')$ nur eine nichtleere Komponente, dann gibt es eine stetige Injektion $F : J'' \hookrightarrow M^1$ mit $J \subset J''$, $F|J = f$ und $f(J) \cup g(J') \subset F(J'')$.

Beweis:

(a): $g^{-1} \circ f$ ist ein Homöomorphismus zwischen den offenen Teilmengen $f^{-1}(g(J'))$ und $g^{-1}(f(J))$ von J bzw. J', also lokal streng monoton. Man betrachte nun

$$G := \{(s, g^{-1} f(s)) \,/\, s \in f^{-1}(g(J'))\} = \{(s,t) \in J \times J' \,/\, f(s) = g(t)\} =$$
$$= (f \times g)^{-1} (\Delta_{M^1 \times M^1}) \overline{\subset} J \times J'.$$

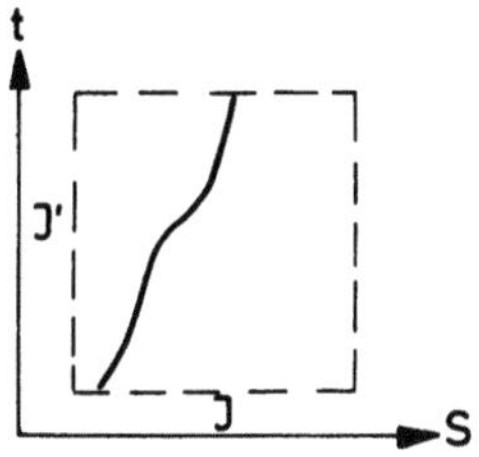

Da G abgeschlossen im Rechteck $J \times J'$ und $g^{-1} f$ auf jeder Komponente K von $f^{-1} g(J')$ streng monoton sind, kann keine der Kurven $G_K = \{(s, g^{-1} f(s)) \,/\, s \in K\}$ im Innern des Rechtecks enden, d. h. die G_K bilden Verbindungskurven zwischen den vier Randstrecken von $J \times J'$. Da $g^{-1} f$ injektiv ist, können die vier Randstrecken von $J \times J'$ höchstens je einmal getroffen werden, d. h. G hat höchstens zwei Komponenten G_{K_0} und G_{K_1}. Dann hat aber auch $f^{-1} g(J')$ höchstens zwei Komponenten K_0 und K_1, wobei noch $f : f^{-1} g(J') \to f(J) \cap g(J')$ ein Homöomorphismus ist.

(b): Seien K, K' die Komponenten von $f(J) \cap g(J') \underset{\circ}{\subseteq} M^1$, wobei $f(\bar{a}) \in K$, $f(\bar{b}) \in K'$ und $\bar{a} < \bar{b}$ angenommen werden dürfen (notfalls Umbenennung von K und K'). Da

$$f^{-1}(g(J')) = f^{-1}(f(J) \cap g(J')) = f^{-1}(K) \cup f^{-1}(K')$$

nur zwei Komponenten hat, ist offenbar

$$t_0 := \sup \{t \in J \,/\, f(t) \in K\} < t_1 := \inf \{t \in J \,/\, f(t) \in K'\}.$$

Man darf nun annehmen, daß $g(\bar{a}') \in K'$, $g(\bar{b}') \in K$ mit $t_1 \leqslant \bar{a}' < \bar{b}'$ ist (notfalls ersetze man g durch eine passende Kurve mit demselben Bild in M^1). Man setze analog zum obigen Vorgang

$$t_2 := \sup \{t \in J' \,/\, g(t) \in K'\}, \; t_3 := \inf \{t \in J' \,/\, g(t) \in K\},$$

dann hat man $t_0 < t_1 \leqslant t_2 < t_3$. Nach 13.13 kann man nun eine stetige Abbildung F wie folgt definieren:

$$F|_{[t_0, t_1]} := f|_{\ldots},$$

$F|_{[t_1, t_2]}$ sei für $f(t_1) = g(t_2)$ gleich diesem Wert (es muß dann ja auch $t_1 = t_2$ sein!) und sonst eine Jordankurve von $f(t_1)$ nach $g(t_2)$ innerhalb $K' \cup \{f(t_1), g(t_2)\}$ (vgl. 10.5a). Weiter sei $F|_{[t_2, t_3]} := g|_{\ldots}$, $t_4 := t_3$ falls $g(t_3) = f(t_0)$ und $t_4 > t_3$ sonst. Schließlich sei $F|_{[t_3, t_4]}$ eine Jordankurve in $K \cup \{g(t_3), f(t_0)\}$ von $g(t_3)$ nach $f(t_0)$. Nach 15.12 ist dann $F : [t_0, t_4] \to M^1$ eine geschlossene Jordankurve mit offenem Bild. Wegen des Zusammenhangs von M^1 muß F surjektiv sein, d.h. F induziert einen Homöomorphismus $\overline{F}:[t_0, t_4]/\{t_0, t_4\} \cong S^1 \to M^1$.

(c): Es sei $K = f(J) \cap g(J')$ zusammenhängend und nichtleer. Man setze $F|J := f$. Nun ist $g^{-1}(K)$ ein zusammenhängendes offenes Teilintervall von J' mit Endpunkten $\overline{a}' < \overline{b}'$. Ist $g^{-1}(K) = J'$, so ist F schon ausreichend definiert, weil dann $g(J') \subset f(J)$ ist. Da man g notfalls unter Beibehaltung der Bildmenge geeignet abändern kann, darf man $\overline{a}' = a, \overline{b}' = b$ annehmen. Ist g noch links von J definiert, so wähle man eine monoton gegen a fallende Folge (t_k) aus $g^{-1}(K)$. Wegen $g(a) = \lim g(t_k) = \lim f \circ f^{-1} \circ g(t_k) = \lim f(s_k)$, wobei (s_k) monoton gegen a oder b konvergiert (o.B.d.A. gegen a), kann man $F(a) := g(a)$ setzen und $F|_{]-\infty, a] \cap J'} := g|_{\dots}$ (Konvergiert (s_k) gegen b, so setze man f nach rechts durch den linken Abschnitt von g fort oder ändere den Durchlaufssinn von g.) Analog dazu kann F auch auf den rechten fehlenden Teil von J' fortgesetzt werden, falls g rechts von J noch definiert ist. Damit ist das Lemma gezeigt.

15.13 *Theorem:* Jede zusammenhängende 1-dimensionale Mannigfaltigkeit M^1 ist homöomorph zu einem Intervall von $\mathbb{R}$ oder zur S^1.

(Die topologischen Invarianten „kompakt“ und „Anzahl von Bd (M^1)“ kennzeichnen also die zusammenhängenden M^1.)

Beweis: M^1 sei nicht zur S^1 homöomorph. Es sei $f: J \hookrightarrow M^1$ eine stetige Injektion eines beschränkten reellen Intervalles J auf eine offene Teilmenge von M^1. Man betrachte

$F := \{g \,/\, g: J' \hookrightarrow M^1$ stetige, offene Injektion und Fortsetzung von f auf ein beschränktes Oberintervall von $J\}$

mit der üblichen partiellen Ordnung. Offenbar hat F mindestens ein maximales Element $g: J' \to M^1$. Da $g(J') \overset{\subset}{\circ} M^1$ ist, braucht nur noch gezeigt zu werden, daß $g(J')$ auch abgeschlossen ist. Für $x \in \partial g(J')$ gäbe es jedoch eine Karte $h: U \to U'$ um x. Wendete man dann 15.12c auf g und h^{-1} an, so könnte man g noch auf ein echt größeres Intervall J'' als Element von F fortsetzen, was der Maximalität von g widerspräche. $g(J')$ ist also nichtleer, offen und abgeschlossen im zusammenhängenden M^1, also ist $g: J' \to M^1$ ein Homöomorphismus.

15.14 *Bemerkungen:* Damit ist eigentlich gezeigt, daß die Theorie der 1-dimensionalen Mannigfaltigkeiten topologisch uninteressant ist. Sehr viel interessanter sind dagegen die lokal 1-dimensionalen Räume, wie das Beispiel 15.4 erwarten läßt. Man vergleiche etwa den Artikel von *A. Haefliger* und *G. Reeb* in Enseignement Math. 3 (1957).

Das Ergebnis 15.13 gilt wörtlich auch für differenzierbare Mannigfaltigkeiten (vgl. das o.g. Buch von *J. Milnor*).

Der Fall der 2-dimensionalen Mannigfaltigkeiten ist schon wesentlich komplizierter. Dennoch besagt eines der ältesten Ergebnisse der geometrischen Topologie (das bis auf *Möbius* zurückgeht), daß sich alle geschlossenen Flächen bis auf Homöomorphie als Verklebungen der S^2 mit den Tori $S^1 \times S^1$ bzw. projektiven Ebenen $\mathbb{P}^2$ gewinnen lassen. Bevor wir dieses Ergebnis präzisieren und erläutern können, müssen wir noch auf die vielbenutzte Verklebungstechnik eingehen. Dazu ergänzen wir zunächst den Abschnitt 6 über finale Konstruktionen:

Verklebung topologischer Räume:

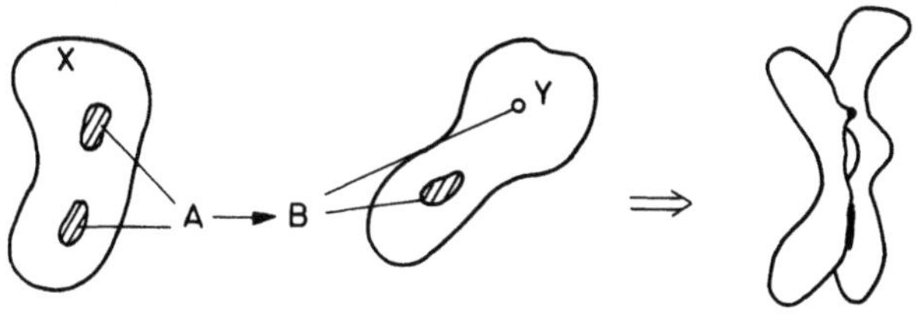

Sind X, Y zwei topologische Räume, $A \subset X$ und $B \subset Y$, so kann X mit Y längs A bzw. B verklebt werden, wenn klar ist, in welcher Weise die Punkte von A mit denen von B identifiziert werden sollen. In der Regel wird dies durch eine Abbildung $f: A \to B$ vorgeschrieben, d.h. $a \in A$ wird mit $f(a)$ identifiziert. (Wegen der Transitivität von Äquivalenzrelationen wird dann auch a mit a' identifiziert, sobald $f(a) = f(a')$ ist!) Genauer:

15.15 Definition: Es seien X, Y topologische Räume, $A \subset X$ und $f: A \to Y$ eine (nicht notwendig stetige) Abbildung. Man nennt dann $X \cup_f Y := X \amalg Y / f$ die **Verklebung von X an Y via** f (engl.: adjunction). Dabei lautet die von f gegebene Äquivalenzrelation:

$$z \sim z' :\Longleftrightarrow \begin{cases} z = z' \\ \text{oder } f(z) = z' \\ \text{oder } f(z') = z \\ \text{oder } f(z) = f(z'). \end{cases}$$

15.16 Einfache Beispiele:

a) $X = Y = S^1$, $A = \{x_0\} \subset S^1$, $f(x_0) = x_0$, dann ist $X \cup_f Y = S^1 \cup_{pt} S^1$ die Lemniskate oder Figur 8.

b) Analog zum ersten Beispiel ist $S^2 \cup_{pt} S^2$ homöomorph zu S^2 / Äquator.

c) Man wähle zwei disjunkte, zum Torus $S^1 \pi S^1$ homöomorphe Räume, etwa

$T = (I / \{0, 1\}) \pi (I / \{0, 1\})$ und $T' = ([2, 3] / \{2, 3\}) \pi ([2, 3] / \{2, 3\})$.

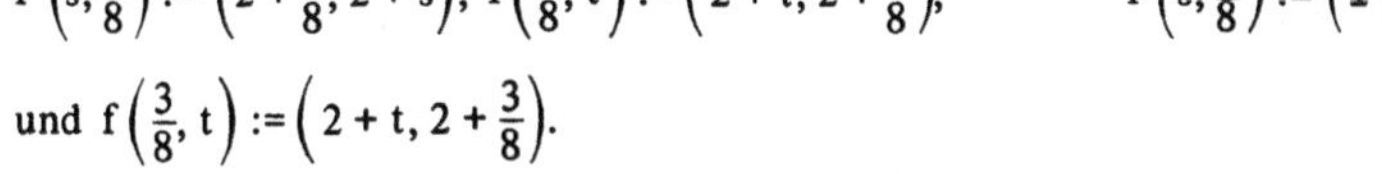

Aus jedem entferne man ein offenes Quadrat, etwa $Q =]\frac{3}{8}, \frac{5}{8}[^2$ bzw. $Q' =]2 + \frac{3}{8}, 2 + \frac{5}{8}[^2$, und setze $X := T \setminus Q$, $Y := T' \setminus Q'$. Auf $A := \partial Q$ definiere man nun die folgende Abbildung f in Y:

$$f\left(s, \frac{3}{8}\right) := \left(2 + \frac{3}{8}, 2 + s\right), \quad f\left(\frac{5}{8}, t\right) := \left(2 + t, 2 + \frac{5}{8}\right), \quad f\left(s, \frac{5}{8}\right) := \left(2 + \frac{5}{8}, 2 + s\right)$$

und $f\left(\frac{3}{8}, t\right) := \left(2 + t, 2 + \frac{3}{8}\right)$.

(Läuft (s, t) um Q „rechts" herum, so f(s, t) in der umgekehrten Richtung um Q'.) Offenbar ist $f: A \to \partial Q' \subset Y$ hier ein Homöomorphismus.

Klebt man nun X via f an Y, so erhält man eine sogenannte **Brezelfläche** vom Geschlecht 2:

$T_2 := X \cup_f Y = (T \setminus Q) \cup_f (T' \setminus Q')$.

Man sagt, die Brezelfläche T_2 entstehe durch Anheften eines Torus an einen anderen (bis auf Homöomorphie selbstverständlich). Analog kann man durch Anheften eines Torus $T_1 := S^1 \pi S^1$ an T_2 die Brezelfläche T_3 vom Geschlecht 3 erhalten. Allgemeiner entsteht T_n, die **Brezelfläche** vom Geschlecht n, durch Verklebung von n geeignet gelochten Tori längs ihres Randes. Man schreibt kurz

$$T_n = T_1 \# T_1 \# \ldots \# T_1 = T_1 \# T_{n-1} \quad (n \geq 1),$$

wobei $T_0 := S^2$ und # den oben eingeführten Prozeß des Lochens und längs-der-Ränder-Verklebens bezeichnet.

Man beachte, daß man in der Theorie der Mannigfaltigkeiten das Zeichen = meist nur als homöomorph zu verstehen hat. Man müßte nun natürlich erst zeigen, daß tatsächlich Homöomorphie besteht, d. h. daß die Verheftung gelochter Tori unabhängig von der Wahl der Löcher stets homöomorphe Räume liefert. Wir werden einen entsprechenden Beweis andeuten, wenn wir Homöomorphismen verheften können (15.19).

d) Eine bekannte, in den Büchern zur Unterhaltungsmathematik gern angedeutete Konstruktion des reellen $\mathbb{P}^2$ ist die sogenannte **Kreuzhaubenkonstruktion:**

Es sei X eine topologische Kreisscheibe, d.h. $X \cong B^2$. (Man stelle sich etwa die südliche Hemisphäre der S^2 darunter vor.) Nun sei Y ein Möbiusband (s. 6.4d). Der Rand Bd (Y) ist homöomorph zur S^1, ebenso der Rand Bd (X). Man wähle einen Homöomorphismus $f: \mathrm{Bd}(Y) \to \mathrm{Bd}(X) \subset X$, dann ist $\mathbb{P}^2 \cong Y \cup_f X$. Einen konkreten Homöomorphismus kann man mit Hilfe von 15.18 konstruieren. Man mache sich hier jedoch klar, daß das Ankleben des Möbiusbandes an die südliche Hemisphäre der S^2 genau dasselbe bewirkt wie die Identifikation der Antipodalpunkte der Sphäre.

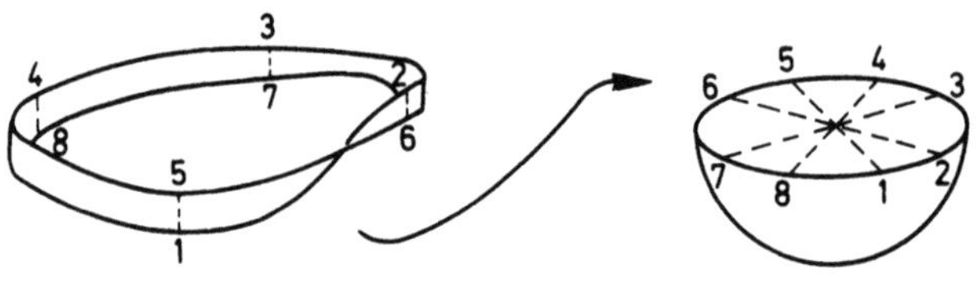

15.17 *Lemma:* Es seien X, Y topologische Räume, A abgeschlossene Teilmenge von X und $f: A \to Y$ stetig, dann bettet die natürliche Abbildung $n_f: X \amalg Y \to X \cup_f Y$ die Unterräume $X \setminus A$ bzw. Y offen bzw. abgeschlossen ein.

Beweis: An der in 15.15 explizit angegebenen Äquivalenzrelation sieht man, daß $n_f|_{X \setminus A}$ und $n_f|_Y$ injektiv sind. Nach Definition des topologischen Quotienten sind diese Abbildungen auch stetig.

$n_f|_{X \setminus A}$ ist offen: Es sei $O \mathrel{\underset{\circ}{\subset}} X \setminus A \mathrel{\underset{\circ}{\subset}} X \amalg Y$, dann ist offenbar $n_f^{-1}(n_f(O)) = O \cup f(O \cap A) \cup f^{-1}(f(O \cap A)) = O \mathrel{\underset{\circ}{\subset}} X \amalg Y$, d.h. $n_f(O) \mathrel{\underset{\circ}{\subset}} X \cup_f Y$.

$n_f|_Y$ ist abgeschlossen: Es sei $B \mathrel{\bar{\subset}} Y \mathrel{\bar{\subset}} X \amalg Y$, dann ist $n_f^{-1}(n_f(B)) = B \cup f^{-1}(B) \mathrel{\bar{\subset}} X \amalg Y$, denn f ist stetig. Daher ist $n_f(B) \mathrel{\bar{\subset}} X \cup_f Y$.

Korollar: Es seien X, Y, A, f wie oben. Außerdem sei f ein Homöomorphismus auf eine abgeschlossene Teilmenge f(A) von Y, dann bettet n_f die Räume X und Y bzw. $X \setminus A$ und $Y \setminus f(A)$ abgeschlossen bzw. offen in $X \cup_f Y$ ein. In diesem Falle findet man also X und Y in der Verklebung wieder, und sie treffen sich genau in $A = B = n_f(A \cup B)$.

15.18 Satz: (Verklebung von Abbildungen)

Es sei das folgende Diagramm von topologischen Räumen und stetigen Abbildungen gegeben:

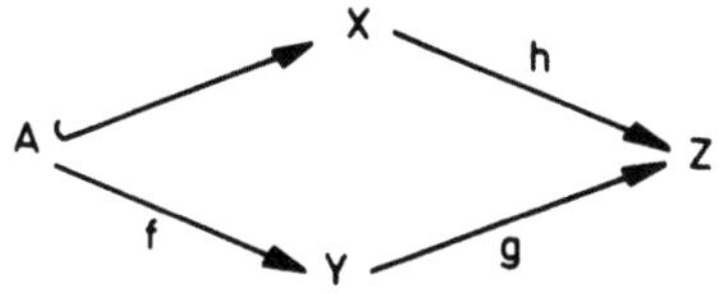

Das Diagramm sei kommutativ, d.h. $g \circ f = h|_A$. Dann gelten:

(a) Es gibt genau eine Abbildung $(h \cup g) : X \cup_f Y \to Z$ mit $(h \cup g) \circ n_f|_X = h$ und $(h \cup g) \circ n_f|_Y = g$. Diese Abbildung ist stetig.

(b) Sind g, h injektiv und ist $h(X) \cap g(Y) = h(A)$, so ist auch $h \cup g$ injektiv.

(c) Sind g, h abgeschlossene Abbildungen, so ist es auch $h \cup g$.

(d) Sind g, h Homöomorphismen auf abgeschlossene Teilmengen der jeweiligen Bildräume und gelten $g \circ f = h|A$, $h(X) \cap g(Y) = h(A)$, $h(X) \cup g(Y) = Z$, so ist $h \cup g : X \cup_f Y \to Z$ ein Homöomorphismus. (Für kompakte X, Y und hausdorffsches Z braucht man f, g, h nur als stetige Injektionen vorauszusetzen!)

Beweis:

(a) Es sei wieder $n_f : X \amalg Y \to X \cup_f Y$ die natürliche Abbildung. Setzt man nun $h \cup g(n_f(x)) := h(x)$ für $x \in X$ und $h \cup g(n_f(y)) := g(y)$ für $y \in Y$, so erhält man eine wohldefinierte Abbildung, denn für $z \neq z'$ mit $n_f(z) = n_f(z')$ sind $z, z' \in A \cup f(A)$ mit $f(z) = z'$, d.h. $h(z) = gf(z) = g(z')$, oder $f(z') = z$, d.h. $h(z') = gf(z') = g(z)$, oder $f(z) = f(z')$, d.h. $h(z) = gf(z) = gf(z') = h(z)$. Offenbar ist dies auch die einzig mögliche Definition für $h \cup g$.

Nach Definition des Quotienten ist $h \cup g$ genau dann stetig, wenn es $(h \cup g) \circ n_f$ ist. Nach Definition der Summe ist $(h \cup g) \circ n_f$ genau dann stetig, wenn es $(h \cup g) \circ n_f|_X = h$ und $(h \cup g) \circ n_f|_Y = g$ sind. Letzteres ist der Fall.

(b) Sind g, h injektiv, so ist es auch f (wegen $h|A = g \circ f$). Ist nun $(h \cup g)(n_f(z)) = (h \cup g)(n_f(z'))$, so muß wegen $h(X) \cap g(Y) = h(A)$ $z = z'$ oder $z, z' \in A \cup f(A)$ gelten. Im letzteren Fall muß wegen der Injektivität von f, g und h wiederum $z = z'$ oder $z \in n_f^{-1}(n_f(z'))$ gelten, d.h. $n_f(z) = n_f(z')$.

(c) $B \subset X \cup_f Y$ ist abgeschlossen, genau wenn es $n_f^{-1}(B)$ in $X \amalg Y$ ist, d.h. wenn $n_f^{-1}(B) \cap X \mathrel{\overline{\subset}} X$ und $n_f^{-1}(B) \cap Y \mathrel{\overline{\subset}} Y$ sind (finale Topologie der Summe!). Wendet man daher $h \cup g$ auf ein abgeschlossenes B an, so erhält man

$$h \cup g(B) = (h \cup g) \circ n_f(n_f^{-1}(B)) = [(h \cup g) \circ n_f(n_f^{-1}(B) \cap X)] \cup [\ldots(n_f^{-1}(B) \cap Y)]$$
$$= h(n_f^{-1}(B) \cap X) \cup g(n_f^{-1}(B) \cap Y),$$

und letzteres ist abgeschlossen in Z, weil g, h abgeschlossene Abbildungen sind.

(d) Die Behauptung ergibt sich als Korollar zu (b), (c).

15.19 *Anwendungsbeispiele:*

a) Zunächst ein triviales Beispiel: Sind $X, Y \mathrel{\bar{\subset}} Z$, so gilt $X \cup Y \cong X \cup_{id_{X \cap Y}} Y$ nach 15.18d. Nach 15.17 ist der aus den Inklusionen konstruierte Homöomorphismus im wesentlichen die Identität.

b) Analog zusammengeklebte Räume sind homöomorph: Dazu sei das folgende Diagramm gegeben:

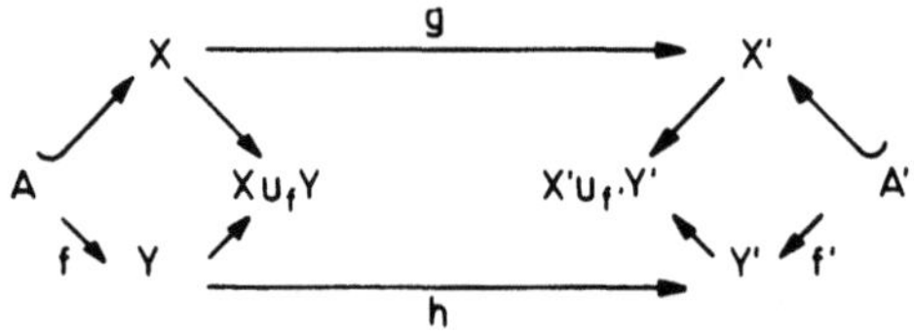

Dabei seien g, h Homöomorphismen mit $g(A) = A'$ und $h \circ f = f' \circ g|_A$, $A' \mathrel{\bar{\subset}} X'$ und f' sei ein Homöomorphismus auf eine abgeschlossene Teilmenge von Y'. Dann sind $X \cup_f Y$ und $X' \cup_{f'} Y'$ vermöge $(n_{f'} \circ g) \cup (n_{f'} \circ h)$ homöomorph.

Beweis dazu: Nach dem Korrollar zu 15.17 sind $n_{f'}: X \hookrightarrow X' \cup_{f'} Y'$ bzw. $n_{f'}: Y' \hookrightarrow X' \cup_{f'} Y'$ abgeschlossene Einbettungen, daher sind $g' := n_{f'} \circ g$ bzw. $h' := n_{f'} \circ h$ Homöomorphismen auf abgeschlossene Mengen. Außerdem ist

$$h' \circ f = n_{f'} \circ h \circ f = n_{f'} \circ f' \circ g|_A = n_{f'} \circ g|_A$$

sowie

$$g'(X) \cap h'(Y) = n_{f'}(X') \cap n_{f'}(Y') = n_{f'}(A') = n_{f'} \circ g(A) = g'(A)$$

und offenbar auch

$$g'(X) \cup h'(Y) = X' \cup_{f'} Y'.$$

Demnach sind die Voraussetzungen von 15.18(d) erfüllt, d.h. $g' \cup h'$ ist ein Homöomorphismus.

c) In 15.16(c) wurde eine Brezelfläche durch Verheftung zweier gelochter Tori konstruiert. Dabei waren die speziellen Konstruktionen der Löcher und der Verklebungsabbildung für ihre Ränder recht mühsam und unhandlich. Offenbar spielt die spezielle Herstellungsweise der Brezelflächen für ihre topologischen Untersuchung keine wesentliche Rolle. Wir wollen nun andeuten, warum dem so ist:

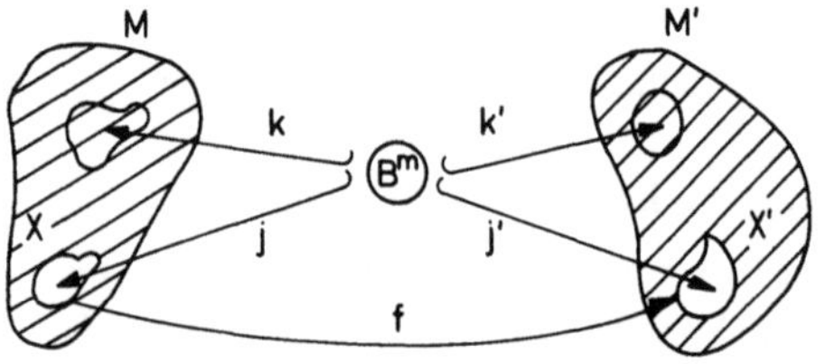

Es seien M, M' zwei zusammenhängende m-dimensionale Mannigfaltigkeiten und $j, k: \mathbb{R}^m \hookrightarrow M$ bzw. $j', k': \mathbb{R}^m \hookrightarrow M'$ stetige Injektionen. M bzw. M' werden nun mit Hilfe von $j(\mathring{B}^m)$ bzw. $j'(\mathring{B}^m)$ gelocht und längs der Ränder verklebt. (Daß j, k, j', k' auf ganz $\mathbb{R}^m$ definiert ist, sichert nach 14.13(d), (e), daß die etwaigen Ränder von M bzw. M' nicht getroffen werden. Mit Hilfe lokaler Karten und 14.21 sieht man auch, daß j^{-1}, k^{-1} usw. m-Karten für M bzw. M' liefern, die noch Umgebungen von $j(B^m)$, $k(B^m)$ usw. beschreiben.) Wir setzen also $X := M \setminus j(\mathring{B}^m)$, $X' := M' \setminus j'(\mathring{B}^m)$, , $A := \partial j(B^m) =$ (lokale Karten!) $j(S^{m-1})$ und $f := j' \circ j^{-1}|_A$. Analog verfahren wir bei der Lochung durch k bzw. k': $Y := M \setminus k(\mathring{B}^m)$, $Y' := M' \setminus k'(\mathring{B}^m)$, $A' := k(S^{m-1})$, $f' := k' \circ k^{-1}|_{A'}$. Nun suchen wir nach einer Bedingung, die die Homöomorphie von $X \cup_f X'$ mit $Y \cup_{f'} Y'$ garantiert.

Dazu wollen wir annehmen, daß zwei Homöomorphismen $g': M \to M$ bzw. $h': M' \to M'$ existieren, die die Löcher vertauschen, d.h. für die $g' \circ j = k$ und $h' \circ j' = k'$ gelten. Mit Hilfe lokaler Karten und 14.13(e) sieht man, daß g' und h' die jeweiligen Randpunkte erhalten, so daß zwei Homöomorphismen $g := g'|_X : X \to Y$ bzw. $h := h'|_{X'} : X' \to Y'$ induziert werden. Wir wollen sehen, ob für g, h die Bedingungen von (b) erfüllt sind. Nach 14.13(e) hat man offenbar

$$g(A) = g' \circ j(S^{m-1}) = k(S^{m-1}) = A' \quad \text{und} \quad h \circ f = h' \circ j' \circ j^{-1}|_A = k' \circ j^{-1}|_A.$$

Ist nun $a \in A = j(S^{m-1})$, d.h. $a = j(s)$, so ist

$$k' \circ j^{-1}(a) = k'(s) = k' \circ k^{-1} \circ k(s) = k' \circ k^{-1} \circ g' \circ j(s) = k' \circ k^{-1} \circ g'(a).$$

Daher ist also

$$h \circ f = k' \circ k^{-1} \circ g'|_A = f' \circ g'|_A = f' \circ g|_A.$$

Aus Kompaktheitsgründen sind auch die übrigen Voraussetzungen von (b) erfüllt, so daß g und h zu einem Homöomorphismus von $X \cup {}_fX'$ auf $Y \cup {}_{f'}Y'$ verkleben.

Wir haben damit das folgende hinreichende Kriterium gefunden: *Die Verklebung zweier gelochter m-dimensionaler Mannigfaltigkeiten ist jedenfalls dann unabhängig von der Wahl der Lochungen* (bis auf Homöomorphie), *wenn die Löcher durch geeignete Homöomorphismen der Mannigfaltigkeiten auf sich ineinander transformiert werden können.*

Zur Existenz der geforderten Transformationen: Sind M, M' Tori, so kann man mit Hilfe konkreter Karten nachweisen, daß die gewünschten Transformationen existieren. Analog kann man beim Nachweis für alle Brezelflächen verfahren, so daß sich die Menge der (Homöomorphieklassen von) Brezelflächen unter der Verklebungsoperation # als kommutative Halbgruppe mit Nullelement S^2 herausstellt.

d) Das in (c) für die Verklebungsoperation # hergeleitete Ergebnis garantiert auch im Falle differenzierbarer Mannigfaltigkeiten die Unabhängigkeit von der Auswahl der Löcher. Es gilt nämlich der folgende *Satz von R. S. Palais*[1]): Sind $f, g: B^m \hookrightarrow M^m \setminus \mathrm{Bd}(M^m)$ differenzierbare Einbettungen (und orientierungstreu, falls M^m orientierbar ist) und ist M^m zusammenhängend, dann gibt es einen Diffeomorphismus $h: M^m \to M^m$ mit $h \circ f = g$ und $h|_{M^m \setminus K} = \mathrm{id}$ für ein kompaktes $K \subset M^m$. (Die letzte Aussage ist sehr nützlich, wenn M^m noch mit anderen Mannigfaltigkeiten verklebt werden soll.)

Anwendungen der Verklebungssumme höherdimensionaler (differenzierbarer) Mannigfaltigkeiten findet man z. B. in Arbeiten von *J. Milnor*[2]).

e) Die sogenannten **exotischen Sphären,** d.h. differenzierbare Mannigfaltigkeiten, die homöomorph und nicht-diffeomorph zu den Standard-Sphären $S^m \subset R^{m+1}$ sind, entstehen – anschaulich gesehen – genau dann, wenn ein „häßlicher" Diffeomorphismus $f: S^{m-1} \to S^{m-1}$ zur Verklebung $B^m \cup {}_fB^m$ benutzt wird[3]).

2-dimensionale Mannigfaltigkeiten

15.20 *Bemerkungen:* Die Klassifikation der geschlossenen Flächen ist relativ einfach. Als Standardtypen wählt man die „Brezelflächen vom Geschlecht n" $T_n := T_1 \# \ldots \# T_1$ (n Summanden), wobei T_1 der Torus $S^1 \pi S^1$ und T_0 die Sphäre S^2 sind (15.16(c) und 15.19(c)). Tatsächlich sind diese geschlossenen Flächen paarweise nicht-homöomorph. Man beweist das mit Hilfe der Fundamentalgruppen und 14.14(c):

---

[1]) Proc. Amer. Math. Soc. 1960; s. a. J. Milnor: Variedades Differenciables con Frontera, Inst. Mat. U. N. A. M., 1960.

[2]) 3-dimensionale Mannigfaltigkeiten: Am. J. Math., **84** (1962); differenzierbare Strukturen auf Sphären: Bull. Soc. Math. France, 87 (1959), „Differentiable Structures", Princeton, 1961.

[3]) S. die Literaturangaben in (d).

Zunächst ist $\pi_1(S^2)$ einelementig, während $\pi_1(T_1) \cong \pi_1(S^1) \times \pi_1(S^1) = \mathbb{Z} \times \mathbb{Z}$ ist. Ein gelochter Torus $X = T_1 \setminus j(\mathring{B}^2)$ hat die Lemniskate (Figur 8) als starken Deformationsretrakt (14.14(a)), so daß $\pi_1(X) \cong \pi_1(8)$ frei vom Rang 2 ist (14.14(c)). Aus dem Satz von Seifert-van Kampen ergeben sich für T_n daraus Fundamentalgruppen, die Quotienten von freien Gruppen vom Rang 2n sind.

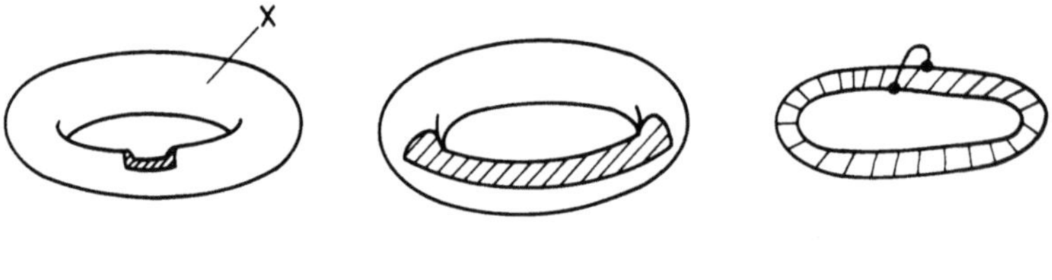

Mit Hilfe kombinatorischer Techniken kann man nun unter Ausnutzung der Triangulierbarkeit der Flächen zeigen, daß die geschlossenen „orientierbaren" Flächen (das sind zugleich die, die sich in $\mathbb{R}^3$ einbetten, also konkret „vorstellen" lassen) zu Brezelflächen T_n $(n \geqslant 0)$ homöomorph sind. Wie der reelle projektive Raum $\mathbb{P}^2$ zeigt, sind damit jedoch nicht alle geschlossenen Flächen erfaßt. (Die Kreuzhaubenkonstruktion 15.16(d) und der Satz von Seifert-van Kampen zeigen, daß $\pi_1(\mathbb{P}^2) \cong \mathbb{Z}/2\mathbb{Z}$ ist.) Die Verklebungssummen $\mathbb{P}^2 \# \ldots \# \mathbb{P}^2$ liefern jedoch alle nichtorientierbaren geschlossenen Flächen (bis auf Homöomorphie).

Hat man dieses Ergebnis im Detail studiert, so birgt auch die Klassifikation der Flächen insgesamt keine Überraschungen[1]).

Höherdimensionale Mannigfaltigkeiten, Poincaré-Vermutung

15.21 *Bemerkung:* Wie bereits mehrfach erwähnt, ist das Klassifikationsproblem für 3- und höherdimensionale Mannigfaltigkeiten ungelöst. Dabei gibt es vor allem für 3-dimensionale Mannigfaltigkeiten eine Fülle von Detailergebnissen[2]). *A. A. Markov*[3]) konnte zeigen, daß das Klassifikationsproblem für kompakte Mannigfaltigkeiten der Dimension $\geqslant 4$ aus logischen Gründen unlösbar ist, so daß dort ohnehin nur Detailergebnisse erwartet werden können.

Die berühmteste, bislang noch offene Vermutung im Zusammenhang mit 3-dimensionalen Mannigfaltigkeiten stammt von *H. Poincaré: Ist* S^3 *die einzige einfach-zusammenhängende geschlossene 3-dimensionale Mannigfaltigkeit*? Man stellte später fest, daß diese Frage äquivalent zur Vermutung ist, jede geschlossene, zur S^3 homotopie-äquivalente 3-dimensionale Mannigfaltigkeit sei zur S^3 homöomorph. Erstaunlicherweise gelang eine Antwort für höhere Dimensionen:

---

1) *Literatur: B. v. Kerekjarto*, Vorlesungen über Topologie, Berlin, 1923 (vollständige Klassifikation aller Flächen); *Seifert-Threlfall*, Lehrbuch der Topologie, Leipzig, 1934; *Ahlfors-Sario*, Riemann Surfaces, Princeton, 1960; *W. S. Massey*, Algebraic Topology, New York, 1967.

2) Vgl. etwa *C. D. Papakyriakopoulos*, Proc. Intern. Congr. Math, 1958; *J. Milnor*, Am. J. Math., 84 (1962); *M. K. Fort*, „The Topology of 3-Manifolds", Prentice Hall, 1962.

3) Proc. Intern. Congr. Math., 1958.

Eine differenzierbare Homotopie-n-Sphäre ist für $n \geqslant 5$ *stets zur* S^n *homöomorph* (nicht diffeomorph: exotische Sphären!)[1]).

Die verwendeten Techniken beruhen einerseits auf denen der Algebraischen Topologie andererseits auf denen der sogenannten *Morse*-Theorie (Analyse von Mannigfaltigkeiten mit Hilfe differenzierbarer Funktionen; als Einführung studiere man *Milnors* Buch über dieses Thema[2]). Sie wurden neuerdings von *Browder* und besonders *C. T. C. Wall* zur sogenannten „*Surgery*" (Henkelkörperzerlegung) verallgemeinert, ein höherdimensionales, natürlich viel komplizierteres Analogon zum Aufbau der Brezelflächen. (Von *Browder* und *Wall* gibt es Bücher über Surgery, sie setzen jedoch erhebliche Kenntnisse in den Grundlagen voraus.)

Wir können auf diese anspruchsvollen Untersuchungen hier nicht näher eingehen und wollen uns darauf beschränken, nach den Verklebungskonstruktionen noch ein weiteres Verfahren zur Konstruktion höherdimensionaler Mannigfaltigkeiten anzureißen, das sich recht elementar darstellen läßt und in vielen Untersuchungen der Topologie und benachbarter Gebiete eine große Rolle spielt:

Topologische Gruppen und Mannigfaltigkeiten

15.22 *Klassische Gruppen:*

Als offener Unterraum von $\mathbb{R}^{n^2}$ ist $GL(n;\mathbb{R}) = \det^{-1}(\mathbb{R} \setminus \{0\})$ eine n^2-dimensionale, randlose und nichtkompakte Mannigfaltigkeit und zugleich eine topologische Gruppe bzgl. der Hintereinanderschaltung von Abbildungen (Matrizenmultiplikation). Diese Matrizengruppe und ihre Untergruppen spielen in der Topologie eine hervorragende Rolle, so haben wir sie in 15.2(d) benutzt, um S^m bequem mit Karten ausstatten zu können (die Untergruppe der Isometrien „operiert" als bequem überschaubare Gruppe von Homöomorphismen auf S^m), und die Zerlegung von $GL(n;\mathbb{R})$ in genau zwei Wegkomponenten ist der Ausgangspunkt für jeden Orientierungsbegriff (vgl. Bücher über Algebraische oder Differentialtopologie). Man nennt topologische Gruppen, die zugleich Mannigfaltigkeiten sind, **Liegruppen.** Für sie gibt es eine ausgedehnte Theorie mit starken Bezügen zur Differentialgeometrie (jede Liegruppe läßt sich mit einer differenzierbaren Struktur versehen).

Für die Topologie besonders wichtig ist natürlich die Gruppe der Isometrien $O(n;\mathbb{R})$, sie bildet ja die wichtigste geschlossene Mannigfaltigkeit S^{n-1} immer auf sich ab, und sie ist kompakt (beschränkt und abgeschlossen in $\mathbb{R}^{n^2}$), wie man sich leicht überzeugt. Wir wollen zeigen, daß es sich um eine Liegruppe handelt:

Aus der Linearen Algebra ist bekannt, daß eine Matrix $A = (a_{ik})_{i,k=1}^{n}$ genau dann eine Isometrie beschreibt, wenn die gestürzte Matrix A' zu A invers ist. Nach der Art wie Matrizen multipliziert werden, heißt das, daß für $1 \leqslant i \leqslant k \leqslant n$ stets $\sum_{j=1}^{n} a_{ij} a_{kj} = \delta_{ik}$ ist (Kroneckersymbol). Man definiere nun eine

---

1) Theorem von *S. Smale, J. Stallings* und *E. C. Zeeman;* vgl. *S. Smale,* Am. J. Math., **84** (1962), Bull. AMS, **66** (1960), Ann. Math., **74** (1961); *J. Stallings,* Bull. AMS, **66** (1960); *E. C. Zeeman,* Bull. AMS, **67** (1961); ausführlichere Darstellungen: *J. Cerf* in Seminaire H. Cartan (1961/62) und *J. Milnor,* „Lectures on the h-Cobordism Theorem", Princeton, 1965.

2) Princeton, 1963.

15.23
Kapitel III: Stetigkeitsgeometrie

differenzierbare Abbildung $f: GL(n; \mathbb{R}) \to \mathbb{R}^{\frac{1}{2}n(n+1)}$ durch $f_{ik}(A) := \sum_j a_{ij} a_{kj} - \delta_{ik}$. Wollen wir 15.3 anwenden, so muß gezeigt werden, daß $Df(A)$ maximalen Rang hat für jedes $A \in f^{-1}(0)$. Speziell für $A = E$ (Einheitsmatrix) hat man

$$\left.\frac{\partial f_{ik}}{\partial a_{pq}}\right|_E = \sum_j (\delta_{ip}\delta_{jq}\delta_{kj} + \delta_{ij}\delta_{kp}\delta_{jq}) = \delta_{ip}\delta_{kq} + \delta_{kp}\delta_{iq}.$$

Schreibt man sich die Funktionalmatrix ausführlich auf, so treten auf der Hauptdiagonalen und nur dort von null verschiedene Werte auf, nämlich

$$\left.\frac{\partial f_{ii}}{\partial a_{ii}}\right|_E = 2, \quad \left.\frac{\partial f_{ik}}{\partial a_{ik}}\right|_E = 1 \quad \text{für } i \neq k \quad \text{und} \quad \left.\frac{\partial f_{ik}}{\partial a_{pq}}\right|_E = 0 \quad \text{für } (i,k) \neq (p,q).$$

An der Stelle $A = E$ hat Df also maximalen Rang. Da die Linksmultiplikation $A \circ (.): GL(n; \mathbb{R}) \to GL(n; \mathbb{R})$ für $A \in GL(n; \mathbb{R})$ ein Diffeomorphismus ist, ist Rang $Df(A)$ = Rang $Df(A^{-1}A)$ = Rang $Df(E)$. Nach 15.3 ist $O(n; \mathbb{R})$ eine kompakte, randlose Liegruppe der Dimension

$$n^2 - \frac{1}{2}n(n+1) = \frac{1}{2}n(n-1).$$

Man kann zeigen, daß auch $O(n; \mathbb{R})$ genau zwei Wegkomponenten hat, die sich durch den Wert $+1$ bzw. -1 der Determinante unterscheiden. Die Komponente $SO(n; \mathbb{R}) := O(n; \mathbb{R}) \cap \det^{-1}(1)$ der Identität E bezeichnet man als spezielle orthogonale Gruppe, sie bildet eine geschlossene Mannigfaltigkeit der Dimension $\frac{1}{2}n(n-1)$. Die Abbildung $A \mapsto (A/\det A; \det A)$ liefert einen topologischen Gruppenisomorphismus von $O(n; \mathbb{R})$ auf $SO(n; \mathbb{R}) \times \{-1, +1\}$.

Mit Hilfe der „Exponentialabbildung" $\exp: M(n \times n; \mathbb{R}) \to GL(n; \mathbb{R})$, $A \mapsto \sum_{k=0}^{\infty} A^k/k!$, die eine Umgebung der Nullmatrix diffeomorph auf eine Umgebung der Identität in GL abbildet, kann man weitere Liegruppen als Untergruppen von $GL(n; \mathbb{R})$ bzw. $GL(n; \mathbb{C})$ nachweisen (**Klassische Gruppen**[1]).

15.23 Definition: Es seien G eine topologische Gruppe, X ein topologischer Raum und $\cdot: G \pi X \to X$ eine stetige Abbildung. Diese Abbildung heißt (Links-) **Gruppenoperation auf X**, wenn für jedes $g, h \in G$, $x \in X$ stets $e \cdot x = x$ und $g \cdot (h \cdot x) = (gh) \cdot x$ gelten.

Eine Gruppenoperation auf X heißt **fixpunktfrei**, wenn jedes $x \in X$ trivialen **Stabilisator** S_x hat, d.h. wenn stets $S_x := \{g \in G / g \cdot x = x\} = \{e\}$ ist.

Eine Gruppenoperation auf X heißt **transitiv**, wenn für ein $x \in X$ (und damit für jedes x) das **Orbit** $G \cdot x = X$ ist. (Ist $g \cdot x = x'$, so ist $g^{-1}g \cdot x = x = g^{-1} \cdot x'$. Ist $h \cdot x = x''$, so ist $hg^{-1} \cdot x' = x''$.)

Beispiele:

a) Die Gruppe $\mathbb{Z}/2\mathbb{Z} = \{-1, +1\}$ operiert fixpunktfrei auf S^m vermöge $(\epsilon, x) \mapsto \epsilon \cdot x$.

b) Es sei $\lambda \in S^1$ p. primitive Einheitswurzel, d.h. $\lambda^0, \lambda, \lambda^2, \lambda^3, \ldots, \lambda^{p-1}$ bilden die Gruppe der p. Einheitswurzeln $\mathbb{Z}_p$ (diskrete Top.). Dann wird durch $\cdot: \mathbb{Z}_p \pi S^{2m+1} \to S^{2m+1}$, $(\lambda^k, x) \mapsto \lambda^k \cdot x$, wobei $x' \hat{=} x \in \mathbb{C}^{m+1}$ aufgefaßt wird, eine fixpunktfreie Gruppenoperation gegeben.

---

[1] Vgl. etwa S. *Sternberg*, „Lectures on Differential Geometry", New York, 1964.

c) Ist X ein topologischer Vektorraum mit mehr als einem Element, so ist die Skalarmultiplikation bzgl. der multiplikativen Gruppe des Körpers eine fixpunktfreie Gruppenoperation.

d) Durch $(A, x) \to A(x)$ werden transitive Gruppenoperationen von $O(m; \mathbb{R}) \times S^{m-1}$ bzw. $SO(m; \mathbb{R}) \times S^{m-1}$ auf S^{m-1} definiert.

Fixpunktfreie Operationen dienen vorwiegend zur Konstruktion von Mannigfaltigkeiten, während transitive Operationen zur Strukturuntersuchung nützlich sind, insbesondere dazu dienen, Mannigfaltigkeiten als **homogene Räume**, d.h. als Quotienten von Gruppen nach Untergruppen, darzustellen. Wir beschränken uns auf einige einfache Beispiele:

15.24 **Satz:** Die diskrete endliche Gruppe G operiere fixpunktfrei auf der geschlossenen m-dimensionalen Mannigfaltigkeit M, dann ist der **Orbitraum** M / G eine geschlossene m-dimensionale Mannigfaltigkeit.

Dabei bezeichnet M / G den topologischen Quotienten von M nach der folgenden Äquivalenzrelation:

$x \sim x' :\iff G \cdot x = G \cdot x' \iff x, x'$ liegen im selben Orbit.

Beweis: Mit M ist auch für M / G das 2. Abzählbarkeitsaxiom gültig, denn die Quotientenabbildung $n: M \to M / G$ ist offen: Ist nämlich $O \underset{\circ}{\subset} M$, so ist $n^{-1}(n(O)) = \bigcup_{g \in G} g \cdot O$ und für jedes g ist $g \cdot (.): x \mapsto g \cdot x$ ein Homöomorphismus.

Die gegebene Äquivalenzrelation $\sim$ ist als Teilmenge von $M \times M$ abgeschlossen, denn es ist $\sim = \varphi(G \times M)$, wobei $\varphi(g, x) := (g \cdot x, x)$ sei, und $G \times M$ ist kompakt. Sind nun zwei Elemente $n(x) \neq n(y)$ aus M / G gegeben, so ist $(x, y) \in M \times M \setminus \sim$, also gibt es offene Umgebungen U bzw. V von x bzw. y in M mit $U \times V \subset M \times M \setminus \sim$. Da n offen ist, hat man in $n(U)$ bzw. $n(V)$ disjunkte offene Umgebungen von $n(x)$ bzw. $n(y)$ gefunden, d.h. M / G ist T_2-Raum.

Es sei nun $x \in M$. Wir behaupten, daß es eine offene Umgebung V von x in M gibt, so daß für jedes $g \in G \setminus \{e\}$ $V \cap g \cdot V = \emptyset$ ist, d.h. alle Linkstranslationen schieben V ganz aus V heraus. Es sei K′ kompakte Umgebung von x, dann ist $G \cdot x \cap K'$ endlich, da G endlich ist. Da M T_2-Raum ist, kann man eine kompakte Umgebung K von x wählen, die $G \cdot x$ genau im Punkte x trifft. Man setze $W := \mathring{K} \setminus \bigcup_{g \neq e} g \cdot K$, dann ist $W \underset{\circ}{\subset} M$. Wäre $x \notin W$, so gäbe es ein $g \neq e$ mit $x \in g \cdot K$. Dann wäre jedoch $g^{-1} \cdot x \in K$, also nach Wahl von K $g^{-1} \cdot x = x$ und wegen der Fixpunktfreiheit $g^{-1} = e$ im Widerspruch zur Wahl von W. Es ist also W offene Umgebung von x. Ist nun $g \neq e$, so ist

$$g \cdot W \cap W = (g \cdot \mathring{K} \setminus \bigcup_{g' \neq e} g \cdot g' \cdot K) \cap (\mathring{K} \setminus \bigcup_{g' \neq e} g' \cdot K) \subset (g \cdot \mathring{K} \cap \mathring{K}) \setminus \bigcup_{g' \neq e} g' \cdot K = \emptyset.$$

Man kann daher $V := W$ setzen.

Wählt man V wie eben konstruiert, so ist $n|_V : V \to M / G$ injektiv, offen und stetig. Ist nun $h: U \to U' \underset{\circ}{\subset} \mathbb{R}^m$ eine Karte um x mit $U \subset V$, so liefert $h \circ n^{-1} : n(U) \to U'$ eine m-Karte um $n(x)$. Damit ist der Satz bewiesen.

Anwendungsbeispiele:

a) Beispiel 15.23(a) liefert die m-dimensionale geschlossene Mannigfaltigkeit $S^m / \{-1, +1\}$, das ist die übliche Konstruktion von $\mathbb{P}^m$.

b) Beispiel 15.23(b) liefert $L(2m+1; p) := S^{2m+1} / \mathbb{Z}_p$, den $2m+1$-dimensionalen **Linsenraum** der Ordnung p. (Man versuche, sich die Orbits vorzustellen!) Die Klassifikation der Linsenräume ist im Rahmen der sogenannten „einfachen Homotopietheorie" vollständig gelungen[1]. Man stößt hier – wie neuerdings häufiger bei topologischen Untersuchungen – auf merkwürdige zahlentheoretische Bedingungen.

15.25 Satz: Die kompakte topologische Gruppe G operiere transitiv auf dem T_2-Raum X, dann ist für jedes $x \in X$ der Stabilisator $S_x = \{g \in G / g \cdot x = x\}$ eine Untergruppe von G, und es ist G / S_x homöomorph zu X.

Beweis: Offenbar ist S_x für jede Gruppenoperation eine Untergruppe von G. Zu festem x sei $p: G \to X$ durch $g \mapsto g \cdot x$ definiert. Offenbar ist p stetig, wie das folgende Diagramm zeigt:

$$\begin{array}{ccc} X & \longleftarrow & G \pi X \\ \uparrow p & & \uparrow \\ G & \hookrightarrow & G \pi \{x\} \end{array}$$

Es ist $p^{-1}(x) = S_x$, also ist S_x abgeschlossene Untergruppe von G. Nach 9.10(a_2) ist G / S_x kompakt. Da G transitiv operiert, induziert p einen Homöomorphismus $\overline{p}: G / S_x \to X$.

Bemerkung: Der Beweis zeigt, daß statt der Kompaktheit von G auch die Offenheit der Abbildung p hinreicht.

Anwendungen:

a) Beispiel 15.23(d) erlaubt S^{m-1} in der Form $O(m; \mathbb{R}) / S_x$ topologisch als „homogenen Raum" darzustellen. Wählt man für x etwa den Nordpol $x = \begin{pmatrix} 1 \\ 0 \\ \vdots \\ 0 \end{pmatrix}$, so ist offensichtlich $S_x = O(m-1; \mathbb{R})$, also ist S^{m-1} topologisch gleich $O(m; \mathbb{R}) / O(m-1; \mathbb{R})$ bzw. gleich $SO(m; \mathbb{R}) / SO(m-1; \mathbb{R})$. (Dabei faßt man jedes $A \in SO(m-1; \mathbb{R})$ in der Form $\begin{pmatrix} 1 & 0 \\ 0 & A \end{pmatrix}$ als Element von $SO(m; \mathbb{R})$ auf.)

b) Die **Graßmann-Mannigfaltigkeiten** $G_{p,q}$: Als Menge sei $G_{p,q}$ die Menge der p-dimensionalen linearen Unterräume des $\mathbb{R}^{p+q}$. Versieht man alle Räume für einen Moment mit der diskreten Topologie, so operiert $GL(p+q; \mathbb{R})$ transitiv auf $G_{p,q}$. Satz 15.25 liefert eine Bijektion $j: GL(p+q; \mathbb{R}) / S_x \to G_{p,q}$. Für $x = L(e_1, \ldots, e_p)$ ist $S_x = \{A / A = \begin{pmatrix} A_1 & A_2 \\ 0 & A_3 \end{pmatrix}$ mit $A_1 \in GL(p; \mathbb{R}), A_3 \in GL(q; \mathbb{R})\}$. Wählt man nun wieder die übliche Topologie auf GL, so versieht $j\, G_{p,q}$ mit der Topologie von GL / S_x. Man kann nun zeigen (s. etwa das oben zitierte Buch von Sternberg), daß $GL(p+q; \mathbb{R}) / S_x$ eine $p \cdot q$-dimensionale Mannigfaltigkeit ist, also auch $G_{p,q}$.

c) Nun operiert auch $SO(p+q; \mathbb{R})$ in natürlicher Weise auf $GL(p+q; \mathbb{R})$ als Matrizenmultiplikation. Hat $A \in S_x$ die Form $A = \begin{pmatrix} A_1 & A_2 \\ 0 & A_3 \end{pmatrix}$, so auch $B \circ A$ für $B \in SO$, d.h. $SO(p+q; \mathbb{R})$ operiert (nun

[1] Vgl. etwa *M. M. Cohen,* „A Course in Simple-Homotopy-Theory", Berlin, 1970.

sogar transitiv) auf $GL(p+q;\mathbb{R})/S_x$. Dabei hat der Stabilisator von S_x die Form

$$S_{S_x} = \left\{ B \in SO(p+q;\mathbb{R}) \,/\, B = \begin{pmatrix} B_1 & 0 \\ 0 & B_2 \end{pmatrix} \right\} = SO(p;\mathbb{R}) \times SO(q;\mathbb{R}).$$

Nach dem obigen Satz ist also

$$G_{p,q} \cong GL(p+q;\mathbb{R}) \,/\, S_x \cong \frac{SO(p+q;\mathbb{R})}{SO(p;\mathbb{R}) \times SO(q;\mathbb{R})}\,.$$

Insbesondere ist also $G_{p,q}$ stets kompakt.

15.26 Wir wollen damit unsere kurze Einführung in die Theorie der Mannigfaltigkeiten beschließen. Für die Konstruktion von Mannigfaltigkeiten mit Hilfe von Gruppen verweisen wir auf *N. Steenrod,* „The Topology of Fibre Bundles“, Princeton, 1951, sowie neuere Bücher über Differentialgeometrie und Liegruppen. Untersuchungen differenzierbarer Mannigfaltigkeiten mit solchen Konstruktionen findet man z. B. in *Hirzebruch-Mayer,* „O (n)-Mannigfaltigkeiten, exotische Sphären und Singularitäten“, Berlin, 1968.

Verzeichnis der Abkürzungen

$\mathbb{N} = \{1, 2, 3, \ldots\}$, $\mathbb{N}_0 = \{0, 1, 2, 3, \ldots\}$,
$\mathbb{Z}$ Menge der ganzen Zahlen,
$\mathbb{R}$ Raum der reellen Zahlen, meist mit Betrags-Metrik,
$\mathbb{R}_+$ Menge der positiven reellen Zahlen,
I abgeschlossenes Einheitsintervall ($\{t \in \mathbb{R}/0 \leqslant t \leqslant 1\}$),
$\mathbb{C}$ Raum der komplexen Zahlen mit Betrags-Metrik,
$\mathbb{K}$ gemeinsames Symbol für $\mathbb{R}$ oder $\mathbb{C}$ (s. 5.10),
$S^n = \{x \in \mathbb{R}^{n+1}/|x| = 1\}$ mit der Unterraum-Topologie,
$B^n = \{x \in \mathbb{R}^n/|x| \leqslant 1\}$ mit der Unterraum-Topologie,
$B_\epsilon^d(x) = \{y \in X/d(x,y) \leqslant \epsilon\}$ abgeschlossene Kugel vom Radius ϵ um x bzgl. der (Pseudo-)Metrik d auf dem Raum X, (vgl. 1.1),
$B_\epsilon^v(x) = \{y \in X/d(x,y) < \epsilon\}$ bzgl. einer Metrik d (vgl. Abschnitt 1, Aufg. 1),
$\mathbb{R}^n$ Raum der n-Tupel reeller Zahlen, meist mit euklidischer Metrik (Abschnitt 1),
$\emptyset$ leere Menge, $X \backslash Y = \{x \in X/x \notin Y\}$, $\times$ Produkt,
$\mathcal{P}(X)$ Potenzmenge (Menge aller Teilmengen),
$\mathcal{F}, \mathcal{G}$ usw. Filter (s. 1.2),
$\mathbb{F}(X)$ System aller Filter auf X (s. 1.2),
$[\mathcal{F}]_X$ der auf X von $\mathcal{F}$ erzeugte Filter (s. 1.2, Bemerkung),
$E_m^f = \{f(n)/n \geqslant m\}$ Endstück der Folge f (Abschnitt 1, Einleitung),
$\mathcal{E}_f$ Endstückfilter der Folge f (s. 1.2, Beispiel g),
$\mathcal{U}_d(x)$ Umgebungsfilter bzgl. der (Pseudo-)Metrik d (1.2, Bsp. c),
$\mathcal{U}_\mathcal{T}(x)$ Umgebungsfilter bzgl. der Topologie $\mathcal{T}$ (Abschnitt 2),
$(X, \mathcal{U})$ Umgebungsraum (s. 1.3),
$\mathcal{F} \longrightarrow x$, $\mathcal{F} \underset{\mathcal{U}}{\rightarrow} x$, $\mathcal{F} \underset{\mathcal{T}}{\rightarrow}$, $f \rightarrow$ usw. Konvergenz (Abschnitt 1),
$\mathring{U}$ Inneres von U, offener Kern (1.3, 2.2, 4.1),
$\overline{U}$ Abschluß von U, abgeschlossene Hülle (4.1),
∂U toplogischer Rand von U (4.4),
Bd(M) geometrischer Rand von M (15.1 (c)),
F_δ, G_σ 4.7,
$\underset{\circ}{\subset}$ offener Teil von (2.6),
$\bar{\subset}$ abgeschlossener Teil von (4.1),
$\subset\subset$ (compact contained) kompakter Teil von (11.2),
X_∞ Ein-Punkt-Kompaktifizierung von X, Alexandroff-Kompaktifizierung (11.16),
$\hookrightarrow$ Inklusionsabbildung oder Homöomorphismus auf das Bild,
$\mathcal{N}$ Nachbarschaftsfilter (Abschnitt 7),
T_i-Axiome (Abschnitt 9),
Π topologisches Produkt (Abschnitt 5),
$\amalg$ topologische Summe, Coprodukt (Abschnitt 6),
X/R, X/f Quotient nach einer Äquivalenzrelation bzw. Abbildung (Abschnitt 6),
$\cup_f$ Verklebung 15.15,
15.16c, 15.19c,

X/G Orbitraum einer Gruppenoperation 15.24,
$\pi_i(X, x_0)$ i. Homotopiegruppe 14.7,
$\pi_i(f)$ induzierter Homomorphismus, 14.8,
deg Abbildungsgrad 14.15,
D(U) 14.16,
$\simeq$ (mod A) homotop mod A (Abschnitt 14),
$\cong$ isomorph, homöomorph,
$\sim$ äquivalent,
Abb(M, $\mathbb{R}$) reelle Funktionen von M in $\mathbb{R}$ (s. 1.1, Bsp. e),
$\mathrm{Abb}_{ggl}(\ldots)$ Funktionenraum mit global-gleichmäßiger Konvergenz (s. 1.1e, 3.6, 5.4e, 8.8a),
$\mathrm{Abb}_{pw}(\ldots)$ Funktionenraum mit punktweiser Konvergenz (1.3g, 8.8c),
$C_{co}(\ldots)$ kompakte Konvergenz (11.27) bzw. kompakt-offene Top. (Abschnitt 14),
C(...) stetige Funktionen, (4.8),
B(...) beschränkte Funktionen (5.4e, 5.11f, 8.8b),
$\oplus\ldots$ direkte Summe (Abschnitt 1, Aufg. 5, 8.2a),
L(...) Lebesgue-integrierbare Funktionen (1.1f, 6.7c),
d_{sup} Supremums-Metrik (5.4e),
$\mathcal{M}(m, n; \mathbb{R})$ reelle (m, n)-Matrizen (5.11h),
$GL(n; \mathbb{R})$ reelle, nichtsinguläre (n, n)-Matrizen (5.11h, 10.3e, 10.6h),
$SL(n; \mathbb{R})$ spezielle lineare Gruppe des $\mathbb{R}^n$ (10.6h),
$O(n; \mathbb{R})$ Isometrien- oder orthogonale Gruppe des $\mathbb{R}^n$ (15.22),
$SO(n; \mathbb{R})$ spezielle orthogonale Gruppe des $\mathbb{R}^n$ (15.22),
det Determinante,
$\mathbb{P}^n$ n-dimensionaler projektiver reeller Raum (6.7b, 6.7e, Abschnitt 15),
Df(y) Funktionalmatrix von f an der Stelle y.

Literaturhinweise

[1] Zur ersten Einführung in die Fragestellungen der Topologie sind die folgenden Hefte sehr geeignet:
B. Griffiths: Topology (1967; Reprint aus Mathematics Teaching, erhältlich von der Association of Teachers of Mathematics, Vine Street Chambers, Nelson, Lancashire),
Yu. A. Schreider: What is Distance (Univ. of Chicago Press, 1974).

[2] Aus der Vielzahl von Lehrbüchern über Allgemeine Topologie möchte ich die folgenden hervorheben:
R. A. Conover: A first course in topology (Williams & Wilkins, Baltimore, 1975; ein didaktisch hervorragend aufgebautes Buch, das den Lernenden zur Eigenaktivität anregt),
J. Dugundji: Topology (Allyn & Bacon, Boston, 1966; sehr klar geschrieben, Auswahl der wichtigsten Themen, incl. Topologie des $\mathbb{R}^n$),
B. v. Querenburg: Mengentheoretische Topologie (Springer, Berlin usw., 1973; knappe Darstellung des Stoffes von § 1 bis § 12, preiswert),
R. Engelking: Outline of General Topology (North Holland, Amsterdam, 1968; knappe Darstellung, jedoch klar und sehr umfassend, einschließlich Dimensionstheorie).

[3] Unter spezielleren Aspekten würde ich empfehlen:
N. Bourbaki: General Topology (2 Bde., Addison-Wesley, Reading, 1966; sehr klar geschrieben, umfassend, viele Aufgaben),
J. L. Kelley: General Topology (Van Nostrand (neuerdings Springer), Princeton, 1955; klassischer Text, Moore-Smith-Folgen, viele Aufgaben),
W. Thron: Topological Structures (Holt, Rinehart & Winston, New York usw., 1966; knappe Darstellung, ausgezeichnete historische Anmerkungen),
W. Franz: Topologie (2 Bde., Sammlung Göschen, Berlin, 1960; etwas ältere Darstellung, Einführung in die Dimensionstheorie, preiswert, im zweiten Band Homologietheorie),
H. J. Kowalsky: Topologische Räume (Birkhäuser, Basel-Stuttgart, 1961; sehr umfassend, allerdings stark auf der Filtertheorie aufbauend und daher zunächst mühsam lesbar),
G. Preuß: Allgemeine Topologie (Springer, Berlin usw., 1975; simultaner Aufbau von Topologie und Kategorietheorie, als Anregung zu eigenen Untersuchungen geeignet)
H. Schubert: Topologie (Teubner, Stuttgart, 1964; Allgemeine und Einf. i. d. Algebraische Topologie, umfassend, gelegentlich etwas unübersichtlich)

[4a] Ordnungstopologien werden behandelt in
J. W. Baker: Continuity in ordered spaces (Math. Z., 104 (1968)),
H. Kok: Connected Orderable Spaces (Math. Centre Tracts, Amsterdam, 1973),
Kowalsky: (s. [3]),
L. Nachbin: Topology and Order (Princeton, 1965),
A. L. Peressini: Ordered topological vector spaces (New York, 1967),

[4b] Topologische Gruppen werden in vielen besonderen Büchern behandelt, als Einführung ist immer noch empfehlenswert:
L. S. Pontrjagin: Topologische Gruppen (Teubner, Leipzig, 1957). Wesentlich weiter führt
Hewitt-Ross: Abstract Harmonic Analysis (Springer, 1963).

[4c] Das Studium topologischer Vektorräume sollte man vielleicht mit
Floret-Wloka: Einführung in die Theorie der lokalkonvexen Räume (Springer, Berlin usw., 1968)
oder
Robertson-Robertson: Topologische Vektorräume (BI, Mannheim, 1968)
beginnen und dann mit
G. Köthe: Topologische lineare Räume (Springer, 1966)
oder
J. Horvath: Topological Vector Spaces and Distributions, Vol. I (Addison-Wesley, New York usw., 1966)
fortsetzen.

[4d] Reelle Funktionen(räume) werden behandelt in
H. Hahn: Reelle Funktionen (Chelsea, New York, 1948, Nachdruck von 1924),
G. Aumann: Reelle Funktionen (Springer, Berlin usw., 1954),
Gillman-Jerison: Rings of Continuous Functions (Van Nostrand, Princeton, 1960).

[4e] Die klassische Einführung in die Dimensionstheorie ist
Hurewicz-Wallman: Dimension Theory (Princeton, 1948),
Engelking (s. [2]) berücksichtigt neuere Entwicklungen.

[5] Als Überleitung zur Algebraischen Topologie bzw. Differentialtopologie sind die folgenden Bücher gut geeignet:
Crowell-Fox: Introduction to Knot Theory (New York, 1963; die klassische Darstellung der Knotentheorie),
A. Gramain: Topologie des surfaces (Hermann, Paris, ca. 1968; Klassifikation der geschlossenen Flächen mit differenzierbaren Mitteln),
Singer-Thorpe: Lecture Notes on Elementary Topology and Geometry (Glenview, 1967).
A. H. Wallace: Differential Topology: First Steps (Benjamin, New York-Amsterdam, 1968).

[6] Als Einführung in die Algebraische Topologie empfehle ich
M. J. Greenberg: Lectures on Algebraic Topology (Benjamin, New York, 1967). Danach sollte man vielleicht
A. Dold: Lectures on Algebraic Topology (Springer, Berlin usw., 1972) lesen oder auch
C. Godbillon: Topologie algebrique (Hermann, Paris, 1971),
der die differenzierbaren Techniken betont.
Vor *J. F. Adams,* „A Student's Guide to Algebraic Topology" (Cambridge Univ. Press, 1972) möchte ich warnen: Adams verlangt soviel, daß dem Anfänger leicht die Lust vergeht! (Nur für Fortgeschrittene!)

[7] Zur Homotopietheorie vgl. die Hinweise in Abschnitt 14.

[8] Als Einführung in die Differentialtopologie empfehle ich
J. Milnor: Topology from the Differentiable Viewpoint (Univ. Press of Virginia, Charlottesville, 1965)
und vom selben Autor: Differential Topology (hektographiert, Princeton, 1958), Morse Theory (Princeton, 1963).
Als Ersatz oder Ergänzung lese man
Bröcker-Jänich: Einf. i. d. Differentialtopologie (Springer, 1973).
Eine Reihe von „Folklore-Sätzen" sind in
J. R. Munkres: Elementary Differential Topology (Princeton, 1966) bewiesen, das Buch ist jedoch nicht als erste Einführung geeignet.
Als weiterführende Lektüre sei empfohlen: *M. W. Hirsch:* Differential Topology (Springer, 1976).

[9] Bücher für Fortgeschrittene bzw. Überblicksartikel zur Algebraischen und Differentialtopologie:
Kobayashi-Nomizu: Foundations of Differential Geometry (Bd. I, New York, 1963),
E. Spanier: Intr. to Algebraic Topology (McGraw-Hill, New York usw., 1966),
R. Switzer: Algebraic Topology (Springer, Berlin usw., 1975),
Seminaire H. Cartan: 1961/62 (Differentialtopologie),
N. Steenrod: Reviews of Papers in Algebraic and Differential Topology (2 Bde., Amer. Math. Soc., 1968; Übersicht über Forschungsergebnisse)
S. Smale: A Survey of some recent developments in diff. top. (Bull. AMS, 69 (1963)),
V. Poénaru: On the Geometry of Diff. Manifolds (in P. J. Hilton: Studies in modern topology, MAA Studies in Math., Bd. 5, 1968),
J. Milnor: A Survey of Cobordism Theory (L'Enseign. mathém., 8 (1962)).

[10] Zur Geschichte der Topologie:
Allgemeine Topologie:
Encyklopädie der math. Wiss.: Artikel IG1 (*Ahrens*), IA5 (*Schönflies*), IIC9 (*Zoretti-Rosenthal*), IIIAB1 (*Enriques*), IIIAB3 (*Dehn-Heegaard*; Anfänge der kombinatorischen Topologie),

IIIAB13 (*Tietze-Vietoris*; Entwicklung bis ca. 1925),
G. Feigl: Geschichtliche Entwicklung der Topologie (Jahresber. DMV, 1928),
J. H. Manheim: The Genesis of Point Set Topology (Pergamon, New York, 1964),
sowie die historischen Bemerkungen in Bourbaki (s. [3]), Engelking (s. [2]) und Thron (s. [3]).
Algebraische Topologie:
Seifert-Threlfall: Lehrbuch der Topologie (Chelsea, New York, Nachdruck von 1934; das Buch ist das erste Lehrbuch über dieses Gebiet, es enthält auch viele Anschauungsbeispiele und sollte vielleicht parallel zu den Büchern von [6] gelesen werden.),
Alexandroff-Hopf: Topologie, Bd. 1 (Springer, 1935),
J. Bollinger: Geschichtl. Entw. des Homologiebegriffs (Archive for history of science, 9, 2 (1972)),
H. Freudenthal: Die Topologie in historischen Durchblicken (erschien in „Überblicke Mathematik", BI, Mannheim),
H. Hopf: Vom Bolzanoschen Nullstellensatz zur algebraischen Homotopietheorie der Sphären (Jahresber. DMV, 56 (1966)),
J.-C. Pont: La topologie algébrique, des origines à Poincaré (Presses Univ. France, Paris, 1974) und: Petite Enfance de la Topologie Algébrique (L'Enseignement mathém., 20 (1974)).

[11] Gegenbeispiele in der Allgemeinen Topologie:
Gelbaum-Olmsted: Counterexamples in Analysis (Holden Day, S. Francisco, 1964),
Steen-Seebach: Counterexamples in Topology (Holt, Rinehart & Winston, New York, 1970).

Namen- und Sachwortverzeichnis

(A = Aufgabe, E = Einleitung, F = Folgetext)

Die Ziffern beziehen sich auf die auf dem Rand stehenden Marginalien

MIX
Papier aus verantwortungsvollen Quellen
Paper from responsible sources
FSC® C105338

If you have any concerns about our products,
you can contact us on
ProductSafety@springernature.com

In case Publisher is established outside the EU,
the EU authorized representative is:
Springer Nature Customer Service Center GmbH
Europaplatz 3, 69115 Heidelberg, Germany

Printed by Libri Plureos GmbH
in Hamburg, Germany